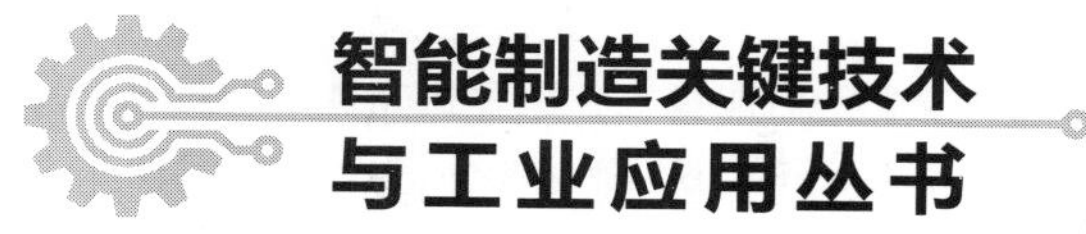

激光金属增材制造技术

Laser Metal Additive Manufacturing Technology

王 迪　韩昌骏　杨永强　张明康　刘林青　著

化学工业出版社

· 北 京 ·

内容简介

本书系统地介绍了激光金属增材制造技术及其应用，结合作者多年在激光增材制造领域的研究工作，主要围绕激光选区熔化和激光定向能量沉积两种代表性工艺技术，总结了目前激光金属增材制造领域最受关注的前沿工艺技术、设计方法及应用。重点介绍了大尺寸激光选区熔化、激光金属增减材复合制造、高反/难熔材料激光增材制造、多材料激光金属粉床增材制造、复杂模具激光金属增材组合制造、医用材料激光金属增材制造等方面的关键技术、最新研究进展与应用案例。此外，详细介绍了增材制造工艺约束与结构设计方法和基于拓扑密度云/应力云的多孔结构设计方法，总结了功能性创新多孔结构的研究进展。最后，从材料创新、装备创新、工艺创新等方面展望了激光金属增材制造的技术前沿与发展趋势。

本书可供机械工程、材料科学、光学工程、装备制造、生物医疗等领域的科技工作者及相关领域的技术人员、高等院校师生及与其有关的技术工人阅读和参考。

图书在版编目（CIP）数据

激光金属增材制造技术/王迪等著．—北京：化学工业出版社，2023.11

（智能制造关键技术与工业应用丛书）

ISBN 978-7-122-44206-2

Ⅰ．①激…　Ⅱ．①王…　Ⅲ．①激光技术-应用-金属-快速成型技术　Ⅳ．①TB4

中国国家版本馆 CIP 数据核字（2023）第 177809 号

责任编辑：金林茹　　文字编辑：蔡晓雅

责任校对：杜杏然　　装帧设计：王晓宇

出版发行：化学工业出版社（北京市东城区青年湖南街 13 号　邮政编码 100011）

印　　装：三河市延风印装有限公司

710mm×1000mm　1/16　印张 20¼　字数 381 千字　2024 年 2 月北京第 1 版第 1 次印刷

购书咨询：010-64518888　　售后服务：010-64518899

网　　址：http：//www. cip. com. cn

凡购买本书，如有缺损质量问题，本社销售中心负责调换。

定　　价：128.00 元

前言

增材制造技术作为世界科技强国竞相发展的战略性核心技术，已成为我国战略性新兴产业、“十四五”智能制造关键发展技术以及国际学科前沿技术。其中，以激光为能量源的金属增材制造技术在航空航天、生物医疗、军工、核电与精密器件等国防、战略性新兴产业中展现了巨大的应用潜力与价值，发展该技术对于推进我国的产业升级、高端制造业发展具有重要意义。作为一种集先进制造、智能制造、绿色制造、新材料应用、精密控制等技术于一体的高新技术，激光金属增材制造技术从原理上突破了复杂金属构件的技术瓶颈，实现了“设计引导制造、功能性优先设计、创新设计”的转变，为材料、结构与性能/功能的定制化提供了极大的可能性。

然而，随着产业应用场景的不断深化，激光金属增材制造技术面临着新的发展需求。例如，采用单束激光源的激光选区熔化技术无法满足航空航天、核电等领域关键构件大型化、复杂化、精密化的发展需求。其成形效率需进一步提升；激光金属增材过程的熔道起伏、台阶效应等引起的表面质量、精度较低问题，已无法满足高端应用场景（如大型精密模具等）的高精度需求；单一材料构件难以满足极端复杂工况条件下的多功能/性能需求。多材料激光金属增材制造技术近年来已成为创新的前沿热点。此外，高反/难熔金属材料（铜及其合金、钨、钽等）、生物医用材料（钛、锌等）激光增材制造以及面向激光金属增材制造的创新结构设计方法也是领域前沿与研究热点。因此，解决上述高效率、高精度、多材料、高反/难熔材料、生物医用材料的激光金属增材制造成形难题，探索基于激光金属增材制造的创新结构设计方法，对于进一步拓展激光金属增材制造技术应用、全面提升制造水平具有重要意义。

本书立足于笔者所在团队多年来从事激光金属增材制造技术理论研究与实践工程应用的工作积累，汇聚了来自笔者团队的科研成果，适当引用国内外相关领域的研究进展与成果，重点介绍了激光金属增材制造领域的前沿技术及目前存在的关键难题，总结了典型技术应用场景与案例，展望了相关技术前沿与趋势。本书共 10 章，相关内容如下：

第 1 章为激光金属增材制造简介，简要介绍激光金属增材制造技术的定义与分类、装备与工艺以及材料种类与制备，特别阐述了激光金属增材制造技术的专业术语。

第 2 章介绍了大尺寸激光选区熔化技术，涵盖该技术的装备、工艺发展现状，并讨论了其关键技术，包括多激光过程模拟、循环风场设计、零件应力优化以及在线质量监控。

第 3 章呈现了激光金属增减材复合制造技术，详述了该技术的制造原理与装备，讨论了送粉式增减材成形过程、成形精度与表面质量的影响因素，总结了关键问题与未来发展方向。

第 4 章介绍了高反/难熔材料激光增材制造技术，主要包括铜及其合金、铝及其合金、贵金属等高反材料，以及钨及其合金、钽等难熔材料的激光增材制造研究进展，讨论了成形挑战与应用前景。

第 5 章详述了多材料激光金属粉床增材制造技术，系统总结了其技术与装备分类，讨论了主要材料类型与界面特征，分析了关键技术特征并总结了潜在应用。

第 6 章总结了增材制造工艺约束与结构设计方法，介绍了增材制造的工艺约束与成形特征约束，重点阐述了面向增材制造约束的拓扑优化设计方法。

第 7 章介绍了多孔结构设计方法及其成形性能，涵盖了均匀、随机、梯度多孔结构设计方法及其力学行为，重点阐述了结构的优化设计方法以及声、电、磁等功能特性。

第 8 章总结了复杂模具激光金属增材组合制造技术，介绍了基于增材组合制造技术的复杂模具设计方法，进一步介绍了模具钢的激光增材成形工艺及该技术的关键问题。

第 9 章讨论了医用材料激光金属增材制造技术，包括钛及钛合金、钴基合金、镍钛合金、可降解金属等典型医用金属材料的激光增材成形，并突出了该技术在骨科、口腔科等方面的典型应用场景。

第 10 章系统展望了激光金属增材制造技术的研究与创新前沿，主要涵盖基于激光金属增材制造技术的可降解金属、高熵合金、非晶合金、多材料等材料体系创新，大面积脉冲激光粉末床熔化、多能量场辅助增材制造、无支撑金属增材制造等装备创新，以及在线监测与过程控制、无透镜光学扫描、多轴飞行打印等工艺创新。

本书对激光金属增材制造技术的前沿方向与学科热点进行了较为全面的总结与展望，提出了若干技术难点，以期给广大科研工作者参考的同时，共同交流予以突破。

本书由王迪教授、杨永强教授、韩昌骏副教授、张明康博士、刘林青博士共同编写，王迪教授负责全书的统筹与审稿工作。博士生董志、罗子艺、胡高令，硕士生卫洋、王晗、冯永伟、胡伟南、唐锦荣、王再驰、严佛宝、袁道林、黄金淼、刘振宇、徐申焘、李扬、欧远辉等为本书做了资料收集、整理等工作。本书也引用了团队毕业博士、硕士的论文作为资料，包括肖冬明、孙健峰、张国庆、肖泽锋、张明康、白玉超、陈杰等博士，以及麦淑珍、翁昌威、王艺锰、陈峰、朱勇强等硕士，在此对他们表示感谢。

由于笔者水平有限，书中难免存在不妥之处，真诚欢迎广大读者批评指正。

著者

目录

第 7 章 多孔结构设计方法及其成形性能 165

第 8 章 复杂模具激光金属增材组合制造技术 200

第1章

激光金属增材制造简介

1.1 激光金属增材制造技术定义与分类

1.1.1 技术定义

增材制造（additive manufacturing，AM），也被称为3D打印，被认为是第四次工业革命的12种颠覆性技术之一。增材制造技术过去常常被称为快速原型（rapid prototyping），由于材料、工艺及设备性能的限制使得成形实体的强度和精度达不到工业应用的要求，成形实体只能用于制造物理原型件。不同于经过车削、刨削、磨削、铣削等去除零件毛坯上多余材料成形的减材制造方法和借助压力成形以及铸造成形的等材制造方法，增材制造方法通过材料逐层累加的方式直接制造实体零件，能够将CAD三维软件中设计好的实体三维模型直接成形。由于AM技术展现出巨大优势，因此在航空航天、医学、汽车、模具、珠宝首饰、文化创意等领域有了广泛的应用，具有提高小批量零件生产效率、缩短加工时间、减少材料浪费、节约加工成本和个性化定制的特点，世界各国都将其作为未来产业的优先发展方向。美国早在2012年就成立了国家增材制造创新中心，并陆续推出了多个推动AM技术发展的战略规划、政策与指南，2021年1月发布的《增材制造战略》明确指出并强调了AM技术在推动国防建设方面的重要性；德国的《国家工业战略2030》草案将AM技术列为十大工业领域的关键技术之一；我国在《中国制造2025》等战略行动纲领中将AM技术作为科技战略的重要前进方向，力求占领AM产业发展的制高点。

1.1.2 技术分类

金属增材制造技术作为整个增材制造体系中最具前沿和难度的技术之一，是先进制造技术的重要发展方向。对于金属增材制造技术，按照热源类型的不同主要可分为激光增材制造、电子束增材制造、电弧增材制造等。其中激光增材制造技术是以激光束为热源，加热材料使之结合，直接制造零件的方法，是增材制造领域的重要分支，在工业领域最为常见。该技术是近20年来信息技术、新材料技术与制造技术多学科融合发展的先进制造技术。依据美国试验材料学会（ASTM）的定义，根据材料在沉积时的不同状态，激光金属增材制造技术主要分为激光定向能量沉积（laser directed energy deposition，LDED）和激光粉末床熔融（laser powder bed fusion，LPBF）两类，如表1-1所示。激光粉末床熔融技术又被称为激光选区熔化成形技术（selective laser melting，SLM）。SLM和LDED是两种重要的金属增材制造工艺，能够直接生产出完全致密的金属零件，适用于不同的工业应用。它们不同的粉末输送机制影响工件的复杂性、支撑要求、材料使用的灵活性和表面粗糙度等。

表1-1　激光金属增材制造技术分类

激光金属增材制造技术	供料方式	技术特征
激光选区熔化成形(SLM)	粉末床	光斑小、高精度、高表面质量
激光定向能量沉积(LDED)	送粉	成形效率高，可成形尺寸大，材料便于切换
	送丝	超高成形效率，适于大型零件的近净成形

1.1.3　技术原理与特点

(1) 激光选区熔化成形（SLM）

SLM是通过粉末床熔融成形的主流激光金属增材制造技术。该技术首先利用CAD软件设计出零件的三维模型，然后根据成形工艺对模型进行切片分层，将各截面的二维轮廓数据导入成形设备中，并设定具体的扫描路线。根据设定的扫描路线，激光逐层熔化通过送粉装置均匀铺展在基板上的金属粉末，工作原理如图1-1所示。经过成形腔气氛准备后（初始氧含量通常低于$10^{-3}\mu L/L$，对于合金和金属钨材料成形则需要更低的氧含量），工作平台下降，储粉腔体上升（或者采用粉体料斗重力落粉），自动铺粉装置利用陶瓷或者橡胶铺粉刮刀在工作平台基板上铺设金属粉末（厚度20～100μm），然后利用激光束高能热源（光斑直径50～100μm）在高速振镜配合下按照计算机切片形状和外形轨迹快速扫描。对于松散状态的粉末薄层，受激光辐照区域发生熔化/凝固，其他区域粉末仍保持未熔状态并起到一定的后续支持作用。通过重复逐层铺粉、逐层熔化凝固的方式，成形复杂形状的三维零件。

SLM重要工艺参数有激光功率、扫描速度、铺粉层厚、扫描间距和扫描方式等，通过组合不同的工艺参数，可使成形件质量最优。SLM成形件的主要缺

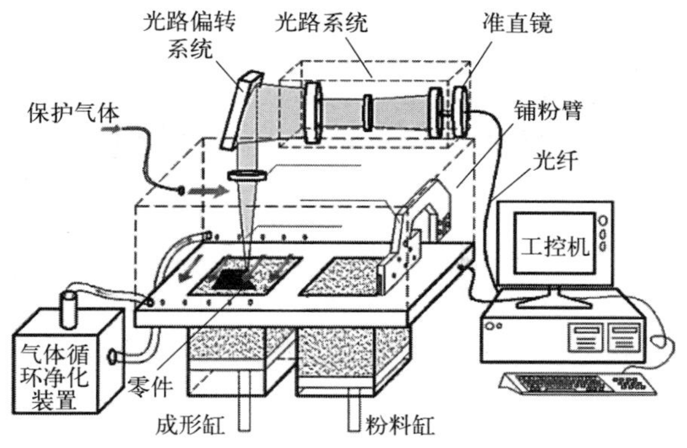

(a) SLM技术原理图

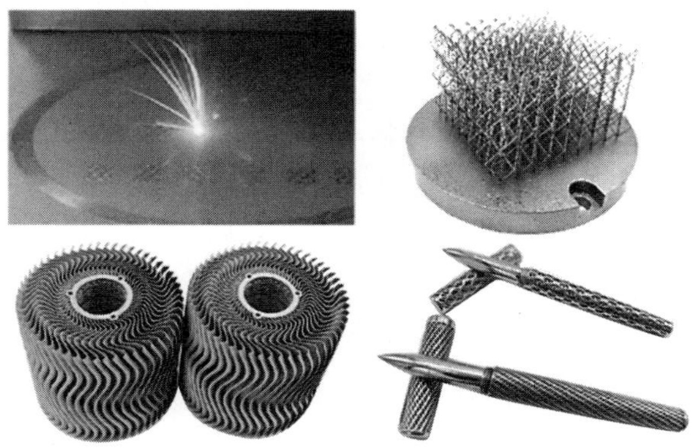

(b) SLM成形过程及打印零件

图 1-1　激光选区熔化（SLM）技术原理及成形零件

陷为球化和翘曲变形。球化是成形过程中上下两层熔化不充分造成的，由于表面张力的作用，熔化的液滴会迅速卷成球形，从而导致球化现象。为了避免球化，应该适当地增大输入能量。翘曲变形是由于 SLM 成形过程中存在的热应力超过了材料的强度，使材料产生了塑性变形。

激光选区熔化成形技术具有以下特点：

① 成形原料一般为单一组分金属粉末，主要包括不锈钢、镍基高温合金、钛合金、钴铬合金、高强铝合金以及贵金属等。

② 原材料利用率高。SLM 技术耗费的材料与零件实际体积几乎保持一致，成形完成后，未使用的粉末材料经适当处理便可重复使用，有效避免原材料的浪费。

③ 采用细微聚焦光斑的激光束成形金属零件，成形的零件精度较高，表面经打磨、喷砂等简单后处理即可达到使用精度要求。

④ 成形件的力学性能良好，一般拉伸性能可超过铸件水平，达到锻件水平。

⑤ 制造周期短，性能稳定，SLM 技术基于增材制造的离散-堆积原理，使用金属粉末，由二维到三维成形，不受结构限制，不用开模，所有设计工作均可在计算机辅助设计（CAD）软件中进行，且 SLM 技术可以同时进行制造和组合两个步骤，有效减少设计优化时间，有效维持零件性能稳定。

⑥ 优化传统零件，SLM 技术的成形特点决定了其可直接一次成形复杂零件，因此可根据零件的使用要求进行拓扑优化设计，去除零件冗杂部分，在保证性能的基础上减少材料的使用量，实现零件轻量化。

（2）激光定向能量沉积（LDED）

在定向能量沉积中，激光束、等离子弧、电子束等高能束是常用的能量源。其中激光束成形精度高于等离子弧和电子束，并且具有成本低、能量高、移动灵活、易于集成等特点，因此国内外各大厂商和研究单位倾向于选择激光作为能量源来展开研究。

激光定向能量沉积技术，又可以称为激光直接沉积、激光工程净成形技术，是在快速原型技术和激光熔覆技术的基础上发展起来的一种先进制造技术。LDED 通过激光束熔化同步输入的金属材料，按给定的轨迹移动，熔池形成熔道与基材或上一层沉积的材料相结合，逐层堆积，完成零件的成形，其原理如图 1-2 所示。该技术基于离散-堆积原理，通过对零件的三维 CAD 模型进行分层处理，获得各层截面的二维轮廓信息并生成加工路径，在惰性气体保护环境中，以高能量密度的激光作为热源，按照预定的加工路径，将同步送进的粉末或丝材逐层熔化堆积，从而实现金属零件的直接制造与修复。根据材料的供给方式，LDED 可以分为送粉式(laser powder-directed energy deposition，LP-DED）和送丝式(laser wire-directed energy deposition，LW-DED)，LP-DED 又可以分为同轴送粉和旁轴送粉。LP-DED 技术不受丝材输送方式的限制，具有更高的成形自由度，因此更加受到国内外研究人员的青睐。虽然大多数的 LDED 使用金属粉

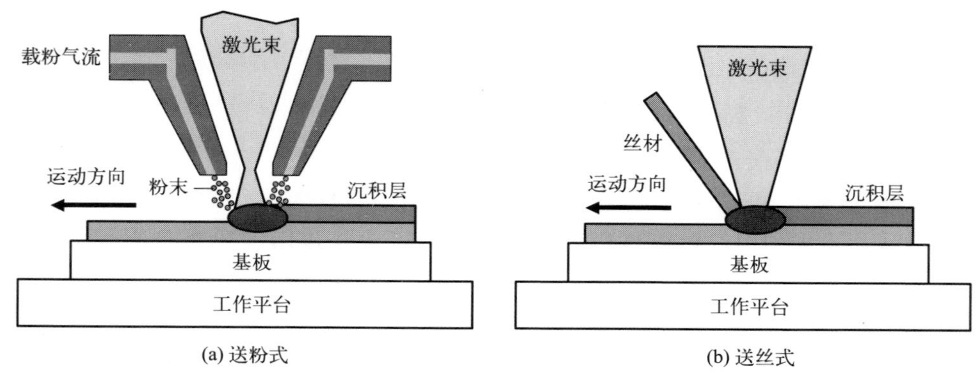

图 1-2　激光定向能量沉积技术原理

末作为原材料，但更便宜的金属线也可用。金属线比金属粉末便宜得多，而且金属线比粉末更安全，更容易储存。然而，熔化金属丝需要更高的激光功率，这使得 LW-DED 系统更昂贵。

激光定向能量沉积技术与传统制造方法相比优势明显，主要有以下方面：

① 实现无模具成形复杂金属构件。克服传统工艺制造复杂金属构件时需要模具的缺点，通过逐层熔化/凝固堆积的方式直接从三维模型制备近乎完全致密的金属构件。

② 直接制备的零件性能优异。激光定向能量沉积加工过程中材料快速熔融凝固，零件晶粒细小、均匀、致密，力学性能优异、稳定，不弱于铸造件，甚至接近锻造件。

③ 加工能力强，可用材料多。激光束具有 $10^4 \sim 10^6 W/cm^2$ 的高能量密度，能够对 W、Mo 等一般工艺难加工的材料进行加工制造。

④ 制造流程短，加工周期短，成本低。无需许多配套装备、模具，能够直接成形复杂构件。通过不同部分工艺调节，能够实现多材料、梯度材料结构的制备。成形精度高，需要机加工部分少。

LDED 是一种高度适于多种高性能材料沉积的增材制造技术，如不锈钢、工具钢、合金钢、钛基合金、钴基合金、镍基合金、铝合金、高熵合金、金属间化合物、形状记忆合金、陶瓷、复合材料、功能梯度材料。由 LDED 制造的零件的质量和性能取决于：

① LDED 技术的类型（包括原料和热源的类型）；

② 成形环境（真空、惰性气体或环境）；

③ 激光与材料相互作用；

④ 沉积参数（如激光功率、扫描速度、扫描间距、送粉/送丝速度、扫描策略等）；

⑤ 原料属性，在逐层沉积过程中，LDED 沉积零件暴露在快速、重复的加热-冷却循环中，会产生独特的微观结构特征、非平衡相、凝固开裂、定向凝固、残余应力、气孔、分层和翘曲。

一般来说，由于沉积的方向性，LDED 成形件在力学性能和微观结构上往往表现出各向异性。因此，热熔成形过程的热历史同时控制着铸态零件的宏观组织和微观组织，这可能会影响铸态零件的力学性能。通过工艺优化、现场监测和反馈控制等技术，可以消除或至少显著减少与金属 AM 相关的一些缺陷，实现高质量成形。

与 SLM 相比，LDED 通常使用更高的激光功率与更大的光斑来成形零件，具有更高的成形效率；此外，LDED 通常由数控机床或机器人来驱动沉积头完成零件的成形，具有相对较大的成形范围和极高的灵活性。因此，LDED 技术被广泛应用于航空航天、核能核电、汽车、模具等领域的大尺寸结构件的直接制造与修复。

1.2 激光金属增材制造装备与工艺简介

1.2.1 装备分类与代表性厂商

(1) 激光选区熔化（SLM）成形装备

激光选区熔化装备主要由光学系统、铺粉成形系统、气体循环净化系统、计算机控制系统、密封成形室以及其他辅助器件等核心部分组成（图 1-3）。供粉方式有上供粉式和下送粉式，铺粉装置有直线往复式和环形连续铺粉式。各部分的主要构成与作用如下。

① 光学系统：作为激光选区熔化设备最核心的组成部分之一，光学系统主要由激光器、扩束镜、扫描振镜、f-θ 镜等组成。在激光选区熔化成形过程中，激光器发出激光束并经过柔性光纤传输后，通过扩束镜扩展激光束直径，以减小作用于扫描振镜的激光能量密度，最后通过 f-θ 透镜消除枕形畸变以得到光束质量高、聚焦光斑精确的激光束。该激光束被聚焦于成形表面，并在振镜运动控制卡与计算机控制系统的协同控制下，以设定速度与预定路径加热熔化金属粉末。

② 铺粉成形系统：主要包括铺粉车运动机构、粉料缸、成形缸和伺服螺杆驱动机构等功能单元。在加工过程中，通过成形缸下降指定层厚高度，粉料缸上升一定高度（粉料缸供料方式）或落粉电机转动一定角度使粉末落在铺粉车前（落粉供料方式），铺粉车运动，铺粉车上的柔性铺粉刷将一个层厚的粉末铺在成形缸表面，等待光学系统进行加工。

③ 气体循环净化系统：主要用于去除激光与粉末相互作用过程中产生的烟尘、蒸气等，避免激光遮挡以及飞溅物落在未成形区域而产生缺陷。在激光选区熔化成形过程中，金属粉末在激光作用下受热熔化过程中易与空气中的氧或其他元素发生反应，形成黑烟或高熔点飞溅物等。一方面，黑烟容易使透光镜片粘上一层黑烟粉末，导致激光透过镜片时功率衰减严重，成形表面的粉末无法充分熔化而影响成形质量，同时粘上黑烟粉末的镜片由于吸收激光能量而发热，甚至高温爆裂；另一方面，形成的高熔点飞溅物容易飞落在附近成形区域上，后续激光熔化该区域导致夹杂等缺陷，落在非成形区域时同样会加剧粉末受污染程度。同时，由于气流、激光冲击以及铺粉装置的扰动，密封成形室内会产生大量烟尘。

④ 计算机控制系统：包括成形控制软件与电气控制等硬件，实现 SLM 过程

的复杂运动控制与光学控制。控制软件部分主要实现激光参数与扫描策略定制、电气开关控制、人机交互、文件传输、监控成形等功能；硬件部分主要包括工控机、电气开关、运动控制器、电机等。

⑤ 密封成形室：在 SLM 成形加工前，通常需要向成形室内通入惰性保护气体以排除空气，使成形室内形成适合激光选区熔化粉末的无氧环境。若成形室的密封性能不足，不仅延长了排除成形室内空气的时间，还会消耗更多的保护气体，同时在成形过程中，氧气可能会进入成形室并与金属粉末反应生成氧化物等杂质，降低零件成形质量。因此，成形室的密封性是提高生产效率、降低生产成本、保证零件成形质量的重要指标。另外，需定期检查设备的密封性以及更换密封元件，以保证成形室的密封性能。

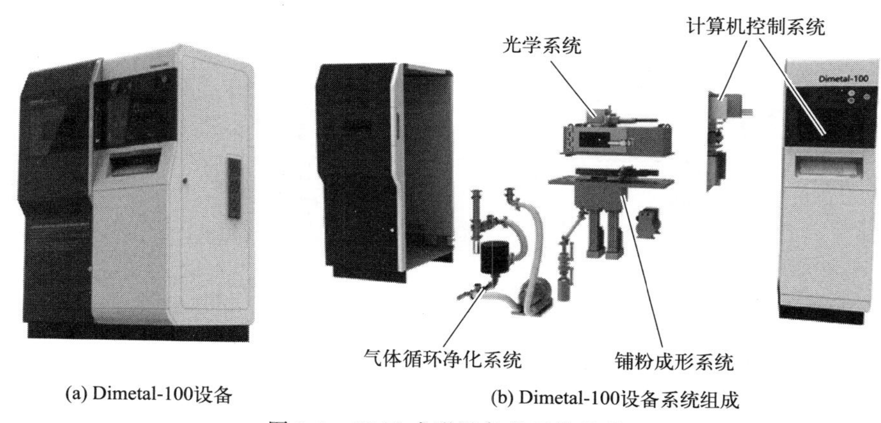

(a) Dimetal-100设备　　(b) Dimetal-100设备系统组成

图 1-3　SLM 成形设备的系统组成

国外对 SLM 工艺开展研究的国家主要有德国、英国、日本、法国等。其中，德国是 SLM 技术研究最早与最深入的国家。第一台 SLM 系统是 1999 年由德国 Fockele 和 Schwarze（F&S）与德国弗朗霍夫研究所一起研发的基于不锈钢粉末的 SLM 成形设备，并拥有多家 SLM 设备制造商，如 EOS 公司、SLM Solutions 公司和 Concept Laser 公司。

早期国内高校主要以华南理工大学和华中科技大学为主进行研究，2012 年后国内 50 余家高校和研究所进入该领域研究。华南理工大学杨永强团队自 2002 年开始研发激光选区熔化设备，先后自主研发了 Dimetal-240（2004 年）、Dimetal-280（2007 年）、Dimetal-100（2012 年）、Dimetal-50（2016 年）等系列化设备，设备已经进入商业化应用阶段。国内公司西安铂力特、华曙高科、易加三维、华科三维、江苏永年激光、广州雷佳增材、广州瑞通激光等公司，也纷纷推出商品化设备。

目前主流 SLM 成形装备的成形幅面一般在 300mm×300mm 以下，尺寸相对较小，主要是受激光选区熔化装备光学系统的限制。扫描光学系统输出端主要由振镜与 f-θ 场镜构成，当扫描区域过大时，对于边缘位置，f-θ 场镜很难将焦点补偿到成形平面上，整个成形幅面内激光的均匀性无法得到保证，进而严重影响成形质量，这使得装备的成形尺寸受到很大限制。由于成形尺寸偏小，目前一般的激光选区熔化设备对于汽车、模具、航空航天、核电等领域诸多大型复杂零件，还无法满足需求。近几年，美国、德国等国家先后开发出多激光、大幅面的新型 SLM 成形设备，大幅提高大型零件的成形速度，减少成形时间，成形零件性能与锻件相当。目前 SLM 成形商业化设备最大加工体积可达到 630mm×406mm×500mm。国内在激光增材制造成形硬件系统、工艺特性和成形件质量等方面部分达到或接近国际先进水平，形成了与国外齐头并进的局面（成形尺寸达到 500mm×500mm×500mm），但在设计理念、材料基础工艺研究、表面精度、支撑设计、成形效率等方面仍处于起步阶段，与美国、德国等发达国家有较大差距。表 1-2 所示为国内外商用化 SLM 设备的主要参数。

表 1-2　国内外商用化 SLM 设备主要参数

制造商	设备机型	激光类型及能量	成形尺寸
EOS(德国)	Precious M080 EOS M100 EOS M290 EOS M400	100W 光纤激光 200W 光纤激光 400W 光纤激光 4×400W 光纤激光	ϕ80mm×95mm ϕ100mm×95mm 250mm×250mm×325mm 400mm×400mm×400mm
SLM Solutions (德国)	SLM® 125 SLM® 280 SLM® 500 SLM® 800	400W 光纤激光 400W/700W 光纤激光 2×700W 光纤激光 4×700W 光纤激光	125mm×125mm×125mm 280mm×280mm×365mm 500mm×280mm×365mm 500mm×280mm×850mm
Concept Laser (德国)	Mlab cusing M1 M2 X LINE 2000R	100W 光纤激光 200W 光纤激光 400W 光纤激光 2×1kW 光纤激光	70mm×70mm×80mm 250mm×250mm×250mm 250mm×250mm×350mm 800mm×400mm×500mm
Realizer GmbH (德国)	SLM 50 SLM 100 SLM 300 SLM 125	20～100W 光纤激光 100W 光纤激光 200W 光纤激光 400W 光纤激光	70mm×70mm×80mm 125mm×125mm×200mm 250mm×250mm×300mm 125mm×125mm×200mm
Renishaw (英国)	AM 250 AM 500	SPI 400W 脉冲激光器 4×500W 光纤激光	250mm×250mm×300mm 250mm×250mm×350mm
3D Systems (美国)	DMP Flex 100 ProX® DMP 200 ProX® DMP 300 DMP Flex 350	100W 光纤激光 300W 光纤激光 500W 光纤激光 500W 光纤激光	100mm×100mm×80mm 140mm×140mm×100mm 250mm×250mm×300mm 275mm×275mm×380mm

续表

制造商	设备机型	激光类型及能量	成形尺寸
西安铂力特（中国）	BLT-A100 BLT-A300 BLT-S310 BLT-S400	200W 光纤激光 500W 光纤激光 500W 光纤激光 2×500W 光纤激光	100mm×100mm×100mm 250mm×250mm×300mm 250mm×250mm×400mm 400mm×250mm×400mm
华曙高科（中国）	FS121M FS271M FS421M	200W 光纤激光 500W 光纤激光 500W 光纤激光	120mm×120mm×100mm 275mm×275mm×340mm 425mm×425mm×420mm
易加三维（中国）	EP-M100T EP-M150 EP-M250	100W 光纤激光 200W 光纤激光 500W 光纤激光	120mm×120mm×80mm ϕ150mm×120mm 262mm×262mm×350mm
广州雷佳增材（中国）	DiMetal-50 DiMetal-100 DiMetal-100D DiMetal-280 DiMetal-300 DiMetal-500	75W 光纤激光 200W 光纤激光 500W 光纤激光 400W 光纤激光 500W 光纤激光 2×500W 光纤激光	ϕ50mm×50mm 105mm×105mm×100mm 105mm×105mm×100mm 270mm×270mm×280mm 270mm×270mm×300mm 500mm×250mm×300mm

由于 SLM 成形过程中的熔池飞溅、粉末黏附和球化效应等现象，使得加工零件的表面粗糙度仍然有待提高（5～30μm）。同时由于激光光斑固有直径、熔池极高的冷却梯度，以及热量累积引起的热变形，软件分层切片阶梯效应与装备误差等原因，SLM 成形尺寸精度也不够高（±50μm）。目前 SLM 成形设备的精度和表面粗糙度还不能直接满足多种工业领域的应用需求，需要针对性地进行喷砂、CNC 机加工、磨粒流、电化学抛光等后处理进行改善。

此外，尽管已有不少研究提出基于增材制造的加工自由度而设计不同目标的优化结构，但是这些结构设计主要依赖单种材料的密度空间分布改善性能，极少直接利用不同材料的空间分布实现零件的优化。多材料激光选区熔化加工还面临一些技术挑战，例如：粉末床的多材料铺粉结构，不同材料粉末同时加入粉末床后的混合、分离技术，以及任意两种、多种材料之间在激光作用下熔融的成形工艺。目前，多种材料的 SLM 加工方法或设备仍然缺乏完全成熟的方案。

因此，面对上述存在的问题，大尺寸、高精度、多材料激光选区熔化成形装备的研制将是未来重要的发展方向。

（2）激光定向能量沉积（LDED）装备

① 送粉式　送粉定向能量沉积设备主要包含激光器、数控系统、送粉系统、监测与控制系统、气氛控制系统。

a. 激光器：作为高能热源，激光器性能将直接影响成形效率和质量。目前常用的激光器主要是 YAG 激光器、CO_2 激光器和光纤激光器，其中光纤激光器

克服了 CO_2 激光器能量利用率低和 YAG 激光器成形精度差的缺点，有利于成形质量的提高。

b. 数控系统：除了具备最基本的速度精度和位置精度要求之外，还需对成形路径进行合理规划，选取零件成形的最佳工艺路径。

c. 送粉系统：要能将粉末材料连续、均匀、稳定、准确地送入熔池，同时还要能适应扫描路径的变化，如果送粉过程出现波动，将影响成形精度和质量，严重时将会导致成形过程不能继续。

d. 监测与控制系统：承担着对成形过程中成形信息的收集和保障成形过程处于稳定状态的作用。其主要监测成形高度、熔池形貌和温度等参数，通过将采集的信息与所期望得到的信息进行对比，达到闭环控制的目的，从而保障成形质量和精度。

e. 气氛控制系统：可以有效防止成形过程中的氧化效应，避免成形过程中氧化效应给成形件带来的缺陷和损伤。

国内生产送粉定向能量沉积设备的代表性厂商有西安铂力特和鑫精合激光科技等；国外代表性厂商有美国 Optomec Design 等（表 1-3）。

表 1-3　国内外商用化 LDED 送粉式设备主要参数

制造商	设备机型	激光器	成形尺寸
西安铂力特（中国）	BLT-C400 BLT-C600 BLT-C1000	2kW 光纤激光 4kW 光纤激光 6kW 光纤激光	400mm×400mm×400mm 600mm×600mm×1000mm 1500mm×1000mm×1000mm
鑫精合激光科技（中国）	LiM-S0402 LiM-S1006 LiM-S2510 LiM-S4510	4kW 光纤激光 6kW 光纤激光 8kW 光纤激光 8kW 光纤激光	500mm×300mm×400mm 1000mm×8800mm×500mm 2500mm×2500mm×1500mm 4500mm×4500mm×1500mm
雷石(中国)	LAM-150V LAM-400S LAM-500V	1kW 光纤激光 2kW 光纤激光 5kW 光纤激光	ϕ150mm×100mm 400mm×400mm×400mm ϕ500mm×600mm
Optomec Design（美国）	LENS CS-250 LENS CS-600 LENS CS-800 LENS CS-1500	1kW 光纤激光 2kW 光纤激光 3kW 光纤激光 3kW 光纤激光	250mm×250mm×250mm 600mm×400mm×400mm 800mm×600mm×600mm 900mm×1500mm×900mm
Inss Tek（韩国）	MX-Fab MX-Lab	1kW 光纤激光 300W 光纤激光	800mm×1000mm×700mm 150mm×150mm×150mm
Chiron(德国)	AM Cube(4-axis) AM Cube(5-axis)	4kW 光纤激光 6kW 光纤激光	ϕ300mm×1000mm ϕ500mm×500mm

② 送丝式　送丝定向能量沉积与送粉定向能量沉积区别在于原材料的形态不同，以丝材为原材料的送丝定向能量沉积具有沉积速率快、材料利用率高、生

产自由度大、生产成本低、环境污染小等优点，但其沉积层间残余应力较大，力学性能差，并且在成形稳定性以及成形质量与精度方面远未达到大规模市场化生产的要求，因此需要不断改进和完善送丝定向能量沉积技术。

目前国内生产送丝定向能量沉积设备的代表性厂商有鑫精合激光科技；国外代表性厂商有德国 Chiron（表 1-4）。其中鑫精合激光科技发展有限公司的设备结构形式有机床形式和六轴机器人形式，客户可按需选择结构形式和设备其他性能指标。

表 1-4 国内外商用化 LDED 送丝式设备主要参数

制造商	设备机型	激光器	成形尺寸
Chiron(德国)	AM Cube(4-axis) AM Cube(5-axis)	4kW 光纤激光 6kW 光纤激光	ϕ300mm×1000mm ϕ500mm×500mm
鑫精合激光科技(中国)	LiM-SW LiM-SW-R LiM-SW-RM	3kW 光纤激光 5kW 光纤激光 6kW 光纤激光	回转直径 210mm/320mm/630mm，加工范围按需定制

1.2.2 工艺特征

(1) 激光选区熔化（SLM）技术的工艺特征

① SLM 成形工艺优化因素　SLM 工艺参数（如激光功率、扫描速度、扫描间距、铺粉层厚等）对成形过程的稳定性、成形质量具有重要影响。在 SLM 工艺优化过程中，线能量密度与体能量密度通常被用于量化激光的能量输入。

$$E_l=\frac{P}{v} \tag{1-1}$$

$$E_v=\frac{P}{vht} \tag{1-2}$$

其中，E_l 为线能量密度；E_v 为体能量密度；P 为激光功率，W；v 为扫描速度，mm/s；h 为扫描间距，mm；t 为铺粉层厚，mm。

a. 激光功率：在 SLM 过程中，随着激光功率的增加，成形的金属零件的抗拉强度增强，但是表面粗糙度和尺寸精度却变差；随着扫描速度的增加，抗拉强度减小，但尺寸精度和表面粗糙度却得到了改善；在相同的扫描速度和激光功率下，随着扫描间距的增大，金属零件的抗拉强度减弱，表面粗糙度变差，但尺寸精度却有所改善；在相同的扫描速度和激光功率下，随着金属粉末层厚的增大，金属零件的抗拉强度减弱，表面粗糙度变差，但尺寸精度的变化不大。

b. 扫描速度：扫描速度对成形件致密度的影响最显著。随着扫描速度减小，成形件的致密度逐渐增加，这是因为扫描速度小，激光停留在粉末表面的时间相对延长，使得熔化的粉末有充足的时间与周围的粉体发生热交换，在表面张力和毛细力的作用下填充固相间的孔隙，从而提高样品致密度。但扫描速度过小易使局部液相过多，产生根瘤现象，而且样品表面粗糙度会随着扫描速度的降低而变差。所以，在实际的成形过程中要综合考虑成形致密度与表面质量的要求，选择合适的扫描速度。

c. 扫描间距与铺粉层厚：扫描间距主要影响成形件成形过程中的温度分布，扫描间距越小，内应力越大，温度梯度越大，越容易导致成形件的翘曲变形。层间结合强度主要取决于加工层厚与激光功率，加工层薄，前一层重熔量相对较多，粉末熔化后浸润已熔化层，随前一道扫描线生长，不易发生球化现象。而铺粉层厚增加会导致球化倾向增加，降低零件的尺寸精度和表面粗糙度。激光功率大，穿透能力强，使得层与层之间结合好。激光功率小容易使部分粉末不完全熔化，层与层间连接率低，从而降低成形件强度。因此，适当增加激光功率可使粉末充分熔化，在毛细力作用下填补孔隙，提高致密度（图 1-4）。

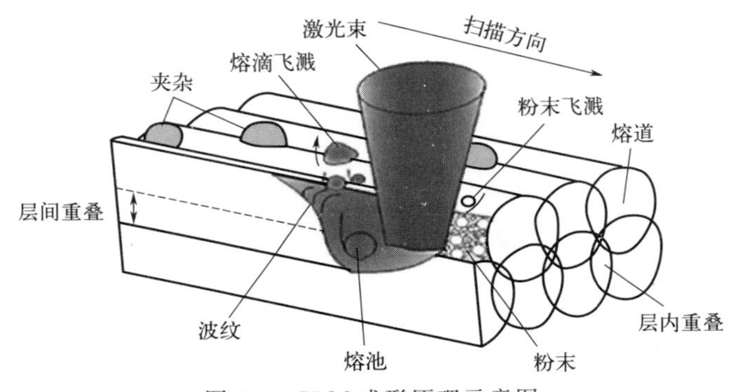

图 1-4　SLM 成形原理示意图

② SLM 成形工艺过程不稳定性与缺陷形成　SLM 成形过程中熔池的温度场、流场会随时间、空间的变化而不断变化，始终处于非稳定状态，同时还由于气体滞留和缺少外部压力，SLM 成形件的缺陷不可避免。零件使用过程中，随机分布的缺陷将成为应力集中点而显著降低其力学性能，因此需深入研究激光选区熔化成形的缺陷机制和缺陷分布规律，通过优化工艺抑制缺陷，提高成形质量。球化问题是造成激光选区熔化成形件缺陷的主要原因之一。此外，在流体不稳定作用下，熔道搭接空隙、熔道收缩断裂等现象也会使成形件产生随机缺陷。

SLM 成形中包含复杂的物理过程：金属粉末吸收激光能量迅速熔化而释放大量表面能；熔池对周围松散粉末粒子和基底存在复杂的润湿行为；温度梯度和表面张力梯度引发熔池复杂的热毛细对流现象；在激光反冲压力、金属蒸气和表面张力共同作用下发生熔池振荡；保护气体流动引起气液界面剪切力等。上述因素导致 SLM 熔池行为高度动态、难以控制，会不可避免地形成缺陷。

SLM 的随机缺陷主要与熔体流动的瑞利-泰勒不稳定现象有关。根据缺陷形态三维重构数据，首先讨论液膜流动不稳定的扰动源，主要是表面张力驱动的振荡、粗糙表面和气液界面剪切力等。由于熔池的热毛细对流和振荡，将形成不均匀和褶皱粗糙的凝固表面，而形成的粗糙表面将作为新的扰动源继续降低熔体流动稳定性，造成更大的表面粗糙度和更严重的液膜流动失稳，进而形成搭接空隙或导致熔道断裂，造成缺陷（图 1-5）。

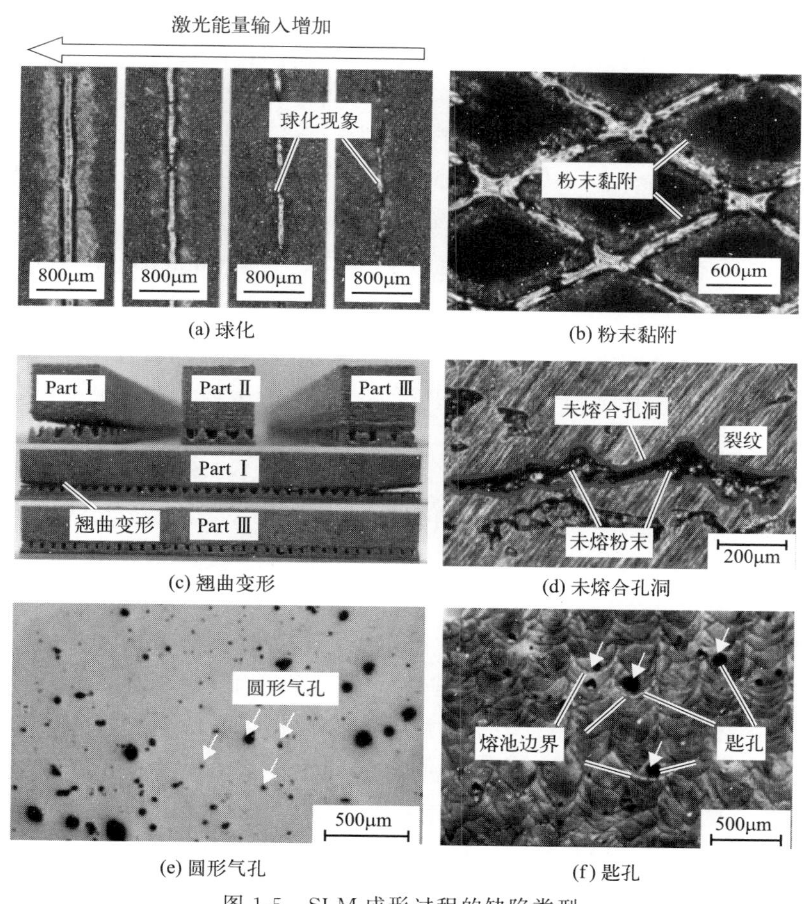

(a) 球化　(b) 粉末黏附　(c) 翘曲变形　(d) 未熔合孔洞　(e) 圆形气孔　(f) 匙孔

图 1-5　SLM 成形过程的缺陷类型

SLM 成形过程形成的缺陷主要包括以下几类：

a. 球化现象：球化是由于熔化的金属材料在液体与周边介质的界面张力作用下，试图将金属液表面形状向具有最小表面积的球形表面转变，以使液体及周边介质所构成的系统具有最小自由能的一种现象。球化现象会使大量孔隙存在于成形组织中，显著降低致密度，并使成形材料表面粗糙度增大，尺寸精度降低。在成形过程中，成形材料表面的球化效应致使下一层粉末无法铺放或铺粉厚度不均，导致成形过程失败。

b. 粉末黏附：金属粉末在激光作用下熔化成为熔池，液态熔池在表面张力的作用下，其截面收卷呈半圆弧形，在收卷过程中将附近近热影响区处的粉末粘过来，从而形成粉末黏附。靠近熔池的粉末也会受到强烈的热影响作用，使粉末颗粒间隙中气体急剧膨胀，将熔池周边的细小粉末颗粒驱离，从而粉末颗粒不易被吸附。随材料摄入激光能量的增加，这种驱离力也变大。粉末黏附主要分为两类：一类是粉末部分镶嵌到熔池内的镶嵌型粉末黏附，这类黏附的粉末很难清除；另一类是黏附力不强的粉末，经擦拭即可去除的松散型粉末黏附，这类黏附占粉末黏附量的大部分。

c. 翘曲变形和开裂：在 SLM 成形过程中，一层又一层的金属粉末被激光束熔化并堆积在已成形层上，从而堆积成一个三维实体，当新的一层材料被添加到已成形层时，所带来的热量会迅速传递到下层材料中，这样就会改变已成形层的温度和应力分布，这个过程称为后续热循环（subsequent thermal cycling, STC）。后续添加的材料在冷却阶段会引起下面材料中拉伸应力的增加，这样使得零件内残余应力逐渐增大，当最大残余应力超过材料的屈服强度时，零件发生层内开裂或者零件与基板之间开裂，随着应力的不断累积，开裂不断扩大，最终威胁成形过程的安全而被迫停止。

d. 孔洞：孔洞缺陷主要分为两种，一种是熔池搭接不足引起的形状不规则未熔合缺陷，另一种是球形的气孔缺陷。未熔合缺陷大多数是由于工艺方案不合理或激光能量输入不充足，导致成形过程中熔池与基体之间搭接不充分以致冶金结合不好或金属粉末未能完全熔化而产生孔隙。其中气孔缺陷又分为两类，一类是跟激光深熔焊过程相似的“匙孔”，另一类是直径在几微米内的粉内气孔。通过雾化法制备的金属粉末在内部都带有不同尺寸的孔洞，其形成的原因主要是在粉末制备时惰性雾化气体进入金属液体内部而形成气泡。匙孔是 SLM 成形时高能量激光加热熔化金属粉末并气化金属熔池，骤然产生的气体使局部压力迅速升高，并对自由的金属液面产生压力作用从而“冲”出小孔。孔里面的气体和等离子体在高温高压作用下剧烈膨胀，接着喷发出来，随着孔内的气体不断减少，孔内气体无法维持小孔的存在，小孔开始逐步闭合并卷入一些金属蒸气和保护气体而形成气孔缺陷，随着激光的移动，又开始下一个小孔的成形过程。

（2）定向能量沉积（LDED）技术的工艺特征

① 送粉式　激光送粉定向能量沉积工艺的成形过程可以简化为金属粉末材料熔融后浸润固体金属的过程，在激光、等离子等高能热源的作用下金属材料熔融形成熔滴，落到基板上发生浸润、铺展、凝固，连续的熔滴形成熔道。熔滴的浸润过程十分复杂，熔滴在铺展过程中受到了毛细力和惯性阻力的交互作用，同时也受到快速凝固过程的影响。熔道的球化、连续性、脱落等现象均与浸润有

关。浸润性能良好时，金属液滴才能在固体上进行良好的铺展。在实际的熔滴凝固过程中，持续处于熔池的铺展、传热、凝固的非平衡凝固状态。熔池的铺展过程与凝固过程是相互竞争的。

在送粉式 LDED 成形过程当中，激光束熔化基材或上一层沉积的材料形成熔池的同时，熔化同步输入的金属粉末，并按照指定的轨迹移动，连续的熔池形成熔道与基材或上一层沉积的材料相结合，逐层堆积，最终完成样件的成形。激光定向能量沉积样件的成形质量受许多因素的影响，包括成形材料，基板材料的基本物理、化学性质，加工环境温度等，还受激光定向能量沉积的工艺参数影响，影响样件成形质量的主要参数包括：激光功率、扫描速度、送粉量、光斑直径、离焦量。搭接率是影响 LDED 成形零件质量的关键因素，其定义如式(1-3)所示：

$$\delta=\frac{W-D}{W} \tag{1-3}$$

式中，δ 表示搭接率；W 表示熔道宽度；D 表示扫描间距。从式中可以看出，扫描间距越大，搭接率越小。

如图 1-6 所示，扫描间距过大时，熔道之间搭接不充分，两个熔道之间出现凹陷，沉积层表面凹凸不平，沉积下一层时更易引起孔隙等缺陷；扫描间距过小时，熔道堆叠高度过高，产生较大的尺寸误差，不利于下一层成形。

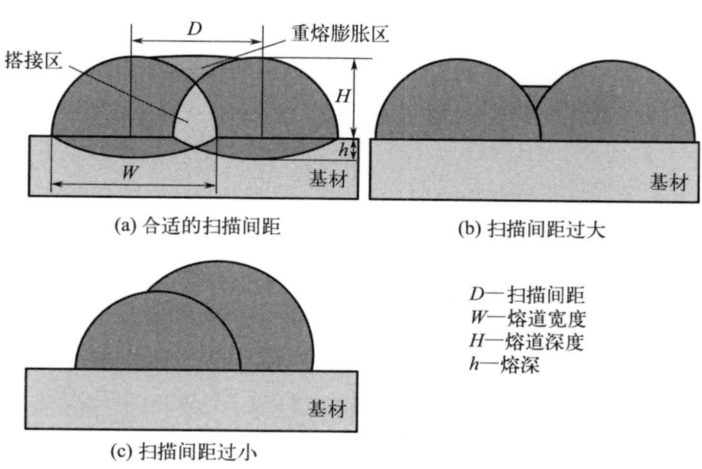

图 1-6　不同扫描间距下的搭接情况

在送粉定向能量沉积中决定金属零件成形质量的关键因素就是单道熔覆层的高度、宽度以及表面成形质量。单道熔覆层质量的好坏直接决定着整个熔覆件的质量和成形效率。研究表明[1]，随着扫描速度的增大，熔覆层表面的亮度也变得越来越暗，表面粗糙程度增加。这是因为扫描速度快，能量吸收不足，部分未熔化的粉末在表面形成了半熔化的黏结堆积点。

随着激光功率的增加，单道熔覆层的高度、宽度整体随之增大，增加幅度较为明显。随着送粉速率的增加，单道熔覆层的高度逐渐增大，且增加趋势较平稳；在一定范围内单道熔覆层宽度也平稳增加，随后减小。随着离焦量的增大，单道熔覆层高度越来越小，而宽度则先增大后减小且变化不太明显。

此外，工艺的材料适用性决定了成形零件的质量和其能否在某一工程领域得到应用。在激光熔覆进行的过程中引入第二能量场——电场和超声波能量场，能够改善材料凝固过程中的熔覆层能量分布，材料在多场耦合的环境中结晶，可使熔覆层组织生长均匀、晶粒细化，同时能够减少气孔、裂纹等缺陷。加入稀土元素对材料有变质、净化、强化等作用，可以引导粉末有序结晶、细化熔覆层组织同时使其趋于均匀化，从而提高熔覆层耐磨、耐蚀、抗氧化等性能，在不添加辅助工艺的情况下，实现激光熔覆层晶粒细化、缺陷控制等目的，降低激光熔覆成形工艺的复杂性。

② 送丝式　激光功率增大，激光光斑的能量密度增大，熔道的熔宽和熔深增大，进而使熔道的稀释率（基板熔化区域与整个熔化区域的比值）增大[2]；随着扫描速度的增加，熔道的宽度减小，熔高下降，但熔高的下降更明显。相对于其他参数，送丝速度对熔高影响更显著，送丝速度的增加增大了金属丝的供给量，从而使得熔高增加。层间抬高量和层间冷却时间是影响多层多道沉积质量的两个重要参数，过大的抬高量可能导致沉积层间存在间隙，随着层数的增加易在薄壁件中形成缺陷，层间冷却时间是减缓积热的重要方法，因此在保证成形效率的前提下，应适当地增加层间冷却时间。

1.3 激光金属增材制造材料种类与制备

1.3.1 金属增材制造材料种类

激光增材制造材料是激光增材制造技术的根基，增材制造技术为材料、结构多尺度提供可能，这一相辅相成的关系将为提升材料的综合性能提供广阔的空间。目前，应用激光增材制造技术已经成功制造出高致密度金属构件，包括钛及钛合金、铝合金、镁基轻质合金、铁基合金、铜及铜合金、镍基高温合金、钴基合金、难熔金属等。

(1) 钛及钛合金

钛及其合金凭借优异的生物相容性、耐腐蚀性、高强度、高硬度、耐高温等性能，被广泛应用于多个领域。激光增材制造用钛合金材料主要为 Ti-Al 系合金，包括 TC4、TC11、TC21、Ti5553 和 Ti-8Al-1Er 等。目前，增材制造钛合金已经在航空航天、生物医疗等领域获得了很多应用。例如，西北工业大学针对激光增材制造大型钛合金构件一体成形成功建立了材料、成形工艺、成套装备和应用技术的完整技术体系。北京航空航天大学在军用飞机钛合金大型整体主承力复杂构件激光增材制造工艺研究、成形构件一体化检测、工程化装备研发与装机应用等关键技术攻关方面取得了突破性进展。中国航发商发公司在商用航空发动机短舱安装节平台等大型钛合金构件送粉增材制造工艺开发、质量过程控制、考核评价等方面也取得了显著成果。目前，在大型整体钛合金复杂构件的激光增材制造研究与应用方面，我国处于国际领先地位。此外，SLM 制造的钛合金义齿、替代骨等已经应用于临床医疗[3]。

激光增材制造技术成形钛合金具有更佳的效果。由于钛在液相状态对氧、氮、氢和碳非常敏感，一定条件下会发生反应，因而在铸造等传统工艺中成形困难。在 SLM 成形过程中，成形腔内充入的氩气提供了保护气氛环境，微区局部加热和快速冷却减少了间隙元素的析出。激光成形钛合金的沉积态组织主要为柱状的初生 β 晶粒，晶内为细小针状的马氏体 α' 相，最终零件的显微组织高度依赖于沉积过程中的热循环和随后的热处理，通过控制固溶和时效温度、冷却速度等，并结合适当的热变形加工（如超声波振动）可以获得传统钛合金的等轴、双态、魏氏或网篮等典型显微组织。

（2）铝合金

铝合金材料是航空航天、汽车、电力、船舶等工业领域的常用材料。例如，民用飞机铝合金用量为 70%～80%，军用飞机铝合金用量为 40%～60%；汽车工业运用铝合金以达到材料轻量化、降低能源消耗和减少碳排放的目的。传统铝合金按合金元素的含量与加工工艺的不同，分为铸造铝合金与变形铝合金两大类。在铸造铝合金中，Al-Si 系合金由于流动性好、收缩小、铸件致密、不易产生铸造裂纹以及具有良好的焊接性能，是铸造铝合金中品种最多、用途最广的合金系。这类合金中可以用于增材制造的有 AlSi7Mg、AlSi10Mg 和 AlSi12 等，具有良好的导热性能，可应用于航空航天薄壁零件（如换热器）或汽车零部件。变形铝合金在力学性能上比铸造铝合金的强度高、延展性好，在航空航天领域中应用广泛，其中 2 系 Al-Cu 合金和 7 系 Al-Zn-Mg-Cu 合金的 SLM 增材制造最受关注。铝合金由于其高激光反射率、高热导率及易氧化性，属于典型的激光增材难制造的材料。其中，Al-Si 系铸造铝合金因良好的铸造和焊接性能，可以实现激光增材制造（如 AlSi12、AlSi10Mg），而传统的 2 系和 7 系高强变形铝合金的合金元素含量高、凝固温度区间宽、焊接性较差，在 SLM 过程中具有较大的热裂倾向，因此在不添加特殊元素改性或微合金化的情况下，难以用于 SLM 增材制造。目前 SLM 成形铝合金的力学性能优于相同成分下的普通铸造铝合金，在引

入 TiB_2、TiC、LaB_6、Zr 等细化晶粒时，SLM 成形铝合金可以达到相同成分的变形铝合金的力学性能水平。

激光增材制造技术所使用的铝合金材料多局限于铸造铝合金系列或者焊接性较好的铝合金种类。主要材料包括 Al-Si 系、Al-Cu 系、陶瓷颗粒增强铝合金等。而航空航天用 2 系、5 系、6 系及 7 系铝合金，因其凝固过程的热裂倾向问题，很难使用激光增材制造方法进行制备，因此对此类铝合金进行改性研究是铝合金激光增材制造的研究热点之一。

(3) 镁基轻质合金

镁合金作为目前最轻的结构材料，在地壳中的储量丰富。镁合金拥有优良的铸造性能、切削加工性、阻尼性和热稳定性，抗电磁辐射性能良好，但耐腐蚀性和力学性能相对较差。当前，镁合金已经广泛应用于汽车、航空航天等领域。此外，镁合金还具有优越的生物相容性、可降解性以及接近人体骨骼的弹性模量和力学性能，在骨科材料应用方面潜力巨大。增材制造镁合金起步较晚，主要研究的牌号有 WE43、AZ91D 和 ZK60，其中 WE43 骨科应用较多。

现有的镁合金应用多采用传统的铸造技术制备，但制备的镁合金材料强韧性不足，降解速率快，难以制造复杂的结构。激光增材制造技术可以制备复杂的多孔结构镁合金，该种结构为人体营养物质的运输和组织细胞生长提供了良好空间，同时，激光增材制造技术为金属支架和植入物的制备提供了新型制造工艺。目前，激光增材制造技术已经成功应用于不锈钢、钛合金等多孔结构工程材料的生产中，而激光增材制造镁合金领域的研究主要集中在制备实体构件，研究结构工艺参数和合金元素及其含量对镁合金组织、性能的影响方面。2017 年以来，成功制备出具有贯通孔结构的 ZK60 合金试样，并初步尝试制备结构复杂的镁合金构件[4,5]。目前，激光增材制造镁合金工艺还处在发展上升阶段，相关研究较少。

(4) 铁基合金

铁基合金是激光金属增材制造材料中研究较早的合金，包括奥氏体不锈钢、沉淀硬化不锈钢和马氏体时效钢。铁基合金的特点是性能优异、体系丰富、成本低廉，是应用最为广泛的金属材料，也是增材制造研究的重点材料体系。增材制造的钢零部件已在航空航天、汽车、复杂模具等领域获得了应用。例如，增材制造的用于注塑行业的 CX 不锈钢模具，具有复杂形状的随形冷却流道，冷却效果好，冷却均匀，可显著提高模具寿命、注塑效率和产品质量。模具增材制造上用得比较多的不锈钢主要有 18Ni300、CX 和 420。增材制造的不锈钢换热器具有紧凑高效的换热性能，被应用于液化天然气的运输。

铁材料的增材制造适应性与钛合金相似，成形性好，几乎适用于所有主流的增材制造技术。典型的增材制造铁材料有奥氏体不锈钢 316L 和 304L、析出硬化不锈钢17-4PH和15-5PH、马氏体不锈钢431、420和410、马氏体时效钢18Ni300、工具钢H13和M2，以及超高强钢300M和AerMet100（A-100）等。增材制造钢的研究重点聚焦在其独特的跨尺度微观组织、丰富的固态相变及独特的力学行为上。

（5）铜及铜合金

纯铜及铜合金是重要的工业材料，在电子电路、电感线圈、汽车发动机、热交换器、航空航天燃烧室零部件、首饰、装饰品、生物医疗等方面有高的应用价值。目前对于铜合金的激光增材技术研究较多，主要的铜合金有Cu-Zn、Cu-Sn、Cu-Al、Cu-Ti、Cu-Ni、Cu-Cr等。已有研究表明，激光增材技术制造了优异强度的镍铝青铜合金，屈服强度比通过铸造和电弧增材制造的合金高160%和76%。

当前，成形铜合金面临的主要问题是高反射率，纯铜对于波长在1030～1064nm的红外激光反射率极高，因此激光束难以提供足够的能量将材料熔化。解决对策主要有：在纯铜中添加预合金化元素、优化工艺参数、开发适用于增材制造的短波长激光器、采用合适的原材料等。相关研究表明，采用短波长激光器进行成形更具优势，短波长激光不仅能更快地熔化材料，形成稳定熔池，还能极大地减少成形过程中的飞溅现象，以及气孔、裂纹等缺陷的形成，这将是未来激光增材技术成形铜及铜合金的研究热点[6]。针对铜及铜合金的激光成形难题，德国弗劳恩霍夫激光研究所推出了“绿色SLM”解决方案，采用波长为515nm的绿色激光，增大铜合金粉末的激光吸收率，提高致密度；日本岛津公司应用其研发的450nm蓝色二极管激光器进行铜合金增材制造；德国通快公司针对铜合金推出TruPrint 1000绿光版增材制造系统。在国内，深圳公大激光有限公司率先在国内推出了可用于高反金属增材制造及精密焊接的500W单模绿光激光器：GCL-500。该激光器采用全光纤基频加腔外倍频的方案，获得了最高超过500W的单模连续绿光输出，填补了该类型产品在国内的空白。增材制造铜合金的应用有发动机尾喷管、高效换热器等。

（6）镍基高温合金

激光增材制造用镍基合金主要包括固溶强化高温合金和沉淀强化高温合金，如Inconel 625、Inconel 718、Inconel 738、K4202、GH3536[7]。镍基高温合金在650～1000℃范围内具有抗氧化性、抗腐蚀能力和较高强度，被大量应用在燃气轮机、发动机和核反应堆中的热端部件，如涡轮叶片、导向叶片和涡轮盘等。利用激光增材技术制备镍基高温合金具有独特的优势。例如，缩短生产时间、降低生产成本等，非常适用于制造航空发动机及燃气轮机中喷嘴、叶片、燃烧室等热段部件以及航天飞行器、火箭发动机等复杂零件。

镍基高温合金自身含有较多的合金元素，其在激光增材制造过程中普遍存在裂纹敏感性强、元素析出严重、显微组织各向异性显著、力学性能可控性差等问题，需要严格控制激光工艺参数和合金中C、Si、Al、Ti和Nb、Ta等微量元素的含量，以及通过控制W、Mo、Cr等元素组成比来调控合金凝固温度范围，从而提高其成形性。当前镍基高温合金增材制造主要集中在Inconel系列合金上，如可焊性好的固溶强化型GH3625（IN625）、GH3536（Hastelloy X）、GH3230（Haynes 230）和沉淀强化型GH4169（IN718）、GH4099、IN738LC、IN939。此外，镍基铸造合金K4202和钴基合金GH5188（Haynes 188）等增材制造也较为成熟[4]。

(7) 钴基合金

钴基合金是一种奥氏体合金，在高温下具有较高的强度和良好的耐热腐蚀性能，同时，与航空航天领域使用较为广泛的镍基高温合金相比，钴基高温合金具有更高的热导率以及更低的热胀系数，因此被广泛应用于生物医疗以及航空航天领域。目前激光增材制造用的钴基合金为CoCr合金，包括CoCrW、CoCrMo、CoCrWCu等[8,9]。在未来，针对不同零件的使用需求，通过调节工艺参数以及选择不同的后处理方式使最终的零件获得不同的表面质量或者力学性能将是钴基高温合金激光增材制造技术的一个重要研究方向。

(8) 难熔金属

难熔金属是一类非常耐热和耐磨的金属，包括钨、钼、铌、钽、钒、锆等，其中纯钽和纯铌材料的增材制造技术相对成熟，但对于具有室温脆性的钨、钼及其合金，增材制造过程极易发生开裂，而通过添加钽、铌、稀土氧化物或碳元素捕获晶界氧元素，防止氧在晶界聚积，提高晶界强度，可有效控制晶界开裂。目前激光增材制造成形难熔金属研究主要集中在钨及钨合金和钽金属上，如W、W-Cu、W-Ni、W-Ni-Fe、W-Ni-Cu、多孔钽等已取得了较大进展，研究重点围绕减少缺陷、提升零件性能等方面；而在钼及其合金、锆及其合金、铌、钒等金属方面的研究较少。

1.3.2 金属增材制造材料常见制备技术

激光金属增材制造原材料主要分粉末和丝材，分别通过不同的技术制备。

(1) 金属粉末制备

金属粉末制备方法分为机械法、物理化学法两大类。机械法是将金属原料依靠挤压、冲击、磨削等作用机械性地粉碎，而其本身的化学成分基本不发生改变，从而获得金属粉末的工艺。大部分的金属及其合金都可以采用机械破碎的方法制成金属粉体，尤其适用于脆性金属及其合金。按照机械力的不同可将其分为机械冲击式粉碎法、气流磨粉碎法、球磨法和超声波粉碎法等。目前应用比较广泛的主要是机械研磨法和冷气流粉碎法。而物理化学法则是通过物理作用或者化学反应，改变原材料自身的凝聚状态或者化学成分而获得金属或合金粉末的工艺。物理法主要是通过机械力或外部物理力的作用将两种或多种材料（至少有一种为金属或合金）组合在一起形成复合粉末，其过程不会发生化学成分的变化及化学反应。它主要包括雾化法、机械合金化法、溶胶-凝胶法等。化学法是利用各种化学反应使金属材料和其他材料组合而形成复合粉末。主要包括氧化还原法、液相沉积法、气相沉积法等。

针对激光金属增材制造用金属粉末高洁净度、高球形度、流动性好、松装密度高等要求，目前制备其金属粉末的方法主要包括机械合金化法、雾化法、等离子球化法等。

① 雾化法

a. 气雾化。气雾化制粉法是指利用高速气流冲击熔融金属液流，使气体动能转化为熔体表面能，进而形成细小的液滴并在表面张力的作用下凝固成粉末颗粒。与水雾化的主要区别是雾化介质的改变，目前气雾化生产的粉末占世界粉末总产量的30%～50%。该方法制备的金属粉末具有粒度细小、球形度较好、纯度高、氧含量低、成形速度快、环境污染小等优点，该类技术适用于绝大多数金属及合金粉末的生产，是粉末冶金工业中应用最成熟、使用最多的粉末生产方法，也是增材制造用金属粉末制备的主流方法。气雾化制备常用技术包括有坩埚真空感应熔炼气雾化（vacuum induction-melting gas atomization，VIGA）和无坩埚电极感应熔炼气雾化（electrode induction-melting inert gas atomization，EIGA）。

真空感应熔炼雾化技术是一种冷坩埚熔炼雾化技术，其原理是在真空环境下，金属材料在水冷坩埚中熔炼，采用氩气/氮气等高压惰性气体将金属液流破碎雾化，形成球形或近球形粉末。该制粉技术的优点是对原料状态无特殊要求，可以选择锭材直接制粉。但其缺点是不能保证金属熔体完全不被坩埚污染，尤其是针对高活性金属；此外，还存在能耗大、电能转化率低等问题，研究表明，即使经过技术优化，该制粉技术的电能转化率仍低于30%。

电极感应熔炼气雾化技术起源于二十世纪的德国ALD公司，其原理是使用金属棒材作为加工原材料，在高频感应电源的作用下将棒材下端面熔化，熔融金属液流在重力作用下滴落至雾化区，经高压气体雾化凝固后形成金属粉末。EIGA技术的优点是避免了熔融金属液流与坩埚的接触，粉末杂质含量更低；熔融金属在液态停留时间短，缩短了残余气体中氧、氮、氢等杂质元素与金属的反应时间，粉末纯度更高；液滴流量可由感应功率控制，能耗更小；制粉的工艺稳定性和批次稳定性大幅提高。

b. 水雾化。水雾化是以水为雾化介质，破碎金属液流的雾化制粉方式，其优势在于设备构造简单、效率高、雾化成本低；但与气雾化相比，制备的粉末杂质含量高、球形度差，这归因于高温下活性金属易与雾化介质发生反应导致含氧量增加，同时水的比热容大，雾化破碎的金属液滴迅速凝固阶段多呈现不规则状，难以满足金属增材制造对粉末的质量要求。为解除水雾化在制备球形度高、氧含量低的金属增材制造粉体材料方面的应用限制，需要对水雾化进行结构上的改进或与其他雾化法相结合进行创新。

c. 等离子旋转电极雾化。等离子旋转电极雾化技术（plasma rotating electrode process，PREP）最初起源于俄罗斯，该装置采用同轴的等离子弧为热源，首先在惰性气体氛围下，等离子弧加热熔化快速旋转的自耗电极，旋转棒料端面因受热熔化形成液膜，随后在离心力作用下于熔池边缘雾化成熔滴，熔滴在飞行过程中受表面张力作用冷却凝固最终形成球形粉末。该技术可通过调节等离子弧电流的大小和自耗电极转速来调控粉末的粒径，提高特定粒径粉末的收得率，有利于制备高球形度、高致密度、低孔隙率、低氧含量、表面光洁的球形粉末，且基本不存在空心粉、卫星粉，有效减少增材制造技术生产过程中的球化、团聚及引入杂质元素而带来的气孔、开裂现象。

d. 等离子熔丝雾化。等离子熔丝雾化工艺（wire plasma atomization，WPA）由加拿大高级粉末及涂层公司（AP&C）率先提出并获得专利。该技术以规定尺寸的金属丝材为原材料，通过送丝系统按照特定速率送入雾化炉内，经出口处环形等离子体火炬加热装置，在聚焦等离子弧的作用下进行熔融雾化，最终得到金属粉末。整个流程在氩气氛围下进行，熔融雾化过程无外来杂质干扰，产品纯净度高，由于采用金属丝材为加工原材料，通过控制进给速度可获得特定粒径分布的粉末，因而提高了粉末的品质稳定性。低浓度的悬浮颗粒能够有效防止形成伴生颗粒，从而使粉末具备较好的流动性，十分有利于制备高纯度、高球形度的金属粉末。

② 等离子球化法　等离子球化（plasma atomization，PA）是一种对不规则粉末进行熔化再加工的二次成形技术，也是制备难熔金属粉末的主要技术之一。区别于其他技术应用的丝材、棒材等，该技术以不规则形状的金属粉末为原材料，在载气气流的作用下不规则粉体被输送到感应等离子体中，在热等离子体作用下受热熔化，熔融金属液滴在下落进入冷却室过程中因经受较高的温度梯度变化以及自身表面张力作用，从而迅速冷却凝固缩聚为球形。等离子熔融球化技术因其成形原理被认为是获得致密、规则球形粉末的有效手段，其制备方法依照等离子体的激发方式可分为射频等离子体和直流等离子体两类。

③ 机械合金化法　机械合金化法是美国 Benjamin 等于 1969 年研制成功的一种制粉技术，通过对两种或两种以上的金属或非金属粉体进行球磨，对混合粉末产生强有力的撞击，使不同的原料粉末达到原子级紧密结合，在固态下完成固相反应和相变，获得细晶合金粉体。机械合金化是用于开发增材制造用精细金属

粉末的一种高能球磨工艺，其金属粉末颗粒具有可室温加工、增强的固溶度和元素均匀分布的优点。元素粉末在研磨过程中在球磨罐的旋转下经历破碎和焊接形成金属粉末颗粒。在流体静压的极端状态下，磨球对混合粉末产生剧烈的撞击，元素粉末颗粒发生很大的塑性变形然后破裂，经过以上重复的断裂和冷焊，导致颗粒不断细化。当焊接和断裂的重复次数达到平衡时，最终将获得具有稳态尺寸分布和均匀分布元素的粉末颗粒。目前机械合金化广泛用于制备纳米晶、准晶、金属间化合物和非晶合金等亚稳材料。

（2）金属丝材制备

现阶段，增材制造用丝材要经冶炼、（热、冷）拉拔等工艺制备，由于加工工艺的局限性，对能冶炼但无法拉拔成丝材的材料无法加工，例如高硬度和特殊合金成分的丝材制备难度较高，只能对特定金属材料进行加工。同时受增材制造工艺限制，对丝材的焊接性能要求高，进一步限制了金属丝材的种类和数量。目前，激光近净成形等以丝材为耗材的增材制造工艺多以钛合金、镍基合金、不锈钢为主要材料。

焊接材料包括焊条、MAG 实心焊丝、药芯焊丝、埋弧焊丝。相比于以粉末为填充材料的增材制造技术，送丝增材制造以焊丝作为填充材料，其丝材利用率接近100%。基于丝材的激光送丝增材制造工艺主要采用实心焊丝和药芯焊丝。药芯焊丝是由钢管或钢带包覆一定量药粉和金属粉组成的药芯拉拔而成的焊丝，其中药粉起和焊条药皮相似的作用，因此药芯焊丝兼具了焊条和实心焊丝的优点，又克服了两者的缺点，是一种先进的增材制造用丝材。

焊丝质量主要包括送丝性能、抗锈性、抗吸湿性、尺寸精度、焊丝表面光洁度以及药粉的填充均匀度等。此外，焊丝的表面粗糙度，焊丝直径稳定性，焊丝松弛直径、翘距和螺旋度等对焊丝质量也具有一定影响。

焊丝的生产大致分为线坯生产、线杆拉拔、中间退火和表面处理四大步骤，焊丝线坯的生产工艺主要有立式半连续铸造-挤压法、连铸连轧法、水平连铸拉拔法。

立式半连续铸造-挤压法制备焊丝线坯工艺流程如下：配料—熔炼—立式半连续铸造—均匀化退火—热挤压—线坯。由于这种焊丝线坯生产工艺具有生产效率高、浇铸稳定、得到的铸锭力学性能和变形性能良好等优点，广泛应用于军工用铝合金焊丝，但设备投资较大、工序多、铸造缺陷较多以及成品率相对较低。连铸连轧法制备焊丝线坯工艺流程如下：配料—熔化—精炼—连续铸造—热轧—线坯。水平连铸拉拔法制备焊丝线坯工艺流程如下：配料—熔化—精炼—水平连铸连拉—线坯。焊丝线坯热挤压后会产生加工硬化，降低材料塑性，进而影响拉拔过程的进行，因此在焊丝线坯拉拔前需进行退火，以消除残余应力，提高塑性。中间退火温度一般低于再结晶温度，随着退火时间增加，材料内部的位错密度逐渐降低，残余应力得到释放，加工硬化现象逐渐消失，拉拔过程变得顺利。但是中间退火时间不宜过长，以免使焊丝坯料软化，在拉拔过程中被拉断。

1.4 激光金属增材制造应用领域

激光金属增材制造技术最初的产生主要是针对航空航天等技术领域对装备极端轻质化与可靠化的需求。但是近十年来该技术已经迅速发展，并且在航空航天、医学、汽车、模具、珠宝首饰、文化创意等领域有了广泛的应用，具有提高小批量零件生产效率、缩短加工时间、减少材料浪费、节约加工成本和个性化定制的特点，在现今以及未来的工业制造中能够发挥巨大作用。基于激光的金属增材制造是技术创新和工业可持续发展的关键战略技术。图 1-7 所示为基于 SLM 技术的典型应用案例。

图 1-7　SLM 技术应用领域

（1）航空航天

面向航空航天装备日益整体化、复杂化、轻量化、结构功能一体化的制造需求，激光金属增材制造为传统航天制造业的转型升级提供了巨大契机。将激光金属增材制造技术应用于航空航天领域具有以下优势：①缩短新型航空航天装备的研发周期；②提高材料的利用率，节约昂贵的战略材料，降低制造成本；③优化零件结构，减轻重量，减少应力集中，增加使用寿命；④可进行复杂零件原位修复，降低维修成本。

美国国家航空航天局NASA近年来致力于火箭发动机的金属增材制造，目前已完成了各种燃烧室、喷射器、喷嘴、点火系统、涡轮机械等关键零部件的激光金属增材制造与测试验证。美国GE公司利用SLM工艺完成了航空发动机燃油喷嘴的一体化成形，将20个零件集成1个部件进行成形，减重25%，并实现数万个零件的批量制造，成为成功的应用案例之一。国内方面，中国商飞公司与西北工业大学通过LDED技术完成了某型号飞机Ti6Al4V翼肋缘条和飞机窗框试验件的直接制造。北京航空航天大学王华明教授团队利用LDED技术制造了大型飞机钛合金主承力构件加强框。然而，目前激光增材制造技术在航空航天领域的应用在可靠性、可重复性、相关标准规范建立等方面仍面临巨大挑战[10,11]。

（2）生物医疗

全球生物医疗产业规模达数万亿美元，且呈现高速稳定增长趋势，逐渐成为世界经济的主导产业之一。由于人体的个体差异，医疗器械对个性化定制的要求很高，激光增材制造技术是实现个性化定制的绝佳途径，已成功用于个性化制造医疗模型、手术导板、外科/口腔植入物、康复器械等。2020年增材制造在牙科市场的价值达到了18亿美元，预计到2025年将达65亿美元，年复合增长率为28.8%。2023年全球骨植入市场将突破747.96亿美元，中国现有肢体功能受限者超1500万人，可以预期增材制造骨科植入体具有良好的市场前景。激光金属增材制造技术在医疗应用领域主要包括手术导板、外科/口腔植入物等，例如齿科、个性化托槽、脊柱植入体和置钉导板、髋臼杯和股骨柄、骨盆骨折导板、膝关节假体、骨科手术导板等。然而，目前仍需建立基于增材制造的医疗器械相关标准与技术准则，引导技术创新与应用发展。

（3）汽车

激光金属增材制造技术为汽车轻量化的设计以及制造提供了新途径，逐渐成为国内外汽车产业的发展热点之一。汽车产业是拉动我国经济增长的支柱性产业，在国民经济中占据着举足轻重的地位，我国汽车销售量已连续13年位居全球第一。宝马公司增材制造的换挡拨杆已量产30万件；汽车零部件供应商马勒公司增材制造的活塞比传统铸造活塞减重约20%，已在保时捷赛车上成功应用[12]；大众汽车集团通过激光增材制造技术制造了钛合金汽车制动钳，并通过了测试，减重50%以上。主要有以下优势：①辅助汽车的研发设计，大大缩短开发周期和降低成本；②突破了制造局限，可促使产品设计由面向制造工艺的设计转向面向零件性能的最优化设计，从设计源头改善汽车性能；③实现多品种车型的快速开发以及个性化车型的快速低成本定制；④促进汽车行业往低能耗、低排放和绿色化方向发展。

（4）工业模具

激光金属增材制造技术在模具上最大的优势是制造随形冷却通道模具。传统模具内的冷却水路是通过交叉钻孔产生内部网络，并通过内置流体插头来调整流速和方向。激光金属增材制造技术则突破了交叉钻孔方式对冷却水路设计的限制，可直接制造具有复杂随形冷却水道的新型模具。新型模具将冷却水道形状依据产品轮廓的变化而变化，模具无冷却盲点，有效提高冷却效率，减少冷却时间、提高注塑效率；水道与模具型腔表面距离一致，有效提高冷却均匀性、减小产品翘曲变形，提高了产品质量。

激光金属增材制造技术在工业模具方面的应用主要包括直接制造、嫁接成形、模具修复等。通过计算机辅助设计对目标模具产品进行三维建模，可通过激光金属增材制造技术直接制造复杂模具。然而，由于直接制造模具整体的效率较低，采用嫁接方式进行模具生产更具经济效益，即简单部分模具采用机加工完成，而具有随形冷却通道的复杂部分模具则采用激光增材制造技术完成，同时保证加工效率与复杂性。模具在高温高压下产生的点蚀、细小裂纹等缺陷也可通过激光金属增材制造技术和减材加工技术结合实现修复，节约成本。

（5）珠宝

如今，全球珠宝首饰行业正处于升级转型阶段，传统渠道的珠宝销售已经很难满足年轻消费者个性化的需求。激光金属增材制造技术在珠宝领域的应用突破了传统珠宝设计的局限性，精简了珠宝生产加工环节，使珠宝设计变得更加简单、多样化。激光金属增材制造技术解放了珠宝设计师的创意和灵感，采用创新结构设计方法，设计出形状各异的珠宝首饰，为满足广大用户日趋苛刻的个性化设计和定制化需求提供更优质的服务。激光金属增材制造技术将促成整个首饰个性化定制产业的变革，重新定位消费者、设计师在该产业中的作用和地位，重塑用户需求、设计、制作、销售、售后服务等各个环节。虽然现阶段该技术在使用过程中仍有诸多不足，但随着技术的进步和相关保障措施的完善，该技术一定能创造首饰个性定制产业的辉煌。

（6）科研教育

增材制造技术的发展体现出精密化、智能化、通用化以及便捷化等趋势。因此，增材制造技术在教育科研领域得到国家的高度重视。《国家增材制造产业发展推进计划（2015—2016 年）》的推出，将增材制造技术发展规划提高到了国家战略发展的高度，不仅强调了增材制造技术教育的推广与普及，更强调了增材制造技术人才的培养。国家“十四五”规划中提出建设高质量教育体系，增强职业技术教育适应性，突出职业技术（技工）教育类型特色，深入推进改革创新，优化结构与布局，大力培养技术技能人才。教育部在 2015 年将“航空产品增材制造”“增材制造技术”等专业方向列入高等职业教育（专科）目录，2020 年，增材制造工程列入普通高等学校（本科）专业目录。增材制造技术教育在中等职业教育、高等职业教育以及普通高等教育领域都在普及，面向不同层次的增材制造人才培养体系正在不断完善。增材制造技术在科研新材料的应用、结构力学性能研究、微观组织结构实体化、结构拓扑优化设计等方面有特殊的使用价值与研究方向，在多种材料成形领域也是科研方面的一个大特色。

随着科学技术的不断发展，激光金属增材制造技术在制造业中逐渐兴起并成为重要组成部分。现如今，激光金属增材制造技术正在快速改变人们传统的生产与生活方式。未来，以数字化、定制化、个性化为特点的激光增材制造技术将推动新一轮工业革命。

1.5 激光增材制造领域专业术语（按照国家标准）

以下术语摘自增材制造相关的国家标准[13-16]：

增材制造 additive manufacturing；AM

以三维模型数据为基础，通过材料堆积的方式制造零件或实物的工艺。

增材制造系统 additive manufacturing system；additive system；additive manufacturing equipment

增材制造所用的设备和辅助工具。

增材制造设备 additive manufacturing machine；additive manufacturing apparatus

增材制造系统中用以完成零件或实物生产过程中一个成形周期的必要组成部分，包括硬件、设备控制软件和设置软件。

复合增材制造 hybrid additive manufacturing

在增材制造单步工艺过程中，同时或分步结合一种或多种增材制造、等材制造或减材制造技术，完成零件或实物制造的工艺。

定向能量沉积 directed energy deposition

利用聚焦热能将材料同步熔化沉积的增材制造工艺。

粉末床熔融 powder bed fusion

通过热能选择性地熔化/烧结粉末床区域的增材制造工艺。[注：典型的粉末床熔融工艺包括选区激光烧结（selective laser sintering，SLS）、选区激光熔融（selective laser melting，SLM）以及电子束熔化（electron beam melting，EBM）等]

粉末床 powder bed

增材制造工艺中的成形区域，在该区域中原材料被沉积，通过热源选择性地熔化、烧结或者用黏结剂来制造零件或实物。

成形态 as built

增材制造工艺中，除需要移除成形平台、去除支撑和/或去除原材料外，零部件在成形后和后处理工艺前的一种状态。

近净形 near net shape

零件或实物基本不需要后处理即可满足尺寸公差要求的成形状态。

全致密 fully dense

材料的相对密度不小于某一特定值的一种临界状态。

孔隙率 porosity

表征零件或实物致密程度的指标，为材料中孔隙的体积占总体积的百分比。

零件 part

采用增材制造工艺成形的功能件，可以是预期的完整产品或其部件。

沉积层 deposition layer

工作状态下，原材料在定向能量源的作用下熔化，并在工作表面上沉积的凝固层。

沉积道 deposition track

工作状态下，原材料与能量束的汇聚点做单次非折线运动时所沉积的区域。

沉积路径 deposition path

工作状态下，原材料与能量束的汇聚点的移动路径。

工艺参数 process parameter

在单一成形周期内使用的一组操作参数及系统设置。

搭接率 overlap ratio

正常工艺状态下，相邻沉积道部分区域重合的宽度与单沉积道宽度的比率。

送粉率 powder feeding rate

单位时间内，通过送料系统送出的粉末原材料重量或体积。

基材 substrate

用于构件沉积的板材或块材。

沉积头 deposition head

将能量和原材料输送到熔池的装置。

切片厚度 slice thickness

模型切片过程中设计的定向能量沉积过程沿沉积方向的单沉积层厚度。

参考文献

[1] 黎柏春，赵雨，于天彪，等．面向激光熔覆 Ni_2O_4 合金工艺参数选择的单道成形试验研究［J］．应用激光，2018，38（05）：713-719.

[2] 战金明，梁志刚，黄进钰，等．TC4 钛合金表面单道激光熔覆工艺研究［J］．应用激光，2020，40（06）：955-961.

[3] 金属增材制造综述：材料篇（1）［EB/OL］．［2023-1-11］．http：//mp. weixin. qq. com/s? _ biz = MzU3MzExNDMwOQ = = &mid = 2247488836&idx = 1&sn = 9a207a5723df00d2162b10fb897a7185&

chksm=fcc7c7eecbb04ef88135dfbb217053eeb4a9654bc65d2969bf4544dfa3bf447b37f5fa fa5fe7#rd.

[4] Liu C, Zhang M, Chen C. Effect of laser processing parameters on porosity, microstructure and mechanical properties of porous Mg-Ca alloys produced by laser additive manufacturing [J]. Materials Science and Engineering (A), 2017, 703: 359-371.

[5] Zhang M, Chen C, Liu C, et al. Study on porous Mg-Zn-Zr ZK61 alloys produced by laser additive manufacturing [J]. Metals, 2018, 8 (8): 635.

[6] 朱勇强，杨永强，王迪，等. 纯铜/铜合金高反射材料粉末床激光熔融技术进展 [J]. 材料工程，2022，50 (06): 1-11.

[7] 王迪，钱泽宇，窦文豪，等. 激光选区熔化成形高温镍基合金研究进展 [J]. 航空制造技术，2018，61 (10): 49-60.

[8] Takaichi A, Nakamoto T, Joko N, et al. Microstructures and mechanical properties of Co-29Cr-6Mo alloy fabricated by selective laser melting process for dental applications [J]. Journal of the mechanical behavior of biomedical materials, 2013, 21: 67-76.

[9] Takaichi A, Kajima Y, Kittikundecha N, et al. Effect of heat treatment on the anisotropic microstructural and mechanical properties of Co-Cr-Mo alloys produced by selective laser melting [J]. Journal of the Mechanical Behavior of Biomedical Materials, 2020, 102: 103496.

[10] 林鑫，黄卫东. 应用于航空领域的金属高性能增材制造技术 [J]. 中国材料进展，2015，34 (09): 684-688.

[11] 张红梅，顾冬冬. 激光增材制造镍基高温合金构件形性调控及在航空航天中的应用 [J]. 电加工与模具，2020 (06): 1-10.

[12] 卢冰文，林兴浩，王彬，等. 激光与增材制造技术应用研究 [J]. 广东科技，2022，31 (06): 50-52.

[13] 青岛海尔智能技术研发有限公司，机械科学研究总院，武汉天昱智能制造有限公司，等. 增材制造工艺分类及原材料：GB/T 35021—2018 [S]. 北京：中国标准出版社，2018.

[14] 中机生产力促进中心，上海材料研究所，西安交通大学，等. 增材制造术语：GB/T 35351—2017 [S]. 北京：中国标准出版社，2017.

[15] 湖南华曙高科技有限责任公司，广东汉邦激光科技有限公司，西安赛隆金属材料有限责任公司，等. 增材制造金属材料粉末床熔融工艺规范：GB/T 39252—2020 [S]. 北京：中国标准出版社，2020.

[16] 西北工业大学，北京航空航天大学，西安航天发动机有限公司，等. 增材制造金属材料定向能量沉积工艺规范：GB/T 39253—2020 [S]. 北京：中国标准出版社，2020.

第2章

大尺寸激光选区熔化技术

2.1 大尺寸激光选区熔化技术背景

激光选区熔化（selective laser melting，SLM）是利用高能量激光束将设计好的二维截面上的金属合金粉末熔化，由下而上逐层打印实体零件的一种金属增材制造技术。SLM 技术利用 CAD 三维软件设计三维模型，并导出为切片软件能够识别的文件格式；对三维模型进行切片操作并添加支撑和分层处理，得到三维模型的截面轮廓数据；利用路径规划软件对轮廓数据进行扫描路径处理，将路径规划后的数据导入 SLM 设备中，工控机按照每层轮廓的扫描路径，控制激光束选区逐层熔化金属合金粉末，逐层堆叠成致密的三维金属零件实体[1]。

目前，大多数激光选区熔化设备采用一台振镜进行扫描和一台激光器作为热源，在成形速率和振镜偏转角度方面受限，可成形零件尺寸通常小于 300mm×300mm×300mm[2]，无法满足成形大型金属零件的需求[3]。现阶段，增大成形尺寸的主要策略有三种：第一种方法是采用长焦距 f-θ 场镜，在增加焦距的同时可以增大扫描尺寸，但由于长焦距使得聚焦后的光斑增大，因此需要采用更高功率的激光以弥补激光功率密度的损失；第二种方法是移动振镜，通过整体移动扫描振镜，使振镜可以扫描到更多的区域，实现大范围的成形，但此种方式的成形效率依然偏低；第三种方法是多激光多振镜拼接成形，增加相同成形尺寸空间的振镜和激光器数量，在同一时间内实现同步扫描，从而扩大成形尺寸，提高成形效率[4]。

多激光多振镜拼接成形也称为多激光选区熔化（multi-laser selective laser melting，ML-SLM）技术，是大尺寸激光选区熔化技术最常用的方案。以双激光 SLM 为例，对成形原理进行说明。如图 2-1 所示，与单激光 SLM 成形相比，双激光 SLM 将成形幅面分为两个单独的扫描区域，各个激光可以通过扫描振镜对每个区域进行独立扫描。图中区域①和区域③为单激光扫描区域（简称单激光区），两相邻单激光区通过区域②（简称搭接区）进行搭接。单激光区零件 1 的成形过程与单激光 SLM 一致，只需控制对应的扫描振镜即可完成打印。而跨区域的零件 2 由于尺寸超过单激光的扫描范围，则需要通过多激光协同制造[5]。

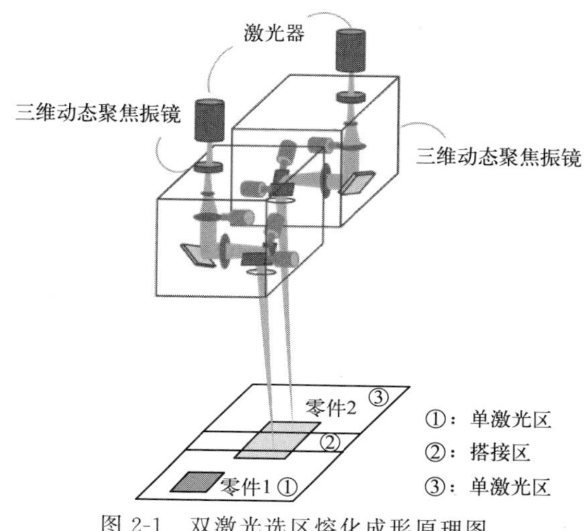

图 2-1　双激光选区熔化成形原理图

2.2　大尺寸激光选区熔化增材制造装备与工艺

2.2.1　大尺寸激光选区熔化增材制造装备发展现状

基于多激光选区熔化增材制造技术，国内外有较多公司和研究机构开发了相应的大尺寸激光选区熔化增材制造设备。德国 SLM Solutions 逐步推出了双激光、四激光、十激光、十二激光增材设备，在 2022 年 11 月研制出了大尺寸 SLM 设备 NXG Ⅻ 600E 并实现了商业化。该款设备配备了 12 台 1kW 的激光器，能够生产尺寸 3000mm×1200mm×1200mm 的高质量金属零件。2021 年 3 月，赛峰集团（Safran）采用德国 SLM Solutions 的四激光增材设备 SLM 800 打印了一种大型的飞机构件，不仅能够实现基础的力学性能，而且还能够减轻 15%的重量，同时，能够极大地缩短零件的制造周期，证明了金属增材制造生产大型结构零件的可行性。

德国 EOS 公司推出了四激光增材制造设备 M400，每台激光器负责 250mm×250mm 的区域（50mm 重叠），可同时制造 4 个部件，成形尺寸为 400mm×

400mm×400mm，比单激光系统生产效率提升 4 倍。美国 Sintavia 公司采用 M400 的扩展版在 2022 年 4 月打印了一件超大尺寸的船用镍基合金海水热交换器，整个组件的外部尺寸达到 406mm×406mm×990mm，打印时间花费 12 天，该部件是当前已知的最大尺寸增材制造热交换器。

西安铂力特增材技术股份有限公司也在大尺寸金属激光增材制造设备的研发中取得了一定的成果，2020 年向市场推出了大尺寸金属增材制造设备 BLT-S600。该款设备最大成形尺寸达 600mm×600mm×600mm，可满足多种应用场景零件的尺寸需求，零件成形精度可控制在 0.2mm 以内，振镜拼接精度可控制在±0.05mm 以内，零件表面粗糙度最低可达到 5μm。

依托作者所在科研团队成立的广州雷佳增材科技有限公司推出了双激光增材制造设备 Di-Metal 450、四激光增材制造设备 Di-Metal 650。Di-Metal 450 采用双激光双振镜成形系统，相比单激光模式，大大提高设备成形效率，双振镜工作区域采用随机旋转分配公共区域的方法，节约零件加工时间，有效降低零件成本。此外，Di-Metal 450 可快速灵活更换多成形腔，适用材料范围广，兼容多材料一体成形，成形效率高，设备稳定性好，设备采用全密闭真空腔体，腔体内部含氧量最低可降至 10^{-4}μL/L，使得设备具有良好的气氛，有效地保证了零件成形质量。Di-Metal 650 搭载多激光同幅面成形解决方案，可实现大尺寸多激光同幅面高效成形；设备采用四激光同幅面扫描，最大化重叠区域，减少搭接，在优化成形质量的同时，可提高成形效率近 3 倍；幅面拼接使成形尺寸达 650mm×650mm，Z 轴尺寸超过 1000mm；该款设备采用全新风场设计，风场强劲均匀，保证了多激光大幅面成形过程飞溅的去除效果；工艺过程全自动化设计，配备 SLM 自动送粉，具有粉末自动回收和零件自动出仓等自动化功能。

另外，英国雷尼绍公司开发了四激光增材制造设备 RenAM 500Q，可大幅提高加工平台的生产效率，其成形尺寸达到 245mm×245mm×335mm；美国 3D Systems 开发了三激光增材制造设备 DMP Factory 500，采用 3 个 500W 光纤激光器，其成形尺寸达到 500mm×500mm×500mm。美国 GE Additive 开发了四激光增材设备 M Line Factory，其成形尺寸达 500mm×500mm×400mm。华曙高科推出了双激光增材设备，其成形尺寸达 425mm×425mm×420mm。总体来说，当前各个设备供应商为了进一步满足客户对于大尺寸零件的制造需求，采用多激光选区熔化技术作为技术方案，使得多激光增材制造设备的研发成为设备制造商竞相追逐的焦点。

2.2.2 大尺寸激光选区熔化增材制造工艺发展现状

激光选区熔化过程涉及粉末熔化、冷却凝固的非平衡物理冶金过程，其成形质量控制依然面临挑战。而大尺寸多激光选区熔化的成形过程比起单激光要更为复杂，尤其是当采取不同的搭接策略时，搭接区金属所经历的热循环及熔凝过程有异于单激光区域，造成成形缺陷的出现和显微组织的改变。如图 2-2 所示，根据相邻单激光成形区域之间是否重叠可以将搭接策略分为重熔搭接策略和非重熔搭接策略。不同的多激光搭接策略对于不同材料搭接区的成形质量影响不同，同时涉及搭接区域缺陷控制、搭接区域组织调控以及性能优化等问题。目前，国内外学者已经针对不同金属材料的多激光选区熔化相关工艺问题开展了研究。

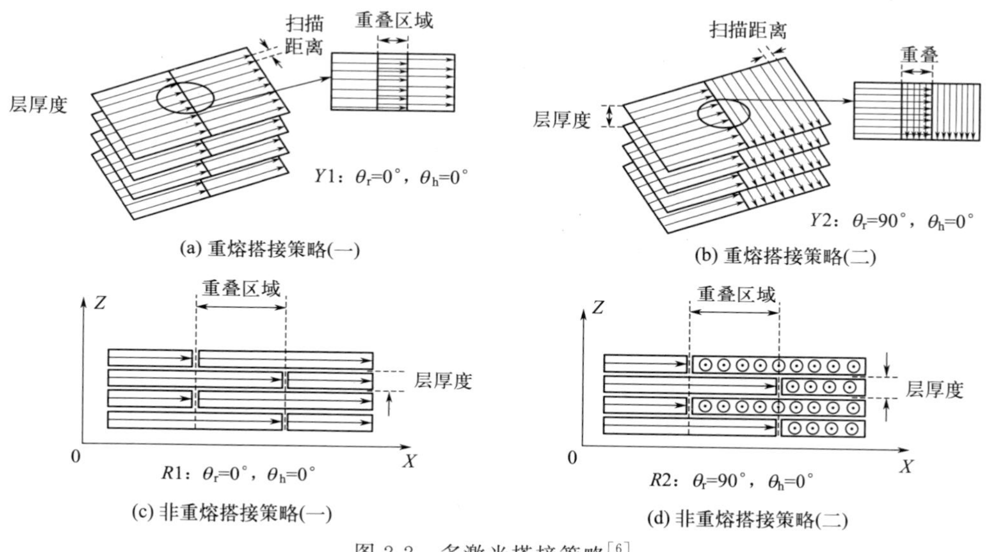

图 2-2　多激光搭接策略[6]

在 Ti6Al4V 合金方面，Li 等研究了双激光搭接区和单激光区的微观结构差异[7]，发现微观结构和力学性能不受层内相对偏转角度和搭接宽度的影响。搭接区的微观结构以沿成形方向的柱状晶和与成形方向倾斜约 ±45°的针状 α′马氏体为主，与单激光区相似。Wei 等发现无论对应的两个激光的扫描路径相同还是不同，搭接区可以几乎完全致密[8]。然而，如果两个激光同时扫描搭接区域，并且它们的入射点彼此相遇，则可能会形成大量的锁孔缺陷。如果能避免两个激光入射点相遇，则搭接区的显微硬度和拉伸强度可以与单激光区相媲美。Li 等通过模拟多激光 SLM，研究了不同激光扫描次数下（激光数量）微观结构和力学性能的差异[9]。如图 2-3 所示，随着扫描次数的增加（1，2，4），显微组织演变：非常细的针状 α′马氏体（宽度约为 1.1μm）→细针状 α′马氏体（宽度约 1.7μm）→粗 α′马氏体或点状和短棒状 α 马氏体（宽度约 2μm）；硬度先降低后增加。此外，当搭接区宽度为 0.2mm 时，双激光搭接区和单激光区的拉伸性能差异不明显。

对于 AlSi10Mg，Liu 等也通过模拟多激光 SLM，研究了不同激光扫描次数

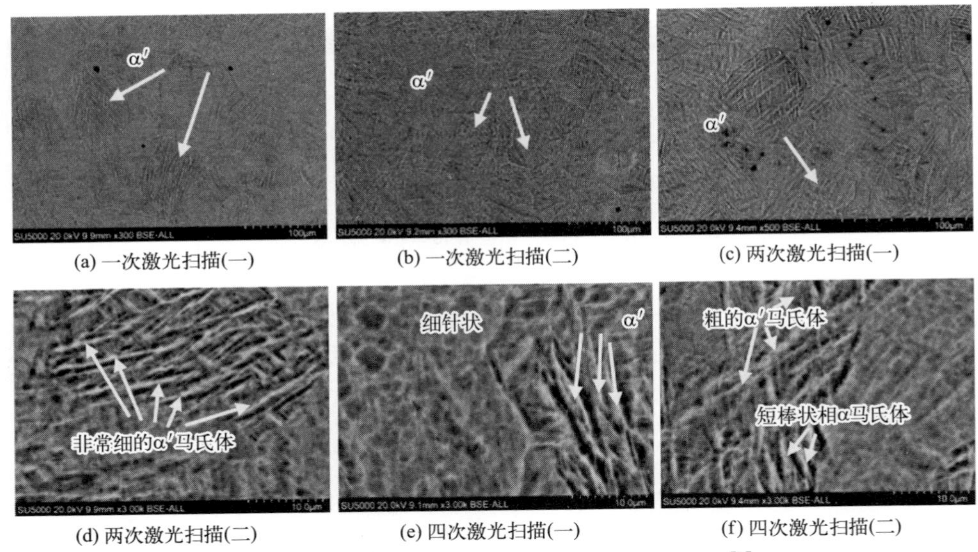

(a) 一次激光扫描(一)　(b) 一次激光扫描(二)　(c) 两次激光扫描(一)

(d) 两次激光扫描(二)　(e) 四次激光扫描(一)　(f) 四次激光扫描(二)

图 2-3　Ti6Al4V 不同激光扫描次数下微观组织[9]

(1，2，4) 对微观结构的影响[10]。如图 2-4(a) 所示，通过 XRD 分析，微观结构主要由 α-Al 和 Si 的相组成。随着激光扫描次数的增加，Si 峰降低而 α-Al 峰增加，同时晶粒优先生长方向达到 (200) 平面。Zhang 等采用重熔搭接策略，利用优化后的工艺参数制备了多激光 SLM 成型的 AlSi10Mg 样品，发现双激光搭接区熔池的宽度和深度大于单激光区，同时熔池底部存在一些锁孔孔隙，如图 2-4(b) 所示[11]。其原因是搭接区边界是激光开启/关闭以及振镜加减速的位置，更多的能量输入导致熔池更不稳定而形成孔隙。图 2-4(c) 和 (d) 显示，在单激光区和搭接区的熔池都有三个不同的区域：粗胞状枝晶 (CCD)，细胞状枝晶 (FCD) 和热影响区 (HAZ)。熔池边缘的 CCD 结构是在前一层热区所导致的低凝固速率下形成的。FCD 的 Si 延伸到熔池的中心。由于局部热效应，HAZ 中的 Si 被分离。此外，如图 2-4(e) 和 (f) 所示，单激光区和搭接区的平均晶粒尺寸分别约为 6.06μm 和 5.93μm，没有明显差异，表明重熔对微观结构的影响很小。小孔隙对显微硬度和强度的影响也有限，只会导致搭接区的极限抗拉强度和伸长率略低于单激光区。

作者团队利用自主研发的多激光选区熔化设备打印了 316L 不锈钢[12]。如图 2-5(a) 和 (b) 所示，采用一种独特的“可变面积”的扫描策略，研究了单激光、双激光和四激光选区熔化成形的样品在加工过程中的尺寸精度、微观结构、缺陷、表面粗糙度和力学性能。研究发现，单激光打印样品和四激光打印样品具有良好的表面质量和尺寸精度，但由于搭接误差，双激光打印样品的尺寸存在较大偏差。内部微观组织显示出多激光搭接区域中熔体轨迹的复杂交错，同时搭

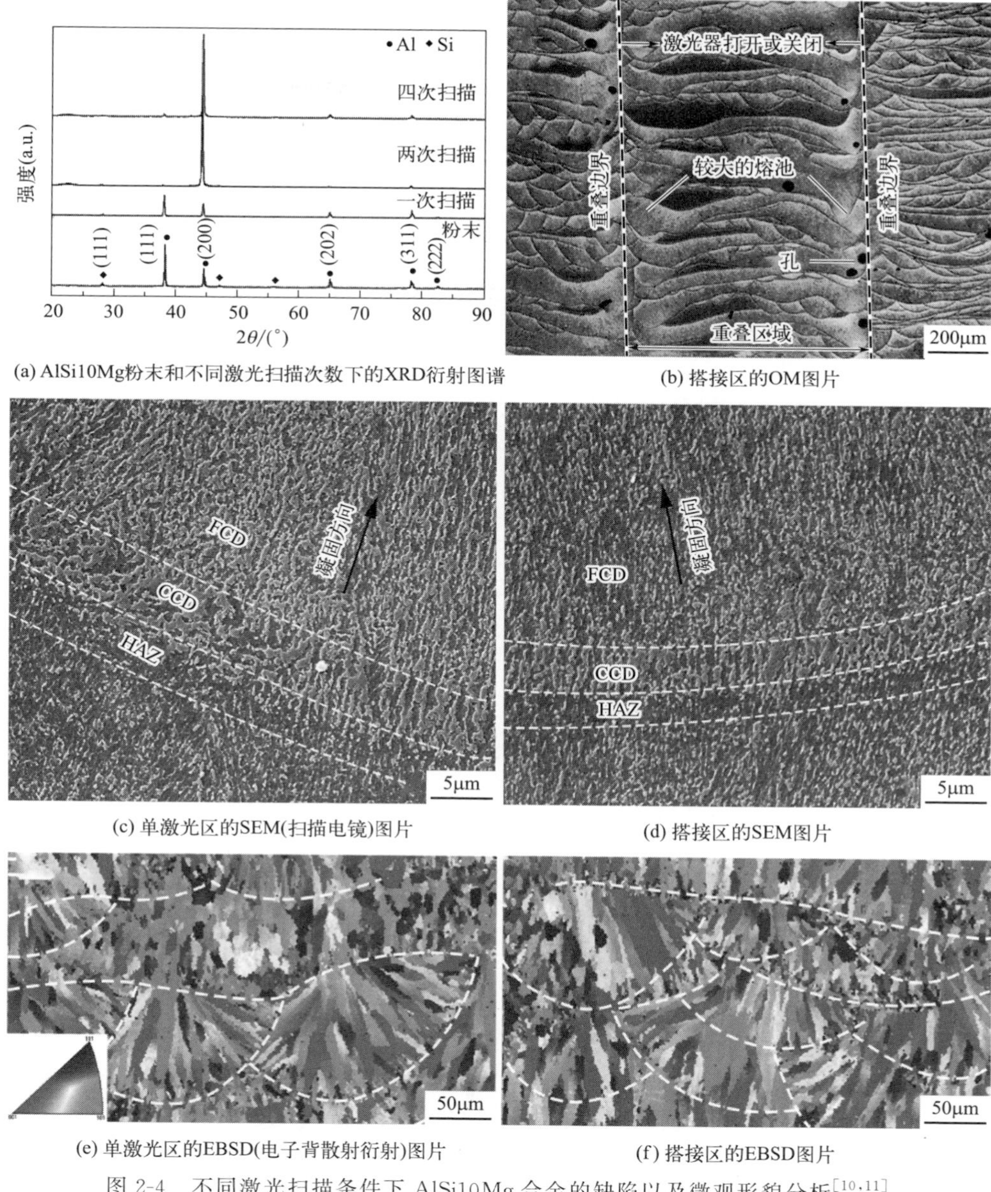

(a) AlSi10Mg粉末和不同激光扫描次数下的XRD衍射图谱

(b) 搭接区的OM图片

(c) 单激光区的SEM(扫描电镜)图片

(d) 搭接区的SEM图片

(e) 单激光区的EBSD(电子背散射衍射)图片

(f) 搭接区的EBSD图片

图 2-4　不同激光扫描条件下 AlSi10Mg 合金的缺陷以及微观形貌分析[10,11]

接边界处存在孔洞，这也是搭接区域显微硬度不稳定的原因之一。如图 2-5(c)～(f) 所示，区域的晶粒尺寸随激光器数量的增加而增加，搭接区域的择优取向发生变化，并呈现出明显的<100>织构，并且由于高的热梯度，沿着成形方向产生更多的柱状晶粒。此外，双激光选区熔化样品甚至比单激光选区熔化试样获得更好的平均拉伸性能。

除了上述常见的三种金属外，也有学者研究了多激光 SLM 成形的新型合金材料的组织及力学性能。Li 等研究发现多激光 SLM 成形的 TA15 合金样品都由几乎完整的针状 α 马氏体组成[13]。多激光工艺加深了热累积效果，随着激光束数量的增加，出现 LAGBs（小角晶界）向 HAGBs（大角晶界）的转化和缓慢的

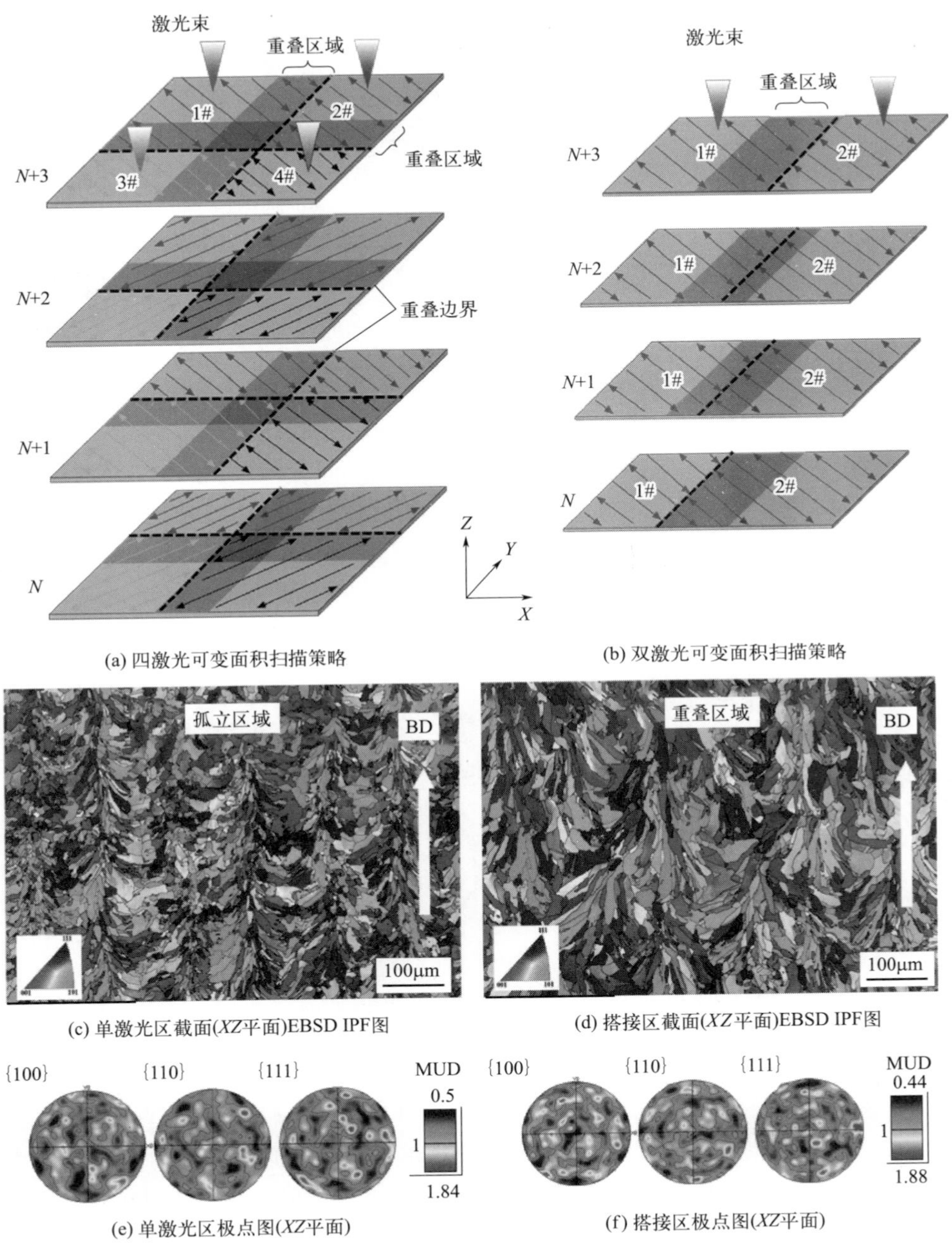

(a) 四激光可变面积扫描策略

(b) 双激光可变面积扫描策略

(c) 单激光区截面(XZ平面)EBSD IPF图

(d) 搭接区截面(XZ平面)EBSD IPF图

(e) 单激光区极点图(XZ平面)

(f) 搭接区极点图(XZ平面)

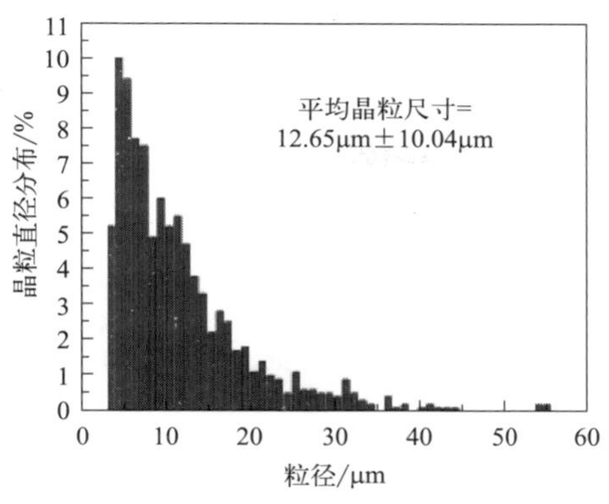

(g) 单激光区横截面得到的平均晶粒尺寸和晶粒直径分布

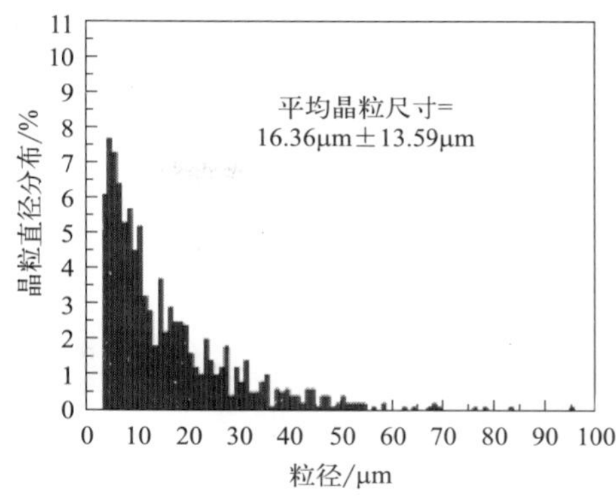

(h) 搭接区横截面得到的平均晶粒尺寸和晶粒直径分布

图 2-5　可变面积扫描策略示意图以及 SLM 制备的 316L 不锈钢样品在单激光区和搭接区的 EBSD 分析[12]

晶粒粗化。多激光成形 TA15 合金的显微硬度范围在较高水平（388～423HV），由于晶粒粗化效应，四激光成形样品具有最低的显微硬度。Xie 等研究指出 Hastelloy X（GH3536）合金所有搭接区均由细柱状晶/胞状晶组成，与单激光区基本相同[14]。然而，在单激光区形成的晶粒表现出随机的晶体取向，而搭接区表现出强烈的<001>取向。此外，搭接区样品由于重熔过程中孔隙缺陷引起致密度恶化，其硬度和延展性比单激光区差。

2.3　大尺寸激光选区熔化增材制造关键技术

2.3.1　多激光过程模拟

激光选区熔化工艺的过程模拟分析有助于降低成本，缩短研发周期。近年来，随着人们对增材制造技术的不断关注，各大商业有限元软件公司如 MSC、ANSYS、ABAQUS 等正在积极开发面向增材制造的分析模块。例如：MSC 公司基于固有应变方法的宏观算法开发了 SIMUFACT ADDITIVE，可以快速预测整体宏观变形及残余应力；3D SIM 公司推出了 EXASIM 软件，能够对零件 SLM 过程的支撑设计、变形趋势进行预测；AUTODESK 公司开发了增材制造模拟软件 NETFABB，能够对 STL 文件进行建模与网格划分以及采用自适应网格技术动态地细化激光熔池，提高计算速度的同时保证求解精度[15]。

目前多激光选区熔化工艺过程模拟分析在逐渐发展。有学者对多激光选区熔化过程中的熔池动力学进行数值研究分析[16]，如图 2-6 所示，基于开源离散元法（DEM）的 Yade 框架计算了 MLA-PBF 铺粉过程；该框架使用 DEM 来描述颗粒的动力学行为，进一步建立了熔池动力学模型和多激光热源模型；借助 3D 软件建立粉末床的几何模型和流体动力学（CFD）OpenFOAM 框架，进行动态模拟过程。

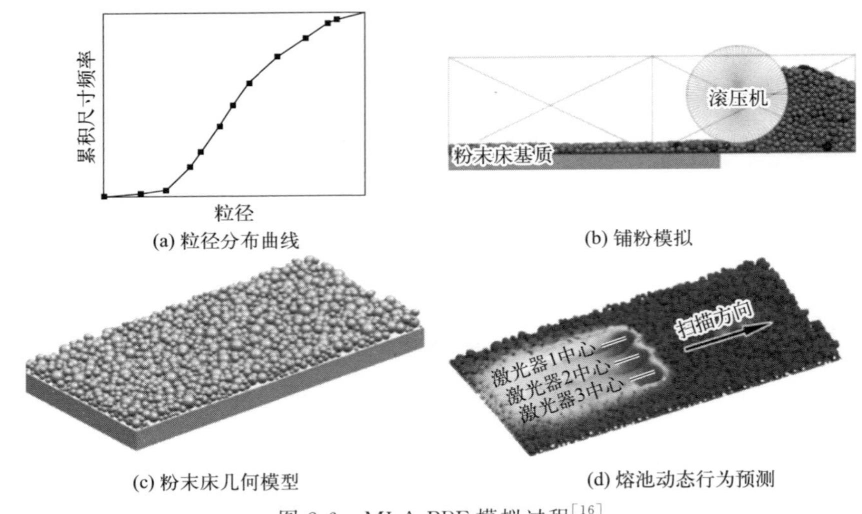

(a) 粒径分布曲线
(b) 铺粉模拟
(c) 粉末床几何模型
(d) 熔池动态行为预测

图 2-6 MLA-PBF 模拟过程[16]

Liu 等利用 ANSYS APDL 16.0 软件建立了不同扫描次数的 AlSi10Mg 粉末温度场 3D 有限元（FE）模型，并将 3D 仿真模型划分为 54000 个元素和 59617 个节点进行了仿真模拟分析和相关实验，如图 2-7 所示[17]。随着激光扫描次数的增多，熔池的相关物理特性也会有所变化，当扫描次数为 2 时，熔池的最高温度、宽度和深度分别增加 0.61%、10.29%和 8.92%。当扫描次数为 4 时，最高温度、宽度和深度分别增加了 6.4%、43.21%和 43.73%。激光扫描 2 次时，重叠率为 28.9%，位置处形成大孔，微孔可重熔，缺陷数量明显减少，表明重叠率为 30%有利于获得高密度零件，当激光扫描次数为 4 时，位置处出现了不同比例的不均匀熔池。

Zou 等建立了 Ti6Al4V 多激光选区熔化的温度、相变的三维热力学模型，研究了不同扫描策略的影响[18]。仿真结果表明，当采用四激光束时残余应力显著增加，采用“双区域”扫描策略时残余应力与连续扫描策略相比降低了 10.6%，因此对于多激光选区熔化工艺，优化扫描顺序和扫描方向有利于控制残余应力。Chen 等建立了考虑激光扫描策略和零件尺度的数值模型，研究了模型的残余应力[19]。图 2-8 描述了多激光选区熔化中的有限元模型、零件网格划分和基板网格划分。结果表明随着激光束数从 1 增加到 4，工件表面的残余应力减小，而工件底部中心的内部残余应力明显增大；平均应力和最大应力随激光束数的增加而增大，表明随着激光束数的增加，裂纹更容易发生。在多激光选区熔化

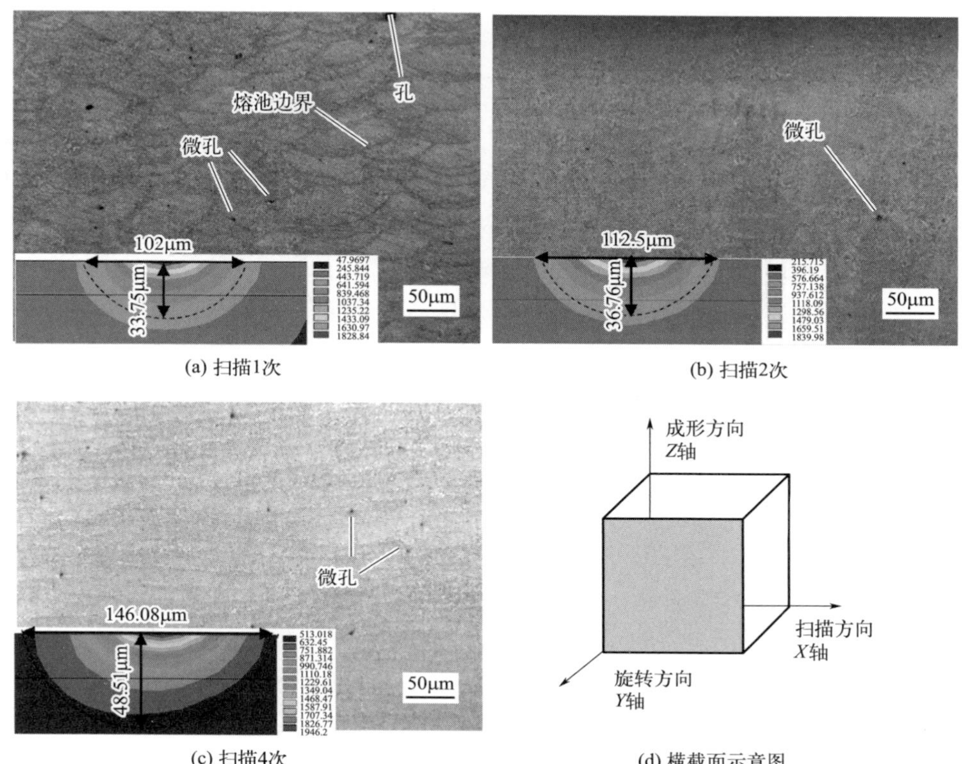

图 2-7　不同激光扫描次数下的金相形貌和相应的模拟结果[17]

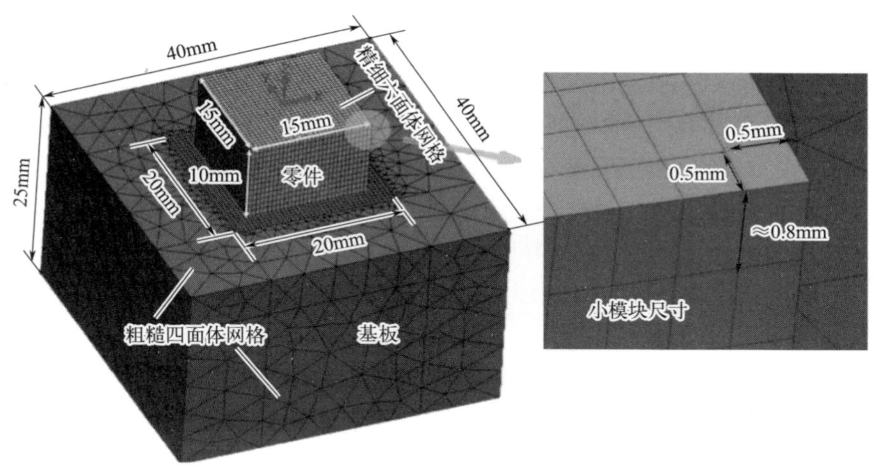

图 2-8　多激光选区熔化增材三维模型基板和零件的网格划分[19]

增材过程中，多次激光重扫和扫描方向的改变对应力分布有重要影响，多束激光相遇或接近时的搭接区域的温度变化较大，多个高温区域的挤压作用，残余应力变化也很剧烈，在多激光熔化增材过程中出现了频繁的拉压应力转变。

2.3.2 多激光循环风场设计

采用单激光选区熔化增材时成形舱尺寸较小，在保护气氛作用下的循环风场较小，而多激光选区熔化设备的成形舱尺寸较大，循环风场的区别较大，而循环风场对增材过程中腔体内的气体流动以及飞溅行为都有着重要影响，因此对于多激光循环风场的分析尤为重要。

作者团队采用四激光选区熔化设备（Di-Metal 650），探究了气体流场分布对 316L 不锈钢零件质量和金属蒸气及飞溅行为的影响[20]。如图 2-9(a) 所示，热线风速测试方法可以准确测量不同位置处气体流速的值。如图 2-9(b) 所示，1＃～4＃分别对应四束激光的扫描区域，气流从右侧（吹风口）引导到左侧（吸风口）。从测量结果可看出气体流速的范围大致在 0～4m/s 之间。从描绘的等高线图中可以看到沿 Y 轴的不均匀性，在 50～150mm 的 Y 轴坐标上流速较高，在 0～50mm 和 500～650mm 处的流速较低。由图 2-9(c) 所示的方块试样侧面金相图片可以建立孔隙率与成形平台上位置之间的关系。方块试样在（540，540）、（380，60）、（380，220）中的不规则孔隙较多，这是由于缺乏融合造成的。结合图 2-9(b) 分析，在均匀的气体流速区域（范围为 1.4～2.3m/s）通常形成致密化程度更好的试样，而受较高或较低气体流速（低于 1.4m/s 或高于 2.3m/s）影响的区域更有可能具有较高的孔隙率。

图 2-10(a) 显示了飞溅物如何在低气体流速区域从熔池和扫描轨迹边缘运动[21]。金属蒸气向上扩散甚至扩散到右侧；在这种情况下，由于激光的衰减，熔池没有完全熔化，因此金属射流飞溅物不具备高动能，其喷射角度和速度也较低。如图 2-10(c) 所示，在高气体流速下可以观察到金属射流飞溅和金属蒸气的喷射角相对较小，因此粉末层厚的均匀性会被破坏。随着与扫描区域的距离变大，飞溅的质量和大小逐渐变小。通过对 Stk（斯托克斯数）的计算表明，更大尺寸的飞溅颗粒较早地沉积在粉末床上。因此过高的气体流速在某种程度上会增加粉末床污染的可能性。图 2-10(b) 描述了合适气流场中的气体-粉末相互作用过程。它提供了足够的气体流速驱动效果，因此金属蒸气和金属射流飞溅物随着保护气体的循环被带走。

为了进一步提高大尺寸粉末床区域气体流速和流动方向的均匀性，作者团队针对双激光选区熔化设备，设计了不带网格的吹风口（对进气量无限制）和带网格的吹风口（旨在限制气流 Z 方向自由度）两种类型的气流入口[22]。如图 2-11(a) 和 (b) 所示为两个吹风口的示意图，它们的外部尺寸相同。选择 COMSOL Multiphysics 5.4 进行 CFD 仿真。仿真的目的是研究相同气体流入速度条件下 Z 方向的入口对气体流速的影响。此外，成形腔的横截面在 XZ 平面上

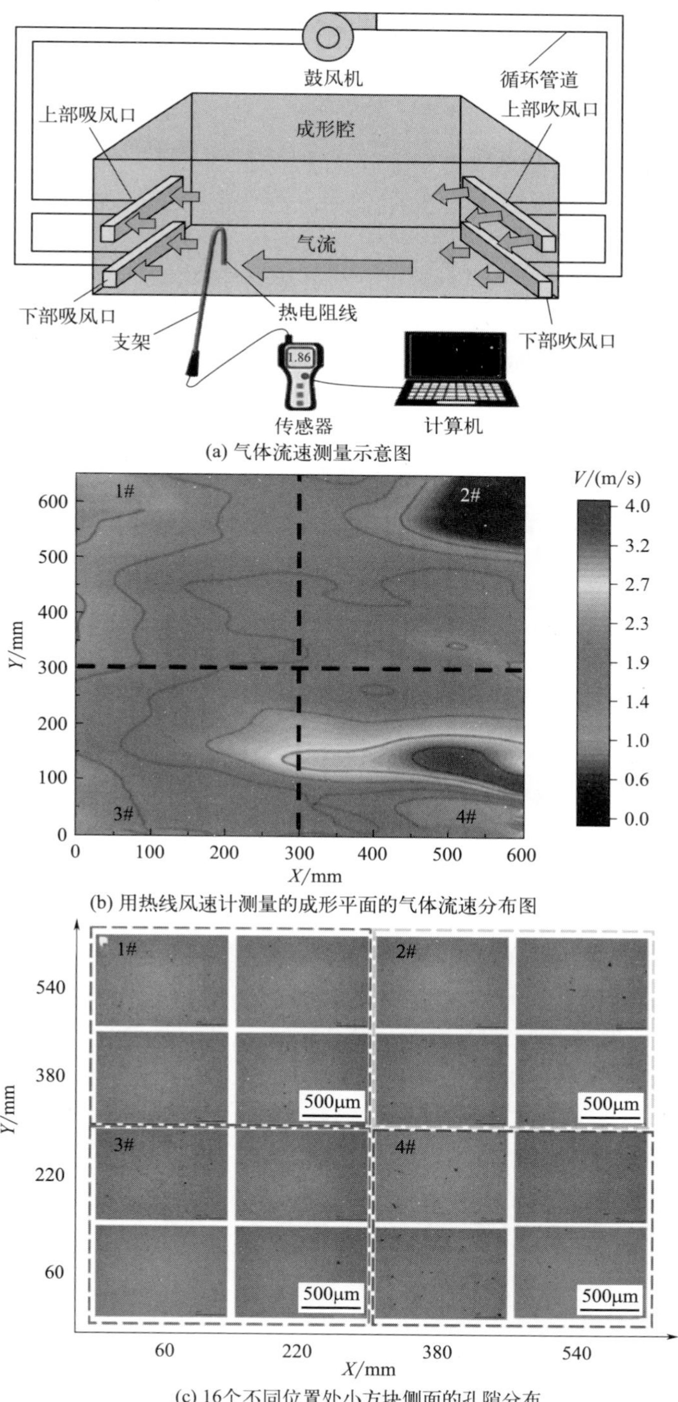

图 2-9　探究气体流场分布对 316L 不锈钢零件质量的影响[20]

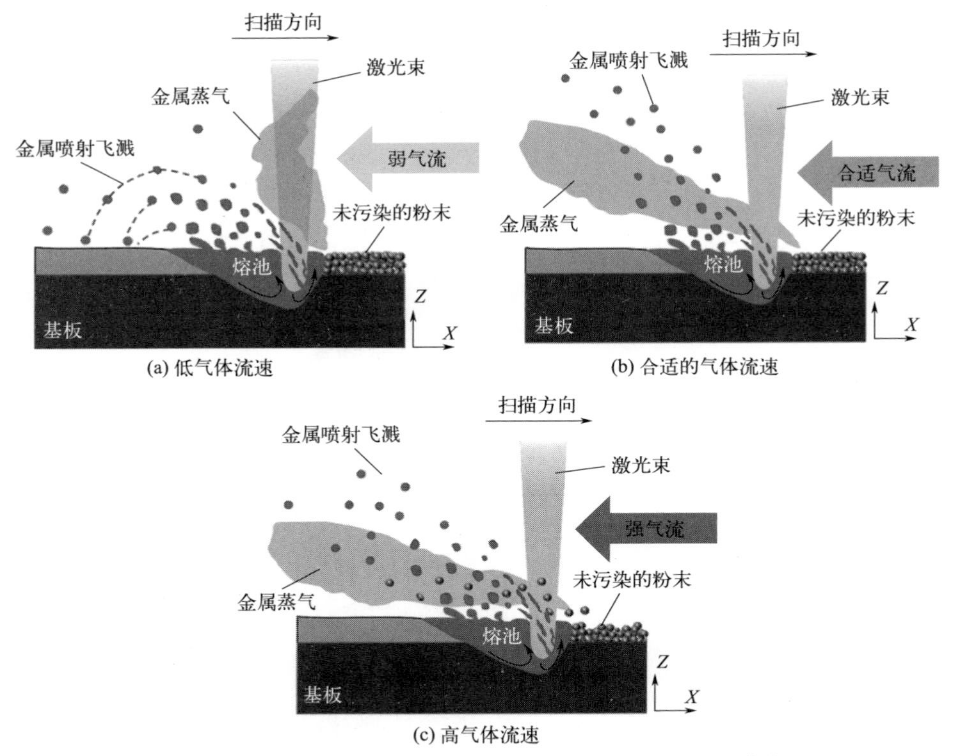

(a) 低气体流速　(b) 合适的气体流速　(c) 高气体流速

图 2-10　不同的气体流速对粉末床和飞溅的影响示意图[21]

是相同的。因此，模型被简化为二维以加快仿真过程，入口-出口边界如图 2-11 (c) 和 (d) 所示。假设气流是稳态和不可压缩的，选择可实现的 k-ε 湍流模型进行仿真以获得可靠的结果。两种型号的入口边界条件均设置为 2.5m/s 速度入口条件，出口边界条件设置为流出条件（outflow condition）。

CFD 仿真结果要通过雷诺数进行分析。雷诺数（Re）有助于分析流体情况下的流体模式，预测流体是层流还是湍流。雷诺数公式：

$$Re=\frac{\rho V D_h}{\mu} \tag{2-1}$$

式中　V——流体速度，m/s；

μ——动态黏度，Pa·s；

ρ——流体密度，kg/m^3；

D_h——非圆形管的液压直径，m。

本研究的保护气流通过矩形入口，D_h 计算公式定义为式(2-2)：

$$D_h=\frac{2ab}{a+b} \tag{2-2}$$

式中　a——矩形入口的宽度，m；

b——矩形入口的高度，m。

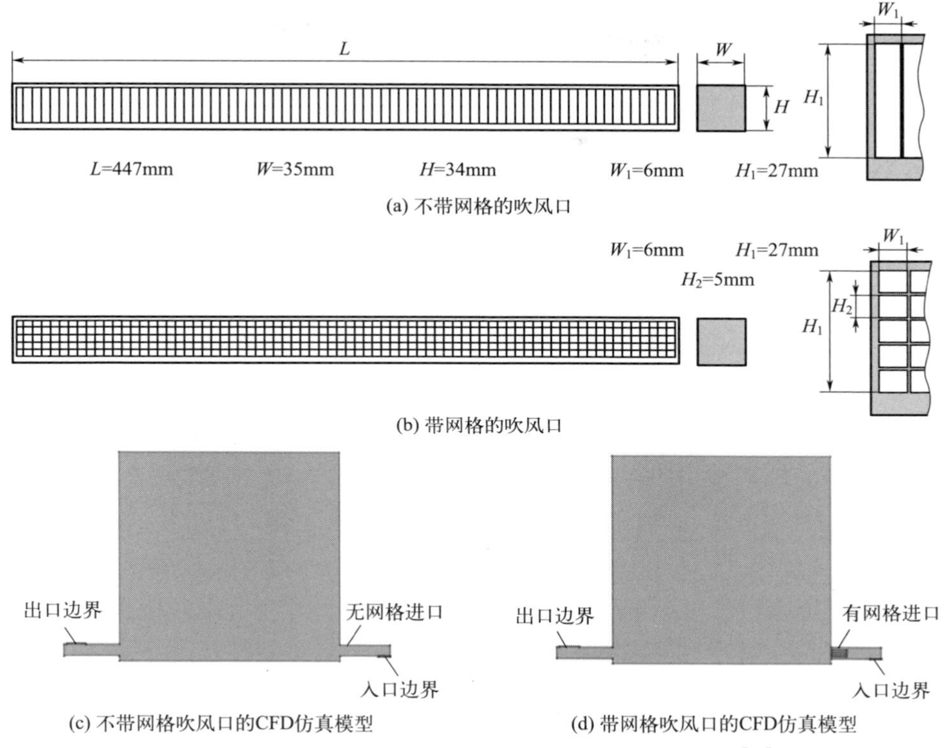

(a) 不带网格的吹风口

(b) 带网格的吹风口

(c) 不带网格吹风口的CFD仿真模型

(d) 带网格吹风口的CFD仿真模型

图 2-11　两个吹风口的示意图和 CFD 仿真的二维模型[22]

对于相同类型的保护气体和相同的流速，D_h 可以从图 2-11(a) 和 (b) 的数据中计算得出。在无网格条件下，Re 的值是有网格条件下的入口值的 1.78 倍，这意味着通过无网格的入口后流向更加不可预测。在三维空间中，流速 V 是 V_x、V_y 和 V_z 的组合。在这项研究中，V 的 V_x、V_y 和 V_z 定义如下：V_x 平行于成形平面且平行于气流入口到气流出口的水平方向，V_y 与成形平面平行且垂直于 V_x，V_z 与成形方向平行。因此，通过不带网格的吹风口后流速可能具有更大的 V_z 值。从 CFD 仿真结果可以看出 [如图 2-12(a) 和 (b)]，入口附近的流速 V_z 在相同边界条件下的不同入口条件下存在明显的差异。进一步研究该区域的流速 V_z，在模拟中使用了速度矢量，如图 2-12(c) 和 (d) 所示。在二维仿真中，速度矢量 $\mathbf{V}$ 是 V_x 和 V_z 的组合。为了突出显示 V_z 的值，V_x 设置为固定值 0.5m/s。因此，成形平面与速度矢量之间的夹角越大意味着在某个位置的 V_z 值越大。从仿真结果可以看出，在有网格的条件下，底壁上方的屏蔽气流通过网格后与成形平面更平行。在无网格的条件下，当保护气流到达成形平面时可以看到较大的向下的 V_z。因此，当应用不同的入口时，入口的流动状态可以在图 2-12 的（e）和（f）中描述。当湍流气流在没有网格的情况下通过入口时，对 V_z 没有限制，因此当从入口出来时，速度矢量更有可能与粉末床呈现更大的角度，正如图 2-12（e）中 α_1 所示。当湍流保护气流通过带网格的入口时，Z 方向的自由度受网格限制，则 V_z 是受限的。因此，速度矢量可以更平行于粉末床。此外，入口通道的底部在粉末床上方 12mm，在 Coanda 效应的影响下[23]，保护气流最终到达粉末床。可以得出结论，向下的 V_z 在无网格的入口条件下，粉末床上的相同流速具有较大的值，因此粉末床上的粉末更容易被吹走，而在具有网格的入口条件下，可以达到更高的鼓风机频率并获得更高的流速值，而不会吹走粉末床上的粉末。

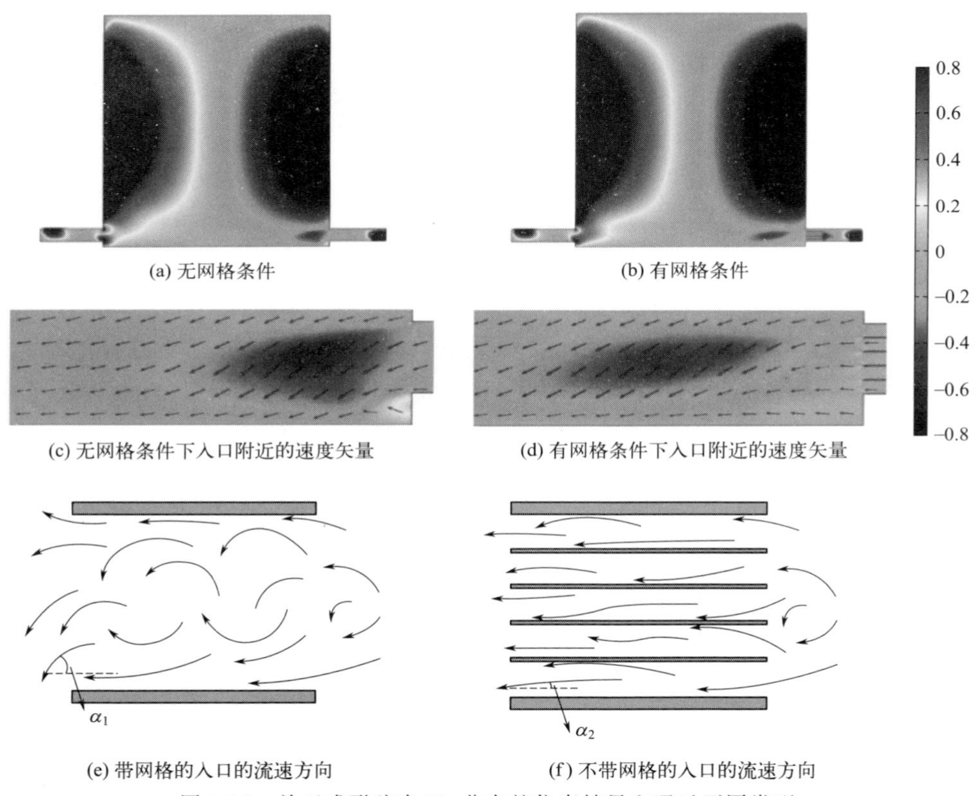

图 2-12　关于成形腔内 V_z 分布的仿真结果和通过不同类型吹风口的气流速度方向的示意图[22]

同样采用热线风速计测量了两种入口条件下粉末床的流速分布。通过调节鼓风机的频率，可以控制气体流速。鼓风机的最小和最大频率分别为 0Hz 和 50Hz，鼓风机可提供的最大气流为 210m^3/h。通过将鼓风机频率从 0Hz 缓慢增加来测试不同入口条件下未吹起粉末床的频率阈值。带网格的入口和不带网格的入口的频率阈值分别为 42Hz（最大气体体积的 84%）和 32Hz（最大气体体积的 64%），并测量了底板上的阈值流速分布。如图 2-13(a) 所示，在带网格的入口，由于鼓风机的阈值频率较高，因此每个 X 轴位置的平均流速较高。此外，将流速低于 1.3m/s 定义为低流速。从图 2-13(b) 和 (c) 可以看出，当采用无网格的入口时，远离入口和靠近成形平面边缘的低流速区的分布面积较大。当使用带网格的入口时，可以在不吹起粉末床的情况下进一步提高鼓风机的频率，因此高气体流速（大于 1.3m/s）几乎覆盖了整个成形区域。

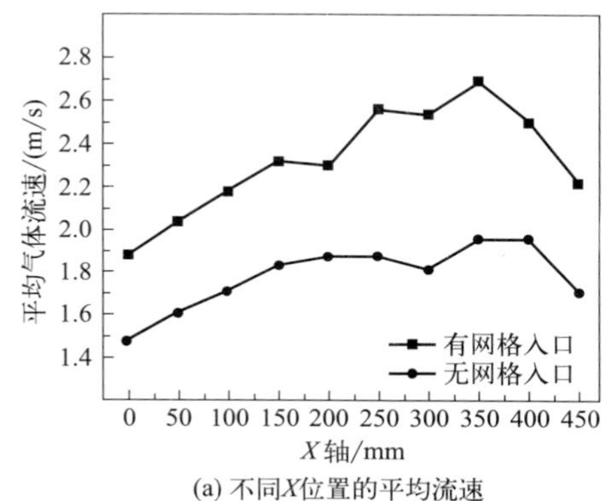

(a) 不同X位置的平均流速

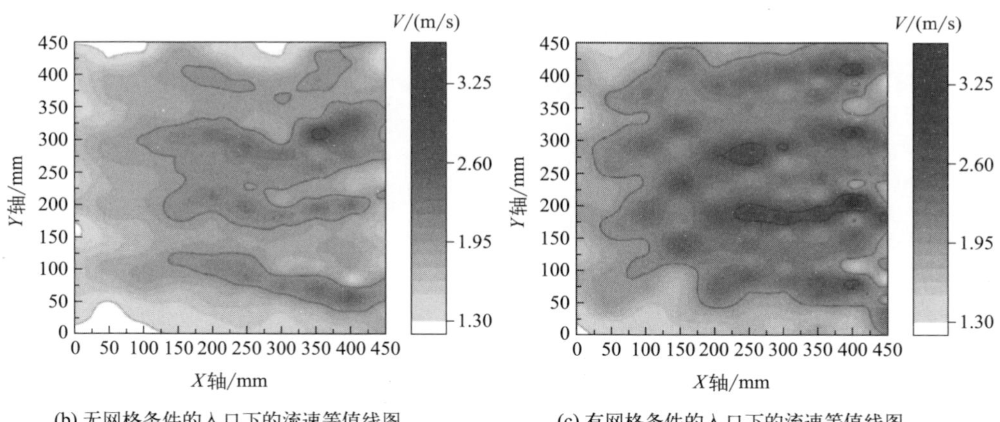

(b) 无网格条件的入口下的流速等值线图　(c) 有网格条件的入口下的流速等值线图

图 2-13　对流速的测量结果[22]

在优化多激光选区熔化的循环风场时，考虑到大尺寸的成形平面，由于生产过程中有多束激光在共同作用，设备中的风场流动始终保持一个方向，因此风场上游的激光扫描策略不能干扰到风场下游的激光，否则激光与羽流作用使得激光的功率密度下降，造成零件的成型缺陷。

2.3.3 大尺寸零件应力优化

激光选区熔化增材过程中不可避免地产生残余应力，严重情况下会导致工件变形、破裂甚至分层。增材制造技术中残余应力可以分为三类[24]。第一类残余应力是作用在构件几何尺度上，可能引起整体变形的宏观应力，第二类残余应力是作用在单个晶粒尺度上的微应力，通常称为晶间应力，第三类残余应力为原子尺度，由于空位、引入取代原子等引起的失配应力。第一类残余应力是激光选区熔化成形零件中的典型应力类型。多激光选区熔化过程中金属粉末与激光的作用是一个更复杂的过程，很难直接预测由于热应力导致的零件变形和开裂，故需要对多激光选区熔化过程中的残余应力变化进行合适的仿真分析以及从大量的实验研究中总结出合适的扫描路径和扫描策略，进一步优化增材制造过程中的应力。

Zhang 等研究了 12 种不同的扫描策略对多激光选区熔化增材制造过程的温度、残余应力和 Z 轴方向偏移的影响，如图 2-14 所示[25]。实验表明，90°层旋

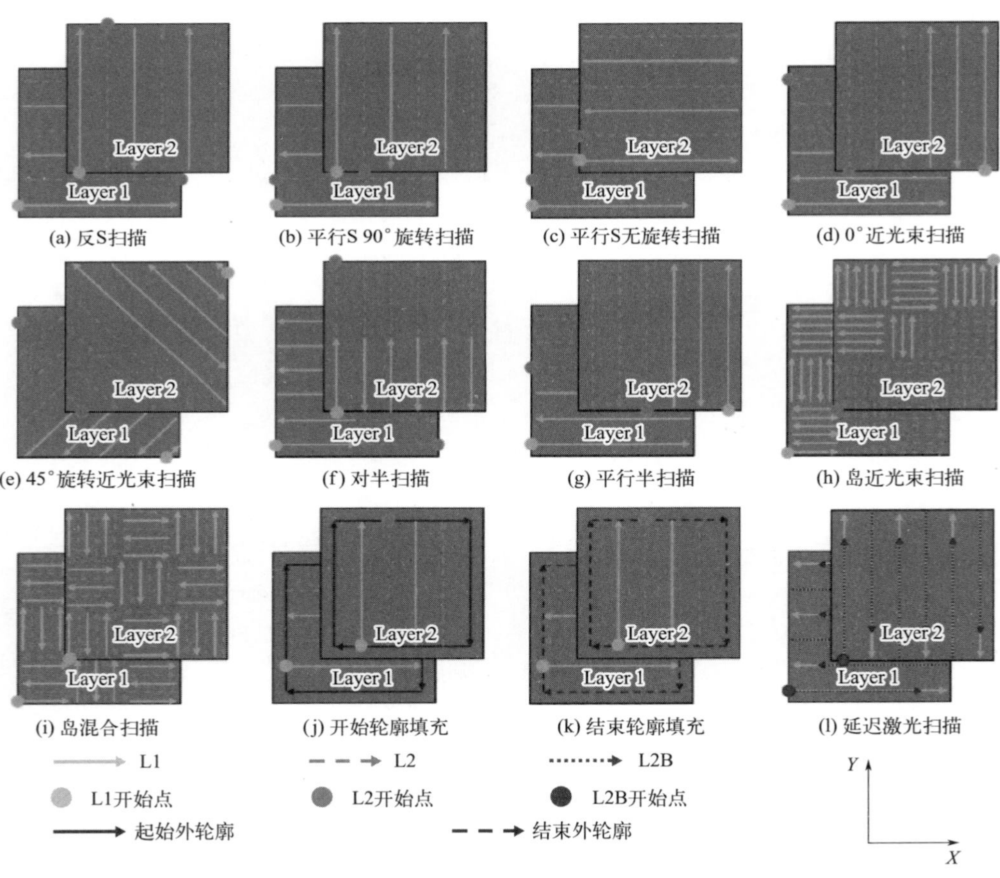

图 2-14 双激光选区熔化的不同扫描策略（为了说明，扫描间距被放大）[25]

转是降低残余应力的必要条件，“双激光延时跟随”扫描策略的残余应力最低，另一种扫描策略（45°旋转）使得双激光选区熔化制造中 Z 轴偏移最低。

Zou 等研究了单激光、双激光、四激光选区熔化工艺下不同扫描策略对残余应力的影响，并且进行了数字仿真分析[26]。图 2-15 所示的扫描策略具有不同的激光器数量、扫描长度、扫描方向、扫描方向和序列。当采用四激光时，残余应力显著增加；与连续扫描策略相比，“双区域技术”扫描策略的等效残余应力降低了 10.6%。随着扫描长度的缩短，残余应力先略有增加，然后急剧减小，当扫描长度为零件的 1/4 时达到最小值。对于多激光选区熔化过程，扫描顺序和扫描方向是控制残余应力的两个关键因素。

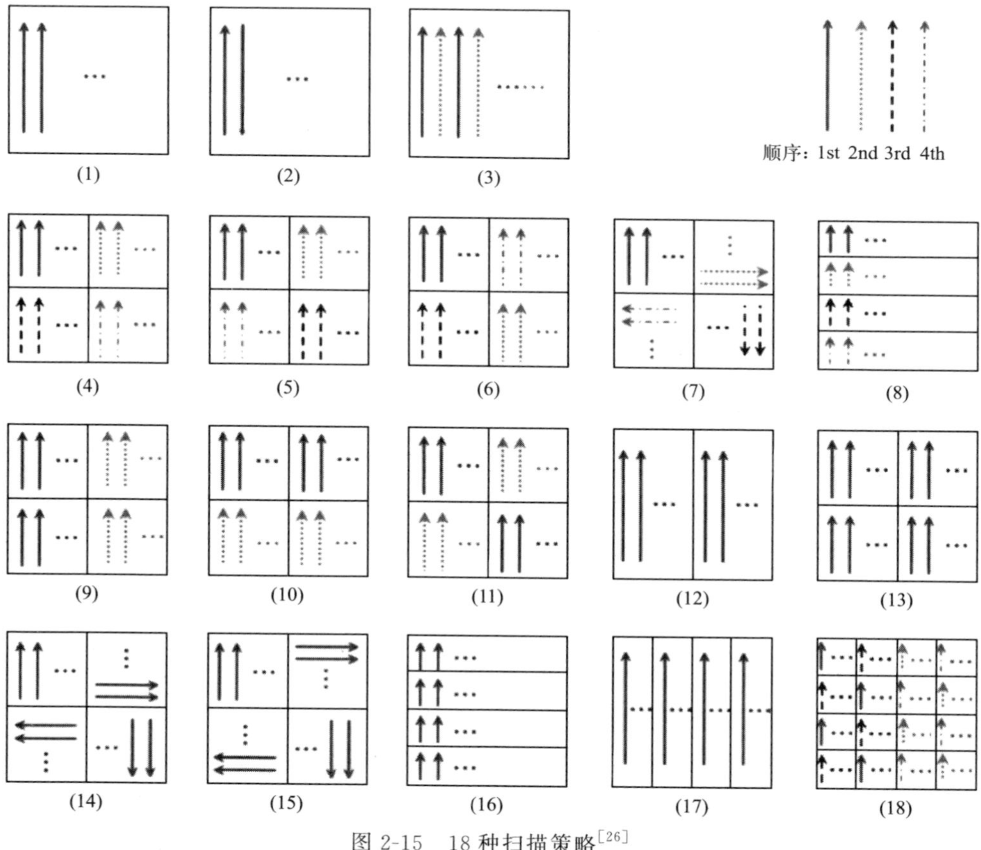

图 2-15　18 种扫描策略[26]

从以上研究可以看出，扫描策略对零件的残余应力影响较大，激光的扫描路径和扫描间距都是扫描策略中应该考虑的要点，多激光选区熔化增材设备中的扫描策略与单激光设备中的扫描策略相差不大，但需要考虑多束激光共同作用的影响。

2.3.4 在线质量监控

激光选区熔化增材制造技术在不断发展，但是增材制造工艺的可重复性和稳定性仍然是行业需要突破的障碍，特别是在航空航天、生物医学等领域，零件更需要避免在打印过程中产生缺陷。因此，对增材制造过程进行实时监测能够在逐层的基础上控制过程的稳定性，并尽快检测出缺陷。一方面，增材制造系统必须配备原位传感装置，能够在过程中测量、记录相关的数据；另一方面，需要对制造过程中的数据进行分析和监控，实现自动检测和定位缺陷，这是未来智能增材制造系统发展的两个关键领域。

多激光选区熔化过程质量监控的主要目的是控制打印零件的缺陷，如孔隙、过高的残余应力、几何形状误差等，而这些缺陷在打印过程中难以用肉眼发现，因此必须借助其他监控设备（高速摄像机、红外热像仪、工业相机等）对零件质量进行监控。熔池是打印过程中的一个最主要特征。伴随着激光束与粉末作用过程中剧烈的热传递过程，光热辐射信号作为一种直观、常见的信号形式被广泛应用于激光加工过程的在线监测，通过测量熔池局部光强或者熔池形态可以实现熔池热行为的研究以及加工工艺的探索。

作者团队基于多激光选区熔化设备，采用高速摄像机建立了一套旁轴光学监测系统，以研究不同气流参数下的液滴飞溅特性和动态行为，如图 2-16 所示[27]，开发了一种考虑捕获图像特定特征的新处理算法，如图 2-17 所示，计算并分析了 8 种不同情况下的飞溅数量、总飞溅面积、飞溅角度和飞溅速度［两个扫描方向，与气流同向（SD-W）和与气流反向（SD-A）期间的气流速度：0.5m/s、1.5m/s、2.0m/s、2.5m/s］，随着气体流速上升至 2.5m/s，最大飞溅速度增加至 12.8m/s。通过对比分析，证明了与气流同向相比，气流反向产生的液滴飞溅更少，并首次建立了气流参数与液滴飞溅行为之间的定量关系；研究成

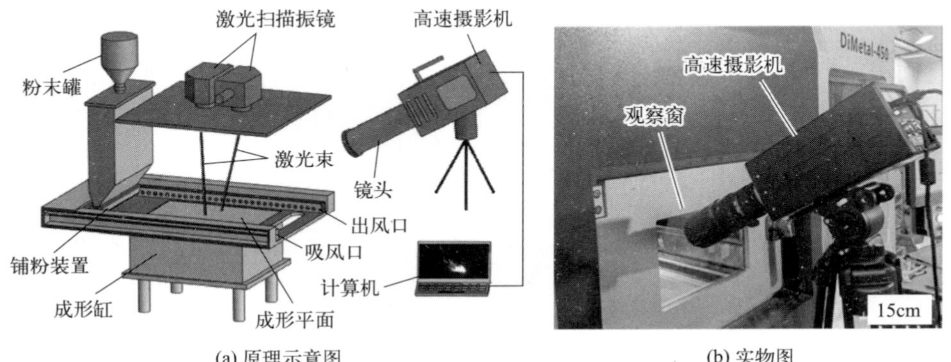

(a) 原理示意图　　(b) 实物图

图 2-16　作者团队搭建的大尺寸 SLM 成形过程在线监测系统的原理图和实物图[27]

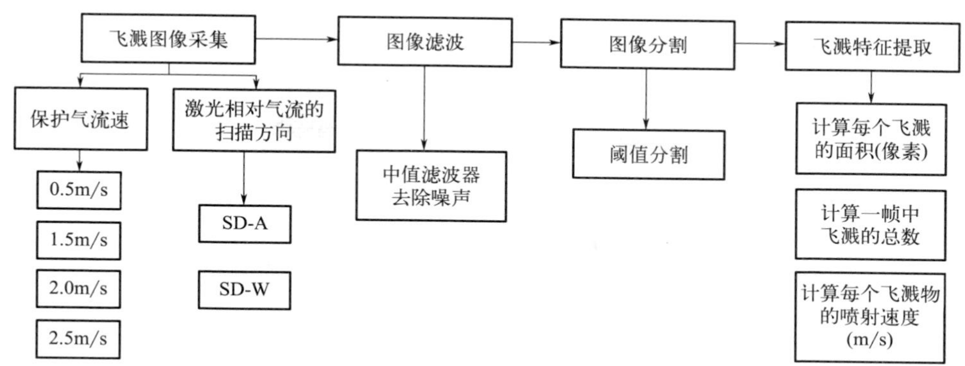

图 2-17　进行图像处理和特征提取的流程图[27]

果验证了基于旁轴熔池信息的大尺寸激光选区熔化在线监控机制的可行性。

随着对金属增材制造效率的要求越来越高，大尺寸多激光选区熔化增材制造技术成为金属增材工艺发展的新趋势，在各厂商及科研院所的推动下，大尺寸多激光增材设备逐步趋于成熟化，部分在航空航天、汽车等领域获得了应用；但作为近年来才发展起来的技术，采用该方式增材制造的零件质量还有待进一步提升。为了进一步提升多激光增材制造的效率、零件质量，还需要在多个方面做进一步的工作，包括多激光束协同扫描路径规划算法、气体循环流场优化与飞溅缺陷抑制方法、在线过程监控技术、大尺寸 SLM 中多种材料工艺数据库的开发等。

参 考 文 献

［1］ 杨永强，陈杰，宋长辉，等．金属零件激光选区熔化技术的现状及进展 [J]．激光与光电子学进展，2018，55（01）：9-21.

［2］ 宋长辉，翁昌威，杨永强，等．激光选区熔化设备发展现状与趋势 [J]．机电工程技术，2017，46（10）：1-5.

［3］ 张冬云，王瑞泽，赵建哲，等．激光直接制造金属零件技术的最新进展 [J]．中国激光，2010，37（01）：18-25.

［4］ 王泽敏，黄文普，曾晓雁．激光选区熔化成形装备的发展现状与趋势 [J]．精密成形工程，2019，11（04）：21-28.

［5］ 曾庆鹏，傅广，任治好，等．多光束激光选区熔化研究进展及展望 [J]．材料工程，2023：1-21.

［6］ 张思远，王猛，王冲，等．拼接方式对多光束 SLM 成形 TC4 成形特性的影响 [J]．应用激光，2019，39（04）：544-549.

［7］ Li F，Wang Z，Zeng X. Microstructures and mechanical properties of Ti6Al4V alloy fabricated by multi-laser beam selective laser melting [J]. Materials Letters，2017，199：79-83.

［8］ Wei K，Li F，Huang G，et al. Multi-laser powder bed fusion of Ti-6Al-4V alloy：defect，microstructure，and mechanical property of overlap region [J]. Materials Science and Engineering：A，2021，802：140644.

［9］ Li Z，Liu W，Liu B，et al. Difference-extent of microstructure and mechanical properties：Simulating multi-laser selective melting Ti6Al4V [J]. Optics & Laser Technology，2022，153：108249.

[10] Liu B，Kuai Z，Li Z，et al. Performance consistency of AlSi10Mg alloy manufactured by simulating multi laser beam selective laser melting（SLM）：Microstructures and mechanical properties [J]. Materials，2018，11（12）：2354.

[11] Zhang C，Zhu H，Hu Z，et al. A comparative study on single-laser and multi-laser selective laser melting AlSi10Mg：Defects，microstructure and mechanical properties [J]. Materials Science and Engineering：A，2019，746：416-423.

[12] Liu Z，Yang Y，Song C，et al. The surface quality，microstructure and properties of SS316L using a variable area scan strategy during quad-laser large-scale powder bed fusion [J]. Materials Science and Engineering：A，2022：144450.

[13] Li S，Yang J，Wang Z. Multi-laser powder bed fusion of Ti-6. 5Al-2Zr-Mo-V alloy powder：Defect formation mechanism and microstructural evolution [J]. Powder Technology，2021，384：100-111.

[14] Xie Y，Teng Q，Shen M，et al. The role of overlap region width in multi-laser powder bed fusion of Hastelloy X superalloy [J]. Virtual and Physical Prototyping，2022，18（1）：e2142802.

[15] https：//www. autodesk. com. cn/.

[16] Liu C. Numerical investigation on molten pool dynamics during multi-laser array powder bed fusion process [J]. Metallurgical and Materials Transactions A，2021，52：211-227.

[17] Liu B，Li B Q，Li Z，et al. Numerical investigation on heat transfer of multi-laser processing during selective laser melting of AlSi10Mg [J]. Results in Physics，2019，12（3）：454-459.

[18] Zou S，Xiao X，Li Z，et al. Comprehensive investigation of residual stress in selective laser melting based on cohesive zone model [J]. Materials Today Communications，2022，31（6）：103283.

[19] Chen C，Xiao Z，Zhu H，et al. Distribution and evolution of thermal stress during multi-laser powder bed fusion of Ti-6Al-4V alloy [J]. Journal of Materials Processing Technology，2020，284.

[20] Liu Z，Yang Y，Wang D，et al. Flow field analysis for multilaser powder bed fusion and the influence of gas flow distribution on parts quality [J]. Rapid Prototyping Journal，2022（ahead-of-print）.

[21] Anwar A B，Pham Q C. Study of the spatter distribution on the powder bed during selective laser melting [J]. Additive Manufacturing，2018，22：86-97.

[22] Yang Y，Chen Z，Liu Z，et al. Influence of shielding gas flow consistency on parts quality consistency during large-scale laser powder bed fusion [J]. Optics & Laser Technology，2023，158：108899.

[23] Zhang X，Cheng B，Tuffile C. Simulation study of the spatter removal process and optimization design of gas flow system in laser powder bed fusion [J]. Additive Manufacturing，2020，32：101049.

[24] Bartlett J L，Li X. An overview of residual stresses in metal powder bed fusion [J]. Additive Manufacturing，2019，27：131-149

[25] Zhang W，Tong M，Harrison N M. Scanning strategies effect on temperature，residual stress and deformation by multi-laser beam powder bed fusion manufacturing [J]. Additive Manufacturing，2020，36：101507.

[26] Zou S，Xiao H，Ye F，et al. Numerical analysis of the effect of the scan strategy on the residual stress in the multi-laser selective laser melting [J]. Elsevier，2020，16：103005.

[27] Liu Z，Yang Y，Han C，et al. Effects of gas flow parameters on droplet spatter features and dynamics during large-scale laser powder bed fusion [J]. Materials & Design，2022：111534.

第3章

激光金属增减材复合制造技术

作为先进制造技术的典型代表，增材制造可实现复杂零部件的加工制造，尤其适用于传统加工方法难以制造的具有复杂形状和表面/内部结构的金属零件。但受到增材制造原理限制，其表面质量和加工精度始终达不到数控加工机床（computerized numerical control，CNC）的水平，因此增减材复合制造成为重要的解决方案。激光复合增减材制造工艺将机械加工中的钻削、铣削、磨削等传统切削工艺引入激光增材制造成形过程中，是一种金属增材制造与刀具切削原位复合的三维复合制造新方法。增减材复合制造过程是一个复杂和庞大的系统工程，它综合了材料成形、质量检测、传感器信号处理、过程控制、计算机软件开发等多个领域的知识。

3.1 激光金属增减材复合制造技术简介与分类

增材制造（additive manufacturing，AM）通常直接利用零件的三维数字模型进行切片二维化处理，并以二维切片文件作为识别文件来成形零件实体。由于切片带来的阶梯特征和增材激光熔池尺寸限制，增材制造零件通常会存在较高的表面粗糙度和较低的公差。相反，减材制造，如机加工，生产的零件具有更理想的特征精度和表面粗糙度，但加工时间长，形状受限。由此可见，增材制造与减材制造各有优缺点，如表3-1所示。

表3-1 增材制造与减材制造的区别

项目	增材制造	减材制造
加工原理	通过材料的叠加来加工零件	从集体材料中去除多余材料
加工方式	直接数字化制造	手工加工、传统加工、数控加工等

续表

项目	增材制造	减材制造
加工质量	层层叠加制造产生较差的表面质量，需要进行后处理以满足使用要求	可加工较高精度的表面，如光滑曲面、阶梯状表面等
技术适用性	较易加工各种复杂形状零件	较难加工复杂形状零件
技术要求	对操作者技术要求较低	需要较高专业技术的操作人员进行加工判断

国际生产工程学会（International Institution for Production Engineering Research，按法文名称简称CIRP）对复合制造过程的定义是：复合制造过程是基于对过程性能有重大影响的过程机制和/或能源/工具的同步和受控交互。在该定义中，“同步和受控交互”指在同一时间和同一制造区内的多次交互。近年来，复合制造工艺已在各种技术中实施，如等离子沉积和铣削、复合分层制造和三维焊接和铣削。增减材复合加工技术是一种将产品设计、软件控制以及增材制造与减材制造相结合的新技术。借助于计算机生成CAD（computer aided design，计算机辅助设计）模型，并将其按一定的厚度分层，从而将零件的三维数据信息转换为一系列的二维或三维轮廓几何信息，由层面几何信息和沉积参数、机加工参数生成路径数控代码，最终成形三维实体零件。然后针对成形的三维实体零件进行测量与特征提取，并与CAD模型进行对照，寻找到误差区域后，基于减材制造，对零件进行进一步加工修正，直至满足产品设计要求。

增减材复合制造的基本流程如图3-1所示，在同一台机床上可实现增减材复合加工，是现有的数控切削加工和增材制造组合的混合型方案。对于传统切削加

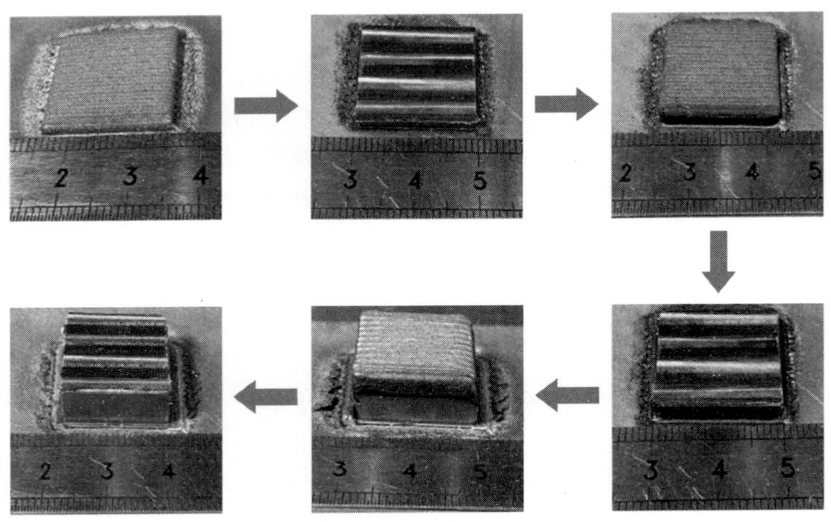

图3-1　增减材复合制造基本流程

工无法实现的特殊几何构型或特殊材料的零件，近净成形的阶段可由增材制造工艺承担，而后期的精加工与表面处理，则由传统的减材加工工艺承担。由于在同一台机床上完成所有加工工序，不仅避免了原本在多平台加工时工件的夹持与取放所带来的误差积累，提高制造精度与生产效率，同时也可节省车间空间，降低制造成本。另外，针对增减材加工工艺的软硬系统有机集成，可实现加工零件高效率、高品质及低成本的批量化规模生产，以保证高品质产品的稳定、一致化批量产出。增减材复合加工技术结合了增材制造与传统减材加工的优点，对于军事和航空等高价值、高精度加工领域具有重要的发展意义。

从增减材复合制造技术的原理可以看出，该技术的实质是 CAD 软件驱动下的增材制造和机加工过程[1]。因此，一个基本的复合加工系统由以下几个部分组成：CNC 加工中心、增材制造系统、送料系统、软件控制系统以及辅助系统。目前的激光增减材复合制造技术主要是根据其集成的激光增材制造技术分为两大类：①基于铺粉式激光选区熔化（SLM）的增减材复合制造技术；②基于送粉式直接能量沉积（LP-DED）过程的增减材复合制造技术。

铺粉式激光增减材复合制造原理如图 3-2 所示，首先借助激光束与粉床上的金属粉末的热作用将粉末选区熔化若干层，然后对已成形层的轮廓和表面进行 CNC 加工，接着重复上述步骤直至堆积成三维致密实体。作为 SLM 技术和减材技术的集合体，该技术主要用于具有高精度要求的复杂结构件的生产，最主要的是针对模具造型的加工，在成形模具中生产尺寸精度和表面光洁度更好的随形冷却内腔水路。目前国际上只有日本的 Sodick 公司和 Matsuura 公司掌握了集成 SLM 和高速铣削功能的机床制造技术，而且国内外也鲜有针对此种复合加工方式所展开的研究报道[2]。

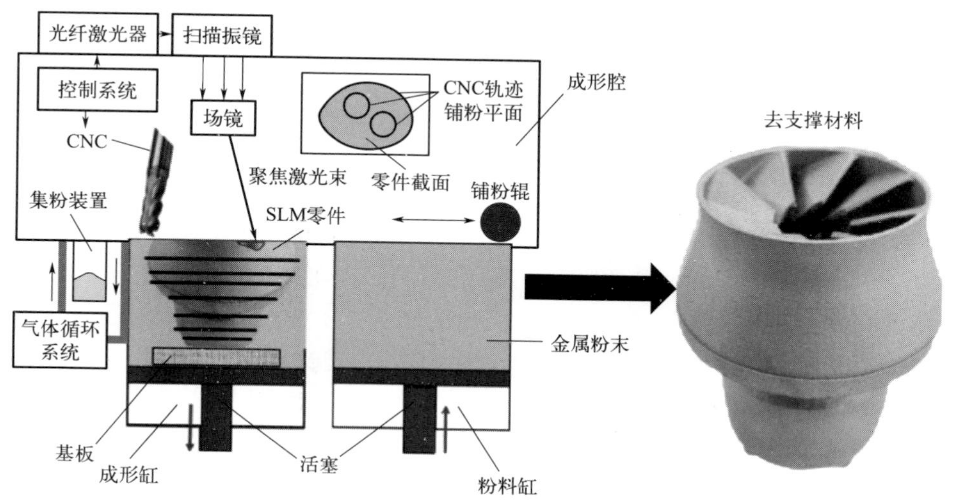

图 3-2　铺粉式激光增减材复合制造原理

在送粉式增材制造系统的设计中，目前材料供给主要有送丝与送粉两种方式。其中送丝方式可实现近乎百分之百原材料利用，但是在工艺控制上较为困难，成形后的零件易发生变形，影响加工精度。送粉方式的材料利用率较低(约50%)，但易定量控制。系统工作时，粉末材料经由惰性气体（氩气）保护，通过抗静电导管进入工作区域，送粉方向与激光射线方向同轴。送粉系统采用独立控制单元，激光器与切削刀具采用一套运动机构，具有多个自由度，以实现增减材的复合加工。如图3-3为送粉式激光增减材复合制造的原理图[3]。

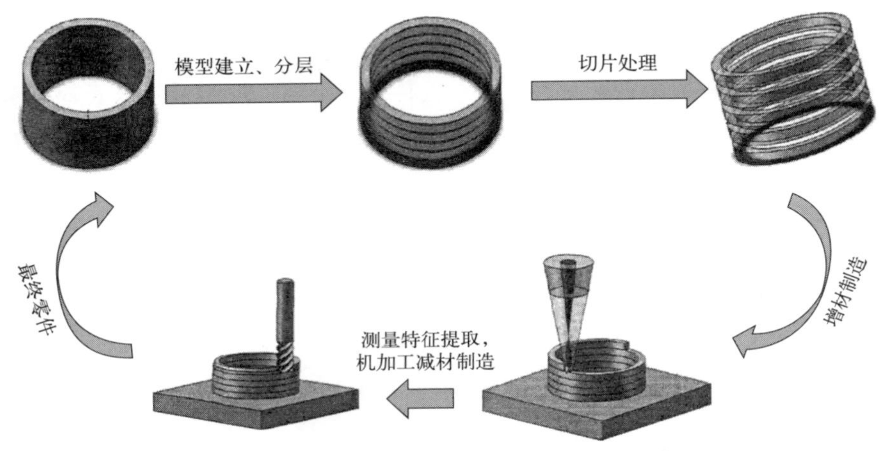

图3-3 送粉式激光增减材复合制造原理[3]

3.2 送粉式激光增减材复合制造原理与装备

3.2.1 技术原理

送粉式激光增减材复合制造原理如下：先在计算机中生成零件的三维CAD模型，然后将该模型按一定的厚度分层“切片”，即将零件的三维数据信息转换成一系列的二维轮廓信息，再采用激光熔覆的方法按照轮廓轨迹逐层堆积材料，采用中、大功率激光熔化同步供给的金属粉末，按照预设轨迹逐层沉积在基板上，并逐层向上堆积；在每沉积一层之后，同轴送粉激光头沿成形零件厚度方向提升一层高度，然后再逐道逐层继续加工；其间，随时进行测量和特征提取，再调用CNC程序进行减材，直到零件达到预期精度。

3.2.2 装备

最早的激光增减材复合制造设备是德国的弗朗霍夫生产技术研究所和弗朗激光技术研究所共同开发的控制金属堆积复合系统。该系统以三轴立式铣削机床为主体，在铣削主轴旁边安装激光熔覆头，加工中实现堆积—铣削—堆积—铣削过程组合，提高了零件表面的尺寸精度和加工质量，但是机床自由度比较低，复杂曲面加工能力不足。

目前，国内外送粉式激光增减材复合制造装备主要机型如表 3-2 所示。

表 3-2　国内外送粉式激光增减材复合制造装备主要机型

研发单位	设备机型	成形尺寸/mm	特点
Optomec[4]	LENS 3D HY 20	500×350×500	可选 4 个送粉器，用于合金和功能梯度材料
西安增材制造国家研究院[5]	LMDH 1000A LMDH 600S LMDH 600A LMDH 320A	1200×1200×1000 700×700×500 700×700×500 320×320×150	LMD+五轴车铣
大连三垒[6]	SVW80C-3D	800×800×600	LMD+五轴加工中心
Mazak[7]	INTEGREX i-400AM	ϕ650×2497	多个激光熔覆头+多任务五轴加工
Hamuel Reichenbacher[8]	HYBRID HSTM 1500	—	集成了高速铣削、激光熔覆、检测、去毛刺与抛光等工艺
DMG MORI[9]	LASERTEC 65 3D	ϕ600×400	高速激光熔覆+五轴数控加工

作者团队通过激光粉末沉积增材模块与机器人/数控机床铣削减材模块的集成，自主研发了四套新型的激光增减材系统：基于单机器人、双机器人、四轴数控平台、五轴数控平台的激光增减材系统，如图 3-4 所示。激光增材模块由激光沉积头、激光器、水冷机和送粉器组成；减材模块由高速电主轴、机械运动系统和刀具库组成。通过总控软件的开发，集成控制各装置，可实现复杂构件的增材与减材交替协同进行，具有高精度、快速一体化成形能力。其主要工作流程为：零件三维模型—切片与加工路径生成—加工 G 代码—数据导入增减材设备—进行增材、减材交替切换加工—最终完成整个零件的加工。为验证自主研发增减材系统的成形能力，对基于五轴数控平台的增减材系统进行了复杂构件增减材成形。结果表明，增减材系统的增材、减材过程具有稳定、可靠的成形能力，增材与减材模块依据预定路径规划完成了构件的增减材协同成形。如图 3-4(a) 为自

主研发的等离子弧同步送丝复合增减材智能制造系统。该系统采用单机械臂和变位机作为增减材制造的运动机构，采用离子弧作为能量源，可实现不锈钢、铜合金、镍基合金等金属材料的增减材制造。该系统通过预定的程序，在增减交替时能够实现自动换刀和对中，有效地提高了生产效率。

(a) 基于单机器人

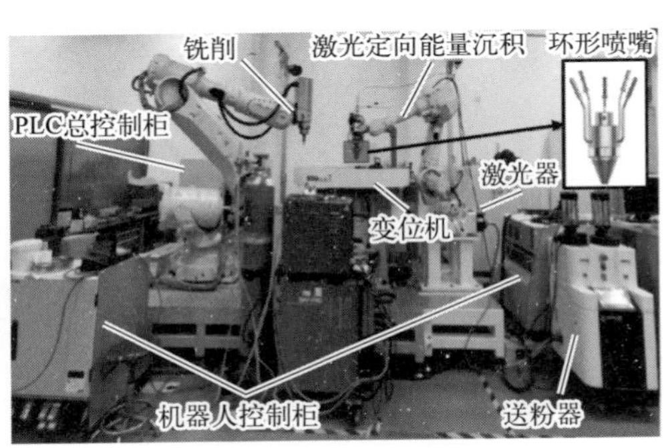

(b) 基于双机器人

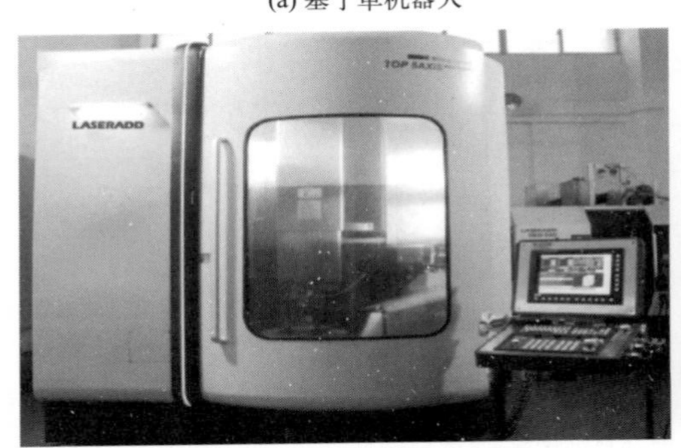

(c) 基于四轴数控平台

(d) 基于五轴数控平台

图 3-4　作者团队自主研发的增减材设备

然而，上述等离子弧同步送丝复合增减材制造系统受离子弧本身影响，增材精度不高，导致减材过程耗时过长。基于以上不足，作者团队采用双机器人多轴联动模式作为运动系统，增材可以选用激光送粉或送丝两种模式。两个机械臂将增材与减材过程分开，在增材过程中同时减材，效率再次提高。采用双机器人制造的典型零件如图 3-5 所示。双机器人搭载的自主开发的在线与离线编程软件，路径规划软件、数据处理软件等控制软件能够确保增减材过程的高效稳定运行，设备的成形尺寸可达 800mm×800mm×500mm。

在增减材设备中，增材模块激光熔覆头中心轴线与减材模块铣削主轴中心轴线之间存在的偏差是影响构件成形精度的关键因素。为了保证成形件的尺寸精度和形状精度，需要对增材系统坐标系和铣削减材系统坐标系进行协同研究。如图 3-6 所示，团队通过对增材坐标系与减材坐标系之间的理论偏差进行计算，建立偏差判别公式，从而判断坐标系的协同程度，最终实现增材和减材工件坐标系

(a) (b) (c) (d) (e) (f) (g)

图 3-5　双机器人增减材复合制造

的协同。

采用 CNC 加工中心的增减材设备是该领域的主流。作者团队研发了四轴、五轴增减材设备。其中，五轴增减材设备是基于五轴数控加工中心改造而成的，能够实现零件原位增减材高精度复合制造。由于五轴数控机床的优势，该设备可以制造具有任何形状的复杂零件，且能够保证制造精度和效率。如图 3-7 为基于数控加工中心的增减材制造案例。

基于四轴数控平台的激光增减材设备特点如下：

① 采用激光粉末沉积头与减材加工刀具的原位切换方案，可根据工艺需求进行实时自动化工艺切换，其最大成形范围可达到 650mm×520mm×320mm；

② 激光粉末沉积头为自主研发与设计，可根据工艺需求进行不断迭代优化与改进设计，设备具有高度灵活性；

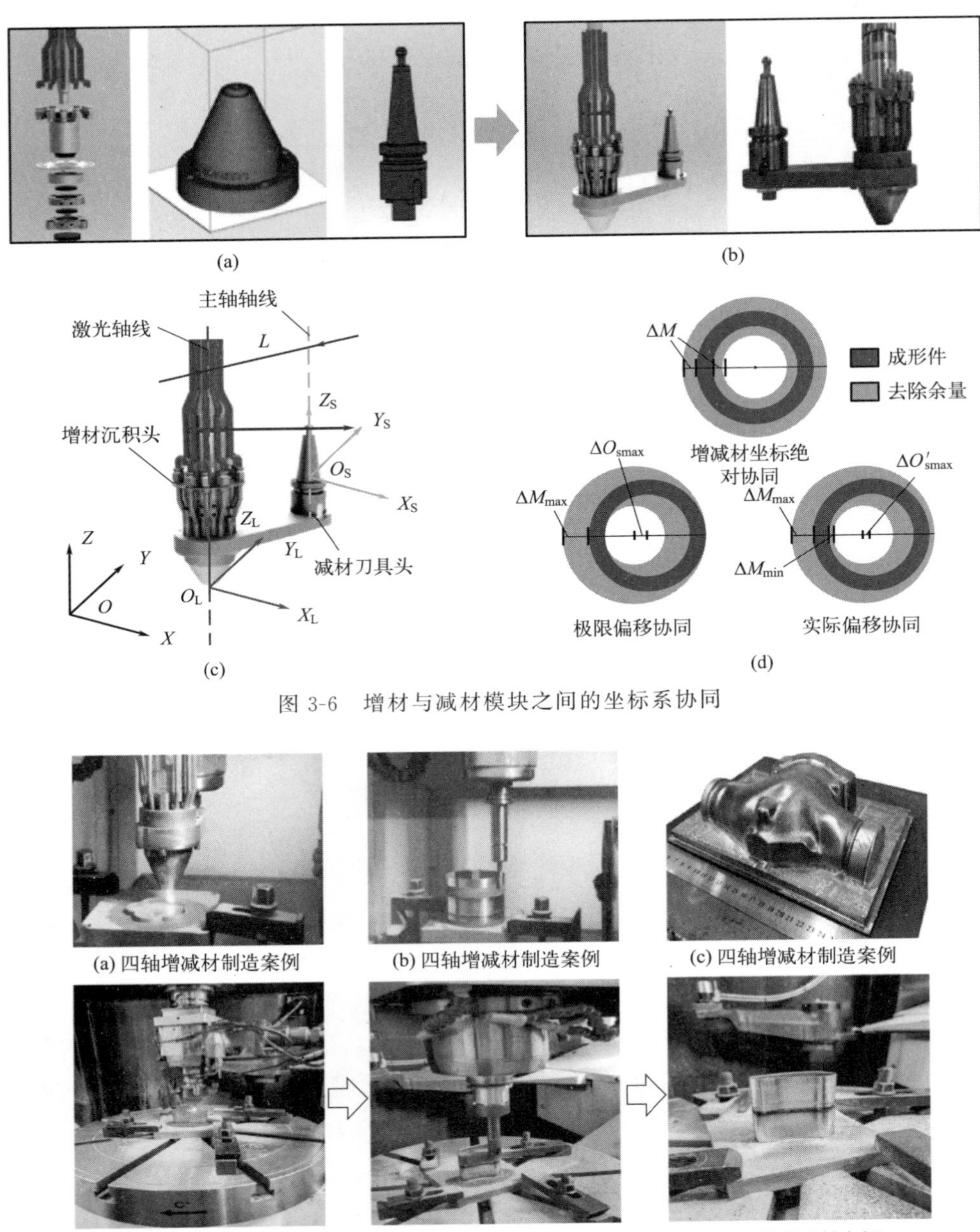

图 3-6 增材与减材模块之间的坐标系协同

图 3-7 基于数控加工中心的增减材制造

③ 设备配备半导体红外激光器（波长 980nm，最大功率 1500W）与光纤蓝光激光器（波长 455nm，最大功率 1000W）共两种激光器，激光器功率输出稳定可靠，具有红/蓝激光单独或复合成形的能力，具有灵活的工艺控制方式与工

艺参数调控范围；

④ 数控主轴的运动定位精度为0.01mm，重复定位精度为0.005mm，可为增减材成形过程中材料的沉积与去除提供足够的定位精度；

⑤ 该系统配备工业级CCD相机，可用于光斑校准和实时监测增减材加工过程的零件尺寸、成形情况等信息。

国内外研究机构和商业公司对增减材设备同样开展了大量研发工作。日本三菱电机公司和日本Matsuura公司联合研发出了熔融金属激光烧结技术和铣削技术合为一体的LUMEXAVance-25金属激光烧结混合铣床，其原理是每打印10层（厚约0.5～2mm）形成一金属片后，用高速铣削（主轴45000r/min）对其轮廓精加工一次，再打印10层，再精铣轮廓，不断重复，最终成形出高精度、结构复杂的零件，该机床主要用于实现深加强筋加工、多孔造型以及三维冷却水路等复杂零件，成形零件具有3D网状结构、生产时间短、成本低、3D自由曲面及一体化结构等优势[10]。北京机电院机床有限公司的彭伟等开发的增减材复合机床XKR40-Hybrid，实现了集增材和减材加工于一体[11]，应用五轴切削加工技术和激光层积技术、CAM技术、测量技术，增减材复合机床可完成具有复杂空间曲面形状零件（如叶盘、叶轮、叶片、模具、传动部件等）的增减材加工和修复，亦可实现由多种材料构成的零件的制造。西安交通大学李涤尘等研发了五轴激光熔覆沉积与切削加工复合制造设备，加工中心可对金属零件进行制造、加工以及修复[12]。该设备由力劲机械（深圳）有限公司生产的BTC-550AX转摆台式五轴联动加工中心改造，搭载西门子840D系统。

3.3 激光增减材复合制造技术工艺

增减材技术并非增材与减材的简单组合，而是二者的有机协同。增材过程的非稳态材料沉积与减材切削加工过程的切削行为相互耦合，导致零件的热、应力、变形累积与传递十分复杂。在激光增材沉积材料时，激光、熔池的快速移动，造成沉积零件内的温度时空分布不均，在冷却过程会引入残余应力，当进行减材加工时，零件表面和内部仍存在温度与残余应力，而从增材过程传递至减材过程的温度与残余应力影响着材料的塑性和刚性，进而影响减材过程的切削力、表面质量、尺寸精度和刀具磨损等情况。另外，铣削加工对增材制造合金表面的热历史、残余应力分布等影响较大。因此，为了使高精度高效率复杂增减材结构件稳定成形，必须探究增材制造工艺与减材制造工艺的相互作用机制[13]。

3.3.1 增材成形对减材加工的影响

在进行增减材复合制造的增材制造时，成形样件的边缘会出现塌陷现象，如图 3-8 所示，在样件的横向和纵向都出现了边缘塌陷。通过分析发现产生这种现象是扫描方式、熔池形状、保护气以及金属溶液的表面张力等诸多因素共同作用的结果，即使改变工艺参数也不能够消除该现象。

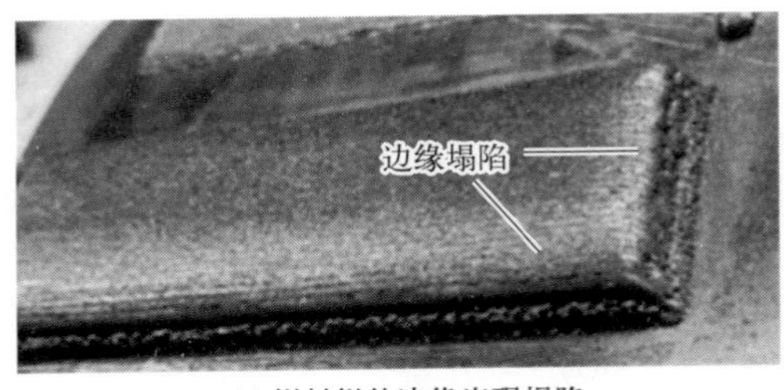

(a) 增材样件边缘出现塌陷

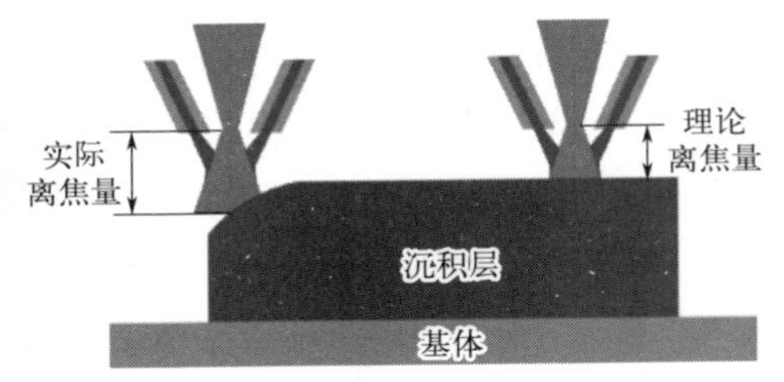

(b) 沉积层边缘塌陷时离焦量的变化

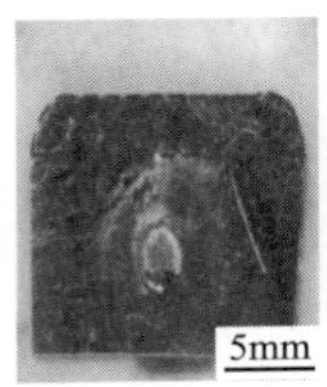

(c) 不同增材高度(2mm、4mm、6mm)边缘塌陷弧度

(d) 不同增材成形高度下的不同铣削深度

图 3-8 增减材复合制造成形样件的边缘塌陷

横向（与扫描方向垂直）边缘塌陷主要是跟熔池形状和保护气有关，由于单熔道的截面形状呈弧形，在成形第一层后成形基底形状由平面变为了波浪弧形，从而在进行下一层成形时，在边缘处熔池由于自身重力和保护气吹力的作用会向弧面两边进行流淌，使得该层的边缘弧面曲率变大，沉积高度下降，而中间部分的熔道由于受到相邻熔道的限制其沉积高度较边缘高，所以形成了两边低中间高的现象，使得边缘曲面曲率进一步增大，并且通过后续的成形不断积累变大，最终在边缘形成塌陷。

纵向（与扫描方向平行）边缘塌陷主要是跟扫描方式、保护气以及金属溶液的表面张力等诸多因素有关，在进行块体沉积时，为了提高效率采用往复扫描的方式进行沉积，在沉积一层时在其边缘由于扫面时间过长，热量累积增加，使得熔池的表面张力减小，在自身重力以及保护气吹力的作用下，熔池的流动性增加，并会向沉积层两边边缘的悬空位置流淌，导致边缘的沉积高度下降，塌陷现象出现。当边缘塌陷出现时，在塌陷部位进行沉积时的激光束实际离焦量将变大，如图 3-8(b) 所示，离焦量的增大将导致激光能量密度减小，熔化的金属粉末减少，熔池体积减小，导致沉积层高度降低，使得沉积层边缘部分低于中间部位。随着扫描层数的增加，沉积层边缘塌陷现象将进一步加剧，从而使得增材制造样件表面的成形精度变差。

激光增材制造样件存在上述边缘塌陷的问题，这对于采用铣削加工提高样件尺寸精度的方法具有非常大的影响，为了探究其中的影响规律，分别制作沉积高度为 2mm、4mm 和 6mm 的块体样件，并对这些样件进行铣削加工。通过成形后的样件可以发现纵向边缘塌陷程度总比横向高，所以将成形样件从纵向进行线切割，打磨抛光后观察纵向塌陷形成的弧度大小，图 3-8(c) 为不同增材高度边缘塌陷图片。可以看出，增材成形样件的边缘塌陷形成的弧度随着增材成形高度的增加而增大，使得增材成形样件的成形精度大大降低，将严重影响成形件的成形效率。

图 3-8(d) 为不同增材成形高度下的不同铣削深度。从图中可以观察出，随着激光沉积高度的增加，为了能够去除增材成形样件边缘塌陷，其铣削深度也随之增加。沉积高度为 2mm，铣削深度为 0.3mm 时，刚好能够将增材成形样件的边缘塌陷去除，而在沉积高度为 4mm、6mm 时，铣削深度增加至 0.6mm、0.9mm 也不能够将增材成形样件的边缘塌陷完全消除，需要继续进行铣削，直到达到成形样件的尺寸精度，否则将进一步影响后续的增材制造。

由上面的讨论可知，沉积高度对减材工序（切削深度）有重要影响。然而，增材制造的零件实际尺寸（如高度、宽度）与实际设计值存在较大偏差，且在减材加工时此偏差无法忽视。因此，必须探究增材过程成形尺寸与工艺参数的关系，以获得精确的增材尺寸，并最终确定减材加工坐标。

增材制造在 X、Y 轴方向的尺寸一般要大于理论尺寸，但是在 Z 轴方向上，增材样件的尺寸一般会随工艺参数的变化而变化，在进行增减材复合制造时如果不能够确定增材制造的总高度，则无法确定减材加工的 Z 轴坐标。若按理想情况确定减材加工坐标，则将形成如图 3-8 所示三种铣削加工情况。其中图 3-9(b) 为理想情况，即实际增材高度与理想高度一致，然而，大多数情况存在于图 3-9(a) 和 (c) 中，即理想沉积高度与实际高度存在偏差。偏差的存在降低了加工效率，加剧了刀具磨损。

作者团队对增材沉积高度与层厚的关系进行了深入研究[14]。如图 3-10(a) 所示，从图中可以明显看出，沉积层数与沉积高度近似呈线性关系，且在第一层沉积层之后每层沉积层增加的高度基本相同，沉积高度随沉积层数的变化关系与斜率为 0.4 的直线基本重合。然而，这只能说明在该参数下的沉积高度与层数的关系，不能够得出沉积高度与层数的普遍适应关系，所以需要找到一个参照物来寻找普遍性规律。如图 3-10(b) 所示为各沉积层高度与第一沉积层高度的比值关系图，从图中可以看出，随着沉积层数的增加，高度比值逐渐降低，最后基本保持在同一水平线上。分析其原因可知，在沉积前几层时由于基板的影响，前几

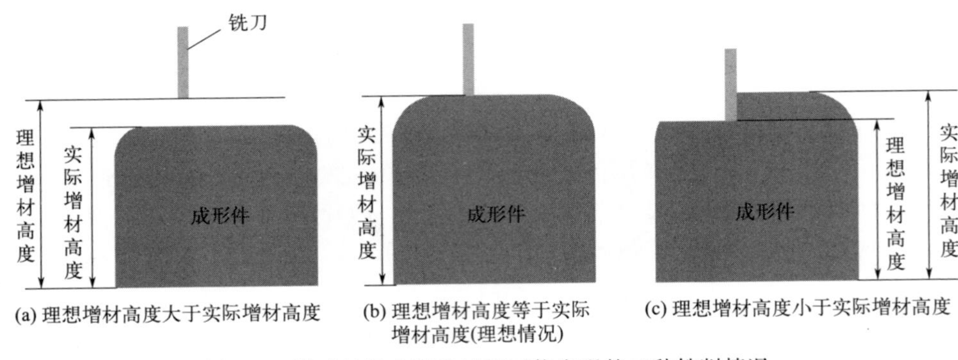

(a) 理想增材高度大于实际增材高度　(b) 理想增材高度等于实际增材高度(理想情况)　(c) 理想增材高度小于实际增材高度

图 3-9　增减材复合制造过程可能出现的三种铣削情况

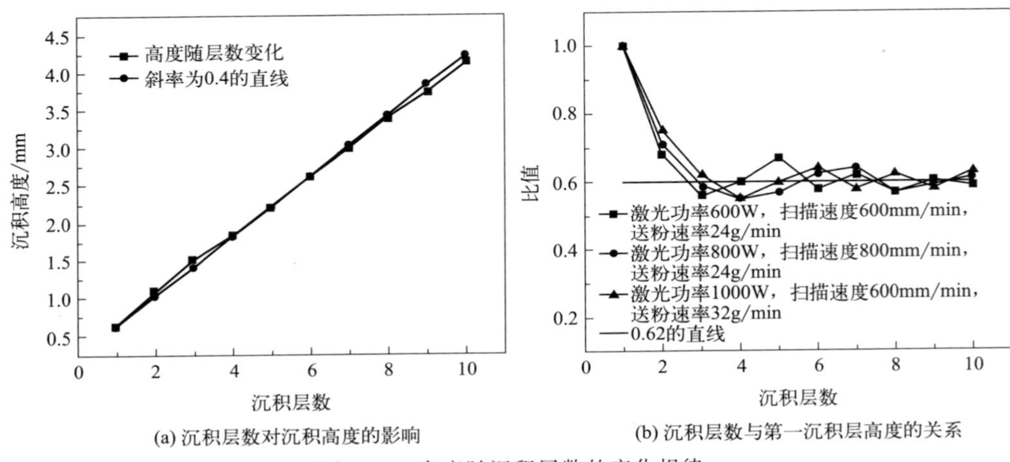

(a) 沉积层数对沉积高度的影响　(b) 沉积层数与第一沉积层高度的关系

图 3-10　高度随沉积层数的变化规律

层的沉积高度明显高于后续沉积层。随着层数的增加，基板对沉积层的影响作用下降，而后续沉积层会对上一层进行重熔，导致熔池向两边流淌，高度下降，所以沉积层高度处在变化中，各层高度比值也随之变化，但随着沉积的进行，沉积成形将达到一个稳定的状态，各层高度增加基本相同，各层高度与第一层高度的比值基本稳定在 0.62 左右。因此，上述实验可得出如下规律：为保证后续铣削和定向能量沉积的持续稳定进行，需将层高设置为第一层沉积层高度的 62%。

3.3.2 减材加工对增材成形的影响

为了探究铣削次数对增减材复合制造成形高度的影响，设计了一组单因素实验，如表 3-3 所示。该组单因素实验是在成形相同层数的过程中分别进行不同次数的铣削加工，探究铣削次数对于增减材复合成形高度尺寸的影响规律。在成形相同层数的情况下，进行五次实验，分别安排 1、2、3、4、5 次的铣削次数，每两次铣削的间隔为 4、3、2、1 层。在进行同一组实验时，只需进行第一次的对刀，后面铣削采用第一次对刀时的坐标，这样就可以保证每次铣削时的（X，Y）坐标相同，只是 Z 轴坐标有所增加。

表 3-3　减材加工对增材成形的单因素实验设计

铣削次数	层数									
	1	2	3	4	5	6	7	8	9	10
1										▲
2					▲					▲
3		▲				▲				▲
4	▲			▲			▲			▲
5		▲		▲		▲		▲		▲

将单因素实验测量结果绘成如图 3-11 所示的增减材成形总高度与铣削次数的关系曲线，从图中可以看出增减材复合制造成形最终高度随着铣削次数的增加逐渐减小。这是由于铣削过程总是在去除材料，在增材层数不变的情况下，铣削次数越多，铣削去除的材料也越多，所以最终其成形总高度会降低。从图中还可以看出铣削两次的总高度要高于铣削一次的总高度，分析原因可知，是因为只铣削一次相当于增材制造直接成形 10 层后再进行铣削，这时成形样件的边缘塌陷弧度要远大于铣削两次时成形样件的边缘塌陷弧度，而铣削两次的去除总量要低于铣削一次的去除量，所以铣削两次的总成形高度要大于铣削一次的。根据实验结果可知，随着铣削次数的增加，增减材复合制造的成形效率将会降低，并且加工成本将会增加，所以为了提高增减材复合制造的成形效率以及控制加工成本，需要找到合适的增减材工艺参数。

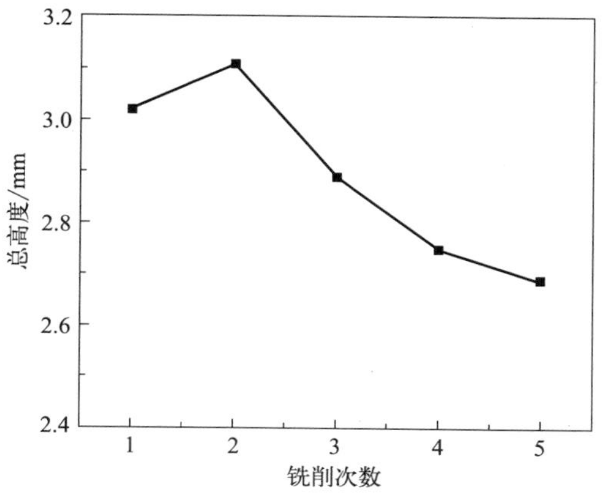

图 3-11　增减材成形总高度与铣削次数的关系

3.3.3 复合加工对成形精度的影响

为探究增减材复合交替加工对成形尺寸精度的影响规律，作者团队设置了如下实验：每隔 2、4、6、8、10 层进行铣削一次，总共铣削 5 次，每次铣削都是在同一坐标下进行，在每次铣削前测量增材成形的尺寸以及铣削后测量减材成形的尺寸。图 3-12(a) 所示为不同间隔层数下的铣削次数对高度方向的切削深度影响曲线图。从图中可以看出，在不同的铣削条件下切削深度都是随着铣削次数的增加逐渐增加，并且第二次铣削相较于第一次铣削时的切削深度急剧增加。在第二次铣削过后，切削深度随铣削次数的增加缓慢增加。间隔 2、4、6、8、10 层时铣削加工的切削深度随铣削次数的变化规律基本相同，但间隔 10 层时铣削加工的切削深度明显要大于其他不同间隔层数的切削深度，这说明在增材完 10 层后其增材尺寸精度明显下降，铣削时去除的材料更多，成形效率更低，生产成本增大，所以合理选择铣削间隔是提高成形精度、成形效率和降低成本的根本保证。

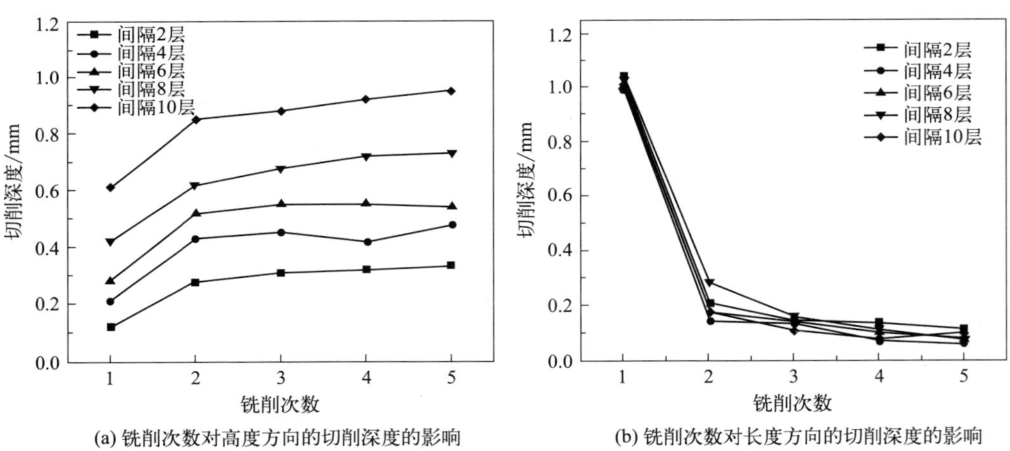

(a) 铣削次数对高度方向的切削深度的影响　(b) 铣削次数对长度方向的切削深度的影响

图 3-12　增减材复合交替加工对切削深度的影响

图 3-12(b) 所示为不同间隔层数下的铣削次数对长度方向的切削深度的影响曲线。对于不同条件下的增减材复合制造过程，其在侧面的切削深度随着铣削次数的增加而逐渐减小，并且第二次铣削相较于第一次铣削时的切削深度急剧减小。在第二次铣削过后，切削深度随铣削次数的增加而缓慢降低。在进行第一次铣削的时候，其去除量较大，切削深度较大，在铣削完成后继续进行增材制造时，其增材成形尺寸将变小，从而导致进行第二次铣削时去除量降低，并且随着增减材复合制造进行下去，其去除量将逐渐变得稳定。

通过对增减材复合交替加工过程中铣削次数对切削深度的影响研究，同时考虑到加工效率以及加工成本，可以得出增减材交替加工适合的加工参数为每隔 6 层铣削一次。

3.4　送粉式激光增减材复合制造表面质量

由于激光定向能量沉积增材制造时，在样件表面会出现“阶梯现象”，能够清晰地看到每条熔道以及表面还会黏附一些未熔化的粉末，因此导致成形件的表面质量极差，这将会严重影响零件的实用性、可靠性和耐久性。因此，对增减材复合制造零件表面质量的研究十分必要。通常表面质量主要包括两个方面的内容，一是样件表面的微观几何特征，二是样件表面的物理力学性能。其中样件的表面微观几何特征是由表面粗糙度来表征的，表面物理力学性能是由加工表面的显微硬度来表征的。所以本节主要对增减材复合制造零件的表面粗糙度和表面显微硬度进行研究。

3.4.1　表面粗糙度

在铣削加工时，合理选择切削用量可以提高生产率和保证加工质量。在铣削加工过程中，主要需要考虑的切削参数是铣削三要素，包括铣削速度、进给量和切削深度，但切削深度一般对表面粗糙度的影响不大，因此本节选择铣削速度和每齿进给量作为减材试验的工艺参数变量。

图 3-13(a) 为增材制造样件表面粗糙度随铣削速度变化曲线，其中固定每齿进给量为 0.05mm/z。增材制造样件的表面粗糙度随铣削速度的增加而下降，并在 60～100mm/min 时表面粗糙度快速下降，在大于 100mm/min 时，粗糙度下

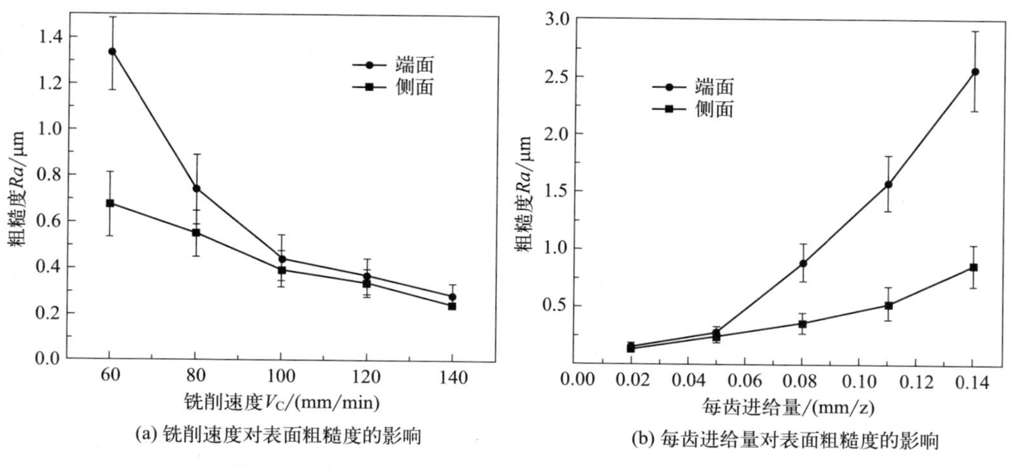

(a) 铣削速度对表面粗糙度的影响

(b) 每齿进给量对表面粗糙度的影响

图 3-13　铣削速度和每齿进给量对表面粗糙度的影响

降缓慢。这是因为铣削速度增大后，其铣削的切削力随之增大，铣刀与工件摩擦产生的热量随之增加，导致切削时工件表面的温度升高，工件表面热软化作用加强，工件材料在加工表面的塑性增大，硬度降低，使得样件易于加工，因此铣削后样件表面粗糙度降低。另外，从图中还可以看出样件端面的粗糙度总是要高于侧面，这是因为侧面铣削是不连续加工，切削刃与材料相互作用的行程远小于端面铣削加工，刀具磨损较小，粗糙度较小。

图 3-13(b) 为增材制造样件表面粗糙度随每齿进给量变化的曲线，其中铣削速度固定为 140mm/min。随着每齿进给量的增加，表面粗糙度增大。在 $0.02mm/z \leqslant f_z \leqslant 0.05mm/z$ 时，表面粗糙度增加较小，这是因为此时每齿进给量较小，切削厚度较小，从而刀具磨损较小甚至无磨损。在 $f_z > 0.05mm/z$ 时，表面粗糙度迅速增加，最高达到 2.58μm，这是因为随着每齿进给量增加，切削厚度急剧增加，铣削时刀具磨损严重，导致已加工表面残留的材料高度增加。

样件端面的粗糙度总是要高于侧面，这是由于样件的显微组织和力学性能的各向异性导致的。综上所述，可以看出选择铣削速度为 140mm/min 和每齿进给量为 0.05mm/z 时，加工件表面粗糙度较低，同时加工效率较高。

铣削加工后的样件表面粗糙度还与加工材料的物理性能（塑性流动、弹性模量和硬度等）有关。具有不同物理性能的相同材料将对样件铣削后的表面粗糙度有一定的影响。作者团队探究了增材制造试样与传统工艺制造试样的铣削性能的异同。根据上述研究采用对表面粗糙度影响较大的每齿进给量来对增材试样和基板试样进行铣削实验，并测量铣削加工后的表面粗糙度，图 3-14(a) 是增材制造试样和传统工艺制造试样在相同铣削工艺参数下的表面粗糙度的对比柱状图。随着每齿进给量的增加，增材试样和基板试样表面粗糙度都呈增大的趋势，且基板试样的表面粗糙度均高于增材试样铣削加工表面粗糙度。当 $f_z \leqslant 0.05mm/z$ 时，增材试样的表面粗糙度与基板试样的表面粗糙度基本相同；当 $f_z > 0.05mm/z$ 时，增材试样与基板试样的表面粗糙度差值急剧增加。这是因为，相比于传统工艺制备的基板试样，增材制造试样的组织均匀，晶粒尺寸细小，导致其硬度和强度均较高，塑性变差。在进行铣削加工时，增材制造试样塑性变形程度较小，主要发生脆性断裂，变形回弹较小，不易产生积肩瘤，最终减小了加工表面粗糙度。

另外，残余温度也是影响加工表面粗糙度的关键因素之一。从图 3-14(b) 中可以看出，随着增材成形残余温度的降低，其表面粗糙度先逐渐降低后上升。当增材完成后直接进行铣削时，增材成形件的残余温度为 440℃左右，这时处于较高温度下的样件的表面硬度较低，塑性流动较强，使得铣削更容易进行，但是在高温下切削时产生的切屑更容易粘在切削刃上形成积屑瘤和鳞刺，容易对加工表面产生较深的划痕，最终导致表面粗糙度增大。当增材完成后冷却一段时间

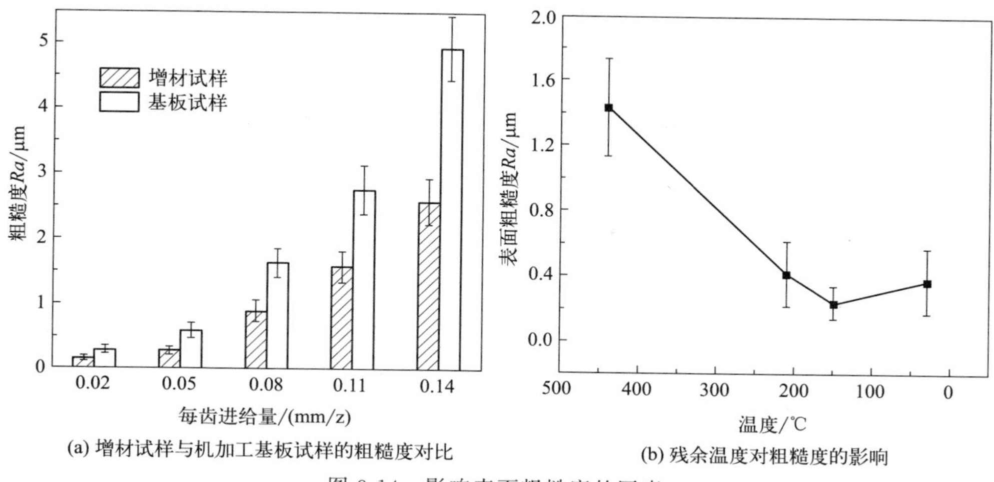

(a) 增材试样与机加工基板试样的粗糙度对比

(b) 残余温度对粗糙度的影响

图 3-14　影响表面粗糙度的因素

后，增材成形件的残余温度逐渐降低。相比于 440℃，这时增材成形样件的表面硬度逐渐增加，塑性流动逐渐降低，此时由于温度降低积屑瘤和鳞刺的形成变得较为困难，同时后刀面对于已加工面的挤光作用，使得加工表面粗糙度降低。当增材完成后等到冷却到室温时再加工，表面粗糙度反而增加了，这是由于在室温时增材成形样件的强度和硬度更高，塑性流动更差，在进行铣削时产生的铣削力较大，从而产生的热量较多，使得增材样件的表面温度快速增加，硬度降低，塑性变形容易，积屑瘤和鳞刺出现概率增大，最终使得表面粗糙度有所增大。

综上所述，较大的切削速度、较小的每齿进给量以及适宜的残余温度，可以获得较低的表面粗糙度。然而，对于某些特定的加工面，粗糙度要求不高，可选用更为高效的切削参数。

3.4.2　表面显微硬度

显微硬度是评估材料力学性能的一项重要指标，材料的硬度高代表着材料较硬，抵抗破坏和变形的能力较强，材料的使用寿命较长，反之则相反。

图 3-15(a) 所示为激光定向能量沉积增材制造零件的显微硬度测量值。水平方向较竖直扫描方向上的硬度值略低，但是竖直方向的显微硬度值波动较水平方向大，这是因为在竖直方向上后续沉积层会对已沉积层进行不断加热，使其长时间处在一个较稳定的温度范围内，相当于对前面的沉积层进行了回火或退火处理，使得其硬度稍微下降。显微测试结果表明，激光定向能量沉积增材制造零件的显微硬度明显高于铸造件。沉积过程中材料的快速熔化和快速冷却，使得熔道内部形成细小的等轴晶，起到细晶强化作用，硬度增加。

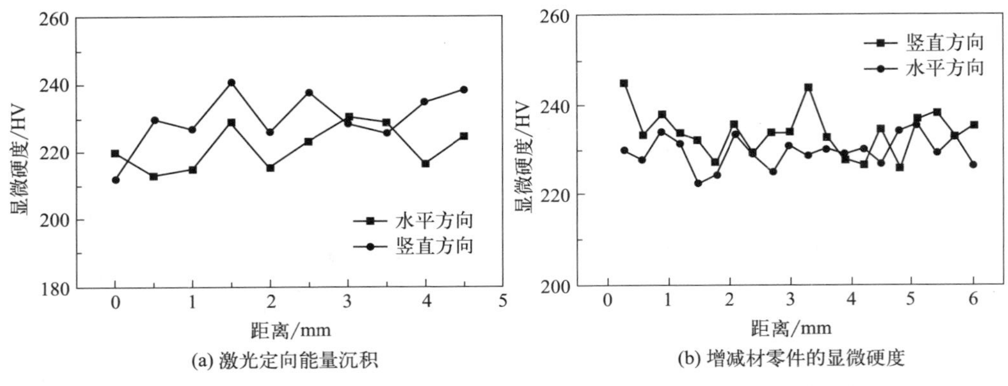

图 3-15 激光定向能量沉积与增减材复合制造的显微硬度测量值比较

图 3-15(b) 为增减材复合制造显微硬度测量值。水平方向的显微硬度较竖直方向的略低，没有看到明显的加工硬化导致硬度升高的现象，原因是铣削加工对增材试样表面的加工硬化深度较小，而后续增材过程由于熔池对基板稀释作用将破坏加工硬化层，从而使得增减材试样硬度没有明显的强化作用。

对比分析增材制造和增减材复合制造样件的显微硬度可知，增减材复合制造试样的显微硬度与增材制造相差不大。说明在增材制造过程中加入减材加工后，对样件的显微硬度的提升只是在样件表面，而对于样件内部硬度并没有提升作用。

3.4.3 轮胎模具的高质量成形

(1) 成形策略

轮胎模具试样的三维图形如图 3-16(a) 所示。从图中可以看出轮胎模具试样是一个规则的图形，主要由六条主梁和许多小经络组成。由于本书的增减材复合制造设备是由数控系统进行控制的，其加工时的程序为 G 代码，而市面上没有相应的切片软件能够对其进行切片处理，所以只能够通过 UG 以及手动编程来实现增减材复合制造。所以对于六个主梁，成形策略为直接成形相似的梯形方块，最后进行铣削成形。而对于小经络而言，只能够通过方块进行包裹成形，最后通过铣削加工出形状。

在增材过程中，考虑到轮胎模具的成形高度不高，最后能够直接通过铣削加工直接成形，而上文得出了增减材复合制造对样件的长宽方向的尺寸影响不大的结论，所以在进行增减材交替加工时，在达到铣刀铣削极限前不进行长宽方向的铣削，只对高度方向的缺陷进行铣削，所以轮胎模具的增减材加工过程为：先进行增材制造，在一定层数后进行铣削成形端面，而不铣削侧面，然后继续增材，

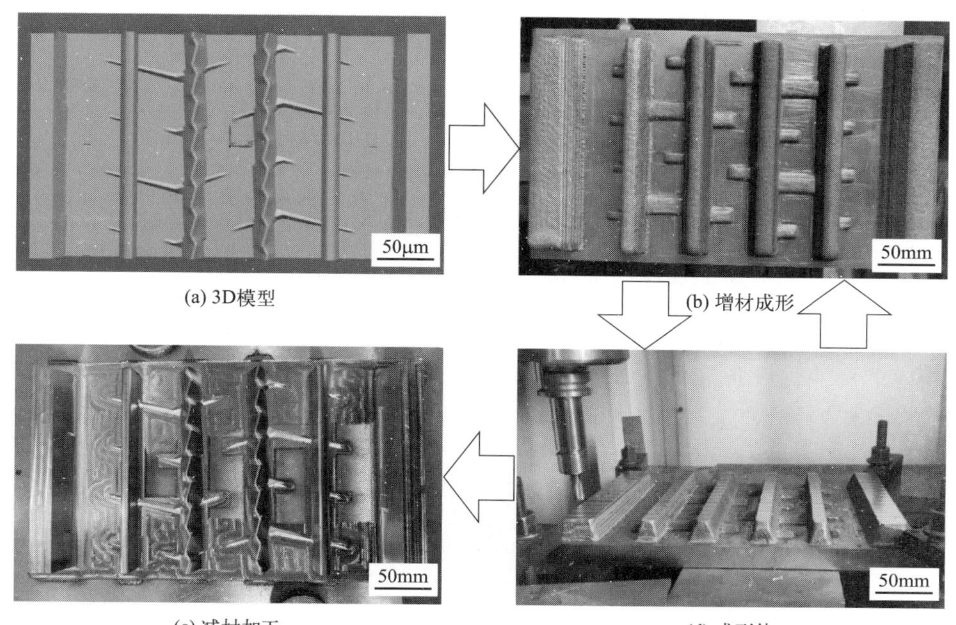

(a) 3D模型　(b) 增材成形　(c) 减材加工　(d) 成形件

图 3-16　汽车轮胎模具的增减材制造

通过增材和减材交替进行，直至达到轮胎模具的成形高度要求，最后再铣削侧面，完成轮胎模具的增减材复合制造。这个过程相当于在增减材交替加工过程时，只是保证了 Z 轴方向的成形精度，而 X、Y 轴方向的精度则由最后一步铣削来完成。

（2）程序实现

通过测量轮胎模具的各个坐标点进行手动编程，先进行增材程序的编程，然后将端面铣削程序插入增材程序中，形成增减材交替加工程序，最后将轮胎模具样件的最终铣削成形程序插入增减材程序的最后，从而得到了轮胎模具样件增减材复合制造的加工程序。本次增减材复合制造过程中，程序需要实现增材和减材的相互切换加工，所以加工程序中具有增材制造过程、减材制造过程以及两者切换过程。

（3）轮胎模具试样成形

加工程序编写完成后，将程序导入增减材一体化设备中进行加工，其加工结果如图 3-16(d) 所示，通过测量，其成形精度平均值为：长 300mm±0.15mm，宽 157mm±0.06mm；表面粗糙度平均值 Ra 为 0.23μm±0.1μm。综合分析表明，激光定向能量沉积技术和铣削减材技术相结合的增减材复合制造技术可以成形出具有良好表面质量和性能的零件。

3.5 未来的发展

3.5.1 面临的关键问题

(1) 设备机械结构

从设备集成中的机械结构设计角度看，送粉式增减材复合机床的研究发展较快，机械结构方面的组合已经较为成熟。铺粉式增减材复合机床目前只有日本推出相应的商业化设备，机械结构方面仍然没有成熟的解决方案，研究铺粉式增减材复合机床对国内复合机床的推进具有重要的指导意义。

(2) 增减材复合制造机床控制系统

在构建增减材复合制造控制系统时，目前通常使用的方法是在机床原有的CNC控制系统基础上，在系统现有工作区域中引入新的增材加工设备。这就需要CNC系统不仅能够生成刀具及喷嘴的轨迹，还要能够快速地在二者之间自由切换。对于增材制造设备，最为关键的是要灵活精准地控制原料的送给速率以及激光能量。但目前的研究与应用仍局限在以试错法为主的开环系统上，即在增材制造之前，先确定好相关参数，如激光的能量和进料速率等，待制造完成后再对参数进行评估与改进。这种方式的局限性在于：在增材制造过程中，送料喷头经过带有转角的位置时，喷头会进行短暂的停顿以改变方向，但此时送料的速度不变，其结果就是造成局部材料过度沉积。至于专门为复合制造设计闭环系统，其设计十分困难，不仅需要采用先进的插入式测量技术来获取加工过程中的各种参数，还要实时处理这些参数以及时在加工过程中做出调整。

(3) 软件层面的系统集成

① 支撑结构的优化问题。某些零部件具有复杂的几何与拓扑结构，在逐层熔融的时候部分结构悬空，因此需采用支撑结构加强零件与平台的稳定性；在增减材交替加工过程中，需要部件不断地变换方向，从而使加工的熔融喷头或者刀具能够接触到加工面。同时在集成的机床中，因为刀具以及熔融系统所在的轴方向是固定的，为了尽量减少支撑结构与部件的接触面积以及刀具无法触及的部件面积，需要机床的平台控制软件不断地优化算法，根据不同的加工要求与工序调整部件的方位。这也是对机床CNC系统的要求。

② 分层切片算法问题。由于在增材加工过程中，材料是一层一层累积的，因此分层处理十分重要。对此，应该基于每一层厚度以及铺层方向，结合零件的几何构造进行打印方向的自适应调整，进而决定加工工序。但现有的分层算法以恒定厚度分层法为主，难以克服阶梯变形问题。

③ 增减材加工工序的最优化问题。在复合加工过程中，大至增材制造、减材加工和测量等工序顺序的相互切换以及相匹配的支撑结构类型，小至增材制造激光熔覆喷嘴的轨迹、减材加工刀具的轨迹及加工参数等都需要在加工之前由相应的软件进行事先模拟，并做出最优选择。在软件做出选择的过程中，会结合制造可达性、结构强度的改变以及机床的运动平台自由度等进行综合考虑。

(4) 成形工艺问题

在成形工艺方面，激光增减材复合制造技术区别于单一的增材加工和减材加工工艺，它不是两种工艺的简单叠加，而是需要综合考虑两种工艺方法的相互影响，在确保零件可以成功生产的前提下合理地进行工艺规划，使零件性能和生产效率之间达到最优平衡，充分实现两种技术的优势互补。

首先，由于成形过程中包含了增材制造过程和减材加工过程，故而两种过程之间的相互影响需要深入研究。目前研究表明增材制造过程对减材加工存在以下影响：①增材制造的零件在材料组织性能上与传统的锻件不同，对后续的减材加工存在一定的影响；②增材过程会使零件积聚高温，加剧刀具的磨损，并且复合制造过程的减材加工不能像传统方式一样使用冷却液，刀具切削性能变差，零件表面精度难以保证。虽然宏观上的影响已经有所发现，但是具体的微观影响规律亟需探明。

其次，现有的研究主要是优化单一过程的工艺参数，即增材制造工艺参数和减材加工工艺参数，再将分别获得的单一优化参数作为整个复合制造过程的工艺参数。这样获得的工艺参数实际上难以满足整个复合制造过程的要求。因为通过单一优化的参数并没有考虑以下两个问题：①减材加工对材料性能的影响是否会导致增材工艺参数的改变；②增材加工过程的热量积累导致不同时间段的减材加工初始条件发生的改变是否影响紧接着的增材过程的工艺参数。因此如何获得复合制造过程的动态工艺参数需要开展深入研究。

(5) 内部清洁问题

市面上的增减材复合制造装备在进行减材加工时，部分废料的散落，将会增大后期对装备内部进行清洁操作时的难度，并且在进行增材操作时，激光端头的不对中安装，极其容易使激光在发出时出现位置偏差[15]。

3.5.2 最新研究进展与发展方向

由于融合了增材制造和减材制造技术的优势，基于增减材的复合加工技术能快速制备出不同材料的高精度、高质量的复杂形状零件，缩短制造周期，节省材料，降低成本，增强产品竞争优势，特别有利于复杂形状、多品种、小批量零件的生产，具有广阔的应用前景[16]。

目前，在增减材复合制造设备的硬件系统方面均有许多研究成果，能将相应的增材机构集成到数控机床中，但是大多数的改造设备旨在满足相应的实验要求，能够真正投入商用的复合加工机床相对较少。单个过程的突破可以促进复合过程的发展。但是，为了充分实现复合制造过程，需要解决一些问题[17]。

（1）模块化的硬件系统

在硬件方面，集成结构应朝着模块化方向发展。模块化的硬件系统具有易于维护、易于交互及易于扩展等优点。图 3-17 所示为一种可重构模块化机床的集成设计原理图[18]，首先根据产品的复合加工要求，对现有的机床模块进行相应的集成、替代以及删除并将它们安装在机床的合理位置，形成新的机床模块组成形式；然后基于控制软件的模块库，对应于硬件模块改变，控制模块也进行相应的集成、替代以及删除，并进行保存，从而最终完成新产品的软硬件平台的搭建。此外，单硬件模块也需要发展，如将熔融喷头以及相关的冷却系统进行整合，使其能够顺利被收纳入刀具库，并借助自动换刀的过程，在切换工序的同时，保护喷头。熔融时的热源也需要进一步改进，以常用的激光为例，虽然其工作时对工件造成的热效应相对较弱，但激光的能量利用率比较低，随着能量的增加，使用成本也迅速增加。针对减材加工，为了减少环境的污染，应该发展高速切削加工从而实现干加工，减少切削液的使用。

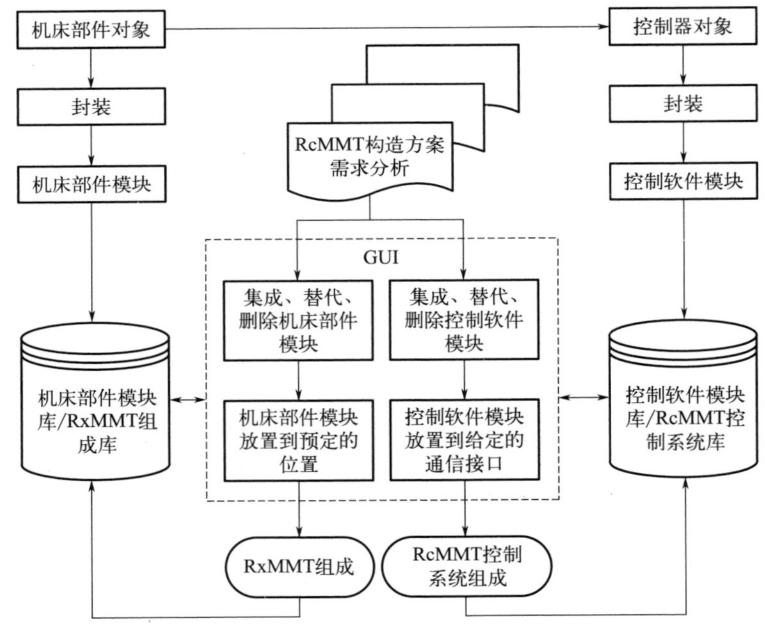

图 3-17　一种可重构模块化机床的软硬件集成设计原理图[18]

（2）智能化、集成化的软件系统

软件系统除了与硬件系统一样需要向模块化方向发展外，更需要朝着智能化、集成化的方向发展。在集成化的系统中，工件的成形始于工件的CAD文件，CAD文件被传送至计算机辅助工艺过程设计（computer-aided process planning，CAPP）软件，CAPP软件将CAD模型拆分成一系列能够在工程上实现的子特征，并规划相应的加工工序。对应于具体的工序，加工过程中需要的一些特定参数和刀具的工作轨迹，则借助于计算机辅助制造（computer aided manufacturing，CAM）软件获得。值得注意的是这个过程并不是顺序而下的，依托计算机辅助检测（computer-aided inspection，CAI）软件，加工过程中工件实际的成形参数会实时地反馈给CAPP软件进行对比与修正，并在接下来的工序规划中得到体现，循环往复。伴随着加工历史的不断增加，CAPP软件的工序规划也会越来越合理，实际加工产生的误差也会越来越小。

（3）全闭环的机床控制方式

在增材过程中采用全闭环的机床控制方式，如基于多传感器技术将零部件的加工物理与几何信息（如激光能量，铺层角度与厚度）实时传输至控制系统，以确保增材过程的高效高精加工。在复合加工过程中，加工工序交变递进，因此需要控制系统具有良好的鲁棒性。如何实现对加工过程的实时检测和反馈，形成全闭环控制，需要进行进一步的深入研究。

（4）高精多源集成的检测技术

为了满足全闭环系统的要求，需要有先进的检测手段。相较于传统的减材加工所具有的丰富成熟的检测手段，增材制造的检测技术较为单一。目前已应用方法中，有的是结合高速摄像机与热成像技术，测量直接能量沉积过程中熔池的温度与几何形状；或者是结合高速摄像机与光电二极管，分别测量熔池的几何构造以及材料流量，并在闭环系统中实时控制原料的送给速度。因此，集成多种测量传感器的检测技术是下一步发展的重点之一，如图3-18所示[19,20]。

（5）成形尺寸的扩展

上述介绍的基于增减材的复合加工技术主要应用于复杂模具、功能梯度结构件、嵌入式结构件等小尺寸、高精度、多品种、小批量零件的生产。对于大批量、大尺寸的零件，增减材复合加工技术依旧鞭长莫及。

（6）工艺集成性

在增减材复合制造过程中，不论是支撑结构还是加工前的预先模拟，都需要结合多方面综合考虑，包括支撑结构是否能与增材制造和减材加工等工序相匹配、结构的强度如何、减材加工刀具的路径多少合适、激光熔覆喷嘴的轨迹如何、制造可行性的大小以及机床运动的平台自由度等，并做出最优的选择，从而实现增材与减材复合加工工序的进一步优化。另外，由于成形的零件具有不同的特征性质，因此所采用的沉积工艺和材料也就不同，如何将多种沉积工艺设备集成在一起，并保证运行的协调性和高效率是需要研究的问题。

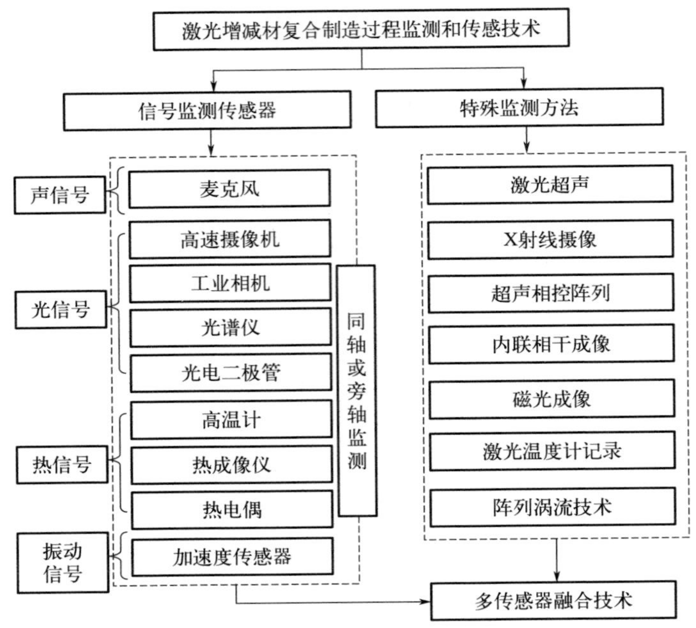

图 3-18　多传感器融合技术[19]

参 考 文 献

[1]　马立杰，樊红丽，卢继平，等．基于增减材制造的复合加工技术研究［J］．装备制造技术，2014（07）：57-62.

[2]　唐成铭，赵吉宾，田同同，等．基于激光选区熔化与高速切削的增减材复合制造系统开发［J/OL］．热加工工艺，2022（19）：118-122.

[3]　荣玉龙．增/减材复合加工零件成形过程与机械性能研究［D］．沈阳：东北大学，2019.

[4]　Marshall G J，Thompson S M，Shamsaei N. Data indicating temperature response of Ti-6Al-4V thin-walled structure during its additive manufacture via laser engineered net shaping［J］．Data in Brief，2016，7：697-703.

[5]　孙海江，邢飞，卞宏友，等．增减材混合制造技术的研究现状与进展［J］．制造技术与机床，2022，726（12）：15-23.

[6]　高孟秋，赵宇辉，赵吉宾，等．增减材复合制造技术研究现状与发展［J］．真空，2019，56（06）：68-74.

[7]　洪月蓉．增减材复合数控机床［J］．内燃机与配件，2017（13）：27-28.

[8]　董一巍，赵奇，李晓琳．增减材复合加工的关键技术与发展［J］．金属加工（冷加工），2016（13）：7-12.

[9]　张军涛，张伟，李宇佳，等．基于 DMG MORI LASERTEC 65 3D 加工中心的不锈钢粉末激光沉积增/减材复合制造［J］．粉末冶金材料科学与工程，2018，23（04）：368-374.

[10]　史玉升，张李超，白宇，等．3D 打印技术的发展及其软件实现［J］．中国科学：信息科学，2015，45（02）：197-203.

[11] 彭伟，王宝和，邵璟．增减材复合机床开发及应用研究项目 [J]. 世界制造技术与装备市场，2018 (04)：47-50.

[12] 杨强，鲁中良，黄福享，等．激光增材制造技术的研究现状及发展趋势 [J]. 航空制造技术，2016 (12)：26-31.

[13] 陈峰，宋长辉，杨永强，等．送粉式激光增材和铣削减材复合制造 316L 不锈钢的表面质量及力学性能 [J]. 激光与光电子学进展，2022 (001)：059.

[14] 陈峰．316L 不锈钢激光送粉增材和铣削减材复合制造工艺与性能研究 [D]. 广州：华南理工大学，2021.

[15] 陈长军，蔡诚，陈明，等．一种增减材复合制造装备：CN202022497046.2 [P]. 2021-06-18.

[16] 邹伟，黄锦涛，程春，等．基于增材制造技术快速模具制造研究进展 [J]. 材料导报，2021：1-22.

[17] Zhu Z，Dhokia V G，Nassehi A，et al. A review of hybrid manufacturing processes-state of the art and future perspectives [J]. International Journal of Computer Integrated Manufacturing. 2013，26 (7)：596-615.

[18] 张浩．面向可重构机床设计的多层映射技术及应用研究 [D]. 杭州：浙江大学，2015.

[19] 郭立杰，许伟春，齐超琪，等．金属增材制造监测与控制技术研究进展 [J]. 南京航空航天大学学报，2022，54 (03)：365-377.

[20] 李永超．增减材复合制造技术的研究现状与关键问题 [J]. 冶金管理，2021 (05)：109-110.

第4章

高反/难熔材料激光增材制造技术

4.1 高反/难熔材料激光增材制造技术背景

激光对材料的辐照过程作为激光加工技术的重要基础，其本质是激光与材料之间的相互作用，是光学、热学和力学等多学科的交叉耦合，是一个极其复杂的过程。激光辐射到被加工材料表面时，该过程会发生反射、吸收、透射及散射等光学现象。其中，散射或反射、透射会损失部分能量，而被吸收的大量光子通过与金属晶格的相互作用而转换成材料的热能，从而致使被加工材料表面发生温升。在转换过程中，材料对激光的吸收率与材料的类型和结构、激光波长及是否偏振等参数有关。由于吸收热较低，该阶段不能用于一般的热加工。

在激光加工过程中，激光要对材料产生持久的影响，必须先被吸收。而光吸收取决于激光和材料的相互作用机制，是加工过程最关键和烦琐的环节。研究工作者对激光在不同条件下的吸收机理已经做了大量的研究工作，为激光材料的加工提供了较大的方便。光吸收机理在不同层次的研究现状如下。

在光强度较弱时，光在物质中的传播主要由麦克斯韦方程控制[1]。而光与材料的相互作用由复介电函数表征，取决于材料的微观结构和原子能级状态。在有色金属中，自由电子数目比较多，光吸收由自由电子主导，主要通过韧致辐射逆等机制进行，与绝缘体和半导体的共振吸收不同。电子与光子耦合作用，吸收光子的能量，随后通过碰撞将能量转移到晶格声子（时间尺度为$10^{-12}\sim10^{-10}$s）。根据自由电子气理论，对于近似于自由电子气的金属，当光的频率低于等离子体频率时，即$\omega<\omega_p$，光吸收率等于

$$\alpha \backsimeq \sqrt{2\omega\sigma_0/(\varepsilon_0 c^2)} \tag{4-1}$$

其中，σ_0 为电导率，由 Drude 模型决定，即 $\sigma_0=\omega_p^2\varepsilon_0\tau_e$；$\tau_e$ 为电子碰撞时间；ε_0 为真空介电常数；c 为光在真空的光速。等离子体频率 $\omega_p=\sqrt{\dfrac{N_e e^2}{m_e\varepsilon_0}}$，$N_e$ 为总的电荷密度；m_e 为电子质量；e 为电荷量。当 $1/\tau_e<\omega<\omega_p$，吸收率可以简化为：$\alpha\backsimeq\dfrac{2\omega_p}{c}$。基于自由电子预测的金属的吸收率（如图 4-1 所示），与实验较为符合。

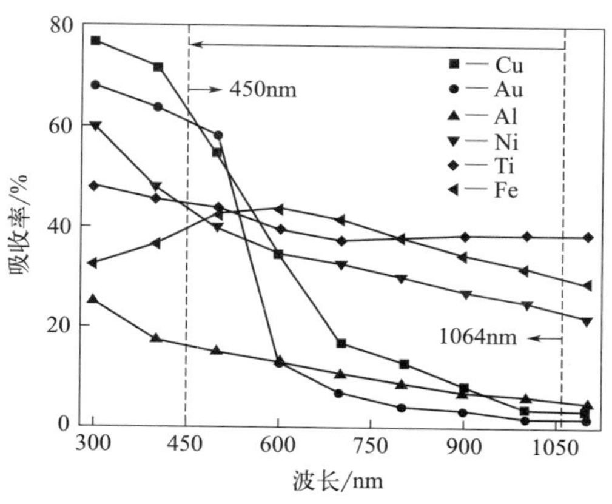

图 4-1　金属吸收率与波长的关系[2]

从式(4-1) 可以看出，除了提高光频率外，提高电荷密度和电子碰撞时间，降低介电常数，是提高吸收率的有效的方法。然而，基于自由电子气模型的金属吸收率模型只适用于自由电子纯金属。在实际金属材料应用中，往往需要引入二级效应，即对自由电子模型进行修正，尤其需要引入金属中的带间跃迁效应。另外，除了纯金属外，关于合金吸收率的信息很少，合金成分对吸收率的影响几乎空缺。

在大功率情况下，光的吸收产生的热量足够引起材料的密度和电子特征的变化，改变许多材料的光学特性，甚至会发生热失控[3] (thermal runaway) 现象。光吸收是随着温度、时间和空间变化的函数[4]。热失控现象引起的蒸发、电离和匙孔等相关的复杂物理现象增加了相互作用机制的复杂程度，给光吸收模型的理解带来了挑战。在不考虑热损失，只考虑反射和吸收的情况下，研究工作者做了一些尝试。基于 Drude 模型计算的金属的辐射的折射 k 与吸收常数 n，假设激光焊接过程光的极化是圆形的，光吸收是垂直极化光吸收率 A_{pa} 和平行线性激化光的吸收率 A_{pe} 的平均值，如式(4-2)

$$A=\frac{1}{2}(A_{pa}+A_{pe})=\frac{1}{2}\left[\frac{4n\cos\theta}{(n^2+k^2)\cos^2\theta+2n\cos\theta+\cos^2\theta}+\frac{4n\cos\theta}{(n^2+k^2)\cos^2\theta+2n\cos\theta+1}\right]\tag{4-2}$$

其中，θ 为入射角。从公式变化中可以知道，在给定激光源的情况下，改变激光的入射角可以让激光的吸收率提升 0.05～0.15，能够适当地提高加工效率。

关于金属材料对入射激光的吸收率，除了受到材料本身合金元素质量分数的影响外，还与材料温度、材料表面状态、激光作用角度高度相关。在实际激光加工过程中，由于材料的剧烈熔化、蒸发，激光作用表面处于沸点温度，使用常规方法计算沸点下材料对激光的吸收率往往低于实际吸收的能量，原因在于激光辐照材料表面的粗糙度及入射角度是随机变化的，粗糙度的增加及入射角度在布儒斯特角附近的辐照条件将大幅度提升对激光能量的吸收。

实验中，研究工作者在测量激光吸收率方面进行了相关的尝试。常用的方法是测温法和积分球方法，采用间接的方法，即通过测量反射率或者结合数值模拟和实验数据推导间接计算获得吸收率[5]。基于温度测量仪测量吸收系数，假设材料吸收的光全部转化为热量，然后根据材料的温度情况，推测出热量的吸收情况。然而，目前大部分实验只是基于表面的温度和常热容进行，这不可避免地给吸收常数的测量带来较大的误差。

材料光吸收常数的准确测量是个极具挑战的难题。尽管目前没有严谨的理论模型，但是如果能够准确测量或者计算材料热容和热导随温度的变化情况，获取特征区域的温度场并关注，就可以更有效地计算材料在加工过程中吸收的总能量，再根据测温仪测量的散热情况，确定材料的光吸收率和吸收系数。

高反射材料一般指金、银、铜及部分合金，该类材料对激光的吸收率很低。市面上大多数打印机用的是波长为 1064nm 左右的 Nd：YAG 激光器或光纤激光器[6]。在此波长下，金、银、铜三种材料的反射率都达到了 95%以上。如此高的反射率使金属粉末无法吸收足够的激光能量，导致熔化不充分，熔体湿润性差，难以铺展开，导致气孔和球化现象，打印态材料致密度低、性能差；同时打印中反射的激光可能会损害打印机的光学系统，如图 4-2 所示。克服高反射率成为用激光增材制造金、银、铜等材料的关键。

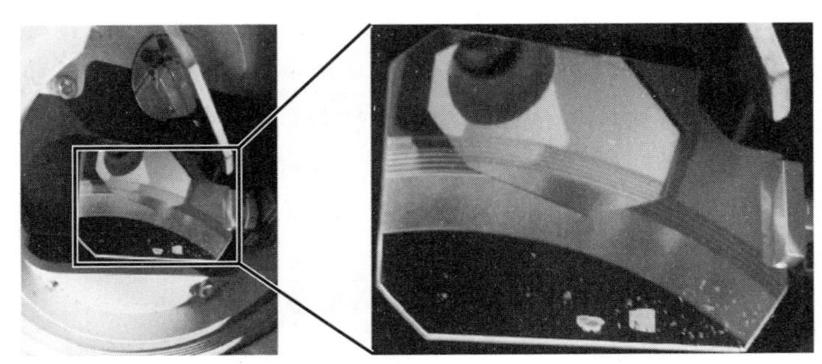

图 4-2　采用高功率激光打印高反材料对扫描振镜的损伤

难熔金属，即高熔点金属，其熔点普遍在 2000℃以上，主要包括 W、Nb、Mo、Ta、V、Re 等元素及以这些元素为主的高熔点合金。激光增材成形难熔金属几乎遇到金属增材制造所面临的所有困难。第一，难熔金属的高熔点导致较高的内聚能，高内聚能产生的高黏度显著降低了熔池的流动性，加上其表面张力（2.361N/m）较高，容易导致球化现象的出现。第二，其高导热性［173W/(m·K)］导致熔池快速凝固和冷却，形成较高的残余应力水平，而难熔金属韧性较差，因此容易形成裂纹缺陷。第三，难熔金属具有较高的氧化敏感性，即使少量的氧气被熔池吸收，也会降低润湿性并导致裂纹的形成。鉴于以上困难，研究 LPBF 成形难熔金属时，需要对过程工艺参数进行理论设计和实验优化。

4.2　高反材料激光增材制造

4.2.1　铜及铜合金激光增材制造

目前纯铜以及铜合金的激光选区熔化成形难度远大于其他材料，相关研究人员主要通过对材料进行合金化和粉末表面镀膜获得激光吸收率的提高，从而提高试样致密度和力学性能；而对于纯铜的直接激光选区熔化成形研究非常少，但随着大功率激光器的应用，相关研究逐步展开。

作者团队前期采用纯度 99%、粉末粒径为 15～53μm 的纯铜粉末进行实验。由于实验设备采用的是红外激光器，使得激光的反射率极高，导致纯铜粉末在激光选区熔化（SLM）成形过程中出现扫描速度较高时体能量密度过低而成形失败的情况。通过增大体能量密度后，成形效果得到极大改善，同时优化成形工艺，最终获得的样件致密度最高达 93.9%，但测试结果表明试样内部还是存在较多的孔隙、裂纹等缺陷。此外，由于体能量密度的增加使得能量输入过多，导致熔池温度过高，增加球化趋势，导致缺陷增加，成形表面质量较差，如图 4-3 所示。

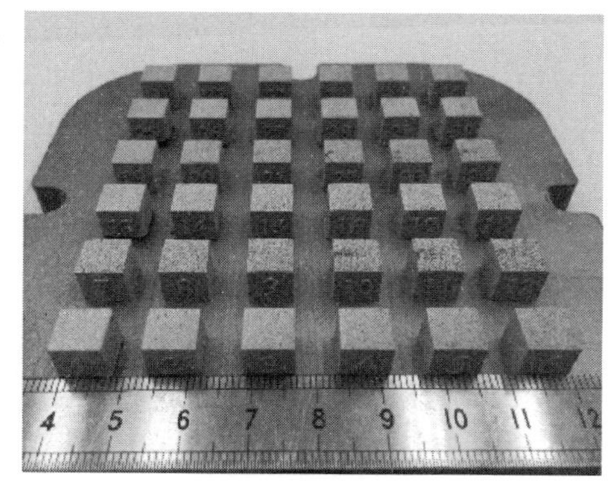

图 4-3　作者团队优化工艺参数后纯铜 SLM 成形试样

作者团队还对蓝光激光定向能量沉积纯铜零件的工艺及性能进行了探索研究，使用大功率蓝光激光器作为能量源在不锈钢基板上进行纯铜的沉积，将激光功率、扫描速度和送粉速率从五个水平形成不同的工艺参数组合进行全因子实验[7]。先从宏观尺寸分析了工艺参数对沉积层的影响，后从相对密度、组织结构和力学性能三个方面对多道多层工艺进行探究。蓝光激光定向能量沉积实验系统由五个单元组成：激光系统、送粉系统、送气系统、冷却系统和运动控制系统，如图 4-4 所示。

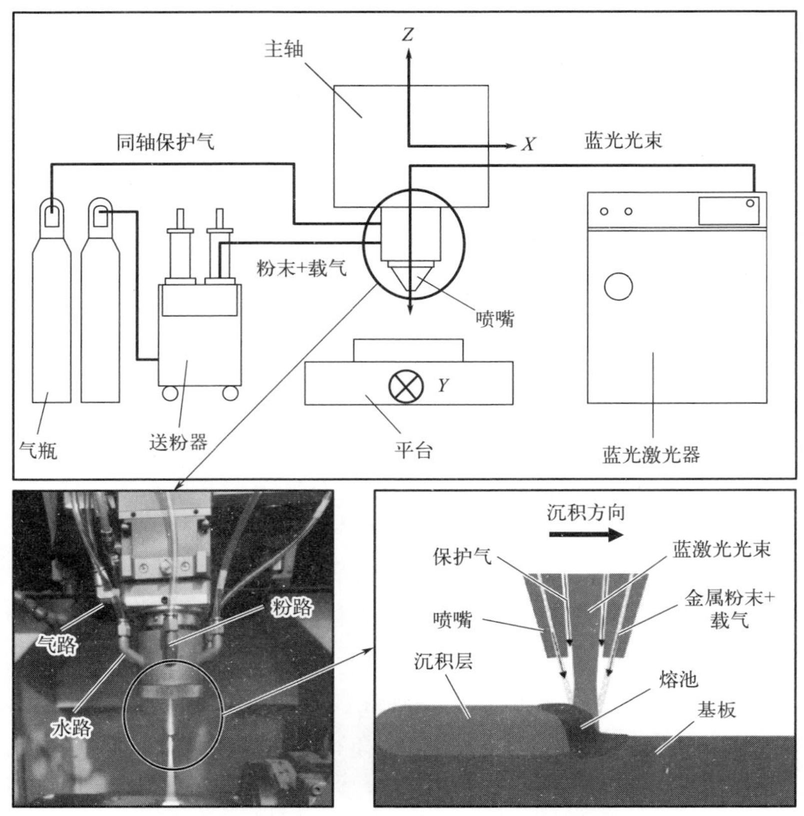

图 4-4　作者团队蓝光同轴送粉激光定向能量沉积原理图[7]

研究表明，单位送粉激光能量（laser energy per unit powder feed，LEPF）在 2.592～6.048kJ/g 范围内可进行稳定的连续沉积，而当 LEPF＞6.050kJ/g 时，因用于沉积的激光能量过多而导致气孔出现；LEPF 为 4.53kJ/g 时打印出了表面质量较好的纯铜薄壁圆筒零件。通过正交扫描得到最高相对密度为 99.10％的纯铜块状样件，并使用最佳工艺参数成形纯铜薄壁零件，如图 4-5 所示。

目前对于铜合金增材制造研究较多，主要的铜合金有 Cu-Zn、Cu-Sn、Cu-Al、Cu-Ti、Cu-Ni、Cu-Cr 等合金。表 4-1 总结了近年来国内外企业、研究团队通过增材制造技术打印的各种铜合金的各项性能。由于铜合金与纯铜之间固有的

(a) 扫描路线示意图

(b) LDED成形

(c) 表面处理

图 4-5　作者团队蓝光 LDED 成形纯铜薄壁零件图[7]

性能差异，因此针对铜合金的性能目标，也与纯铜进行了区分。对几个主要指标进行了要求，电导率目标是 80%IACS 以上，拉伸强度 195MPa 以上，伸长率 30%以上。

表 4-1　粉末床激光熔融的铜合金的性能

材料	屈服强度 /MPa	抗拉强度 /MPa	致密度 /%	热导率 /(W/m·K)	电导率 /%IACS
Cu-10Zn[8]	203.4	269.2	99.97	—	43.19
Cu-4Sn[9]	—	320	93.68	—	—
Cu-10Sn[10]	220	420	99.70	—	—
Cu-15Sn[11]	436	661	99.47	—	—
Cu-15Ni-8Sn[12]	470.8	593.3	—	—	7.48
Cu-2.4Ni-0.7Si[13]	—	—	—	187.83	—
Cu-Cr-Zr-Ti[14]	—	211	97.9	—	—
Cu-Cr-Zr[15]	204	287	99.8	100	—
Cu-Cr[16]	377.3	468	99.98	98.31	—

此外，作者团队通过三因素四水平正交工艺实验，发现选择合理的工艺参数，SLM 制备的锡青铜成形致密度最高达到 98.71%[17]；微观组织为网格状枝晶结构且分布均匀的 α+δ 相和 α 相；成形试样显微维氏硬度比传统铸造的软态（700～900MPa）高 45%左右；直接成形的风轮模型致密性高。表明采用激光选区熔化技术可以成形性能较好的 QSn6.5-0.1 锡青铜合金零件，如图 4-6 所示。

同时，作者团队还研究了 CuCrZr 合金的成形工艺。首先在基板上进行单熔

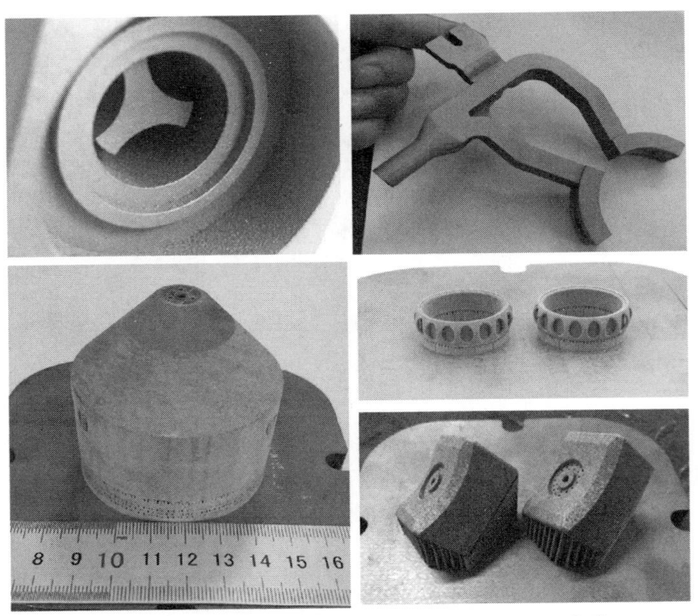

图 4-6 作者团队 SLM 成形 CuSn10 合金零件[18]

道试验，成形质量如图 4-7(a) 所示。根据熔道质量，可以把成形参数划分为三个区域：正常成形区域、球化区域和欠熔化区域。试验结果表明，当激光功率低于 400W，扫描速度超过 900mm/s 时，单熔道的成形质量较差，甚至不能成形。主要表现为两种缺陷：第一种是熔道断续不完整，出现熔道中心粉末欠熔化的情况；第二种是熔道连续但严重球化，表面凹凸不平，不利于下一层的铺粉和打印。激光功率、扫描速度两个参数之间的合理匹配才能保证基本的成形质量和效果，为块体打印奠定工艺基础。最后确定的单熔道优化工艺参数范围为激光功率 340～420W，扫描速度 500～900mm/s，该参数区间将用于后续的块体打印。基于单熔道试验确定的工艺参数，进行块体成形。图 4-7(b) 是致密度测试结果的分布图，当激光功率低于 260W 时，无论扫描速度如何变化，方块致密度都较低，有较大孔洞；激光功率达到 300W 以上时，低扫描速度可使孔隙的数量和尺寸明显减小，方块的致密度能达到 99%以上。特别地，激光功率为 400W，扫描速度为 900mm/s 时，致密度可获得最高值 99.34%。因此，成形 CuCrZr 的 SLM 工艺采用大功率、小速度为宜。

最终使用最佳打印参数对感应加热线圈进行 SLM 制造，并采用最佳的热处理工艺参数对零件进行热处理，零件的制造过程与成形零件的情况如图 4-8(a) 所示，并选取分布的 6 个点进行电导率测试，结果如图 4-8(b) 所示，可以看到每个点的电导率都在 80%IACS～90%IACS 之间，整体上 SLM 制造的感应加热线圈的电导率均优于原件。

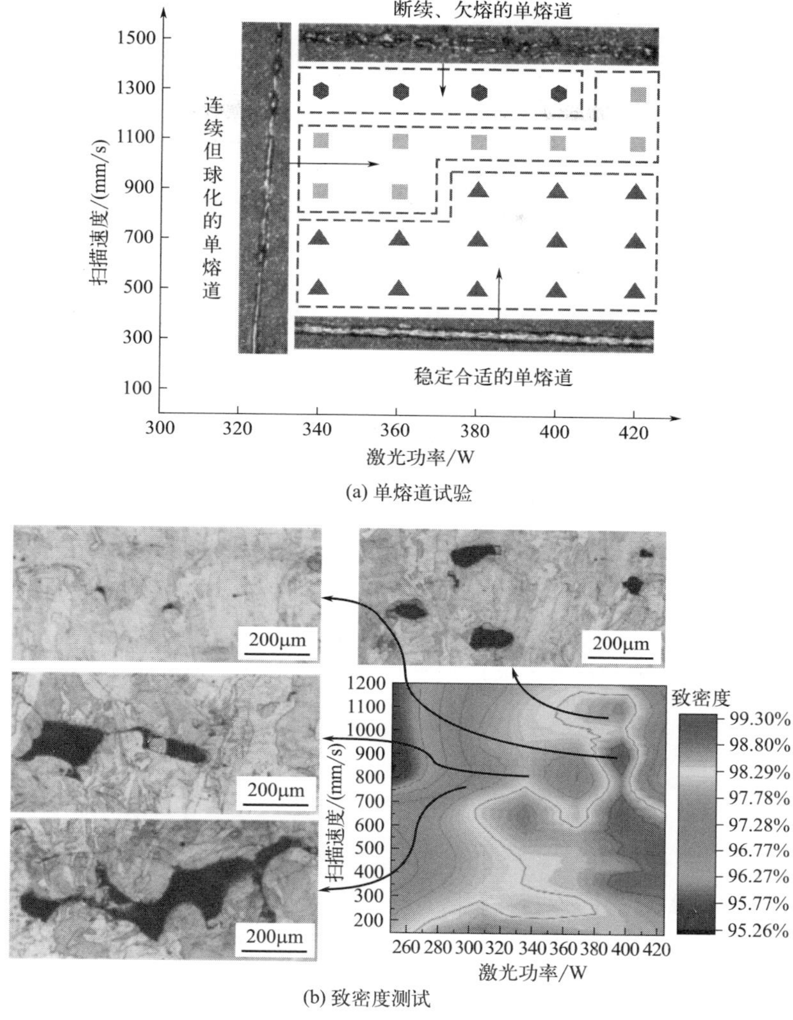

(a) 单熔道试验

(b) 致密度测试

图 4-7　作者团队 SLM 成形 CuCrZr 工艺测试

4.2.2　铝及铝合金激光增材制造

铝合金具有密度低、比强度高、良好的可加工性等优点，被广泛应用于航空航天、汽车、船舶等领域，是轻量化的首选材料，但使用传统加工方法难以制备复杂精密的铝合金零件。激光选区熔化成形是增材制造领域应用最为广泛的一种技术，成为制备铝合金零件最有前景的新方法。随着成形设备和工艺的不断发展以及航空航天领域的轻量化需求，近五年铝合金 SLM 成形逐渐成为研究的热点方向，但是铝合金由于激光吸收率低、热导率高、易氧化的固有特性，导致

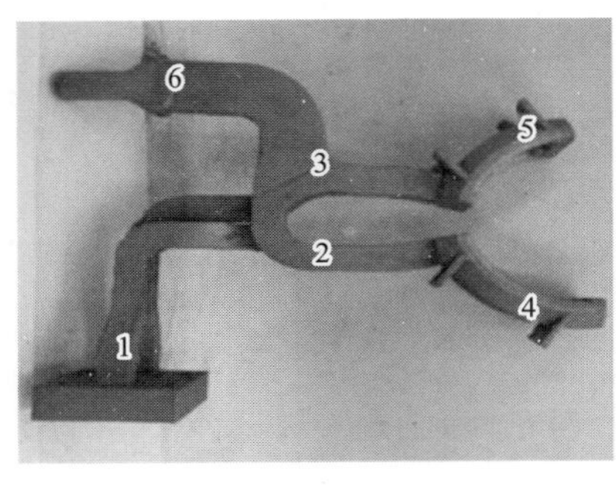

(a) 电导率测试位置分布

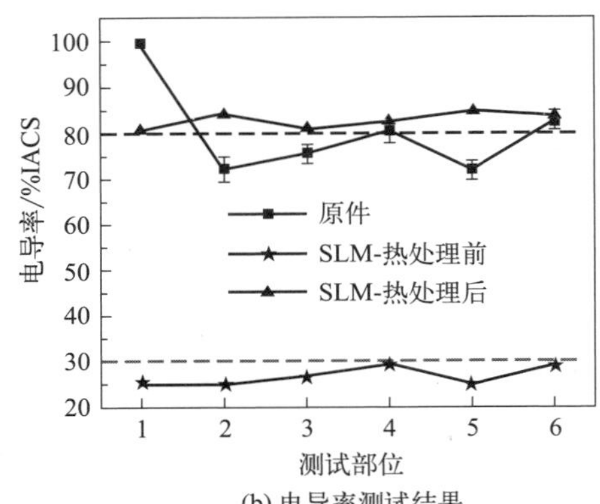

(b) 电导率测试结果

图 4-8 作者团队感应线圈电导率测试

SLM 成形难度极大。由于 Al-Si 合金凝固区间较小，在液态时具有良好的流动性和凝固特性，尤其适合在 SLM 快速凝固条件下打印成形，因此 AlSi10Mg 材料在铝合金 SLM 成形研究的前期被优先选择。表 4-2 总结了近年来通过 SLM 制备的 Al-Si 系列铝合金的力学性能。

表 4-2 粉末床激光熔融 Al-Si 系列铝合金的力学性能

材料	抗拉强度/MPa	屈服强度/MPa	伸长率/%	热处理后	抗拉强度/MPa	屈服强度/MPa	伸长率/%
AlSi10Mg[19]	434.25	322	5.3	550℃ 2h	268.1	90	23.7
AlSi10Mg[20]	334	—	3.64	T6	267.3	—	9.28
AlSi10Mg[21]	337	255	1.2	T6	284	210	4.9
AlSi10Mg[22]	427	354	2.54	300℃ 3h	360	275	4.57
AlSi7Mg[23]	400	250	15	T5	200	125	30
AlSi7Mg[23]	200	126	8.7	—	500	355	2.3
Al20Si[23]	260	150	8.7	—	500	355	2.3

作者团队研究 SLM 工艺参数对制备高相对密度 AlSiMg0.75 合金的影响，以及热处理对 AlSiMg0.75 合金组织、显微硬度和拉伸性能的影响机理[22]。采用响应面法进行实验统计设计，优化 SLM 工艺参数，获得最大相对密度。采用优化后的工艺参数制备了样品。对建成样品进行 DSC 测试，对打印态和退火样品进行 XRD 测试，研究其相变。通过对成形试样和退火试样的显微组织、显微硬度和拉伸性能的研究，探讨了其力学性能的演变规律，如图 4-9 所示。

作者团队还研究了气体气氛对 SLM 成形性能的影响，在氩气和氮气保护气体下采用直接成形和激光原位重熔法制备了 AlSi10Mg 合金，并对其组织和性能

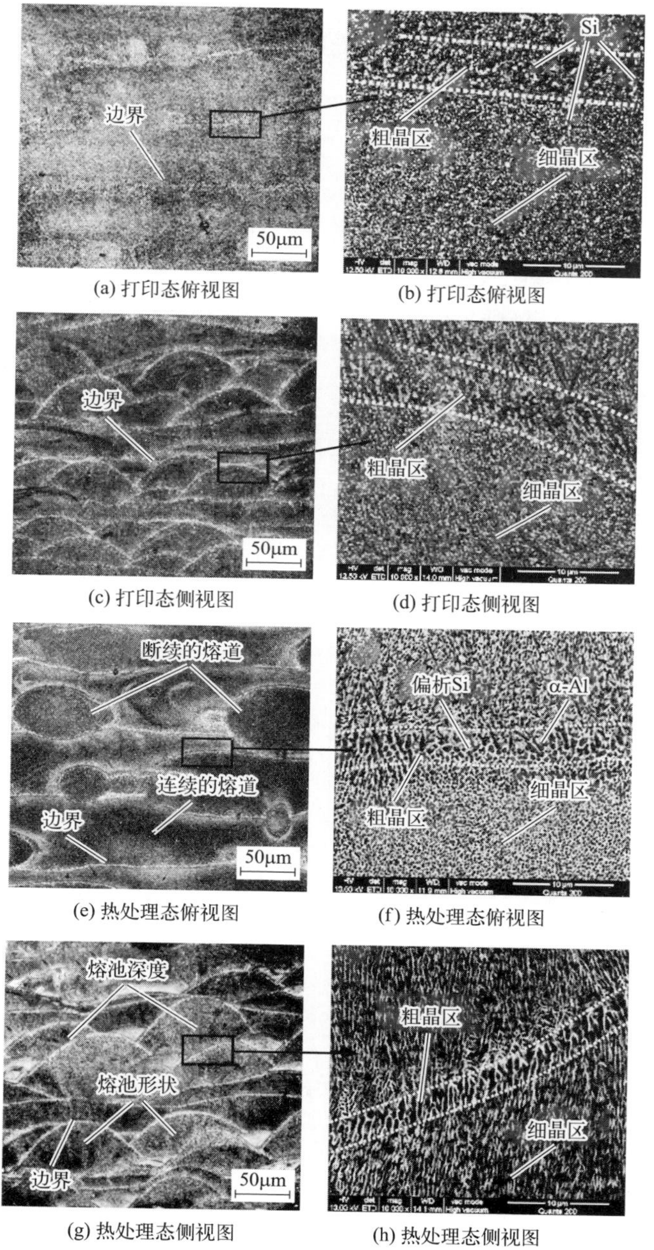

图 4-9　作者团队成形的 AlSiMg0.75 合金打印态和热处理态组织微观结构[22]

进行了表征和测试[24]。样品制造过程包括四个步骤和成形零件，如图 4-10(a) 所示。结果表明：氮气气氛下 AlSi10Mg 的成形性能优于氩气气氛下。原位激光重熔法可以有效提高 AlSi10Mg 的相对密度和力学性能，其中密度提高到

99.5%，如图 4-10(b) 所示。在力学性能方面，原位重熔后，氩气保护下的极限抗拉强度由 444.85MPa±8.73MPa 提高到 489.45MPa±3.20MPa，氮气保护下的极限抗拉强度由 459.21MPa±13.77MPa 提高到 500.14MPa±5.15MPa。此外，伸长率提高了近一倍，显微维氏硬度提高了 20%，如图 4-10(c)、(d) 所示。

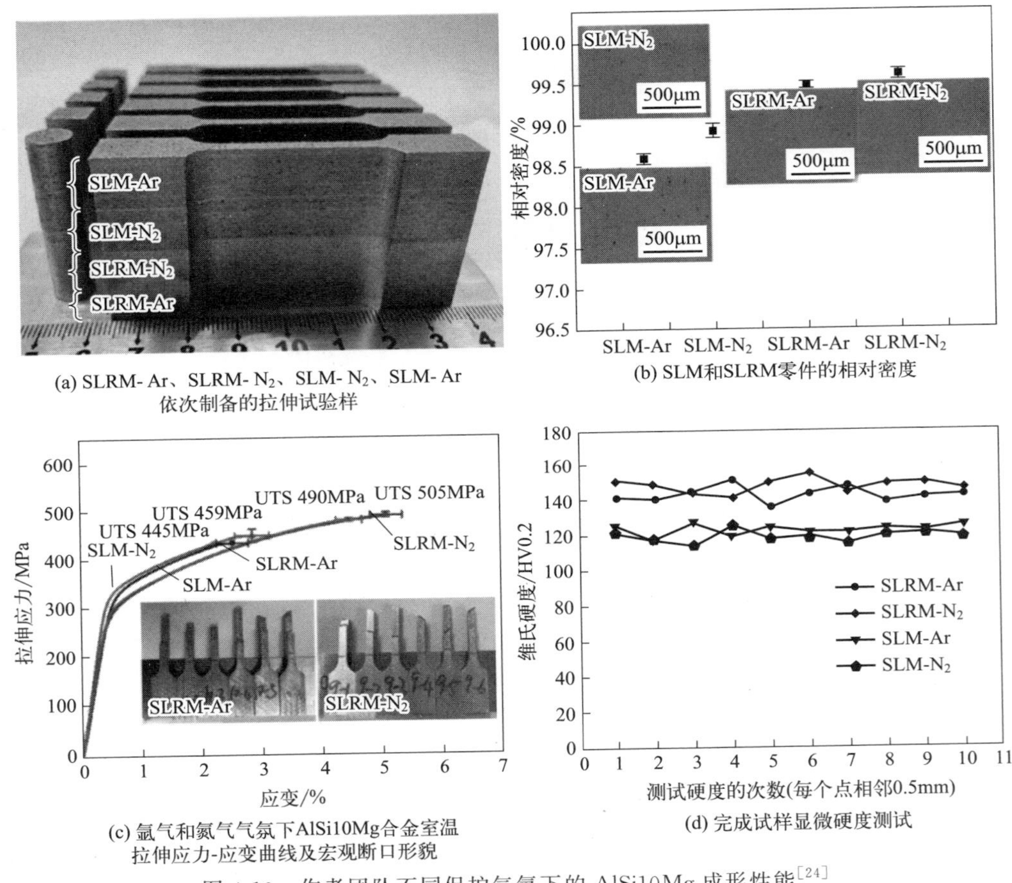

图 4-10 作者团队不同保护气氛下的 AlSi10Mg 成形性能[24]

虽然 Al-Si 系列铝合金易于增材制造成形，但是该系列的合金并不能达到航天航空领域力学性能的要求。因此近几年表现出优异性能的高强度 2×××、6××和 7×××系高强铝合金在 SLM 制造方面得到越来越多的关注。与 Al-Si 系列合金不同，它们有更大的强度，并通过热处理可以显著提高其力学性能。但是高强合金的凝固区间较宽，在 SLM 打印过程中容易沿着构建方向生成粗大的柱状晶组织，并且在柱状晶晶间形成液化裂纹，随着 SLM 打印技术的不断发展以及航空航天领域对超高性能铝合金复杂构件的需求，国内外研究学者开始将眼光转向高强铝合金的 SLM 制备成形。其中添加元素 Sc、Zr 的高强铝合金成为

SLM 成形研究的热点。

作者团队系统研究了 SLM 工艺参数对低 Sc 含量 Al-Mg-Sc-Zr 高强铝合金表面形貌、相对密度、组织和力学性能的影响[25]。结果表明，能量密度对 Al-Mg-Sc-Zr 合金在 SLM 过程中的表面质量和致密行为有重要影响，如图 4-11 所示。

随着能量密度的增加，表面质量和内部孔隙数量增加。熔池边界处的细粒区面

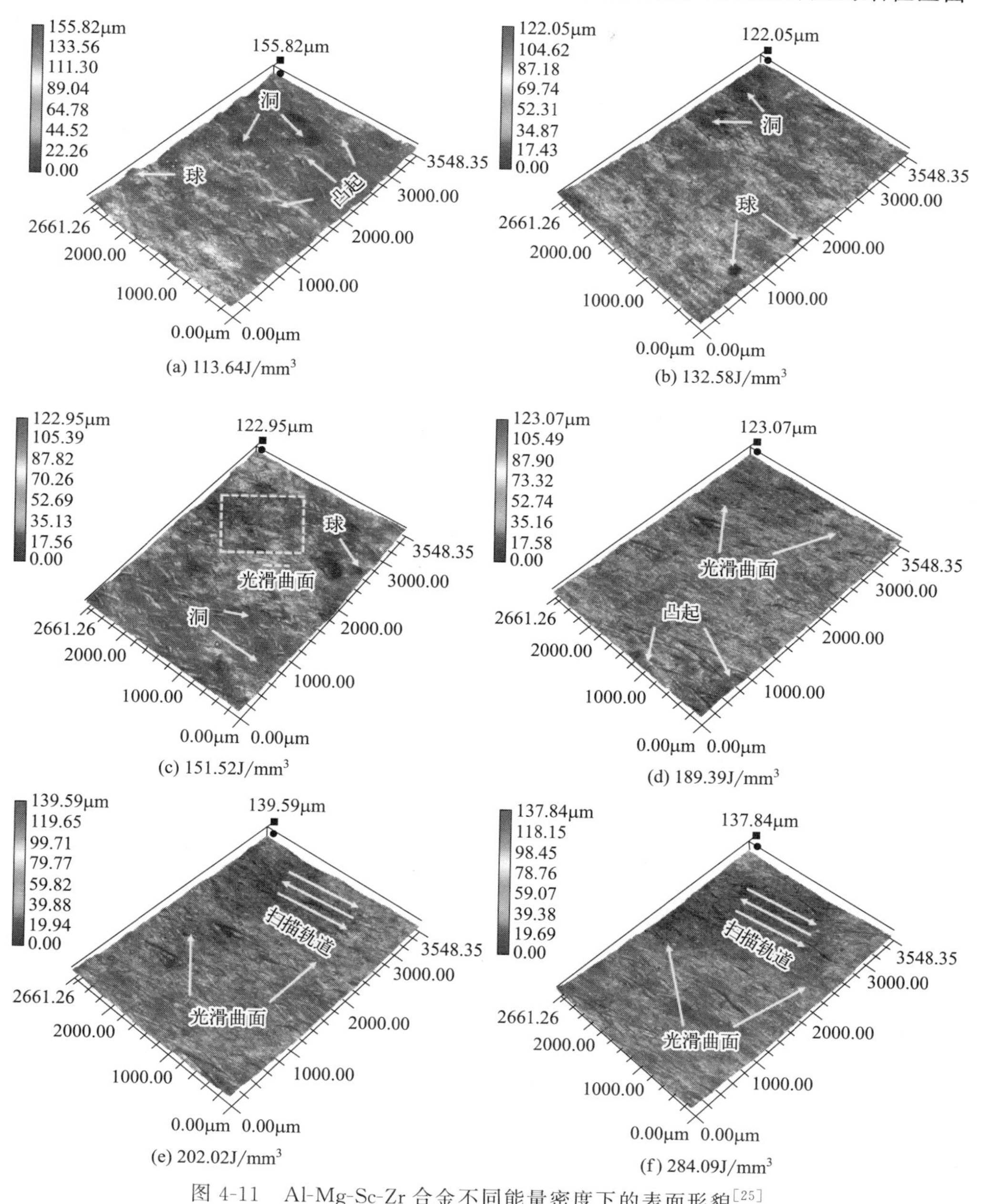

图 4-11　Al-Mg-Sc-Zr 合金不同能量密度下的表面形貌[25]

积逐渐减小。当激光能量密度设置为151.52J/mm^{3}时，可获得相对密度为99.2%的低缺陷样品。在优化后的工艺参数下，制备的Al-Mg-Sc-Zr合金的屈服强度（YS）、极限抗拉强度（UTS）和伸长率分别为346.8MPa±3.0MPa、451.1MPa±5.2MPa和14.6%±0.8%。经325℃热处理8h后，硬度提高了38.5%，达到169HV0.3，YS和UTS分别提高了41.3%和18.1%，分别达到490.0MPa±9.0MPa和532.7MPa±7.8MPa，伸长率略有下降，为13.1%±0.7%，如图4-12所示。

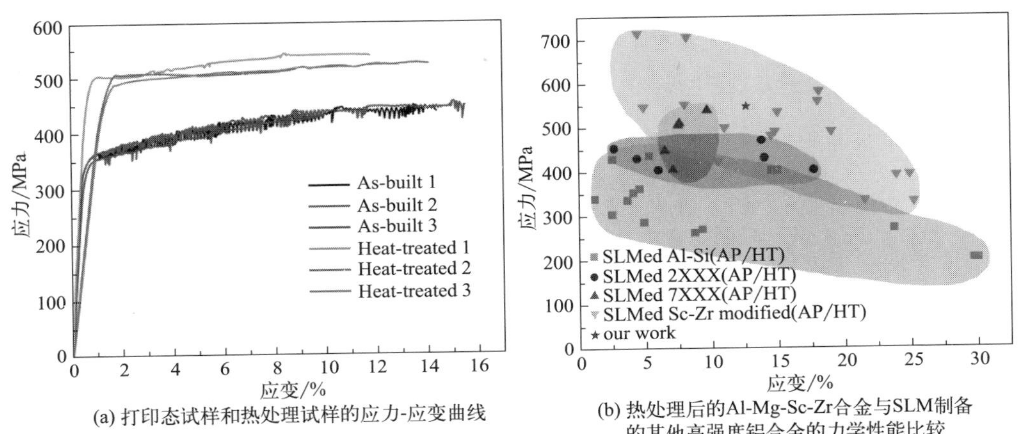

(a) 打印态试样和热处理试样的应力-应变曲线

(b) 热处理后的Al-Mg-Sc-Zr合金与SLM制备的其他高强度铝合金的力学性能比较

图4-12　SLM制备Al-Mg-Sc-Zr合金的力学性能[25]

经过几年的研究，SLM制备高强铝合金的热裂问题基本得到了解决，未来高强铝合金SLM成形的研究重点是如何提高高强铝合金对激光的吸收率，如使用双波长激光，以及使用混合制造方式对高强铝合金进行加工制造，从而提高生产效率。对于铝合金激光选区熔化成形技术，未来的发展趋势有如下三个方面：在材料方面，以2×××系、7×××系以及含稀土铝合金为代表的高强铝合金在激光选区熔化成形过程中的缺陷控制、组织性能调控将是未来持续研究的重点；在成形工艺方面，激光成形过程中的稳定性、能量分布、工艺参数以及相应的热处理技术对零件成形的影响将成为未来研究的热点；在工程应用方面，SLM制备高强铝合金零件的工程化应用将成为未来研究的挑战。

4.2.3　贵金属激光增材制造

增材制造广泛应用于小批量、高端、高性能零件生产中，金、银等贵金属的一大特点是高附加值，而高附加值在珠宝产品中体现最为强烈，这也是贵金属与增材制造结合的一大契合点。增材制造贵重金属主要用于完成非常复杂的几何形状，直接金属增材制造可以用来制作不能通过传统技术制作的首饰，因此，增材制造贵金属首饰具有很大的应用前景。

Khan 等人对 24K 纯金的选区激光熔化进行了研究[26]，测试了金粉的特性，例如振实密度、粒度分布（PSD）和反射率，通过单道实验探索了合适的加工工艺窗口，发现可以根据单道形貌分为五个不同的区域：球化区、良好熔融区、不稳定熔融区、弱烧结区和极少烧结区，如图 4-13(a) 所示。同时，他们也对块体进行

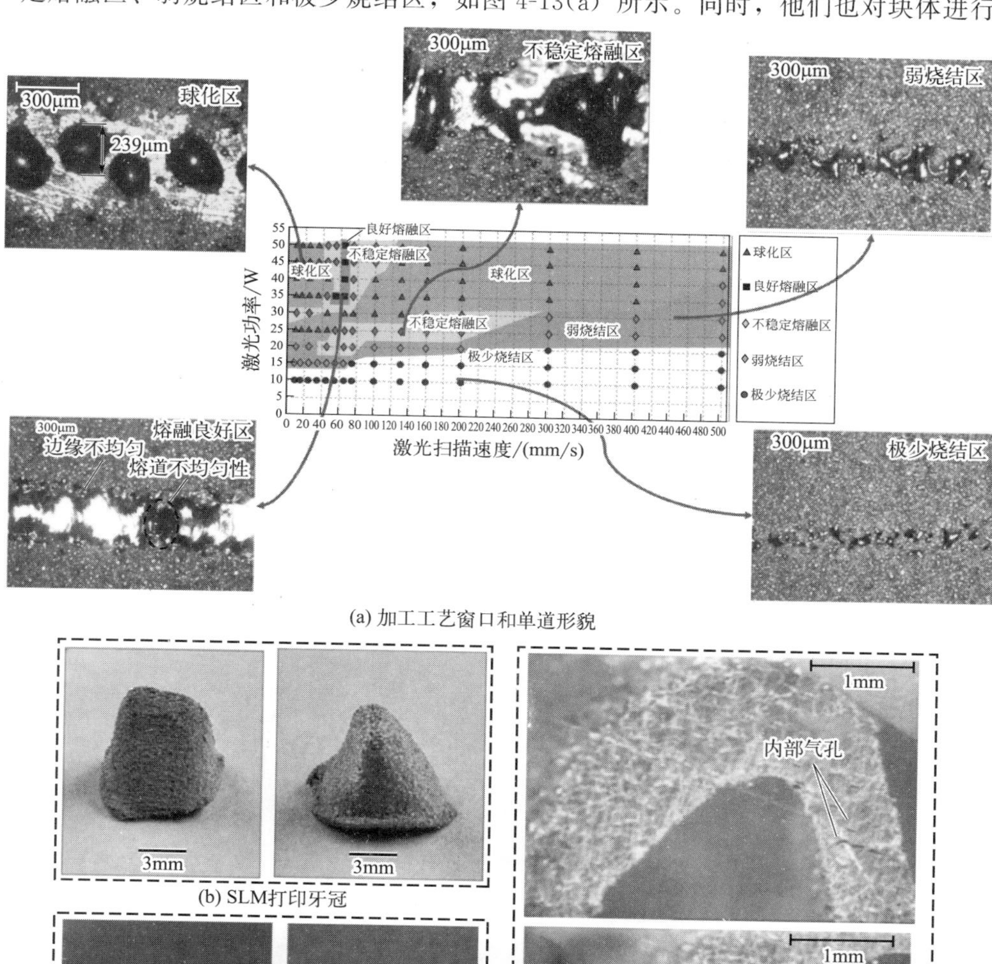

(a) 加工工艺窗口和单道形貌

(b) SLM打印牙冠

(d) 打磨后的牙冠

(c) 不同位置金牙冠的横截面图像

图 4-13　24K 纯金工艺探究及其应用[26]

了研究但却不能获得完全致密的样品，最终通过 SLM 制造出牙冠，如图 4-13(b) 所示。

在所有金属及其合金中，银的热导率很高，约为 428W/(m・K)，因此由银制成的散热器具有优异的散热性能，一些大功率器件和相应的散热器具有独特的形状，用传统的制造方法很难制造。SLM 技术有潜力解决这一挑战。因此，迫切需要通过 SLM 方法制造具有高热导率的银和银合金。

由于 Ag 粉末的高热导率和反射率，使用 SLM 很难制造具有高相对密度和优异力学性能的 Ag 样品。因此，目前对银的增材制造的研究较少。作者团队系统研究了 SLM 打印的 Ag、925Ag 及其热处理零件的成形特性、显微组织和导热性能[27]。在合适的工艺参数下，获得了相对密度分别为 91.06%和 96.56%的 Ag 和 925Ag 样品，如表 4-3 所示。

表 4-3　Ag 和 925Ag 零件的 SLM 工艺参数及其致密性

材料	激光功率/W	扫描速度/(mm/s)	扫描层厚/mm	扫描间距/mm	能量密度/(J/mm^3)	密度/(g/cm^3)	致密度
Ag	430	400	0.030	0.080	447.922	9.552±0.079	91.06%
925Ag	180	600	0.030	0.060	333.333	10.043±0.091	96.56%

采用合适的工艺参数处理 Ag 和 925Ag 零件，得其表面形貌如图 4-14 所示。Ag 零件表面有沿激光扫描方向分布的细长且有光泽的球形突起。相邻的

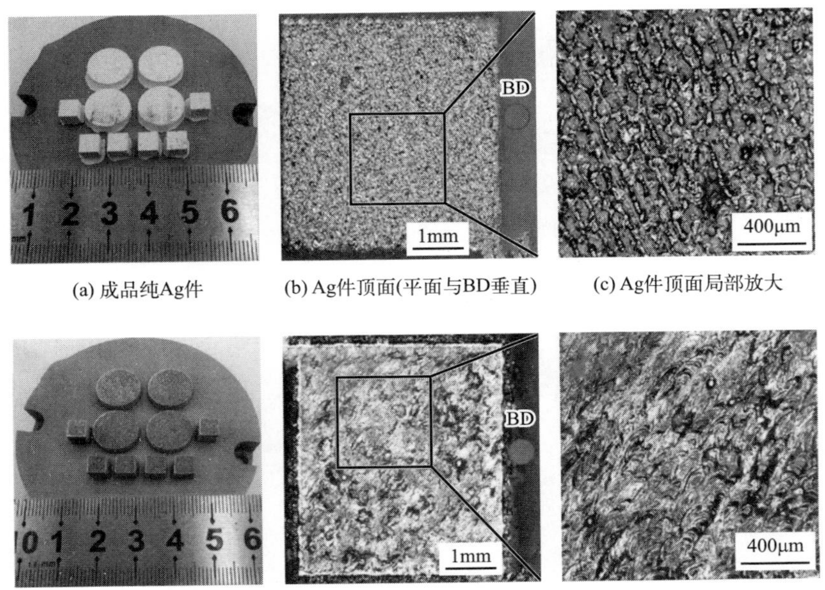

(a) 成品纯Ag件　(b) Ag件顶面(平面与BD垂直)　(c) Ag件顶面局部放大

(d) 成品925Ag件　(e) 925Ag件顶面(平面与BD垂直)　(f) 925Ag件顶面局部放大

图 4-14　作者团队采用优化加工参数制备的 Ag 和 925Ag 零件及其表面形貌[27]

熔化轨道之间形成的短凸起连接起来形成网格结构。在 925Ag 零件表面可以清楚地看到熔化痕迹。925Ag 零件表面存在少量亮斑，这些斑点增加了这些零件的整体表面粗糙度。由于 Ag 对红外激光器具有较高的反射率，可以观察到加工高密度 Ag 零件的有效窗口较窄。在适当的加工窗口附近，虽然观察到零件密度有 3.28%的变化，但注意到体积能量密度仅变化了 1.5%。然而，与 Ag 相比，925Ag 的激光反射减弱，这是因为 925Ag 的成分中含有质量分数约 7.5%的 Cu。因此，在 SLM 过程中，925Ag 对红外激光的吸收率高于 Ag。最终 SLM 制备的 925Ag 零件显示出比 Ag 零件更高的相对密度和更好的表面质量。

表 4-4 比较了 SLM 制备的 Ag 和 925Ag 零件与热处理零件以及铸态零件的热导率。完成退火处理后，SLM 处理的 Ag 零件的热导率提高了 11.35%，而 925Ag 零件在完成固溶处理后，热导率下降了 17.14%。热处理态和 SLM 制造样品的比热容和密度没有显著差异，但是 SLM 制备样品的比热容大于铸态样品的比热容，与铸态样品相比，SLM 制备的样品的密度略有降低，这是由于在这些样品的表面和内部形成了孔隙。虽然晶粒内和晶界之间的热传递可以被视为热传导，但是孔隙内的热传递是由于对流热交换。同时 SLM 制备的零件微结构中孔隙的存在降低了它们的热扩散系数。热扩散系数描述了从测试样品一侧到另一侧的热流速率。SLM 制备部件热导率低的原因是它们的热扩散系数明显低于铸态样品。

表 4-4　铸态、打印态和热处理态 Ag 和 925Ag 零件的热性能

项目	密度/(g/cm^3)	热扩散系数/(mm^2/s)	比热容/[J/(g·K)]	热导率/[W/(m·K)]
铸态 Ag	10.490	176.270	0.232	429.000
打印态 Ag	9.552±0.079	41.336±0.162	0.255±0.011	100.879±0.011
热处理态 Ag		56.319±0.797	0.209+0.007	112.329±1.589
铸态 925Ag	10.400	93.656	0.232	228.000
打印态 925Ag	10.042±0.052	21.224±0.024	0.261±0.009	55.708±0.063
热处理态 925Ag		20.235±0.205	0.227±0.002	46.159±0.469

4.2.4　高反材料激光增材制造成形挑战

铜/铜合金、铝/铝合金、银/银合金等高反材料的激光增材制造有巨大的工业应用潜力，特别是对于热交换器、航空火箭发动机和电动汽车等领域。但是由于其合金本身的物理性质，高反材料的激光增材制造成形仍面对着不少挑战，如表 4-5 所总结。

表 4-5 高反材料激光增材制造面临的挑战

原因	结果
高激光反射性	导致激光吸收率降低，吸收的能量无法有效地熔化材料，难以形成稳定的熔池，而且反射的激光会加快光学仪器的损坏
高导热性	熔池的热量将迅速传递出去，从而导致局部热度梯度、大热影响区、残余应力，最终引起卷曲、分层、开裂、形变等缺陷的产生
熔体低黏度	降低粉末的流动性，阻碍粉末沉积以及粉末的去除和回收

（1）高激光反射性

由于高反材料对于激光的吸收能力太差，几乎所有的光束都被反射，因此反射激光能量在与模型邻接的区域形成高温度带，导致烧结现象，模型的表面质量劣化。与其他金属粉末相比（如不锈钢，模具钢，钛合金），用相同的激光参数加工，高反材料发生球化，然而其他金属粉末却能形成致密的冶金结合。球形结晶形成的球形体的直径远大于粉层的厚度，因此，当发生球形结晶现象时，下一层的粉末扩散过程无法实现，粉末扩散过程变得困难，甚至中断了构建过程。在 SLM 加工过程中熔解高反材料的激光能量不仅取决于激光的输出功率，而且取决于材料对激光的吸收率。高反材料对固体激光器的吸收性远小于钢或其他材料，因此，在 SLM 打印过程中，只有少部分能量用于熔融粉末，大部分激光能量都被反射，产生球形和结晶。为了消除球形现象，激光能量密度必须足够高。由于激光能量被反射回光源中，导致各种破坏，因此很难形成完整的熔池。

弗劳恩霍夫激光技术研究所在早期的研究中，通过高功率输入来解决激光吸收率低的问题，他们将激光器替换为 1000W，并将激光调整为极均匀分布的光束；与此同时，优化了惰性气体控制系统并对整个装置进行了改造，以防止高能量输入造成的干扰，测试的结果比较令人满意，工件致密度接近 100%。然而实际上单纯地提高激光功率并不能有效地解决高反材料难以打印的问题，因为在打印过程中它还存在高导热、熔体低黏度的问题。

（2）高导热性

导热性是指材料传导热能的能力，有时也被称为热导率。高导热性是影响高反材料打印的主要因素。高反材料均具有优异的导热性，其吸收率会随着温度升高而增加，当激光高功率输入后，粉末迅速熔化，激光的吸收率增加，熔体温度进一步升高，而恰恰高反材料的热导率高，热量迅速传到周围粉末，导致无法形成平整规则的熔道（图 4-15），而且随着打印的进行，底层的已凝固部分还可能发生重熔，加重了不稳定情况的发生。由于熔池的热量迅速传递出去，从而导致局部热梯度大的热影响区、残余应力，最终引起卷曲、分层、开裂、形变等缺陷的产生。

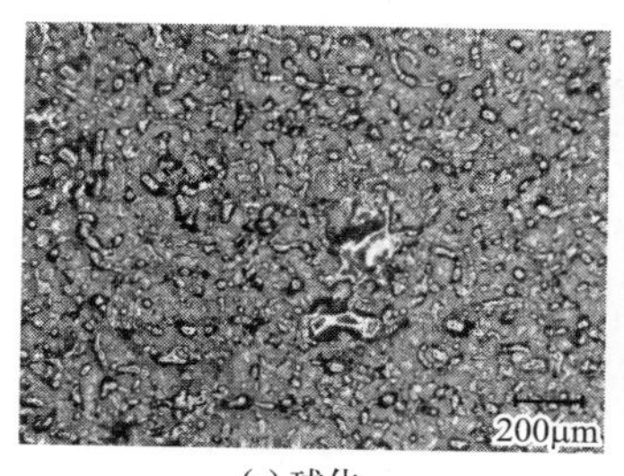

(a) 球化

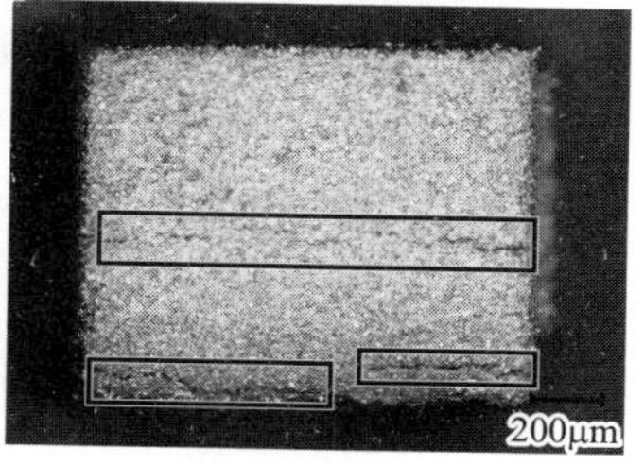

(b) 开裂

图 4-15　高导热特性导致的熔道不平整

(3) 熔体低黏度

理想的 SLM 熔池应该是光滑均匀的，但这对于高反材料来说很困难，低黏度是另一重要原因。激光在熔池前端不断熔化粉末形成新的熔池，最好的情况是熔池黏度足够大防止熔液四处流动，而高反材料由于黏度太低，以至于激光划过了一条线，线的周围布满了“雪花”，因为四处流动的熔液没有足够的热量让周围的粉末完全熔化，导致周围产生熔渣，这便是熔体的过冲和吹出。

4.2.5　提高材料激光吸收率方法

针对高反材料增材制造技术难点，我们可以通过提高激光功率、材料合金化、粉末表面改性以及使用短波长激光等方法提升成形质量。但是合金化的方法将会引入其他的元素，在一些对零部件导热、导电性能要求较高的领域并不适用，有一定的局限性；而增大激光功率将会增加反冲压力以及产生汽化、飞溅等不良现象，并且会加快光学仪器的损坏；使用短波长激光进行高反材料合金的粉末床激光熔融则更具优势，短波长激光不仅能更快地熔化材料，形成稳定熔池，还能极大地减少成形过程中的飞溅现象，以及气孔、裂纹等缺陷的形成。以蓝、绿激光为代表的短波长激光在 LPBF 领域的应用研究亟待开展，特别是针对激光高反射率材料的研究。

向纯 Cu 中添加元素时，激光吸收速率增加，但电导率急剧降低。但是如果添加固溶限小的元素时，可以通过增加激光吸收率来制造高密度的成形体，然后通过成形后的热处理从基质铜中排出添加元素，有望改善成形体的导电性。这也是目前铜合金材料的研究方向。目前主流的添加元素一般是 Ni、Fe、Cr、Zr。通过添加 Ni、Fe、Cr、Zr 元素可获得相对密度高和高导电性的铜合金[28]。结果表明，激光吸收率最高的为添加 Zr，吸收率达到 54.5%，是纯 Cu 的 2.2 倍。据此，可通过添加元素得到比纯 Cu 更高密度的成形体，特别是 Zr 添加效果十分显著。

材料表面形貌不同，则其对激光的吸收与反射能力也不同。使用在金属表面涂覆一层对激光吸收率较高材料的方法可以提高金属激光热处理的光能利用效率。表面涂层的实质是利用涂层材料改变金属材料表面对激光的吸收特性，从而增加材料吸收的光能。在激光加工过程中，材料表面与空气是分界的，空气也可被看成是涂层。在激光照射下，材料表面的空气吸收部分激光能量发生氧化和污染，阻止其对激光的反射，从而增加了材料对激光的吸收率。

针对高反材料在选区激光熔化过程中的高激光反射率问题，可以通过对高激光反射率的粉体进行表面改性包覆的方法来提高粉体表面的激光吸收率。目前常见的包覆方法主要有高压氢还原法、流化床气相沉积法、电镀法、机械化学法，但是这些方法中，高压氢还原法设备复杂，需要提供高压气氛，并且包覆不均匀，不适合低含量的包覆；流化床气相沉积法使用金属羰基化合物作为原料，毒性大，挥发性强并且易燃易爆；电镀法工艺设备较为复杂；机械化学法包覆不均匀，并且会严重破坏粉体的球形度。

法国格勒诺布尔阿尔卑斯大学研究人员在铜粉上进行了1064nm吸收性物理气相沉积（PVD）CrZr涂层，以增强激光的吸收性，所产生的CuCrZr粉末的光吸收率从39%（纯铜的值）增加到81.8%[29]。黎振华等采用微量纳米TiC对铜粉进行改性来提高铜粉对激光的吸收率，实现了铜粉对激光吸收率的大幅度提升和小功率激光扫描条件下选区激光熔化高致密铜的成形[30]。改性后的铜粉对激光的吸收率由22%提高到53.7%，并在较低激光功率下获得了致密度为99.8%的试样。

对于有色金属，其对光能量的吸收随着光波长的减短而增加，如图4-16所示，铜、金、银等材料对红外激光的吸收率小于10%甚至接近于0，但是对短波长激光的吸收率较高，铜对蓝光、绿光激光的吸收率比红外激光高出十几倍。因

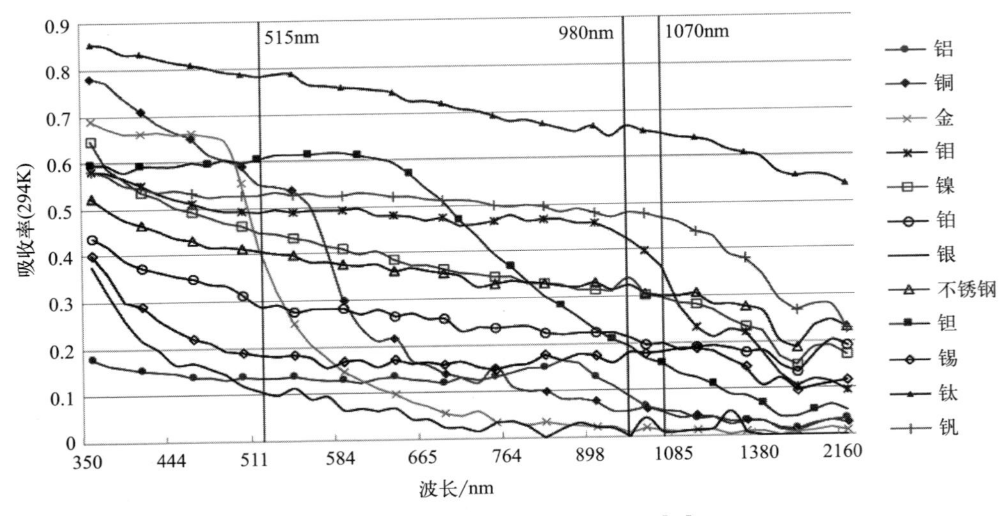

图4-16　各种金属的激光吸收率[31]

此使用蓝光、绿光等短波长激光处理高反材料具有广阔的应用前景，值得开展更多的研究。

目前蓝光激光器主要应用在激光焊接和激光熔覆等领域上。Zediker 等研制出波长 450nm 蓝光激光器并对其焊接效果进行了测试[32,33]，发现在 150W 下能够完全焊透 125μm 的铜板，并且使用 500W 的蓝光在 0.18m/min 的焊接速度下能够很好地将 40 张 10μm 的铜箔焊接在一起；将功率提高到 600W 后，在光斑直径为 200μm 的条件下能够通过匙孔模式焊穿 1mm 厚的 110 铜板。Baumann 等提高了蓝光激光的功率，使用波长为 450nm 的 1000W 蓝光激光器进行了激光器的测试，激光的光斑直径为 1mm，在 3m/min 的焊接速度下焊接了 0.5mm 的铜板，得到了红外激光焊接很难得到的效果[34]。Das 等使用 NUBURU 公司研发的 500W 蓝光激光器实现将 20 张 25μm 的不锈钢箔焊接到一张 200μm 不锈钢箔上，在 6.5m/min 的焊接速度下能够将箔片完全焊透，焊缝几乎无气孔裂纹等缺陷，且焊缝最大的剪切强度能够达到 1701.46N[35]。Morimoto 等通过试验发现，当蓝光功率为 160W，光斑直径为 50μm，焊接速度为 35mm/s 时，能够得到 200μm 的铜板的全熔透焊缝，在试验过程中没有观察到飞溅现象[36]。

蓝光激光器的研发起步较晚，目前为止激光器的功率水平仍较低，不适合焊接厚度过大的金属，但将蓝光激光作为辅助光源，利用有色金属对蓝光激光的高吸收率预热金属，升高金属的温度以提升其对高功率红外激光的吸收效率，能够有效地改善焊接效果，提高能量利用率。Fujio 等将功率为 200W、波长 450nm 的蓝光激光作为辅助光源，与功率为 1000W、波长 1070nm 的光纤激光复合，进行了铜合金的焊接试验[37]，发现复合激光能够在 0.2s 内快速熔化铜合金，与之相比红外激光要在 0.3s 才能熔化铜合金，且熔化体积小于复合激光。Yang 等同样将 450nm 的蓝光激光与 1060nm 的光纤激光复合进行焊接试验[38]。蓝光激光的功率为 1000W，光纤激光的功率为 3000W，但将两种激光进行串联排布，蓝光激光在前，光纤激光随后，结果在 3mm 厚的紫铜板上达到了 2.34mm 的熔深。结果显示，蓝光激光的功率对焊接效果有更重要的影响，经过蓝光激光预热后，红外激光的熔池最高温度、熔池存在时间与材料吸收率分别提高了 10%、50%和 20%。Ishige 等使用自研发的 BRACETM 蓝光-红外激光复合激光设备进行铜合金焊接试验[39]，其中，蓝光激光的波长为 465nm，红外激光的波长为 1070nm，和光纤激光相比，复合激光能够获得表面质量和熔深熔宽更佳的焊缝，且焊接过程更加稳定。

近年来，日本大阪大学在蓝光激光熔覆领域开展了一系列开创性的研究工作。Kohei 等使用蓝光和红外激光器在 304 不锈钢上进行了纯铜粉末激光熔覆对比实验[40]。研究发现虽然两种激光器都能够产生无缺陷的涂层，但是纯铜粉末在蓝光激光器下只需 69W/cm^2 的能量密度就可以获得良好的涂层，相比于红外激光器大幅度减少了能量的输入，并且涂层宽度是红外激光器制备涂层的 1.5 倍，这些结果都表明了纯铜对蓝光激光器的吸收率较高。

短波长激光器的发展将会给材料成形领域带来新一轮的革命，高反射率、高导热性材料的制造门槛会进一步降低。短波长激光器既可以单独在加工高反射金属上取得较好的效果，也能作为常规激光加工的辅助光源，提高能量的利用率。但当前短波长激光器的功率水平过低，极大地限制了其在加工领域的研究与应用。

4.3 难熔材料激光增材制造

4.3.1 钨及钨合金激光增材制造

钨作为熔点最高的金属，具有许多独特的物理和化学性能，其中包括高密度、高导热、高再结晶温度、低热膨胀、室温和高温下的高强度和高硬度。钨及其合金被广泛应用于照明工程、电子、制造、航空航天、军事、医疗等诸多领域，但较高的熔点和低温脆性使其不适合采用传统铸造及机加工成形，尤其是传统的烧结技术制造的钨及其合金存在密度低、强度低等缺点，而增材制造技术既可以避免钨加工过程中的低温脆断，又可以满足制备复杂结构的要求，将成为制造纯钨的有效方法之一。

目前钨及其合金的激光增材制造主要受到裂纹和孔隙的影响，B. Vrancken 等利用现场高速监测技术，对 W 合金选择性激光熔化过程中裂纹萌生的精确时刻进行了表征[41]。通过对 5 个不同参数组进行分析，发现高激光功率可以通过较高的裂纹间距减少裂纹数量，裂纹通过熔池后形成的时间与线性能量输入有关。此外，通过对延迟裂纹的现场观测，实验证明了韧性-脆性转变是导致 W 微裂纹产生的主要原因。张丹青系统地研究了工艺参数对钨的成形和微观组织的影响，探讨了激光熔凝过程中的组织转变和晶粒生长机理，发现钨成形过程为液相烧结机制，成形过程中高的温度梯度和表面张力的共同作用会使晶粒呈现择优生长趋势，提高激光线能量密度可以提高试样的致密度[42]。

作者团队探究了不同工艺对于纯钨成形性能的影响[43]。图 4-17(a) 显示了不同工艺参数下 SLM 加工纯钨实体试样的致密度。激光功率和扫描速度对于纯钨致密度均有着较为显著的影响，实体致密度会随着扫描速度的增加而减小，并且会随着激光功率的增加而先增大再减小，在激光功率为 375W、扫描速度为 500mm/s 处获得了 98.36%的最大致密度。

图 4-17(b) 展示了钨实体试样沿构建方向上的微观组织，可以看出该界面下多为连续性较强的柱状晶粒，其晶粒长度远远大于试样的成形层厚。柱状晶粒形成的主要原因是 SLM 制造过程中热流沿着成形方向向基体传递，由于凝固速率非常大，当激光扫描粉末层后，该层粉末完全融化，此时前一层已经凝固的粉末层再次部分融化，其固液界面成为晶粒的形核区，由于下层已成形的钨金属块的热导率比钨粉末的热导率大，在温度梯度的诱导下产生垂直于熔池边界的外延跨界生长的大柱状晶粒。分层建造中，层与层之间容易存在裂缝和缺陷，图 4-17(b) 中出现的跨越多个层厚的柱状晶粒能够有效降低这种缺陷，有利于层与层的结合。在成形方向的柱状晶晶界上观察到一些细长裂纹，由于钨的固有的高脆性和热梯度，SLM 过程中很容易形成裂纹，而沿着成形截面的柱状晶粒为裂纹的扩展提供了较长的非限制性滑移路径，导致了晶粒边界长裂纹的产生。

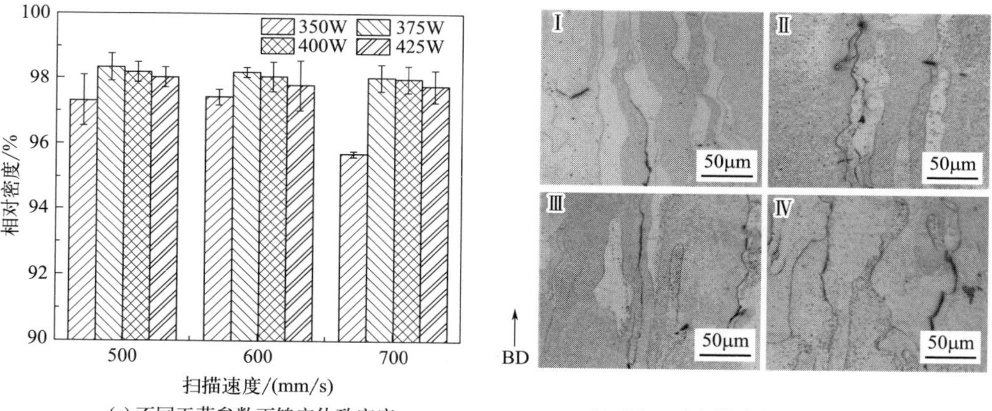

(a) 不同工艺参数下钨实体致密度

(b) 500mm/s扫描速度下不同激光功率试样沿构建方向上的微观组织

图 4-17　作者团队成形钨实体密度及微观组织[43]

此外，对于 SLM 成形纯钨薄壁件作者团队也进行了一定探究，图 4-18(c) 给出了设计厚度尺寸为 100μm 的试样熔道厚度尺寸与激光参数的关系，制得试样的熔道厚度范围为 70～140μm，并且在 200W、500mm/s 工艺条件下获得最接近预设值的熔道尺寸（93μm）。可以看出，最小成形尺寸接近 70μm，其极限成形尺寸主要由激光光斑直径决定，因此，若要进一步减小熔道成形尺寸，除优化试样的成形工艺参数外，还应充分考虑光斑直径的大小。成形尺寸都大于激光光斑直径的主要原因是钨粉具有较高的热导率，导致熔池的直径大于激光光斑直径，此外，黏粉现象也会使得熔道的厚度增加。

在医疗领域，钨及其合金由于其高密度和优秀的辐射吸收能力，常常被用于制备防散射栅格，用于在 CT（computed tomography）扫描中吸收散射的 X 射线，提高成像的质量。在钨实体及薄壁栅格的研究基础上，作者团队对于钨的防

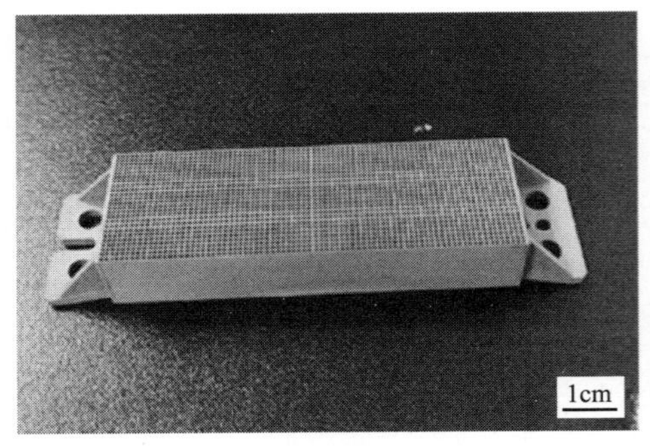

(a) 防散射栅格实体样件

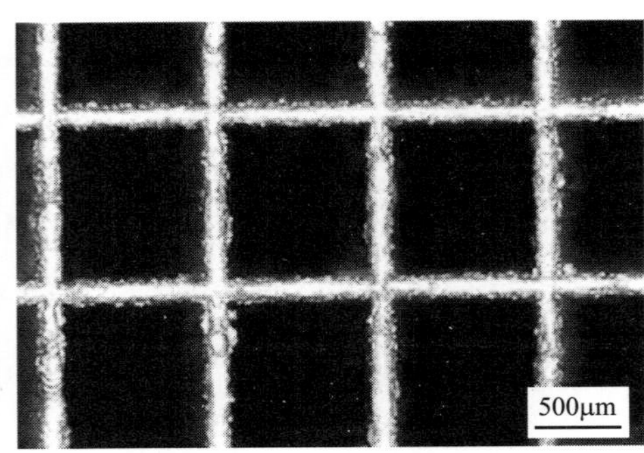

(b) 超景深图像下防散射栅格薄壁

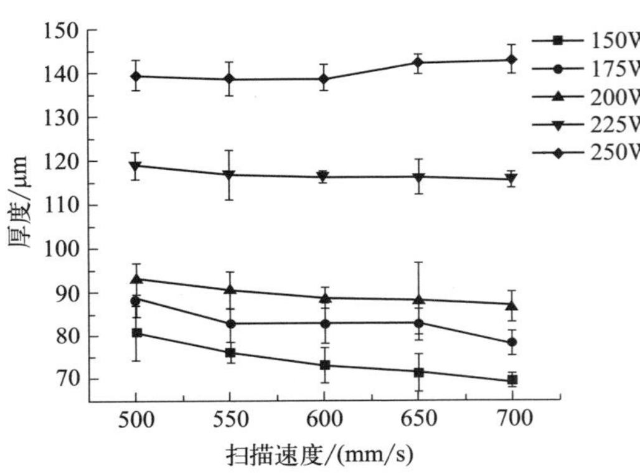

(c) 不同工艺参数下钨栅格单熔道厚度尺寸

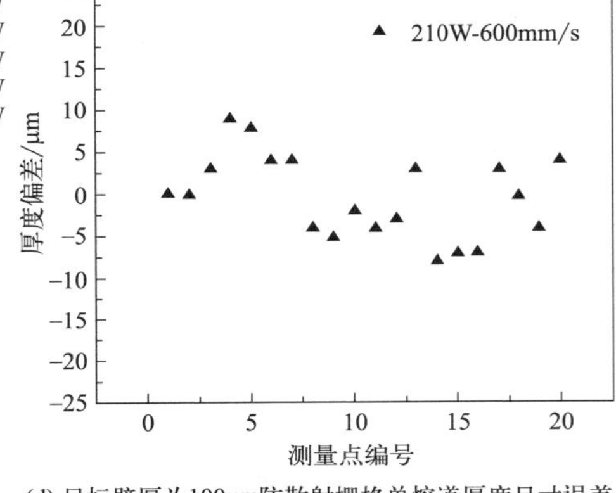

(d) 目标壁厚为100μm防散射栅格单熔道厚度尺寸误差

图 4-18　作者团队研究的钨防散射栅格样件及其成形尺寸

散射栅格进行了研究，试样宏观形貌如图 4-18(a) 所示，可以看出，试样的整体成形情况较好，无明显缺陷。在超景深显微镜下观察其单熔道如图 4-18(b) 所示，熔道成形的平整度较好，没有明显的球化现象，在进行喷砂处理后，熔道的黏粉情况几乎完全消失，并且通过随机测量栅格 20 个点处的熔道厚度尺寸发现，单熔道的尺寸偏差能够有效保证在 $\pm 10\mu m$ 范围内，具有较好的成形精度，如图 4-18(d) 所示。

4.3.2　钽激光增材制造

钽是目前最有前景的可用于生物医用方向的新兴金属之一，钽可以形成两种不同的结构，即体心立方结构的 α 相和正方晶系的亚稳态 β 相。在常温下，钽非常容易与氧反应从而形成一层稳定的 Ta_2O_5 氧化物保护层，这提供了优异的耐腐蚀性以及体内生物惰性，使钽能在人体复杂液体环境中保持较好稳定性而不降解。钽自身具有优异的生物相容性和抗菌性能，成骨细胞在钽上的附着、增殖和分化十分出色，使得钽金属在临床应用具有良好的自身条件，又被称为“亲生物金属”[43]。

从 1940 年起，纯钽就已经作为生物材料被成功地应用于骨科医疗，至今已有 80 多年的医学应用历史。近年来金属多孔钽逐步在骨植入体领域展开应用，通过对多孔结构的合理设计使其力学性能与人骨力学性能相匹配，有效地解决了由于纯钽弹性模量过大引起的应力屏蔽的现象。此外，多孔结构可以促进新的骨组织与血管组织快速长入其孔隙中，有利于患者的康复。多孔钽最早由美国新泽西州的 Implex 公司开发，商品名 Hedrocel。1997 年，美国 FDA 批准多孔钽用于人工髋臼假体。2003 年，Implex 被 Zimmer（美国捷迈邦美）公司收购，并将 Hedrocel 更名为 Trabecular MetalTM（骨小梁金属），之后该产品被广泛应用于初次关节置换和翻修关节置换手术、肿瘤重建手术、脊柱融合手术、股骨头坏死手术以及足踝手术中[44]。

增材制造有着精度高、设计自由度大的特点，能够根据不同患者的骨缺损情况制备出孔隙结构和力学性能与之相匹配的个性化定制多孔钽植入物，与传统的多孔钽制备方法如化学气相沉积（CVD）相比有着制作成本更低、生产效率更高的优势。在增材制造成形多孔钽方面，国内外均处于积极探索阶段。2019 年之前，我国尚未有增材制造用钽及钽合金粉末的国家标准或行业标准可依，没有相应统一的标准要求和检验规范，对粉末的化学成分、形貌、流动性等物理化学性能通常根据生产单位和用户的要求进行，产品的使用工况不清晰，用户无选型和检验依据，各企业性能参数不在同一基准上，阻碍了钽及钽合金增材制造技术的发展和产业化进程，也进一步限制了增材制造钽及钽合金植入体临床上的推广应用。于是国内相关单位应国家标准委员会的要求，联合起草了《增材制造用钽及钽合金粉》（GB/T 38975—2020），并已于 2021 年 6 月 1 日正式实施。该标准的制定，对促进增材制造技术用钽及钽合金粉末原料全面国产化、降低应用领域原材料外购风险、满足增材制造加工原料急需、提升钽及钽合金增材制造领域的生产加工技术水平起到了非常显著的推动作用。

图 4-19 为不同能量密度下 SLM 成形纯钽样件的微观形貌以及致密度[45]。钽属于难熔金属（熔点为 2996℃），在 SLM 成形纯钽时通常需要较高能量密度，这会导致在成形纯钽试样时容易产生孔隙，引起样件致密度的下降。同时，气孔的形成不利于打印过程中的热量传递，从而对晶粒细化也有负面的影响。

SLM 成形纯钽的力学性能如图 4-20 所示，其平均显微硬度为 251.6HV，在最佳工艺参数下的抗拉强度高达 706MPa，断裂伸长率可达 33.26%，在高能量密度下，较低的扫描速度导致熔池中能量的相互作用时间延长，过冷程度降低，

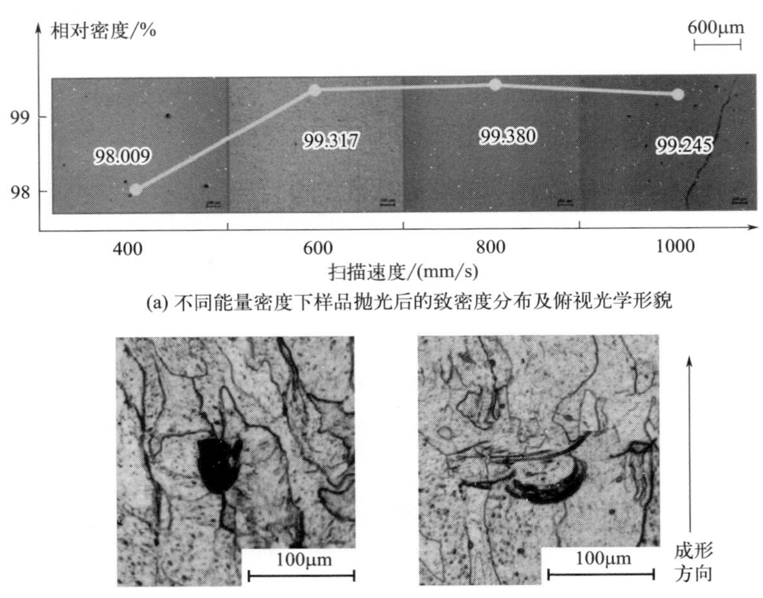

(a) 不同能量密度下样品抛光后的致密度分布及俯视光学形貌

(b) 蚀刻后样品1的侧视光学形貌　(c) 蚀刻后样品4的侧视光学形貌

图 4-19　作者团队成形纯钽样件不同能量密度抛光或蚀刻后的显微组织形貌[45]

导致晶粒粗化。此外，较低的扫描速度带来了局部能量聚集，容易形成锁孔诱导孔隙。裂缝破坏主要发生在孔隙集中部位。在制造过程中，除了工艺对粉末喷涂的不利影响和温度场的各向同性外，拉伸试验中还出现了微裂纹和气孔的堆积。裂纹倾向于从孔隙开始萌生和扩展，导致局部变化[45]。因此，在充分的塑性变形和韧窝形成之前，破坏就已经发生了。因此，试样 1 断裂伸长率最差。但由于扫描速度过快，导致激光能量密度降低，导致粉末起球，未熔透。在较高的扫描速度下，虽然温度梯度与过冷的比值较低有利于晶粒细化，但粉末未完全熔化或液体流动时间不足会导致润湿不足，从而再次导致黏结性能的恶化。此外，未融合甚至导致气孔和裂纹，导致后续拉伸试验中存在缺陷。结果表明，融合缺陷导致了材料力学性能的下降。适当扫描速度的样品，如样品 3，可以避免能量密度不足导致的融合不足。在正交扫描策略的作用下，晶粒的竞争生长机制得以保留。此外，保证晶间结合的加强和适当的晶粒细化，进一步降低了各种因素对晶间结合的影响。优化工艺参数后的样品除了致密化和硬度优良外，还表现出优异的力学性能，这是由于层间柱状晶粒引起的缺陷减少和层间结合加强所致。此外，还存在较大的取向偏差角。较大的错向角通常意味着较大的位错密度和较高的变形抗力，因此拉伸强度优于其他样品。获得的样件的力学性能优于以往的 SLM 成形纯钽样件，与传统的制造工艺如铸造、粉末冶金等工艺相比，也具有较优的综合力学性能。

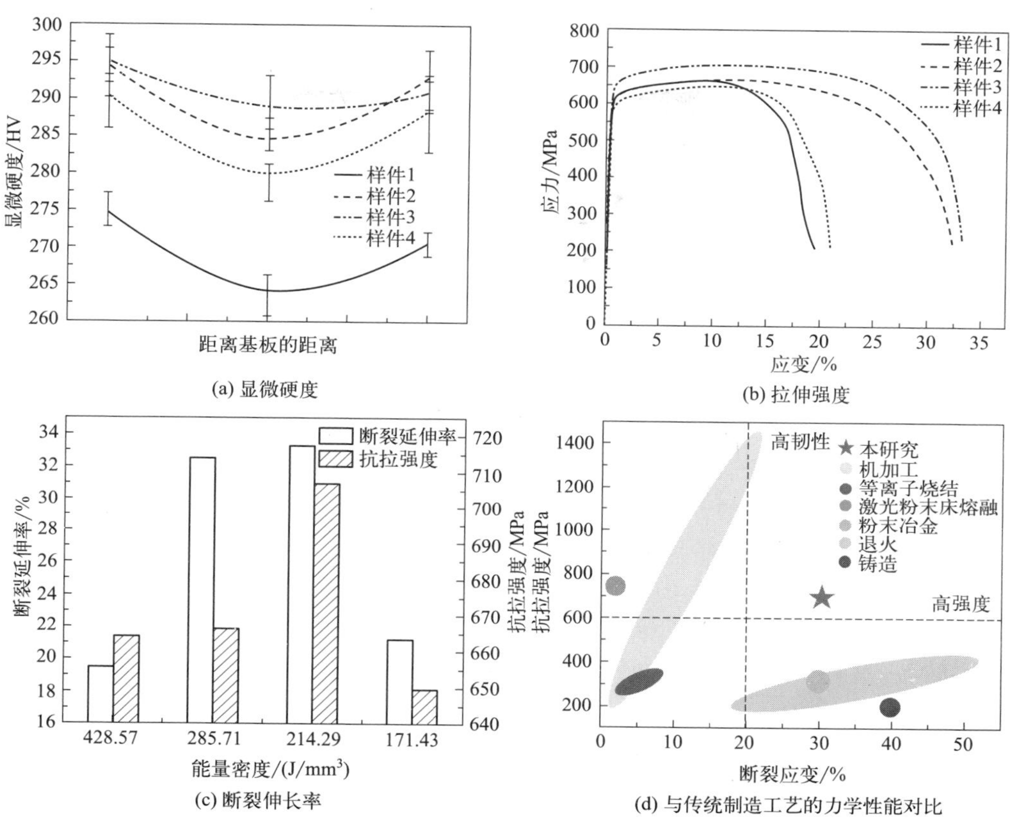

图 4-20　作者团队在不同能量密度下成形纯钽样件的力学性能[45]

4.3.3 其他材料激光增材制造

除钨（W）、钽（Ta）外，难熔金属还有钼（Mo）、铌（Nb）、钒（V）、铼（Re），目前激光增材制造对于 Mo、Nb、V 均有所研究，而金属铼（Re）由于价格昂贵、成本高，因此研究准入门槛很高，相关研究鲜有报道。

目前对于增材制造钼材料的研究主要集中于纯钼、TZM 合金、Mo-Cu、Mo-Si-B、钼基 MMCs、Mo-W/Co 等材料。Johnson 等在纯 Mo 的 SLM 成形研究中发现，使用 200W 的激光功率制备样品时，成形后样品的孔隙率偏高，致密化程度偏低，通过减小层厚、扫描间距和扫描速度来增加体积能量密度也无法有效改善这种情况，最后使用 400W 激光功率显著降低了孔隙率[46]。Wang 等使用同样的 400W 激光功率对 36μm 的等离子球化钼粉进行 SLM 处理时，也获得了比较好的效果，其样品最大致密度为 99.1%[47]。哈尔滨工业大学庞红研究了使用 SLM 技术制备 Mo-5Co 合金，结果表明，相比较于纯 Mo，SLM 成形的 Mo-5Co 合金其硬度、抗压缩强度更优，耐磨性和高温抗氧化性能也更好[48]。Kaserer 等通过在纯 Mo 中添加 0.45%C，使得最终样件致密度提高了 1.9%，硬度提高了 65%，抗弯曲强度提高了 340%[49]，三点弯曲强度为 1180MPa±310MPa，相对纯钼的 265MPa±51MPa，提高 340%。

Yao 等使用 SLM 制备 Nb-18Si 合金的碳化铪（HfC）颗粒[50]。采用 XRD 和 SEM-BSE 研究了扫描速度对 Nb-18Si-5HfC 合金微观组织和相结构的影响。结果表明：随着扫描速度的提高，固溶体的固溶度提高，共晶层间间距逐渐减小至纳米级，相应的碳化铪分布更加均匀；碳化铪颗粒弥散在层间组织中，使其室温断裂韧性达到 $20.7\mathrm{MPa \cdot m^{1/2}}$；由于组织形态和碳化物分布的控制，硬度和断裂韧性同时提高。中国航发北京航空材料研究院的刘伟等采用 LENS 技术制备了 Nb-16Si 二元合金[51]。结果表明，激光功率对沉积态 Nb-16Si 合金相组成无明显影响，在高能激光束的作用下纯 Nb 粉末与纯 Si 粉末发生原位反应，直接合成了室温亚稳态的 Nb_3Si 相和 Nb 固溶体相。随激光功率的增加，合金中先共晶 Nb 固溶体相由枝晶状逐渐转变为细小等轴状，其平均尺寸由约 50μm 细化至 1μm 左右，合金中 Nb 固溶体+Nb_3Si 共晶组织形态由细小的层片状共晶，逐渐转变为纳米级的 Nb 固溶体相弥散分布在 Nb_3Si 基体上的不规则共晶。同时，随激光功率增加，沉积试样相对密度由 91.1%增至 98.5%。维氏硬度由 605HV 逐渐增加至 898HV。

激光增材钒主要集中于其合金的研究，其中 V-5Cr-5Ti 合金被认为是未来聚变反应堆结构材料最重要的候选材料之一，因其优异的耐中子辐照性能、耐液态金属腐蚀性能、高温力学性能和导热性能而受到广泛关注。柴鹏涛使用激光熔化沉积（LMD）技术制备的 V-5Cr-5Ti 合金中存在大量偏析分布在晶界/枝晶界的第二相[52]。研究结果表明，随着固溶温度从 800℃升至 1560℃，LMD 钒合金中的第二相的长度和密度减小而其宽度增加。当固溶温度达到 1560℃，大部分杂质元素可扩散进基体中并形成近乎均匀分布的过饱和固溶体。对 1560℃固溶样品进行时效处理，结果表明，随着时效温度从 800℃升至 1200℃，第二相的长度增加，且第二相的形状由近球形逐渐向条状转变。与 800℃和 1200℃相比，1000℃时效处理形成的第二相密度最高。由于存在第二相的析出强化效果，与 LMD 样品和固溶状态样品相比，时效样品具有最高的硬度。

4.3.4 难熔材料激光增材制造成形挑战

难熔金属激光增材成形面临如下问题。第一，难熔金属的高熔点导致高内聚能，高内聚能产生的高黏度显著降低了熔池的流动性，加上其表面张力较高，容易导致球化现象的出现。第二，难熔金属的极高导热性导致熔池快速凝固和冷却，形成较高的残余应力水平，而难熔金属韧性较差，因此容易形成裂纹缺陷。第三，难熔金属具有较高的氧化敏感性，即使少量的氧气被熔池吸收，也会降低润湿性并导致裂纹的形成。鉴于以上困难，研究粉末床激光熔融成形难熔金属时，需要对过程工艺参数进行理论设计和实验优化。

4.4 未来的发展

4.4.1 高反材料增材制造应用前景

随着科技的发展，具有更为复杂结构的铜零件的需求增加，而传统的制造技术难以满足这样的需求。激光增材制造技术的出现给铜及其合金的应用带来了新的可能。与传统制造业相比，激光增材制造技术具有极高的设计自由度，理论上可以成形具有任意结构的零件，并可以将零件设计成一个整体而不是多个零部件，降低了成本，实现新颖的设计。激光增材制造技术可以直接制造传统方式无法获得的电感线圈、散热器和具有内部冷却通道的航空航天燃烧室等复杂铜材料零部件，以及具有优美形状、外观的铜饰品。因此可以预估，未来的几年时间里铜及其合金的激光增材制造具有广阔的应用前景。

316L 喷嘴长期使用后会出现烧损和黏粉等问题。出于节约成本并提升其性能的考虑，作者团队采用 SLM 工艺对其进行修复，选用 CuSn10 作为修复材料，以降低喷嘴尖端对激光的吸收率，提高其防烧损能力。为了验证修复后的喷嘴与原喷嘴的工作性能，分别在同一台 DED 设备上进行测试。可以发现，相比于 316L 材质的喷嘴，使用 CuSn10 修复后的喷嘴粉末汇聚更好，产生更少的飞溅，尖端也没有发生烧损。上述结果表明，修复后的喷嘴解决了原喷嘴在使用时易烧损、易黏附粉末的问题，图 4-21 是喷嘴的使用过程及结果。

铜感应加热线圈是汽车发动机曲轴高频淬火工序的消耗品。目前所使用的感应加热线圈是使用纯铜管经手工弯制、钎焊制造。一方面，该过程对人员技能要求高，制作周期漫长，制造成本也居高不下；另一方面，手工作业的品质保证度低，容易在加工过程中发生穿孔产生故障和品质问题。针对上述问题，作者团队联合广汽丰田发动机有限公司研究 SLM 技术在铜线圈整体成形上的应用，以达到缩短周期、提高品质及降低成本的目的。按照图 4-22 所示的流程制造成形后，测试结果表明，SLM 成形的 CuCrZr 感应加热线圈满足电导率超过 80%IACS 与冷却水流量达到 22L/min 的主要指标的要求，证明了通过 SLM 技术一体化制造的感应加热线圈具有可使用性。

作者团队通过 SLM 打印了 AlSi10Mg 航空操纵杆部件，提出了一种集拓扑、

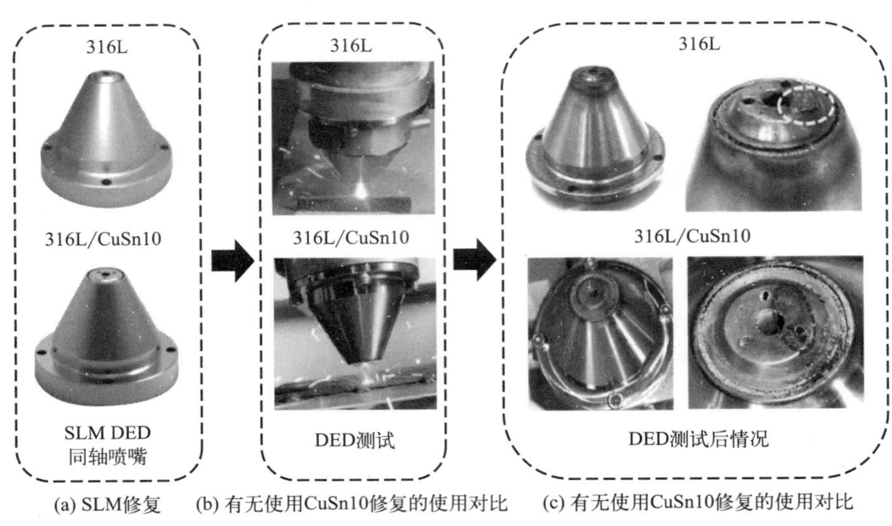

(a) SLM修复　(b) 有无使用CuSn10修复的使用对比　(c) 有无使用CuSn10修复的使用对比

图 4-21　作者团队喷嘴的使用过程及结果

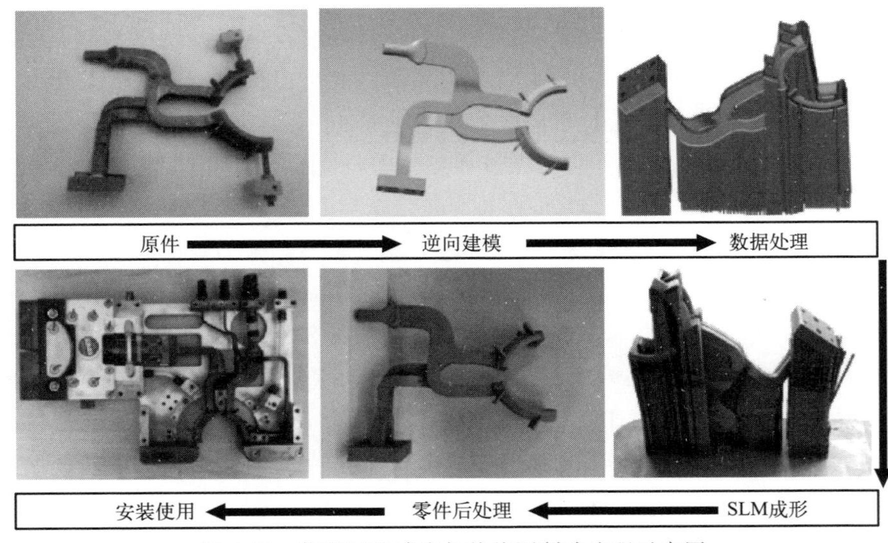

图 4-22　作者团队感应加热线圈制造流程示意图

形状和尺寸优化于一体的结构优化方法，验证了该优化方法的有效性、轻量化模型的可打印性以及 SLM 打印 AlSi10Mg 航空零部件的可行性，为产品的轻量化设计提供了实际参考[53]。轻量化设计过程的效率和计算量是由模型的体积、复杂性和特征决定的。在进行轻量化设计之前，需要对原有模型进行分析和简化，去除不必要的特征，从而提高效率。由于模型头部未受载荷，因此只需要对模型的中部和尾部进行分析。图 4-23 为 SLM 加工航空零部件操纵杆过程及其后续使用过程。在SLM过程中，操纵杆的低角度和悬垂结构容易倒塌，增加支撑结构可以有效避免控制杆的塌陷、翘曲变形和尺寸偏差［图4-23(a)］。图4-23(b)展示了由SLM印刷的轻质设计的控制棒，表明其良好的可印刷性和表面质量。图4-23(c)展示了支撑结构拆除后的印刷控制杆。打印出来的控制杆重量为264.56g，实际减重30.19%。黑色喷漆提高了操纵杆的抗刮性、耐磨性和美观性［图4-23(d)］。

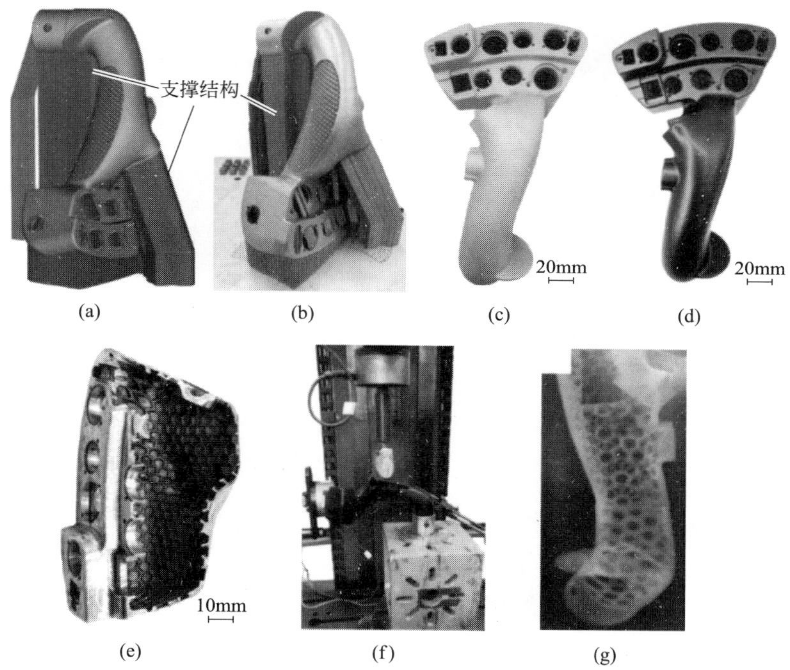

(a)　(b)　(c)　(d)

(e)　(f)　(g)

图4-23　作者团队轻量化设计操纵杆的SLM制造和性能试验

4.4.2　难熔材料增材制造应用前景

增材制造技术在难熔金属的加工方面具有明显的优势，能实现复杂构件的近净成形，且由于其加热/冷却速度快的特点，制件的组织细小，硬度、抗拉强度等性能优于粉末冶金制品，目前有关钨及钨合金、多孔坦、铌合金、钼合金、难熔高熵合金增材制造的相关研究已取得较大进展。

钽（Ta）是一种生物相容性很好的材料，纯钽应用于骨科医疗领域已有80多年历史。然而，钽的弹性模量比人体骨组织大得多，为解决二者弹性模量匹配问题，发展了多孔钽。增材制造难熔金属制件在用作高温合金部件、人体植入物、耐磨涂层等方面有很好的应用前景，部分产品经测试已得到应用，如图4-24所示为作者团队打印的多孔钽植入物。

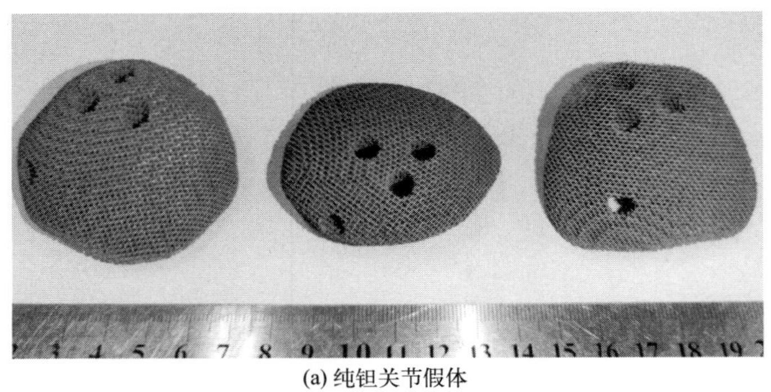

(a) 纯钽关节假体

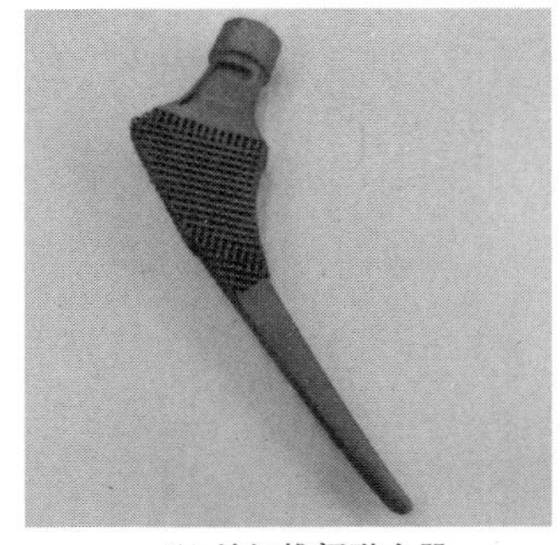

(b) 纯钽椎间融合器

(c) 纯钽骨小梁

图 4-24 作者团队多孔钽植入物

增材制造钨构件的应用之一是作为γ射线探测器用单针孔准直器。由于精密成形的特点，采用这种工艺可以在 40mm 长的探测器上制造直径仅 0.5mm 的孔，较小的孔径能保证探测精度更高。如此微小尺寸的孔采用传统加工方法很难制造，也凸显出增材制造技术的独特优势。

如图 4-25 为作者团队研发的钨防散射栅格。防散射栅格是 CT 医疗影像设备中的关键组件，其作用是吸收和过滤从 CT 探测中散射、折射溢出的 X 射线，提高 CT 影像的质量。防散射栅格对安全性、结构稳定性等要求高，因此对产品的强度、精度、遮光度、吸收辐射能力有较高的要求。防散射栅格一般使用纯钨材料制成，然而钨是一种难加工金属。基于粉末床激光熔化工艺的金属增材制造

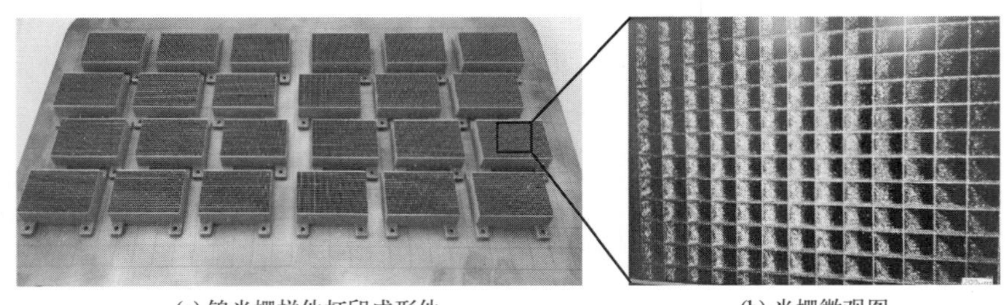

(a) 钨光栅样件打印成形件　　(b) 光栅微观图

图 4-25 作者团队钨光栅样件

技术，能够制造复杂的几何形状，对于防散射栅格的加工来说是一种不错的选择。但是在纯钨防散射栅格的增材制造过程中，仍需克服裂纹、强度等挑战。

对于难熔金属铌，由于它具有优秀的生物兼容性和力学性能，其多孔材料有望作为医用金属生物材料，成为治疗骨组织坏死的生物材料。由于金属铌对人体无害、无毒、无副作用，如果能够获得材料均匀分布且空隙连通的结构，同时具备与人体相适应的物理力学性能，金属铌将是保证新生骨组织正常生长的重要连接件的构成材料，虽然目前使用金属铌或钛铌合金进行多孔植入物增材制造的研究还比较少见，但随着增材制造技术和设备的发展，制造过程中机理的深入研究，以及金属铌成本的不断下降等，增材制造铌金属多孔植入物方面的应用也会逐渐发展起来，铌优秀的力学性能和细胞活性能够得到充分的发挥。

由于难熔金属熔点高、冷却快的特点，增材制造产品存在致密度不高、容易变形开裂等问题。如何通过工艺参数优化提升制件性能对于其应用十分关键。模拟仿真技术对于相关问题的解决有很好的参考作用，应重视模拟仿真技术与实验相结合，开展相关研究工作。

参考文献

[1] Menzel R. Photonics：Linear and nonlinear interactions of laser light and matter [M]. Springer Science & Business Media，2013.

[2] 王洪泽，吴一，王浩伟．蓝激光在有色金属成形领域的应用研究现状 [J]. 中国有色金属学报，2021，31 (11)：3059-3070.

[3] Brown M S，Arnold C B. Fundamentals of laser-material interaction and application to multiscale surface modification [M] //Laser precision microfabrication. Berlin：Springer，2010：91-120.

[4] Ricciardi G，Cantello M. Laser material interaction：Absorption coefficient in welding and surface treatment [J]. CIRP annals，1994，43 (1)：171-175.

[5] Sainte-Catherine C，Jeandin M，Kechemair D，et al. Study of dynamic absorptivity at 10.6μm (CO_2) and 1.06μm (Nd-YAG) wavelengths as a function of temperature [J]. Le Journal de Physique Ⅳ，1991，1 (C7)：151-157.

[6] 顾瑞楠，严明．金，银，铜等典型高反射率材料的激光增材制造 [J]. 中国科学：物理学，力学，天文学，2020，50 (3)：40-53.

[7] 杨永强，温娅玲，王迪，等．蓝光激光定向能量沉积纯铜零件的工艺及性能 [J]. 焊接学报，2022，43 (08)：80-86，118-119.

[8] Zhang S，Zhu H，Hu Z，et al. Selective laser melting of Cu10Zn alloy powder using high laser power [J]. Powder Technology，2019，342：613-620.

[9] Mao Z，Zhang D Z，Wei P，et al. Manufacturing feasibility and forming properties of Cu-4Sn in selective laser melting [J]. Materials，2017，10 (4)：333.

[10] Scudino S，Unterdörfer C，Prashanth K G，et al. Additive manufacturing of Cu-10Sn bronze [J]. Materials Letters，2015，156：202-204.

[11] Mao Z，Zhang D Z，Jiang J，et al. Processing optimisation，mechanical properties and microstructural

evolution during selective laser melting of Cu-15Sn high-tin bronze [J]. Materials Science and Engineering (A), 2018, 721: 125-134.

[12] Wang J, Zhou X L, Li J, et al. Microstructures and properties of LPBF-manufactured Cu-15Ni-8Sn alloy [J]. Additive Manufacturing, 2020, 31: 100921.

[13] Zhou Y, Zeng X, Yang Z, et al. Effect of crystallographic textures on thermal anisotropy of selective laser melted Cu-2.4Ni-0.7Si alloy [J]. Journal of Alloys and Compounds, 2018, 743: 258-261.

[14] Popovich A, Sufiiarov V, Polozov I, et al. Microstructure and mechanical properties of additive manufactured copper alloy [J]. Materials Letters, 2016, 179: 38-41.

[15] Wallis C, Buchmayr B. Effect of heat treatments on microstructure and properties of CuCrZr produced by laser-powder bed fusion [J]. Materials Science and Engineering: A, 2019, 744: 215-223.

[16] Zhang S, Zhu H, Zhang L, et al. Microstructure and properties of high strength and high conductivity Cu-Cr alloy components fabricated by high power selective laser melting [J]. Materials Letters, 2019, 237: 306-309.

[17] 白玉超，杨永强，王迪，等. 锡青铜激光选区熔化工艺及其性能 [J]. 稀有金属材料与程，2018，47 (03): 1007-1012.

[18] 朱勇强，杨永强，王迪，等. 纯铜/铜合金高反射材料粉末床激光熔融技术进展 [J]. 材料工程，2022，50 (06): 1-11.

[19] Li W, Li S, Liu J, et al. Effect of heat treatment on AlSi10Mg alloy fabricated by selective laser melting: Microstructure evolution, mechanical properties and fracture mechanism [J]. Materials Science and Engineering (A), 2016, 663: 116-125.

[20] Wang L F, Sun J, Yu X L, et al. Enhancement in mechanical properties of selectively laser-melted AlSi10Mg aluminum alloys by T6-like heat treatment [J]. Materials Science and Engineering (A), 2018, 734: 299-310.

[21] Fousová M, Dvorský D, Michalcová A, et al. Changes in the microstructure and mechanical properties of additively manufactured AlSi10Mg alloy after exposure to elevated temperatures [J]. Materials Characterization, 2018, 137: 119-126.

[22] Bai Y, Yang Y, Xiao Z, et al. Process optimization and mechanical property evolution of AlSiMg0.75 by selective laser melting [J]. Materials & Design, 2018, 140: 257-266.

[23] Ding Y, Muñiz-Lerma J A, Trask M, et al. Microstructure and mechanical property considerations in additive manufacturing of aluminum alloys [J]. MRS Bulletin, 2016, 41 (10): 745-751.

[24] Xiao Y, Yang Y, Wu S, et al. Microstructure and mechanical properties of AlSi10Mg alloy manufactured by laser powder bed fusion under nitrogen and argon atmosphere [J]. Acta Metallurgica Sinica (English Letters), 2022, 35 (3): 486-500.

[25] Wang D, Feng Y, Liu L, et al. Influence mechanism of process parameters on relative density, microstructure, and mechanical properties of low Sc-content Al-Mg-Sc-Zr alloy fabricated by selective laser melting [J]. Chinese Journal of Mechanical Engineering: Additive Manufacturing Frontiers, 2022, 1 (4): 100034.

[26] Khan M, Dickens P. Selective laser melting (SLM) of pure gold for manufacturing dental crowns [J]. Rapid Prototyping Journal, 2014, 20 (6): 471-479.

[27] Wang D, Wei Y, Wei X, et al. Selective laser melting of pure Ag and 925Ag alloy and their thermal conductivity [J]. Crystals, 2022, 12 (4): 480.

[28] 久世哲嗣，前田壮一郎，永富裕一，等．金属 3Dプリンタ用 Cu 合金粉末の造形性に及ぼす添加元素の影響 [J]. 山陽特殊製鋼技報，2019，26 (1)：28-32.

[29] Lassègue P，Salvan C，de Vito E，et al. Laser powder bed fusion (L-PBF) of Cu and CuCrZr parts: Influence of an absorptive physical vapor deposition (PVD) coating on the printing process [J]. Additive Manufacturing，2021，39：101888.

[30] 黎振华，申继标，李淮阳，等．纳米 TiC 改性对选区激光熔化铜成形的影响 [J]. 中国激光，2021，48 (3)：0315001.

[31] Prasad H S，Brueckner F，Volpp J，et al. Laser metal deposition of copper on diverse metals using green laser sources [J]. The International Journal of Advanced Manufacturing Technology，2020：1-10.

[32] Zediker M S，Fritz R D，Finuf M J，et al. Laser welding components for electric vehicles with a high-power blue laser system [J]. Journal of Laser Applications. 2020，32 (2).

[33] Zediker M S，Fritz R D，Finuf M J，et al. Stable keyhole welding of 1mm thick copper with a 600W blue laser system [J]. Journal of Laser Applications. 2019，31 (2).

[34] Baumann M，Balck A，Malchus J，et al. 1000 W blue fiber-coupled diode-laser emitting at 450 nm [C]. High-Power Diode Laser Technology XVIII，2019.

[35] Das A，Fritz R，Finuf M，et al. Blue laser welding of multi-layered AISI 316L stainless steel micro-foils [J]. Optics & Laser Technology，2020，132：106498.

[36] Morimoto K，Tsukamoto M，Sato Y，et al. Bead-on-plate welding of pure copper sheet with 200 W high intensity blue diode laser [C]. High-Power Laser Materials Processing: Applications, Diagnostics，and Systems IX. SPIE，2020，11273：83-88.

[37] Fujio S，Sato Y，Hori E，et al. Effect of preheating on pure copper welding by hybrid laser system with blue laser and IR laser [C]. Laser Applications in Microelectronic and Optoelectronic Manufacturing XXVI，2021.

[38] Yang H，Tang X H，Hu C，et al. Study on laser welding of copper material by hybrid light source of blue diode laser and fiber laser [J]. Journal of Laser Applications，2021，33 (3)：032018.

[39] Ishige Y，Hashimoto H，Hayamizu N，et al. Blue laser-assisted kW-class CW NIR fiber laser system for high-quality copper welding [C]. High-Power Diode Laser Technology XIX. 2021.

[40] Kohei A，Masahiro T，Yoshihisa S，et al. Laser metal deposition of pure copper on stainless steel with blue and IR diode lasers [J]. Optics and Laser Technology，2018，107.

[41] Vrancken B，King W E，Matthews M J. In-situ characterization of tungsten microcracking in Selective Laser Melting [J]. Procedia CIRP，2018，74：107-110.

[42] 张丹青．钨及钨合金的选择性激光熔化过程中微观组织演化研究 [D]. 武汉：华中科技大学，2011.

[43] 韩昌骏．激光选区熔化成形多孔金属及其复合材料骨植入体研究 [D]. 武汉：华中科技大学，2018.

[44] 杨柳，王富友．医学 3D 打印多孔钽在骨科的应用 [J]. 第三军医大学学报，2019，41 (19)：1859-1866.

[45] Song C，Deng Z，Zou Z，et al. Pure tantalum manufactured by laser powder bed fusion: Influence of scanning speed on the evolution of microstructure and mechanical properties [J]. International Journal of Refractory Metals and Hard Materials，2022，107：105882.

[46] Johnson J L, Palmer T. Directed energy deposition of molybdenum [J]. International Journal of Refractory Metals and Hard Materials, 2019, 84: 105029.

[47] Wang D, Yu C, Ma J, et al. Densification and crack suppression in selective laser melting of pure molybdenum [J]. Materials & Design, 2017, 129: 44-52.

[48] 庞红 . Mo、Mo-5Co 合金选区激光熔化成形工艺及性能研究 [D]. 哈尔滨：哈尔滨工程大学，2019.

[49] Kaserer L, Braun J, Stajkovic J, et al. Fully dense and crack free molybdenum manufactured by Selective Laser Melting through alloying with carbon [J]. International Journal of Refractory Metals and Hard Materials, 2019, 84: 105000.

[50] Yao L, Wang L, Song X, et al. Microstructure evolution and toughening mechanism of a Nb-18Si-5HfC eutectic alloy created by selective laser melting [J]. Materials, 2022, 15 (3): 1190.

[51] 刘伟，李能，任新宇，等 . 激光功率对原位反应增材制造 Nb-16Si 二元合金显微组织的影响 [J]. 机械工程学报，2020，56 (08)：69-76.

[52] Chai P, Wang Y, Zhou Y, et al. Solution and aging behavior of precipitates in laser melting deposited V-5Cr-5Ti alloys [J]. Journal of Central South University, 2021, 28 (4): 1089-1099.

[53] Wang D, Wei X, Liu J, et al. Lightweight design of an AlSi10Mg aviation control stick additively manufactured by laser powder bed fusion [J]. Rapid Prototyping Journal, 2022 (ahead-of-print) .

第 5 章

多材料激光金属粉床增材制造技术

5.1 多材料激光金属粉床增材制造技术背景与意义

多材料零件由分布在零件内部的多种材料组成，可将多种材料的结构和功能整合在一起，在零件指定位置实现特定的性能（局部耐磨、高导热、保温、耐化学腐蚀等）。多种材料在一个零件内的特定分布可以获得比单一材料零件更好的性能，特别是一些产品需要在多功能和多环境适应性的恶劣工作条件下使用。例如，IN718/316L 多材料结构可以在高温下获得高的耐热性和抗氧化性，同时在低温下具有足够的机械强度和韧性，因此在航空航天领域具有很大的潜力；NiTi/Ti6Al4V 多材料结构可用于生物医学骨科植入物，具有个性化、与人体骨骼相当的刚度和更好的耐磨性和耐腐蚀性的特点。因此，多材料激光增材制造技术可以为最终使用零件的整体制造开辟出一条多材料布局和结构创新的道路，满足航空航天、生物医学、汽车行业日益增长的需求。

使用粉末冶金、轧制、焊接、化学气相沉积和扩散键合等传统制造技术，很难制造出几何形状复杂、不同材料类型或成分分布可控的多材料结构。增材制造技术可以提供高度的设计自由度和基于逐层堆积原理制造复杂零件的灵活性，它可以精确控制材料的空间分布，因此在多材料结构的设计和制造中具有很大的潜力。与传统的制造技术相比，多材料增材制造技术为复杂几何形状的多材料零件的制造提供了一种更可靠的方法，降低了制造成本。特别是该工艺引入了更高层次的设计自由度，能够在复杂的三维空间中控制材料分布的方向性和多样性。因此，多材料增材制造技术可以实现“正确的材料成形在正确的位置”和“为独特的功能成形独特的结构”。

最具代表性的金属多材料结构增材制造技术是激光选区熔化成形技术（SLM）和激光能量定向沉积技术（LDED）。SLM 技术是增材制造家族的重要成员，它使用高能量密度的激光束在粉末床上选择性地熔融金属粉末。与 LDED 工艺相比，SLM 工艺由于激光光斑更小、层厚更薄，可以制备结构更复杂、更精细的多材料结构。该工艺已越来越多地应用于制造尺寸误差小于 100μm 的复杂多材料结构，在制造热交换器、电子器件、髋关节置入物、珠宝、燃烧室、耐磨部件、切削工具等方面显示出巨大的潜力。SLM 多材料结构的力学性能（拉伸强度、弯曲强度等）取决于界面结合，而界面结合是由界面组织和缺陷决定的。气孔、裂纹等缺陷会削弱多材料结构的结合强度，界面处细化的微观组织可以增强界面结合强度。例如，在 SLM 成形的钢/铜多材料结构中，由于界面处有细小的树枝状晶粒，可以获得很高的界面强度（高达 557MPa）。

SLM 的多材料结构主要有离散多材料和复合材料。然而，在多材料零件的预定位置处控制复合材料不同成分的变化是非常困难的。人们对离散多材料的成形策略进行了大量的研究。目前，使用 SLM 成形多材料结构主要有三种策略：①SLM 工艺直接在基板上进行，多材料部分由基板和成形层组成；②通过在单一成形过程中手动更换另一种粉末来成形多材料部件；③可以改变 SLM 机器的粉末供给系统来成形多材料部件。第三种策略是最有可能实现在一个成形层内以及通过编程实现不同层间的不同材料的精确成形。

图 5-1 表述了 SLM 制造的多材料结构的配置、材料类型和关键技术问题。根据不同材料的分布，SLM 成形的多材料结构可分为层间成形和层内成形。具有代表性的多材料类型有金属/金属、金属/陶瓷、金属/玻璃和金属/聚合物。对于这些多材料类型来说，最关键的是获得孔隙率低、无裂纹且结合强度高的界面。多材料 SLM 工艺的关键技术问题包括粉末输送系统的开发、成形前多材料结构数据的准备、热力学计算和工艺模拟、粉末交叉污染和回收等。

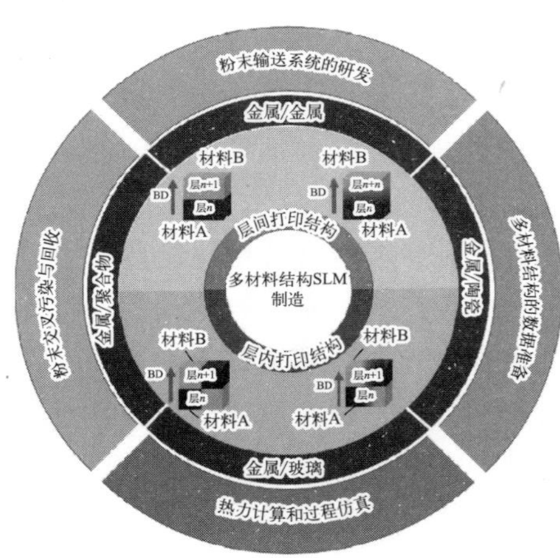

图 5-1　SLM 工艺制造的多材料结构（包括结构、材料类型和关键技术问题）

多材料 SLM 成形的作用日益显著，但对于界面组织和缺陷的形成机理以及界面结合的强化方法尚缺乏探讨。此外，还需要全面解决多材料 SLM 的技术挑战（包括设备、数据、工艺、材料）。为此，本章从多材料金属增材制造技术与装备、界面特性（包括多种材料类型、界面微观结构、缺陷等)、关键技术问题、潜在应用等方面综述了 SLM 成形多材料结构的研究进展。

5.2 多材料金属增材制造技术与装备分类

在多材料 SLM 工艺中，将不同的粉末输送到预定位置是关键。由于粉末输送系统的限制，现有的 SLM 设备几乎是为单一材料的成形而设计的。已经有人尝试通过手动更换粉末的方法来成形沿成形方向改变材料的多材料结构。例如，Koopmann 等使用钢粉作为基材，然后在单次 SLM 成形过程中用陶瓷粉代替钢粉，制造出钢/陶瓷多材料部件[1]。然而，这种方法会显著增加人工、交货时间和材料成本。对原有 SLM 设备的粉末输送系统进行升级改造是实现不同粉体在不同物理位置定制化分布的最有效方法。

根据粉末输送原理，曼彻斯特大学的研究人员将改进的粉末输送系统分为基于铺粉刮刀、基于超声波、“铺粉刮刀＋超声波”复合、基于电子照相[2]。基于铺粉刮刀的系统可以在成形方向（Z）输送不同的材料，但很难将不同粉末材料沉积在同一成形层中并按预定路径沿水平（X/Y）方向变化[图 5-2(a)]。基于超声波的系统可以通过安装在 XY 轴上的超声波振动将不同材料的干粉颗粒按照预定复杂几何形状分配到粉末床上，但该种方式的粉末分配效率较低[图 5-2(b)]。“铺粉刮刀＋超声波”复合的铺粉系统利用铺粉刮刀来提高基体材料（通

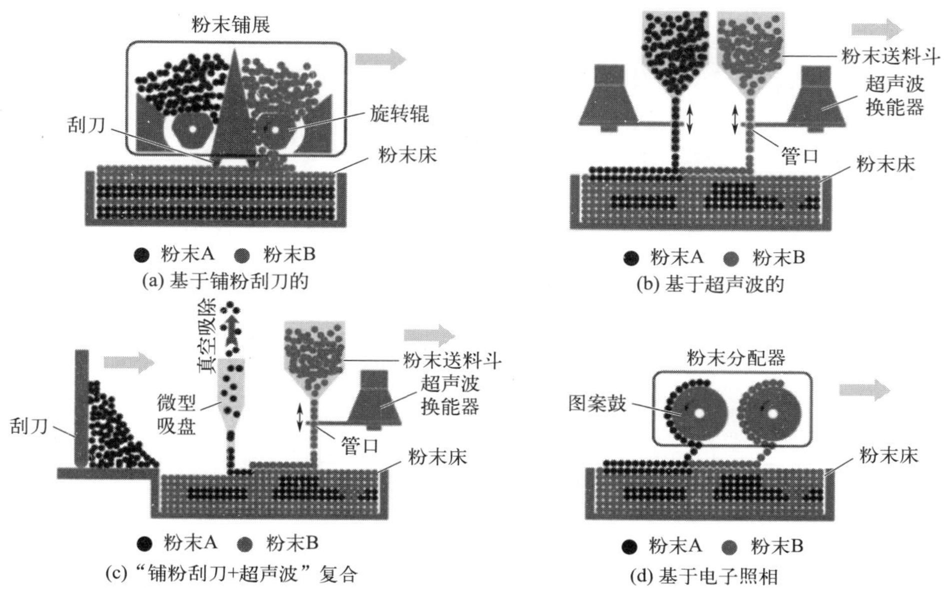

图 5-2　SLM 成形多材料结构的不同粉末供给系统[2]

常体积分数较大）的沉积效率，而超声波则辅助其他材料（通常体积分数较小）的分配，可大大提高 SLM 的成形效率[图 5-2(c)]。基于电子照相的系统可以通过逐点控制微型气流将粉末粒子吸附在图案鼓的圆柱形网上，待图案鼓运动至预定位置时，微气流将粉末颗粒从圆柱形网上吹落，并沉积在粉末床上形成所设计的图案[图 5-2(d)]。

5.2.1 基于铺粉刮刀的方法

基于铺粉刮刀的方法，Demir 等设计了一种用于 SLM 设备的双粉末供料系统，实现了沿 Z 轴（层间分布）材料变化的多材料结构 SLM 成形[3]。图 5-3(a)、(b)、(c) 展示了由作者团队研发的多材料 SLM 设备中四料斗给粉系统模型和示意图。四种料斗安装在铺料车上，每个料斗上都有一个开关，控制四种料斗的层间分布。该系统能定义零件不同材料层的成形工艺参数，这有利于精确优化能量密度，抑制界面缺陷。

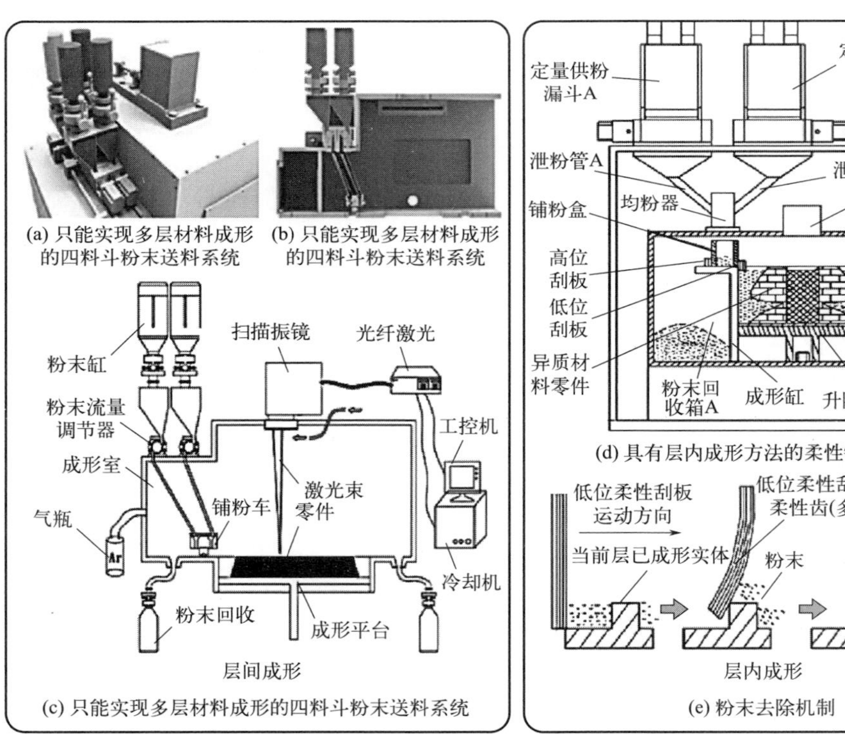

图 5-3　作者团队研发的基于铺粉刮刀法的多材料 SLM 设备示意图[4]

然而，在同一层内实现不同材料的可控分布仍是一个挑战，而在同一层和不同层中成形不同材料的能力是通过 SLM 获得多材料产品的关键。作者团队基于铺粉刮刀的方法开发了一种用于自由成形三维多材料结构的新型 SLM 设备，如图 5-3(d) 所示[4]。具体而言，作者团队提出了一种通过多料斗定量供粉并采用柔性刮板去除粉末的新方法来供料和回收不同的粉末。对于多层 SLM 成形的多材料结构，使用柔性铺粉刮刀去除当前层成形后未熔化的粉末[图 5-3(e)]，形成空白区域。然后通过料斗结构将不同材料粉末输送到当前成形层的空白区域进行成形。但这种方式容易在成形的多材料结构中出现轻微的材料交叉污染，因为在每个粉末层中，很难清除成形区域外的残留粉末。

5.2.2 基于超声波的方法

超声波已被证明可用于选择性预置不同的粉末材料。如图 5-4(a) 所示为多材料 SLM 设备与超声波粉末沉积系统相结合。具有层内分布特征的 Cu/H13 多材料结构[图 5-4(b)]被成功制造，这展示了 SLM 层内成形在多材料结构方面的巨大潜力。

曼彻斯特大学 Zhang 等在基于超声方法的基础上，增加了原位粉料混合系统，开发了一种新型的多材料 SLM 设备，该设备可以精确改变沿 $X/Y/Z$ 方向变化的材料比例[图 5-4(c)][5]。CuSn10 和钠钙玻璃粉通过原位搅拌系统按不同比例混合，然后通过超声波供料系统进行材料预置。原位混粉系统中有三个子供料系统，两个上供料系统可以通过超声振动将两种不同类型的粉末以恒定的粉流速度分配到下供料系统中[图 5-4(d)]。图 5-4(e) 显示了该设备成形的 CuSn10/钠钙玻璃梯度结构，其中包含了从 CuSn10 到钠钙玻璃的组成变化，包括金属基复合材料（metallic matrix composite，MMC）、过渡区和陶瓷基复合材料（ceramic matrix composite，CMC）。图 5-4(f) 显示 SLM 成形的 CuSn10/钠钙玻璃多材料双心环。然而，基于超声方法的多材料 SLM 设备存在效率低的特点。

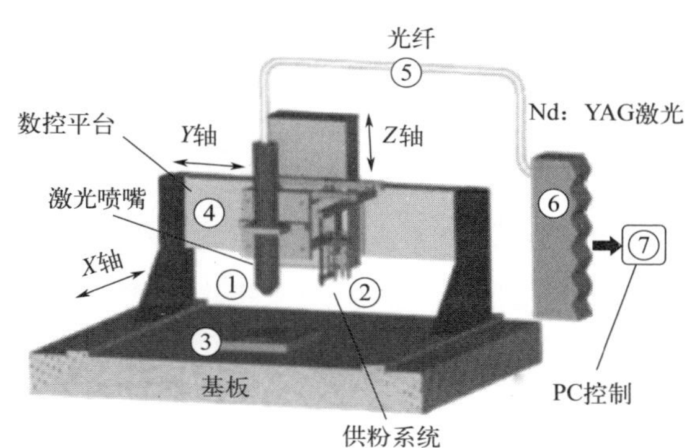

(a) 首台具有超声粉末沉积系统的多材料SLM原型设备[6]

图 5-4

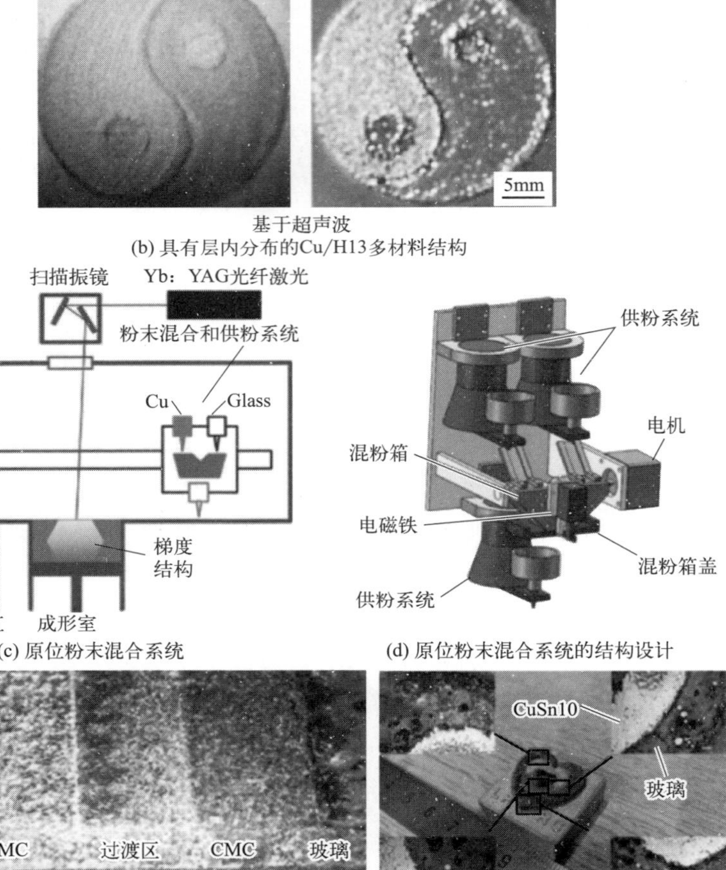

基于超声波
(b) 具有层内分布的Cu/H13多材料结构

(c) 原位粉末混合系统　　(d) 原位粉末混合系统的结构设计

基于超声波和原位粉末混合系统
(e) 梯度CuSn10/钠钙玻璃样品的表面　　(f) CuSn10/钠钙玻璃双心环样品[5]

图 5-4　基于超声波方法的多材料 SLM 设备示意图

5.2.3　基于“铺粉刮刀+超声”的方法

为了提高粉末沉积的效率，可集成基于超声波的粉末沉积系统和铺粉刮刀辅助的 SLM 系统，以高效率地实现不同粉末的供给，这被称为“铺粉刮刀＋超声”复合方法。图 5-5(a) 和 (b) 显示的多材料 SLM 设备通过逐点微真空和逐点超声粉末分布，将传统的粉末供给系统与选择性材料去除系统集成在一起。在该设备中，构成组件主体的粉料通过铺粉刮刀供料系统进行落料，然后利用逐点微真空系统对预先设定区域的未熔粉进行吸取，形成空白区域，最后，其他种类的粉末通过超声送粉喷嘴进入该空白区域。但由于超声送粉喷嘴送出的粉末没有被压实，导致这些区域粉末的压实密度较低，在成形过程中会形成裂纹和气孔。研究人员开发了一种由气动气缸驱动的附加板来压实超声喷嘴喷出的松散粉末，可显著增加零件的相对密度。

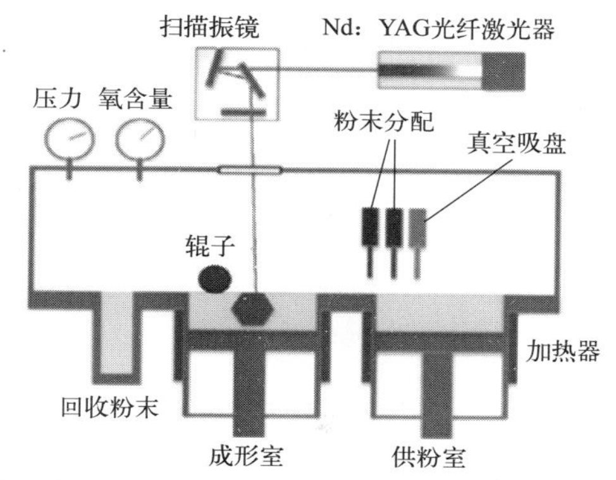

(a) 设备集成了基于超声粉末沉积体系和铺粉刮刀辅助系统[7]

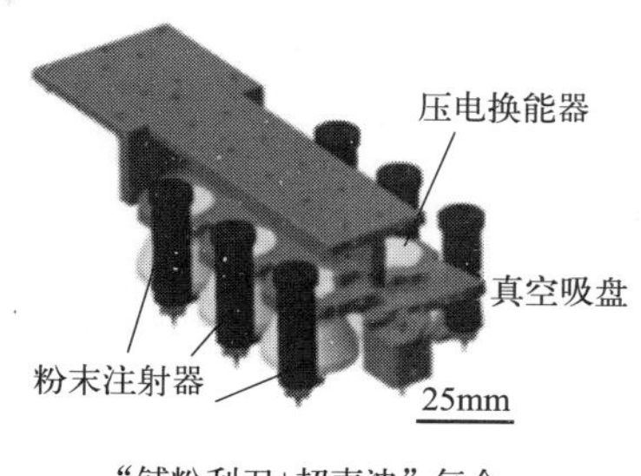

(b) 超声波粉末沉积系统的细节[8]

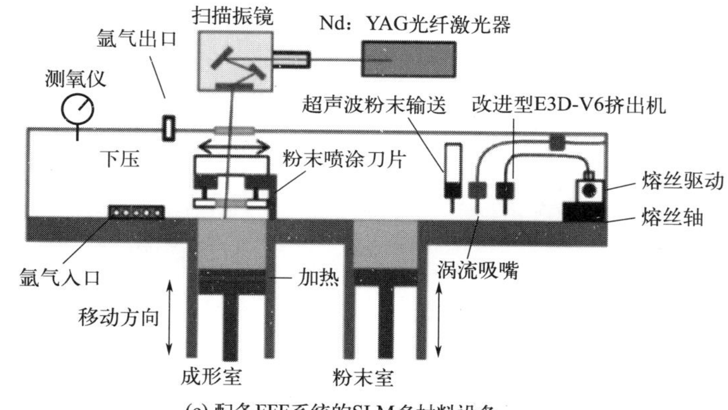

(c) 配备FFF系统的SLM多材料设备

“铺粉刮刀+超声波”复合和熔丝制造

(d) 加压系统　　(e) 316L/PLA复合材料的小房子模型[9]

图 5-5　基于“铺粉刮刀＋超声”复合方法的多材料 SLM 原理图

“铺粉刮刀＋超声波”复合方法为结合其他聚合物增材制造工艺（如熔丝制造，fused filament fabrication，FFF）以获得金属/聚合物多材料零件的机械互锁结构提供了可能性。曼彻斯特大学 Chueh 等将 FFF 系统和加压系统集成到原始的多材料 SLM 设备中，以制造金属/聚合物多材料结构[9]。图 5-5(c)、(d) 分别为改造后的设备示意图和加压系统示意图。SLM 工艺中成形金属联锁结构(316L) 后，通过真空吸盘去除金属联锁结构内部残留的松散粉末，并在 FFF 工艺中将聚合物填充入金属联锁结构，然后采用加压系统将熔融聚合物（PLA）压入金属互锁结构，形成金属与聚合物之间的机械互锁结构，如图 5-5(e) 所示。

5.2.4 基于电子照相的方法

基于电子照相方法，比利时 Aerosint SA 公司开发了一种基于 SLM 的多材料成形设备，可高效率成形聚合物、陶瓷和金属粉末等[图 5-6(a)]。例如，具有材料层内分布特征的 316L SS/CuCrZr 多材料零件，可通过多个粉末点的选择性沉积来成形［图 5-6(b) 和 (c)]。粉末分配器是设备的关键部件，即系统中的两个鼓形供粉系统，该系统可实现两种不同物料在任意区域的分配。通过增加鼓形供粉系统的数量可使成形材料的类型增加。此外，该供粉系统的非接触式预置粉末，可成形脆性材料或精细结构，这是由于铺粉过程对其无剪切和摩擦作用，从而防止成形件的局部翘曲。

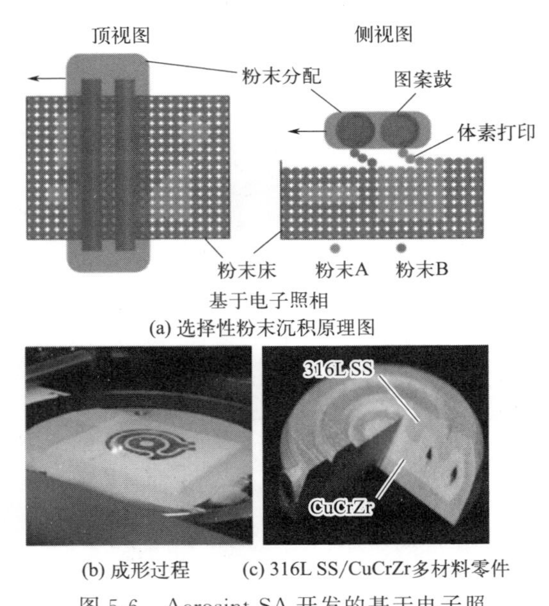

(a) 选择性粉末沉积原理图

(b) 成形过程　(c) 316L SS/CuCrZr多材料零件

图 5-6　Aerosint SA 开发的基于电子照相方法的多材料 SLM 设备原理图[10]

针对多功能、几何形状复杂的零件，虽然目前已经开发出多种类型的多材料 SLM 设备，但低效率和粉末交叉污染仍然是多材料 SLM 设备面临的关键挑战。

高效、高质量的粉末供料系统对于不同材料的灵活组合和精确分配仍然是工业应用的先决条件。

5.3 多材料激光金属粉床增材制造材料类型与界面

5.3.1 典型多材料类型

近年来，大量的研究证明了 SLM 工艺在多材料结构制造中的可行性。表 5-1 列出了具有代表性的 SLM 成形的多材料类型，根据不同材料的组合可分为金属/金属、金属/陶瓷、金属/玻璃、金属/聚合物四类。在这些多材料类型中，金属/金属多材料结构在 SLM 成形中是最常见的。用于多材料 SLM 的金属粉末材料包括铁基合金、钛合金、铝合金、铜合金、镍基合金等，其中 316L 不锈钢（SS）和 Ti6Al4V 广泛应用于 SLM 成形金属/金属多材料结构。对于金属/陶瓷多材料结构，陶瓷材料常用于提高金属材料的硬度和耐磨性，而陶瓷的绝缘性能可用于制造金属/陶瓷集成电路和传感器。然而，由于金属和陶瓷之间的原子键、热胀系数不匹配，且材料之间的润湿性差，使用 SLM 技术制备金属/陶瓷多材料结构具有一定的挑战性。金属/玻璃和金属/聚合物多材料结构的成形也面临同样的挑战。

表 5-1　SLM 成形不同材料的多材料结构

类别	多材料结构
金属/金属	Al-12Si/Al-3.5Cu-1.5Mg-1Si Fe/Al-12Si AlSi10Mg/C18400 316L/C18400 316L/IN718 316L/CuSn10 CuSn10/4340 steel CuSn10/18Ni300 Ti6Al4V/IN718
金属/陶瓷	TiB_2/Ti6Al4V 1.2367 tool steel/$ZrO_2+Al_2O_3$ SiC/316L
金属/玻璃	316L/soda-lime，CuSn10/soda-lime
金属/聚合物	316L/CuSn10/polylactic acid(PLA) 316L/CuSn10/PA11

目前，大多数研究都报道了层间 SLM 成形的多材料结构（图 5-7）。这些多

材料结构的特征是材料分布仅在成形方向上变化。界面的形成机理及其特性仍是层间 SLM 成形多材料结构的研究重点。Sing 等发现 Al/Cu 层状结构在界面处获得了良好的冶金结合[图 5-7(a)]，并在界面处发现了金属间化合物 Al_2Cu[11]。Liu 等通过 SLM 工艺制备了 316L/C18400 多材料零件[图 5-7(b)]，并在 316L/C18400 界面处观察到大量 Fe 和 Cu 元素的扩散[12]。作者团队用 SLM 工艺制备了 316L/CuSn10/18Ni300/CoCrMo 多材料结构[13]［图 5-7(c)]，材料沿成形方向分布的自由度较高。316L/CuSn10 双金属结构通过在界面层中采用岛形扫描和层间交错扫描策略获得了良好的结合强度[图 5-7(d)]。在该研究中，316L 与 CuSn10 的界面结合良好，熔合区宽度大约为 550μm。316L/CuSn10 界面处的微观结构表明，CuSn10 区域存在球形富 Fe 颗粒，球形富 Fe 颗粒中嵌有较细的富 Cu 颗粒。在熔体熔池界面处观察到晶粒的外延生长。用 SLM 工艺成形的 316L/CuSn10 多材料结构的极限强度为 423.3MPa，优于传统工艺（焊接等）制备的钢/铜复合材料结构（150～300MPa）。

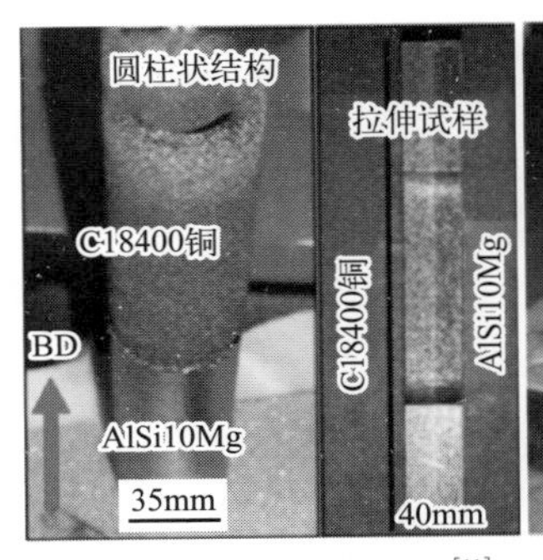

(a) AlSi10Mg/C18400结构[11]

(b) 316L/C18400结构[12]

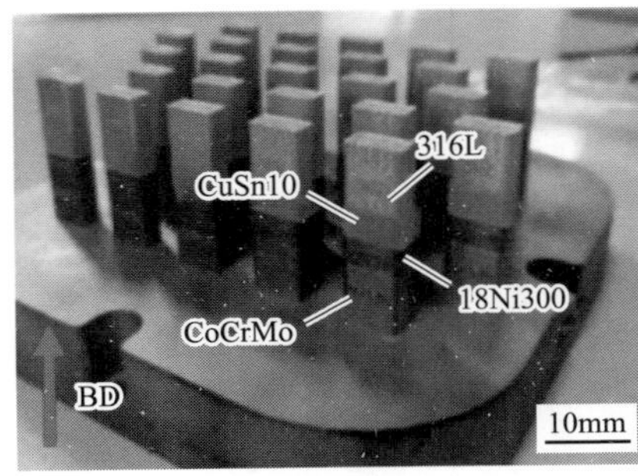

(c) 316L/CuSn10/18Ni300/CoCrMo结构

(d) 316L/CuSn10结构，BD即成形方向

图 5-7　通过 SLM 层间成形的金属/金属多材料结构

理论上，采用层内 SLM 成形的多材料结构可以在零件的预定位置实现预定材料的成形，从而更可能地制造多功能复杂零件（如电子电路、多材料热交换器、微核发电设备）。图 5-8(a) 和 (b) 展示了通过层内 SLM 成形的 CuSn10/

4340 多材料结构。CuSn10 和 4340 材料不仅可以在不同的层间成形，还可以在同一层的不同区域内成形。材料分布中的尺寸误差小于 0.1mm，表明 CuSn10/4340 多材料结构具有较高的成形精度。图 5-8(b) 为成形的 CuSn10/4340 齿轮零件，其外轮廓（宽度为 0.5mm）和内部轮廓分别为 CuSn10 和 4340 钢，该齿轮可同时实现较高的机械强度和优良的耐磨性。图 5-8(c) 展示了由 CuSn10 和 316L 成形的狮身人面像零件，其中 CuSn10 仅用于成形该零件的人脸。图 5-8(d) 展示了一个由 CuSn10 环和 316L 叶片组成的涡轮盘。在叶片根部，材料由 316L 逐渐转变为 CuSn10。

(a) 作者团队成形的CuSn10/4340块体结构

(b) 作者团队成形的 CuSn10/4340齿轮零件

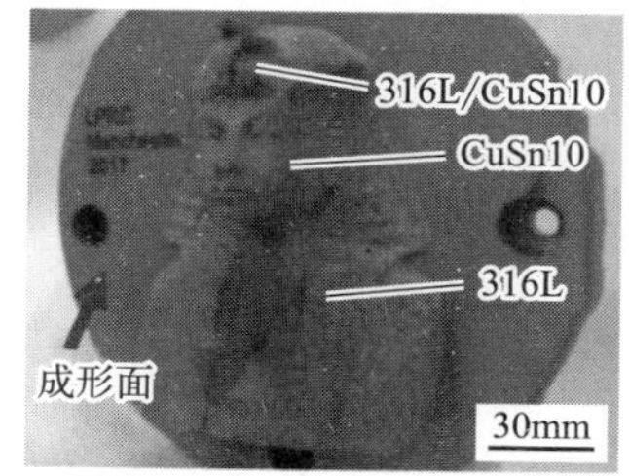

(c) CuSn10/316L狮身人面像零件[7]

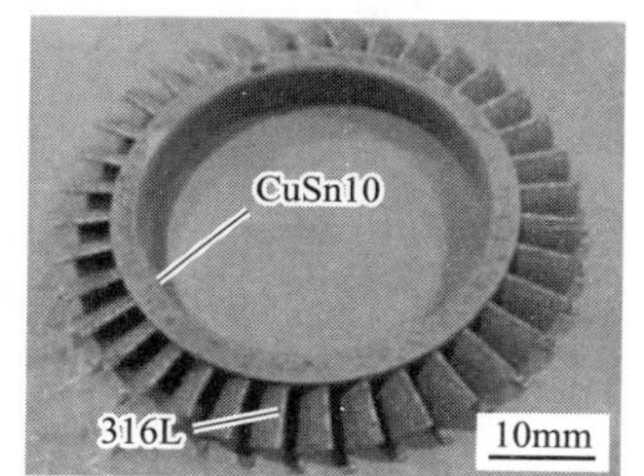

(d) CuSn10/316L涡轮盘[8]

图 5-8　通过层内 SLM 成形的金属/金属多材料结构

图 5-9 展示了 SLM 成形的金属/陶瓷、金属/聚合物和金属/玻璃多材料结构。对于金属/陶瓷多材料结构，Koopmann 等研究了 1.2367 工具钢/ZrO_2/Al_2O_3 三明治状结构的成形性能。该结构分别由顶部和底部的工具钢多孔结构块体以及中间的 $ZrO_2+Al_2O_3$ 夹层组成[图 5-9(a)][1]。1.2367 工具钢多孔结构与 $ZrO_2+Al_2O_3$ 夹层之间的结合强度达到 22MPa。对于金属/聚合物多材料结构，Chueh 等通过专用的多材料 SLM 系统成形了 CuSn10/PA11 零件[图 5-9(b)][13]。结果表明，CuSn10 与 PA11 之间保持了“适当的距离”，减少了炭渣附着在 CuSn10 表面引起的“球化”现象。对于金属/玻璃多材料结构，Zhang 等使用一种基于喷嘴的专用多材料 SLM 系统成形出了从铜合金到钠钙玻璃的成分变化的复合梯度材料零件，该零件由玻璃、陶瓷基复合材料（CMC）、过渡材料、金属基复合材料（MMC）和铜区组成［图 5-9(c) 和 (d)］[5]。CMC 侧和

MMC 侧出现离散界面，中间没有氧化过渡层，复合梯度材料部分从金属侧的可延展性逐渐过渡到玻璃侧的脆性。

(a) 1.2367工具钢/ZrO_2+Al_2O_3[1]　(b) CuSn10/PA11[13]

(c) CuSn10/钠钙玻璃[5]　(d) CuSn10/钠钙玻璃[5]

图 5-9　SLM 工艺成形的金属/非金属多材料结构

5.3.2 界面微观结构

不同材料界面的微观结构对多材料界面的力学性能有重要影响。不同类型的多材料结构可形成不同的界面微观结构。对于金属/金属多材料结构，材料具有相似的原子键，以及物理化学性质（熔化温度、热胀系数、热导率、元素组成等），因此，在存在成分梯度变化的多材料界面处通常会产生一个熔合区，这有助于不同材料之间产生较强的冶金结合。如图 5-10(a) 所示，在 316L/CuSn10 多材料结构的界面处产生了一个宽度为 550μm 的熔合区，在熔合区处，Fe 和 Cu 元素的数量发生梯度变化。图 5-10(b) 展示了 316L/C52400 多材料结构界面处类似的具有暗特征的熔合区域。图 5-10(c) 展示了 SLM 成形的 300 马氏体时效钢/304 SS 多材料结构界面处的一个厚度高达 120μm 的扩散区。拉伸结果表明，300 马氏体时效钢与 304 不锈钢的结合强度较高，断裂均位于 304 不锈钢一侧，且远离界面。界面熔池中可以观察到强烈的马兰戈尼对流引起的循环流动特征，说明界面处发生了不同材料的强元素扩散。

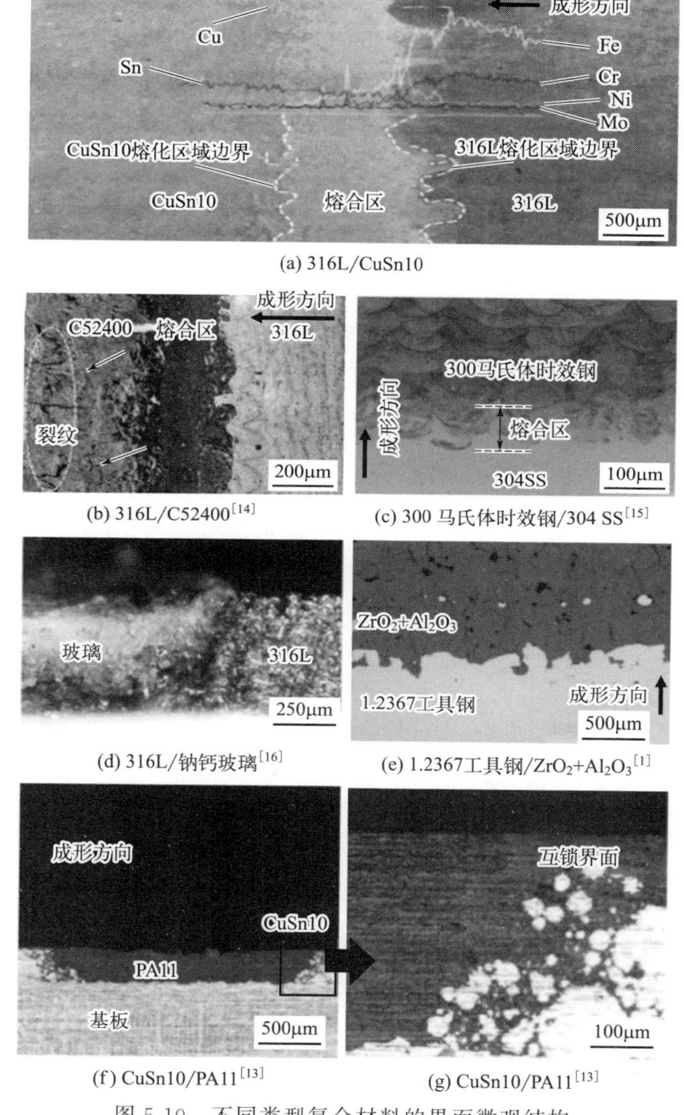

(a) 316L/CuSn10

(b) 316L/C52400[14]

(c) 300 马氏体时效钢/304 SS[15]

(d) 316L/钠钙玻璃[16]

(e) 1.2367工具钢/ZrO_2+Al_2O_3[1]

(f) CuSn10/PA11[13]

(g) CuSn10/PA11[13]

图 5-10　不同类型复合材料的界面微观结构

但是，如果不同材料之间的原子键和物理化学性质有较大的差异，如金属/陶瓷、金属/聚合物、金属/玻璃等，则在它们的界面上会产生一个明显的边界，而不是熔合区[图 5-10(d)～(g)]。它们的结合强度主要取决于机械互锁结构。图 5-10(e) 和 (f) 分别为钢/陶瓷和铜/聚合物多材料结构的不规则界面，通过机械互锁结构可以提高不同材料之间的结合强度。由于粉末附着或不规则形状的熔道，SLM 成形的零件表面通常很粗糙，这有助于在界面处形成机械互锁结构。

例如，在激光扫描过程中，熔化的 PA11 可以更好地穿透到 CuSn10 中，并沿着 CuSn10 粗糙的侧面附着，导致 PA11 与 CuSn10 的结合性很强。

在金属/金属多材料零件中，其独特的显微组织特征（针状凝固组织、细化晶粒等）有利于强化界面结合。Tan 等发现元素扩散区域在 300 马氏体时效钢/T2 铜的多材料结构中形成，这是由界面熔池的马兰戈尼效应和表面张力梯度引起的［图 5-11(a) 和 (b)］[17]。由马兰戈尼效应引起的熔池循环流动如图 5-11(c) 所示。固液界面温度梯度 G 和生长速率 R 决定了凝固过程中微观组织的形貌和尺寸。微观组织的生长方向与最大温度梯度平行。钢的一些针状晶粒在凝固后渗透到铜中，在界面处起到“加强筋”的作用，加强了界面结合［图 5-11(d)］。另外，作者团队研究观察到在 316L/C52400 铜多材料零件中，界面区域的晶粒小于两侧材料的晶粒，这有助于界面强化和裂纹抑制，如图 5-11(e) 所示[14]。在该结构中，316L 零件先通过 SLM 成形，然后将 C52400 铜成形到

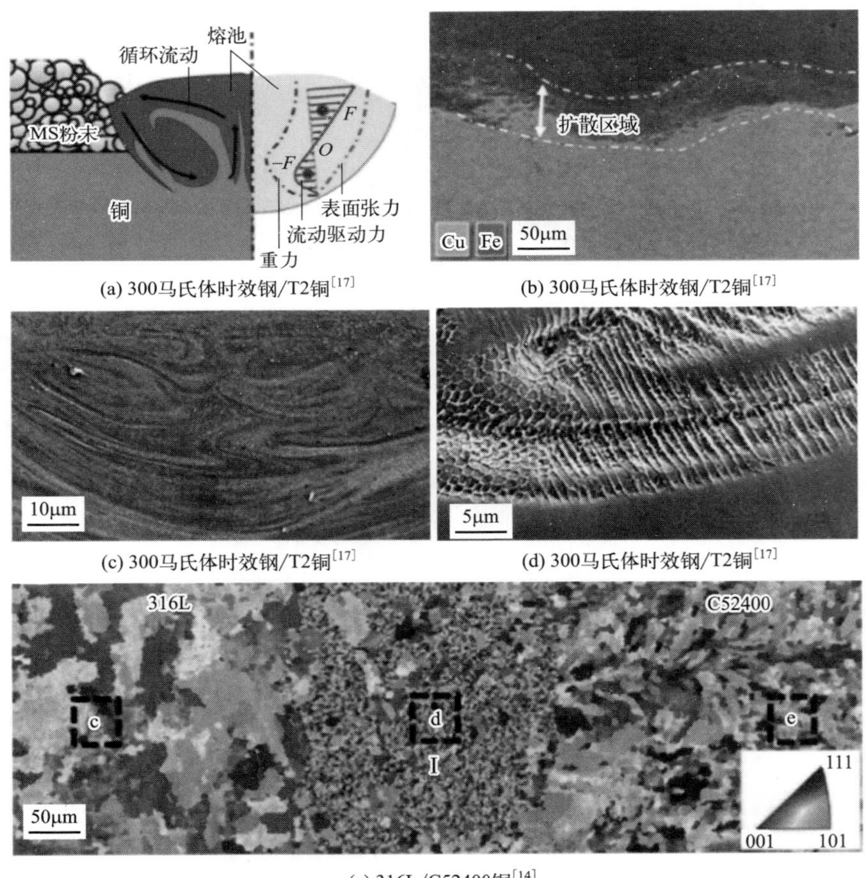

(a) 300马氏体时效钢/T2铜[17]　(b) 300马氏体时效钢/T2铜[17]

(c) 300马氏体时效钢/T2铜[17]　(d) 300马氏体时效钢/T2铜[17]

(e) 316L/C52400铜[14]

图 5-11　沿成形方向上多材料结构的微观结构特征

316L 上。316L 预凝固晶粒具有较高的熔点，可为后续铜晶粒的生长提供形核点，从而细化晶粒。另外，界面处的熔池流动和瑞利泰勒不稳定性对 316L/C52400 铜界面的晶粒细化也起着重要作用。

5.3.3　常见界面缺陷

在 SLM 成形多材料结构的过程中，实现无孔、无裂纹、强结合的界面是最关键的。然而，界面缺陷是多材料 SLM 成形中不可避免的情况，这些缺陷包括裂纹、气孔、分层和未熔化的粉末颗粒等，如表 5-2 所示。由于不同材料之间的热胀系数、热导率等热性质不匹配，在熔合区域会产生裂纹。Liu 等通过 SLM 制备了 316L/C18400 多材料结构，发现虽然钢和铜之间形成了良好的冶金结合，但在界面处会产生裂纹和气孔[图 5-12(a)][12]。作者团队在 316L/CuSn10 界面发现了大量的树枝状裂纹[图 5-12(b)][18]。由于 316L 的热胀系数较 CuSn10 低，SLM 中高温梯度引起的残余应力集中在 316L 一侧，因此，316L 侧更容易成为限制 CuSn10 膨胀的障碍，而 CuSn10 侧可能会将其撕裂，从而在界面处产生裂纹。图 5-12(c) 和 (d) 展示了 316L/钠钙玻璃多材料结构的热影响区（HAZ）存在裂纹，这也是由于热胀系数的差异造成的。此外，裂纹的萌生也可能是由于 Al-Ti 和 Fe-Ti 等材料体系在 SLM 过程中产生金属间脆性相引起的。同时，液态金属脆化会在不锈钢与铜的界面处产生裂纹，因为固态不锈钢在接触液态铜时，会失去其延展性而变脆。

表 5-2　SLM 成形多材料结构中的界面缺陷

多材料结构		缺陷类型		
		裂纹	孔洞	其他
金属/金属	Fe/Al-12Si	√		
	AlSi10Mg/C18400	√	√	
	316L/C18400	√	√	
	316L/IN718	√	√	
	316L/CuSn10	√	√	
	Ti6Al4V/IN718	√		
金属/陶瓷	1.2367 钢/$ZrO_2+Al_2O_3$	√	√	分层
	SiC/316L		√	未熔化粉末
金属/玻璃	CuSn10/钠钙玻璃，316L/钠钙玻璃	√	√	未熔化粉末
金属/聚合物	316L/CuSn10/PLA，316L/CuSn10/PA11			未熔化粉末，聚合物蒸发

由于激光能量密度不够，界面处可能会产生孔隙。由于铜具有较高的反射率

和导热性，熔融区域的铜粉不能完全熔化，导致气孔的形成。Sing 等在 AlSi10Mg/C18400 多材料结构的界面处观察到裂纹和孔隙，其中在铜侧产生较多孔隙[图 5-12(e)][11]。较高的激光能量密度可以有效地消除熔化不足引起的气孔，然而，过高激光能量密度引起的匙孔模式可能会导致界面上出现匙孔。

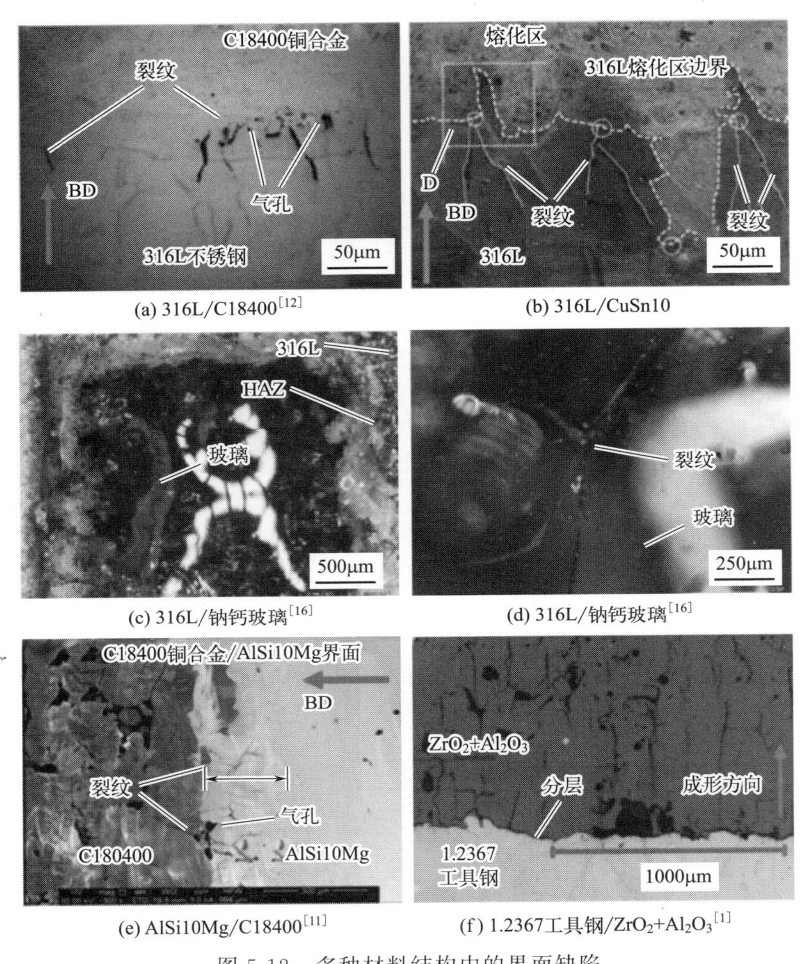

(a) 316L/C18400[12]　(b) 316L/CuSn10

(c) 316L/钠钙玻璃[16]　(d) 316L/钠钙玻璃[16]

(e) AlSi10Mg/C18400[11]　(f) 1.2367工具钢/ZrO_2+Al_2O_3[1]

图 5-12　多种材料结构中的界面缺陷

分层缺陷通常是由于界面冶金熔合不足而导致结合强度较差引起的。图 5-12(f) 展示了存在于 Koopmann 等成形的钢/陶瓷多材料零件中的分层现象[1]。之前的研究表明，金属/陶瓷界面的结合强度取决于机械互锁结构，而机械互锁结构可能受到金属氧化物层与陶瓷之间的化学结合的影响。由于金属/陶瓷的原子键不同，采用机械互锁结构有利于提高结合强度。化学结合是决定金属与陶瓷之间机械互锁结构形成的一个重要因素，受金属成分和金属表面氧化层形成的影响。Chang 等发现氧化层的存在可以促进金属-陶瓷键合，提供粗糙的表面结构，促进金属和陶瓷的机械互锁[19]。拉伸结果表明，断裂路径仍停留在陶瓷内部，说明合金与陶瓷之间的结合力大于陶瓷与陶瓷之间的结合力。此外，金属与陶瓷之间的热胀系数的不匹配会导致层间应力较高，结合强度较弱。

由于没有充分熔融，未熔化的粉末颗粒通常存在于金属/非金属多材料结构的界面上，这不利于界面结合。在金属/陶瓷、金属/玻璃和金属/聚合物等多材料结构中，由于材料熔化温度和激光吸光率的巨大差异，不同材料在相同的激光能量输入下具有不同的熔化行为。Wei 等发现由于 SiC 的熔化温度较高（高达 2730℃），未熔化的 SiC 粉末颗粒嵌入 316L 中[20]。Zhang 等在 CuSn10/钠钙玻璃多材料样品的界面处发现了未熔化的玻璃粉颗粒，这是因为钠钙玻璃对激光能量的吸收率较低，而透射率较高（高达 80%）[5]。Chueh 等也观察到了 CuSn10/PA11 多材料样品中未熔化的 CuSn10 粉末颗粒，表明 CuSn10 和 PA11 的熔化温度不同造成激光能量输入优化困难[13]。此外，在成形 Cu10Sn/PA11 混合粉末时，CuSn10 表面残留的聚合物颗粒在激光过程会热裂解形成纳米级气孔，因此，激光能量输入过多和不足分别会导致聚合物基板的蒸发和金属未完全熔化引起的结合强度低的问题。

5.3.4 界面结合增强方法

在 SLM 工艺中，热性能与材料的不匹配以及成形工艺参数的未优化是导致多材料界面缺陷形成的主要原因。对 SLM 工艺的全面了解是控制多材料结构质量的关键。SLM 工艺参数（如激光功率、扫描速度、扫描间距、层厚和扫描策略等）对微观组织、残余应力和热残留有重要影响。SLM 成形多材料结构界面时采用的工艺参数应慎重选择；否则，它们会导致界面缺陷，降低界面结合强度。目前已找到了界面缺陷抑制的有效方法，包括优化工艺参数、避免材料突变和界面设计。

工艺参数对多材料结构界面的性能（结合强度、硬度等）有显著影响。线能量密度（E_l）和体能量密度（E_v）通常用来量化输入界面的激光能量，可表示为

$$E_l=\frac{p}{v} \tag{5-1}$$

$$E_v=\frac{p}{v\times h\times t} \tag{5-2}$$

式中，p 为激光功率，W；v 为扫描速度，mm/s；h 为扫描间距，mm；t 为层厚，mm。过高和不足的能量密度均会导致多材料 SLM 中界面缺陷的形成。例如，Fe/Al-12Si 界面上的主要缺陷是熔合不足或熔融过度导致的大裂纹。此外，由于激光能量密度不足，在 TiB_2/Ti6Al4V 多材料的界面上产生了大量的孔

隙，但随着激光能量密度的增加，获得了孔隙缺陷较少且界面结合良好的样品。由于SLM成形的316L/CuSn10多材料结构中激光能量密度低，一些未熔化的316L球形粉末颗粒嵌入完全熔化的铜区。然而，当采用过高的激光能量密度（例如，高激光功率）时，可能会在界面处形成匙孔，因为高激光功率会将SLM过程的熔化模式从传导模式转换为匙孔模式。

对于不同材料的多材料结构或梯度材料结构，不建议通过常规的多次试错实验来优化SLM工艺参数。机器学习已越来越多地用于SLM成形过程的工艺参数预测，通过对初始数据进行模拟仿真，可以直接得到输入元素与输出目标之间的准确关系。然而，在多材料SLM中，机器学习的研究仍然比较少。Rankouhi等通过机器学习预测了适合316L/Cu梯度多材料结构的工艺参数，表明机器学习在优化多材料SLM工艺参数方面具有巨大的潜力[21]。

扫描策略被定义为激光在SLM过程中的空间移动方式，它因不同的扫描顺序、扫描方向、扫描矢量长度、扫描矢量旋转角度、扫描间距等而不同。由于激光在SLM过程中的快速运动，扫描策略会影响零件内部的热流方向、热梯度和冷却速度，从而对残余应力和显微组织产生显著影响。因此，采用合适的扫描策略可以优化不同材料间界面的热流方向、热梯度和冷却速率，从而降低残余应力，实现无缺陷的结合界面。此外，通过扫描策略优化熔池的搭接，可显著减少界面的孔隙。图5-13(a)～(c)展示了应用于SLM过程的各种扫描策略，包括基本扫描策略（如单向扫描、双向扫描、螺旋扫描）、二维扫描策略（如平面扫描、条形扫描、岛形扫描）、层间扫描策略（如层间交错扫描和正交扫描）。通过多种扫描策略的组合，可灵活地成形出残余应力降低、结合良好的多材料结构界面。作者团队结合层间交错扫描策略和岛形扫描策略，成形了316L/CuSn10多材料结构的界面[图5-13(d)和(e)]，减少了孔隙数量和残余应力集中，在界面处产生了优异的结合强度[18,22]。

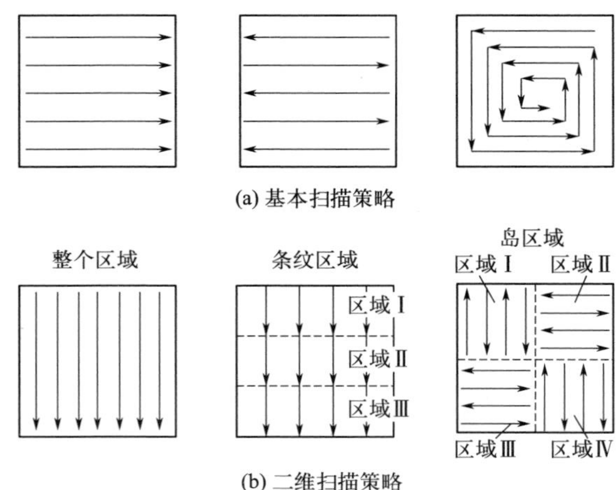

(a) 基本扫描策略

(b) 二维扫描策略

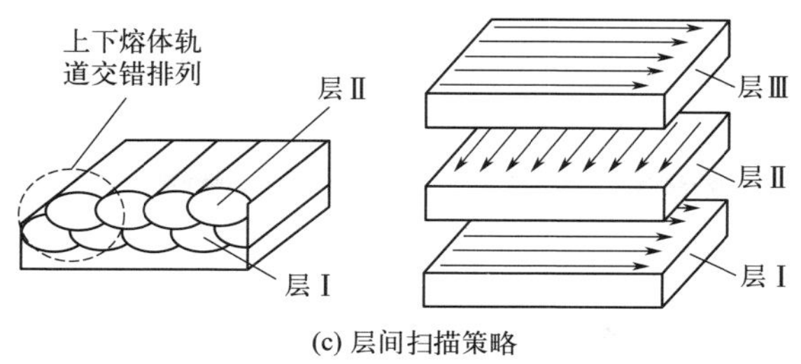

(c) 层间扫描策略

(d) 316L/CuSn10多材料

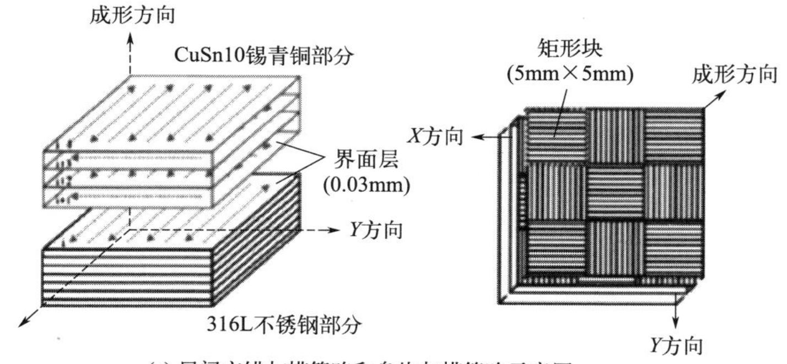

(e) 层间交错扫描策略和岛屿扫描策略示意图

图 5-13　应用于 SLM 过程的各扫描策略

多材料结构界面处结合异种材料的方法包括直接结合方法、成分过渡方法以及中间结合层法。直接结合方法是指直接熔合不同的材料，当材料具有相似的热性能时，可以形成较强的界面。在两种材料之间采用相容的中间结合层能有效避免异种材料之间物理化学性能的不兼容性，形成坚固可靠的结合界面。此外，采用中间结合层法也可避免在不同材料之间产生有害的脆性相。例如，Ti/钢多材料结构表现出钛合金的耐腐蚀性能和相对廉价钢各种性能（抗氧化性、优异的硬度、良好的切削加工性等）的良好组合，在核电、化工、冶金和航空航天工业等领域具有极大的应用潜力。然而，在钢和钛的直接结合中，会形成有害的 Fe-Ti 金属间化合物。Tey 等使用 SLM 获得了 Ti6Al4V/Hovadur®

K220 铜/316L SS 多材料部件，其中 K220 铜为中间结合层[图 5-14(a)][23]。虽然铜中间结合层可以避免在 K220 铜/316L SS 界面生成 Fe-Ti 金属间化合物，但他们发现在 Ti6Al4V/K220 铜界面存在三种有害的相[图 5-14(b)]，即 L21 有序相、非晶相和 Ti_2Cu，这使多材料零件的界面结合强度恶化。图 5-14(c) 为 Ti6Al4V/K220 铜界面处的断裂路径。有趣的是，裂纹从非晶相开始，然后在 β-Ti＋Ti_2Cu 相混合物中扩展，最后，裂纹在 α′-Ti 相附近发生偏转，向 K220 铜层间转移。因此，Ti6Al4V/K220 铜试样通过提高 α′-Ti 相的界面体积分数获得了较高的抗拉强度。

此外，中间层的引入也会对界面的微观结构产生影响，从而抑制缺陷的形成，提高界面结合强度。在 K220 铜/316L SS 界面中，在富 Cu 基体和不锈钢带中分别发现了大量微米级的不锈钢和铜的球形颗粒[图 5-14(d)]，这是由于 Cu-Fe 体系中的混溶间隙造成的。图 5-14(e) 为 K220 铜/316L SS 界面处不同的显微组织，表明 K220 铜面比 316L SS 面晶粒更细。这是由于液相分离的 γ-Fe 相首先在 ε-Cu 相内凝固，并成为 ε-Cu 相的低能形核位点，导致细化等轴晶的形成。有趣的是，界面的等轴晶可以抑制敏感材料的热撕裂和凝固开裂，提高界面结合强度。

近年来的研究表明，原位合成中间层也可以提高多材料结构的界面结合强度。Tan 等提出了一种新的方法，通过原位合成富 Cr 中间层来增强 4Cr13 SS/MS 多材料零件的界面结合强度，如图 5-15(a) 所示[24]。在 SS/MS 界面可以观察到两种不同的晶粒形貌（SLM 成形马氏体不锈钢样件中的细小马氏体晶粒和不锈钢基板中的粗等轴晶粒）[图 5-15(b)]。他们发现，界面熔池的马兰戈尼效应通过传质促进元素在界面上的迁移和互扩散，促进了富 Cr 层的原位形成，其中富 Cr 颗粒可能作为 MS 结晶的“种子”，促进马氏体时效钢晶粒的非均相形核的形成和随后的外延生长[图 5-15(c)]。此外，凝固过程中界面处溶质再分布的偏析也有助于原位层间的形成。在 Fe-Cr 体系中，Cr 元素在低温凝固过程中会从固体扩散到液体中。因此，在较低的激光能量和较低的熔池温度下，Cr 元素可以从固态 SS/MS 界面自发扩散到液态 MS 池中。因此，界面处 Cr 元素含量增加，有利于富 Cr 层的原位形成。有趣的是，他们发现富 Cr 的原位夹层可以在一定程度上缓解界面的应变，因为结果表明在界面处无法形成应变和变形。硬度和拉伸测试结果（包括制备样品和时效后样品）表明，原位合成中间层可以提高界面结合强度［图 5-15(d) 和 (e)］。原位合成中间层的形成可以避免引入额外的中间层进入多材料结构里面，这减少了制造周期，并避免了粉末交叉污染。

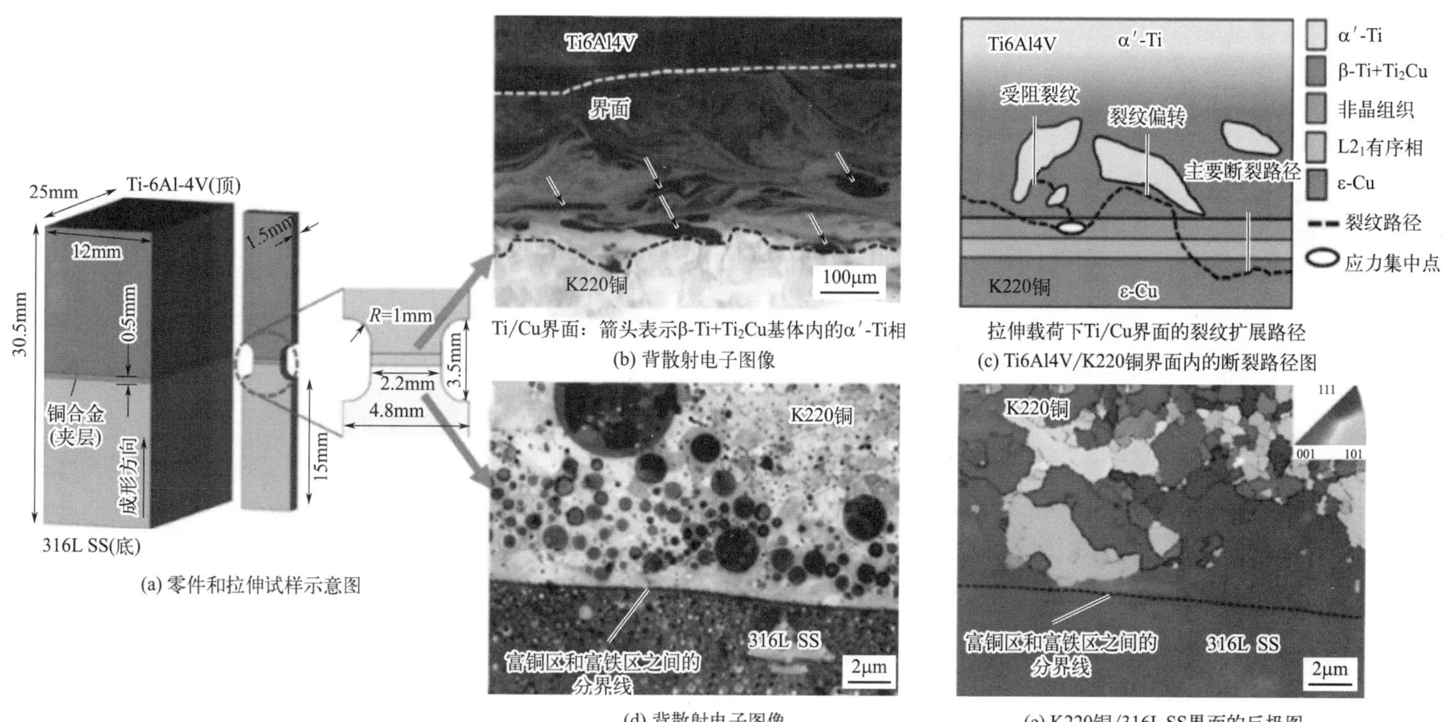

图 5-14　SLM 成形 Ti6Al4V/Hovadur®K220 铜/316L SS 多材料零件[23]

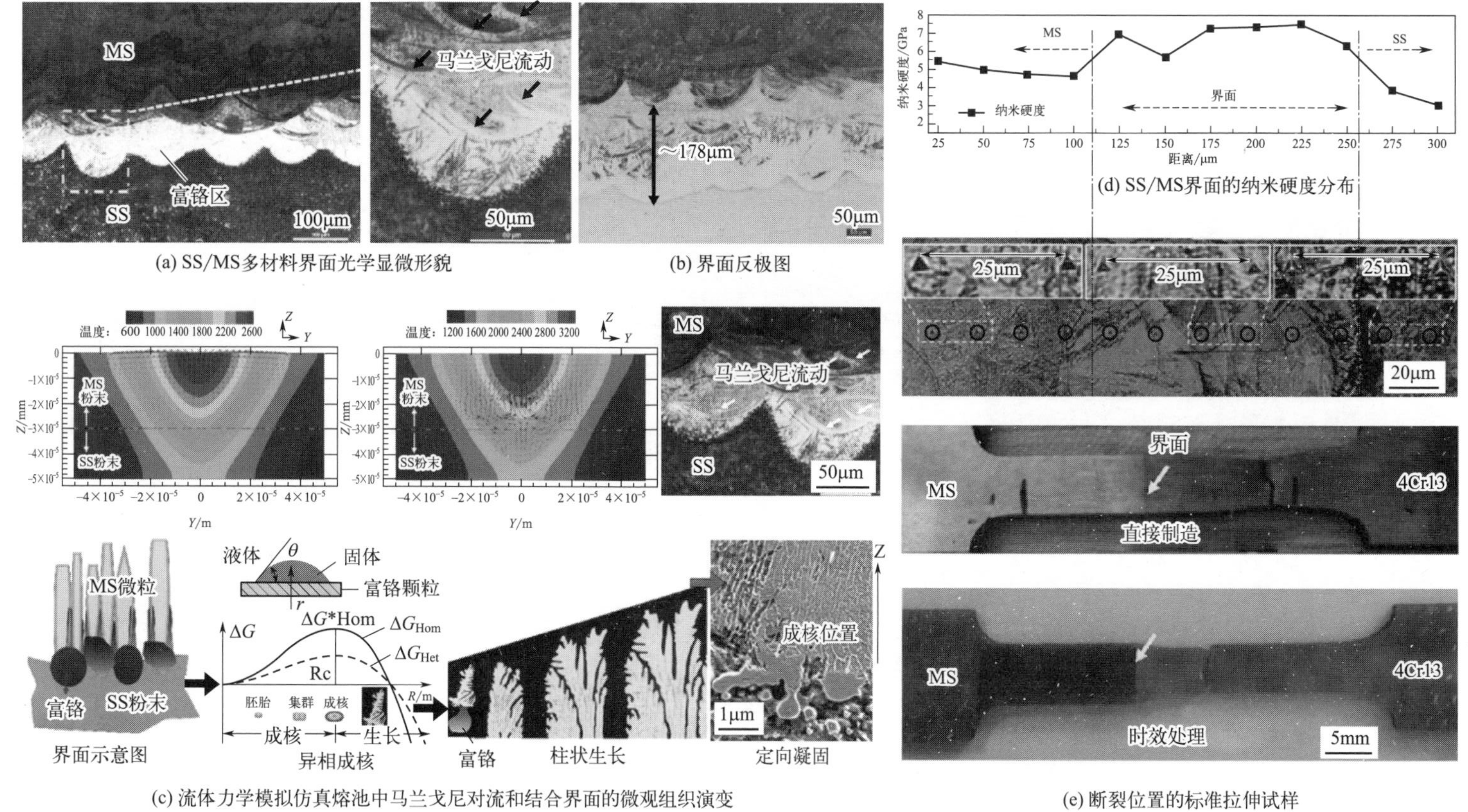

(a) SS/MS多材料界面光学显微形貌

(b) 界面反极图

(c) 流体力学模拟仿真熔池中马兰戈尼对流和结合界面的微观组织演变

(d) SS/MS界面的纳米硬度分布

(e) 断裂位置的标准拉伸试样

图 5-15 SLM 成形 4Cr13 SS/MS 多材料模具中的原位合成中间层[24]

对于界面成分过渡方法，可以在不同材料之间构建具有成分梯度的过渡区，采用这种方法进行界面过渡的材料更常被称为功能梯度材料（functionally graded material，FGM）。该方法可以在多种材料结构中实现成分、微观结构和性能的梯度变化，并可以避免材料和应力集中的显著突变导致的缺陷。Demir 等开发了一种多材料 SLM 平台，用于原位合金化不同元素并生产复合材料［图 5-16(a)］，可以实现两种不同材料之间成分的逐渐变化[3]。该平台由三个料斗组成，包括两个上料斗储存不同的粉末和一个下料斗混合粉末。振动板和压电换能器在平台上用来混合两种材料。例如，纯 Fe/Al-12Si 的体积比为 55 ∶ 45，在纯 Fe 侧和 Al-12Si 侧之间形成了成分过渡区。除了金属/金属多材料零件，Zhang 等使用了一种基于喷嘴的多材料 SLM 系统，该系统可以提供不同比例的金属/玻璃粉末，获得了从铜合金到钠钙玻璃成分变化的梯度材料结构[5]。然而，在成形混合的不同材料粉末时，由于材料不同的热物理特性（熔点、激光吸收率、热导率等）及其在 SLM 过程表现出的不同熔化行为，未完全熔化的粉末

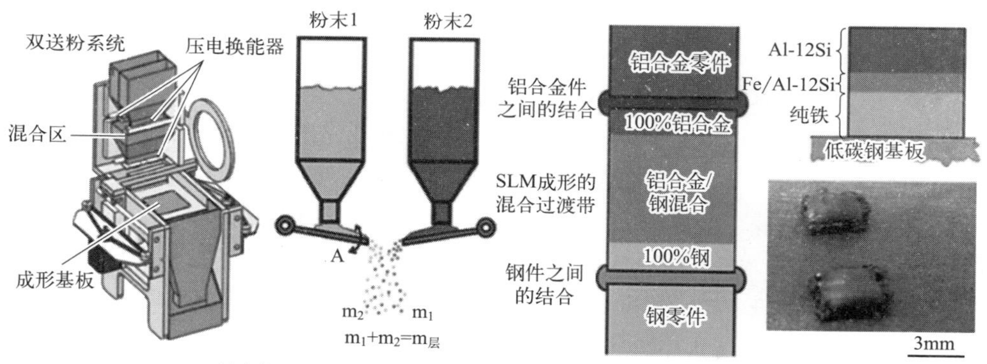

(a) 粉末输送系统的设计和工作原理以及Fe/Al-12Si的多材料样品[3]

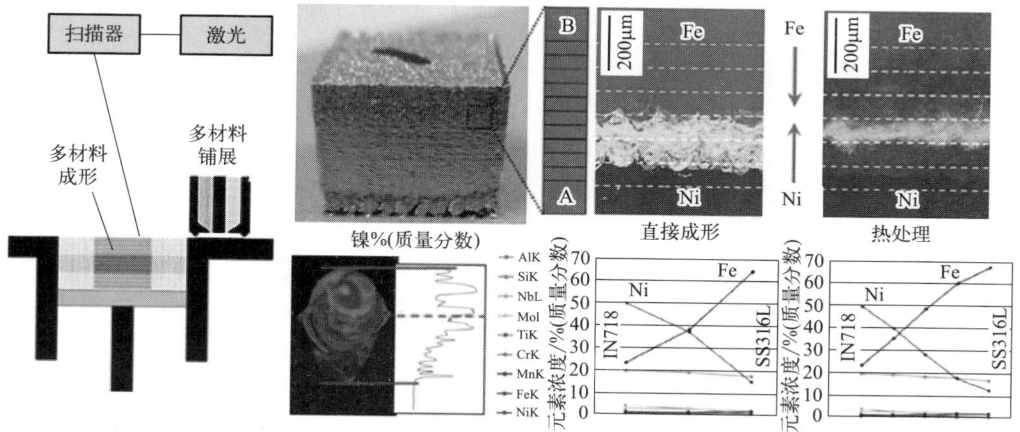

(b) 多材料SLM系统的原理图，该系统具有适用于多材料和成形IN718/316L样品的铺粉车[26]

图 5-16　多材料结构界面成分过渡区

会在零件中形成，这将导致力学性能的降低。例如，Gu 等发现在使用 Invar36/CuSn10 混合粉末 SLM 成形的零件中嵌入了部分熔化的和未熔化的 Invar36 粉末，这可以归因于 CuSn10 的低激光吸收率和高导热性[25]。

Wits 和 Amsterdam 提出了一种有效的方法来获得 IN718 和 316L 之间材料平滑过渡的过渡区[26]。在图 5-16(b) 中，使用一种可调节的铺粉车，在不同的层中沉积不同种类的粉末，并在 IN718/316L 多材料结构中制造一个成分渐变过渡区。通过 10 层交替沉积以形成过渡区，通过均匀化热处理后，界面处的元素扩散增强，使材料成分平稳过渡，而元素浓度几乎呈线性变化。单熔道的元素扩散结果显示，在马兰戈尼对流的作用下，Ni 元素在熔池内形成了明显的凝固形态，表明 Ni 元素在熔池内存在较大的混合。这种方法的独特优点是不需要额外的粉末混合物。

界面设计是提高多材料结构结合强度的另一种有效方法。图 5-17(a) 为 316L/CuSn10 多材料结构界面设计的“手指交叉”连接结构。界面上机械互锁结构的引入促进了界面结合。此外，不同材料之间接触面积的增加也促进了材料的混合，这有助于不同材料的逐渐转变，从而减少了界面材料变化引起的缺陷。同样，通过为界面设计波浪状连接结构[图 5-17(b)]，可以成形出具有强冶金结合的钢/铜多材料结构，这可以促进不同材料的元素扩散。而对于金属/非金属结构，由于金属和非金属之间的原子结构不同，预先创建的表面结构有利于通过机械互锁提高结合强度。Chueh 等为金属/聚合物多材料结构的界面设计了三种类型的连接结构，即互锁、锚根和树接触[图 5-17(c)][27]。首先将 316L SS 的宏观机械互锁结构成形在 316L 基板上，然后将熔融聚合物通过压缩压力渗透到预印好的 316L SS 的互锁结构中，以提高界面的连接强度[图 5-17(d)]。金属/聚合物界面互锁结构表现出良好的物理锚固效果，使得金属与聚合物之间的黏结强度较高[图 5-17(e)]。

综上所述，在 SLM 成形的多材料结构中，界面特性是优先考虑的因素。金属/金属、金属/聚合物、金属/玻璃、金属/陶瓷等多种材料的界面形成和结合机理各不相同。例如，金属/金属多材料组织获得了熔合区和独特的微观组织（如针状凝固组织、细化晶粒），形成了强界面结合；金属/聚合物、金属/玻璃和金属/陶瓷界面通过机械互锁结构结合在一起。在 SLM 成形的多材料结构界面上，经常会产生裂纹、气孔、分层和未熔化粉末颗粒等缺陷，这些缺陷对复合材料的力学性能有害。目前，界面结合的有效强化方法包括优化界面工艺参数、引入中间结合层和成分过渡区、设计界面形状和尺寸。在这些方法中，成分过渡法是减少界面缺陷和应力集中最常用的方法。

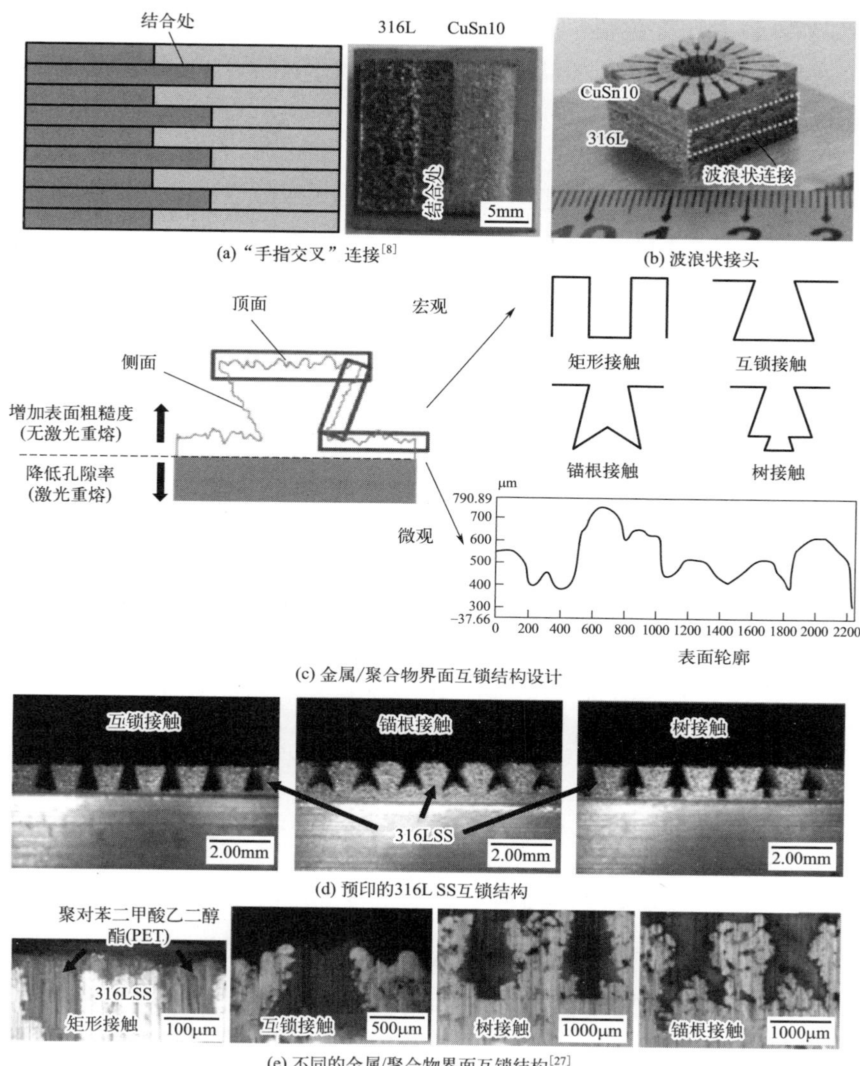

(a)“手指交叉”连接[8]

(b) 波浪状接头

(c) 金属/聚合物界面互锁结构设计

(d) 预印的316L SS互锁结构

(e) 不同的金属/聚合物界面互锁结构[27]

图 5-17 多材料结构的界面结合设计结构

5.4 多材料激光金属粉床增材制造关键技术

5.4.1 多材料数据处理与准备

SLM 加工多材料结构的先决条件之一是创建它们的 3D 模型。目前，由于商业软件的限制，大多数主流 3D 模型只表达零件的几何信息，而没有表达零件的材料信息，这可能会阻碍多材料结构的成形。图 5-18 给出了一种多材料的数据制备方法，该方法需要经过模型分割、定义和组合处理，得到形状复杂的多材料结构模型。然而，这种方法需要复杂的手工过程，不利于大规模生产和广泛的工业应用。因此，一种能够同时表达几何和材料信息并与制造过程相连接的数据接口文件对于多材料结构的设计与制造一体化至关重要。

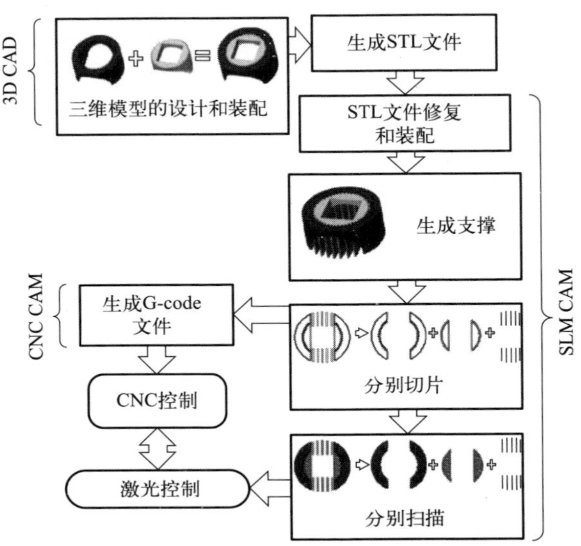

图 5-18 多材料结构 SLM 成形的手工数据准备程序[8]

目前，在增材制造中普遍接受的数据格式包括 STL（standard tesselation language）、OBJ（object file format）、AMF（additive manufacturing format）和 PLY（polygon file format）文件。STL 文件是应用最广泛的数据格式，已经成为商用增材制造设备的标准化输入文件，但它不能表达材料信息，因此开发了 STL 2.0 来表达零件各区域的材料信息。OBJ 文件可以表达颜色信息，但仍然无法表达材质信息。AMF 文件是美国材料试验协会（ASTM）为标准化而提出的一种多材料增材制造数据格式，既可以表示几何信息，也可以表示材料信息，但占用较大的存储空间。AMF 文件仍处于开放共享阶段，应用于多材料结构尚不成熟。PLY 文件使用多边形网格来表达零件的表面信息，如纹理、颜色等。然而，当一个部件包含不同的材料属性时，PLY 文件是不可用的。

一些潜在的文件格式（如 fabricatable voxel，FAV；simple voxels，SVX；3D manufacturing format，3MF）也可以用于 SLM 成形多材料结构，它们可以携带关于材料梯度和微尺度物理特性的信息，超出了固定的几何描述。FAV 格式包括物体的外部和内部通过体素的数字信息，包括其颜色、材料和连接强度，如图 5-19 所示。SVX 是一种体素传输格式，用于携带 AM 的基于体素的模型，它可以包含材料分配、密度、RGB 颜色等信息。此外，还提出了一种新的 3MF

文件格式，用于定义制造过程中的工艺数据，描述模型的内外信息。然而，3MF 文件不支持高阶表示的实体建模，如 B-Rep（boundary representation）、NURBS（non-uniform rational b-splines）和 STEP（standard for the exchange of product model data）。

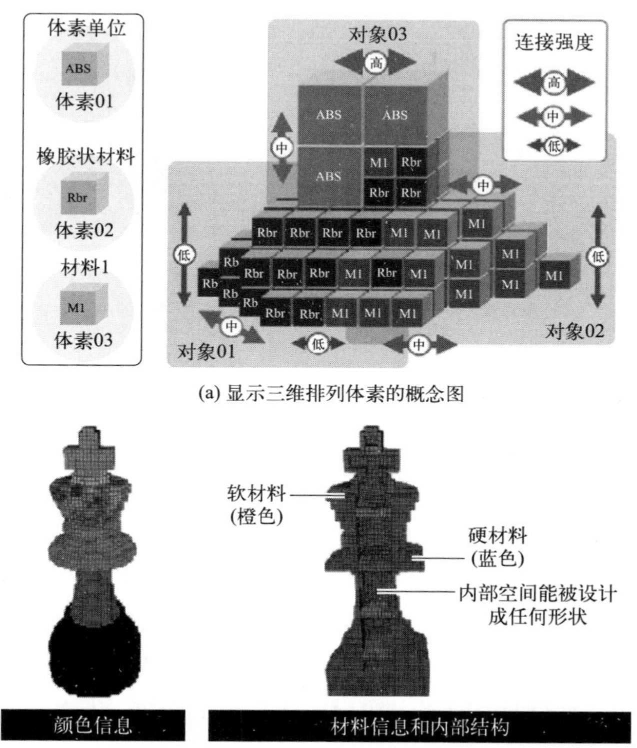

(a) 显示三维排列体素的概念图

(b) FAV格式可以保留内部结构、颜色和材料的信息[28, 29]

图 5-19　FAV 格式

SLM 的多材料结构需要一种新的计算建模方法，该方法不仅可以包含几何信息，还可以指定和管理用于局部成分控制的材料信息。新的计算建模方法能够控制三维空间中材料的比例和方向性。Michalatos 等演示了一种方法，使用体积梯度模式来控制基于体素的模型，可以通过定义每个体素的笛卡儿坐标(X,Y,Z)函数来改变增材制造结构的材料信息[29]。Richards 等提出了一个使用 CPPN（compositional pattern producing network）编码的计算方法和一个使用 NEAT（neuroevolution of augmented topologies）的可扩展算法，并使用这两种方法在多材料部分嵌入多材料信息，通过体素对体素描述它的笛卡儿坐标(X,Y,Z)函数（图 5-20）[30]。为了减少将多材料结构的体素模型从通用几何格式（即 STL 文件）转换为体素模型的计算量，General 提出了一种替代设计支持系统，用体积纹理映射表示材料-几何-拓扑[31]。它允许修改体素模型，然后编译回纹理描述，以在不同的尺度上发生改变。因此，函数表示为描述具有复杂内部结构的多材料物理对象提供了一种有效的方法。

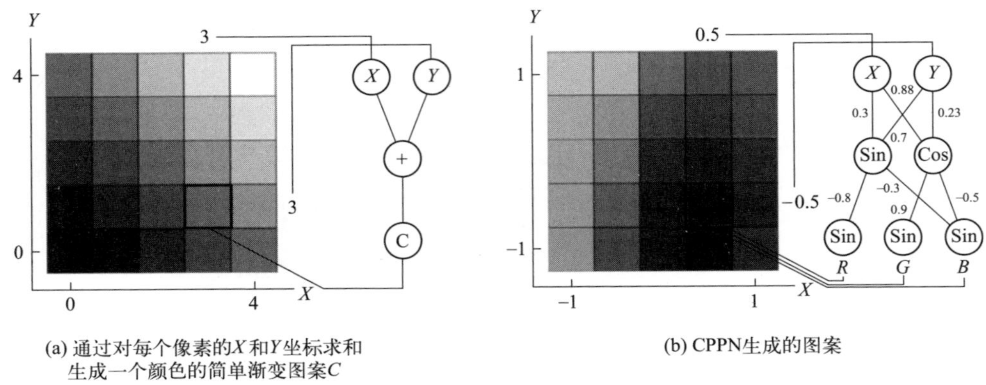

(a) 通过对每个像素的X和Y坐标求和生成一个颜色的简单渐变图案C

(b) CPPN生成的图案

图 5-20 使用 CPPN 编码的计算方法和使用 NEAT 的可拓展算法[30]

5.4.2 多材料过程模拟与热力学建模

了解材料性能的相容性，预测不同材料在多材料 SLM 过程中的行为（界面形态、熔池形状、微观组织演变等），进而快速筛选多材料结构的匹配材料类型和 SLM 工艺参数至关重要。然而，材料性能的相容性及其潜在的物理行为是与熔池热力学、流体力学、相变、材料热力学等相关的复杂科学问题。此外，高度兼容的材料可能具有相似的功能，导致多材料零件的单一功能，可能无法适应多变的工作环境。目前，界面工艺参数的优化主要还是通过大量的试错实验，这可能会导致较长的时间和较高的成本。

相图计算（CALPHAD）是一种有用的热力学建模方法，可以用来确定多组分结构的热力学性质。CALPHAD 方法可以根据各组分相（气相、液相、固溶体、化合物等）的晶体结构建立热力学模型。在多材料结构中，CALPHAD 可以为准确预测相的形成提供关键信息。因此，可以通过 CALPHAD 对不同材料的相容性进行评价。根据热力学建模的结果，还可以设计材料到另一种材料的过渡路径，从而避免不需要的相的产生。

数值模拟是了解多材料 SLM 成形过程中潜在物理行为的有效途径。了解 SLM 多材料界面微观结构的形成机理至关重要。然而，目前使用相场建模和元胞自动机方法进行微观结构模拟的研究主要针对二元或三元合金。此外，混合材料物理性质的缺乏是获得微观尺度上精确模型的另一个障碍。因此，基于微观方法开展的工作有限。Mohanty 等开发了一种钢/镍多材料结构的热显微结构模型，使用顺序耦合的 3D 热模型和 2D 元胞自动机微观结构模型来模拟 SLM 过程中的形核和晶粒长大[32]。然而，本书只研究了单一熔道轨迹，没有讨论多熔道轨迹在多材料 SLM 工艺中的显微组织。

Gu 等开发了一个集成的建模框架，用于在介观尺度上预测多材料 SLM 过程中多轨道、多层和多材料结构的熔池发展[图 5-21(a)][33]。在这个框架中，可以在成形之前探索用于多种材料结构的粉末材料的各种组合，这为多种材料结构的设计和优化提供了有价值的见解。Sun 等开发了一种中尺度计算流体动力学模型，用于模拟单道多材料 SLM 熔池行为。由于不同材料的热物性（熔点、激光吸收率、热导率等）不同，IN718/CuSn10 混合粉末的熔融温度分布不均匀[34]。随着 CuSn10 含量的增加，熔池温度降低。除了金属/金属多材料结构外，Chen

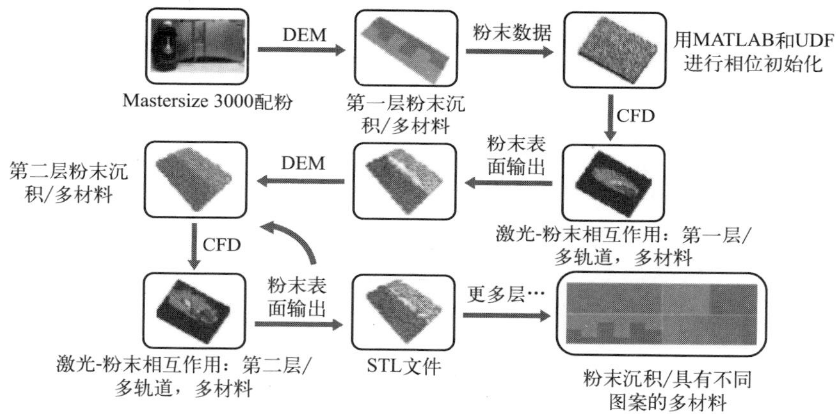

(a) 多轨道、多层和多材料SLM建模框架[33]

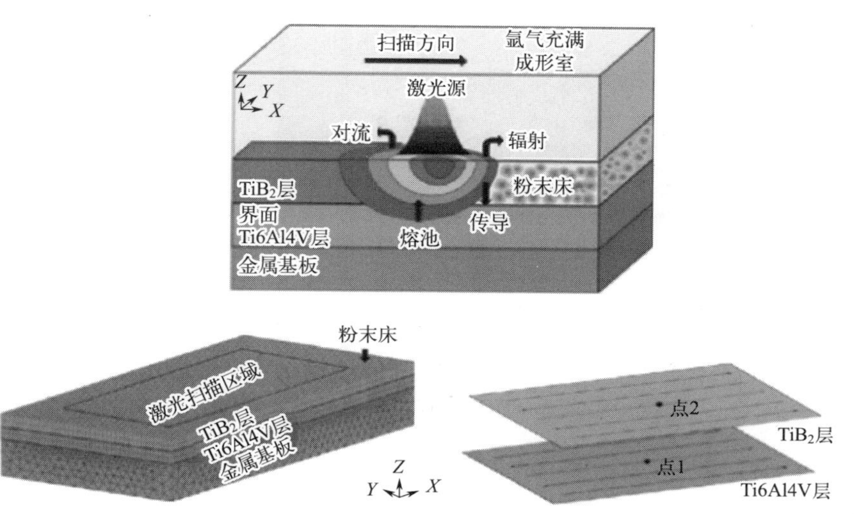

(b) 多材料结构SLM物理模型示意图概述[35]

图 5-21　多材料过程的数值模拟

等提出了一种利用 SLM 研究 TiB_2/Ti6Al4V 多材料结构热行为的多层有限元模型，后续实验证明了该模型的有效性[图 5-21(b)][35]。通过多层有限元模型筛选工艺参数，可以在界面处获得合适的 TiB_2 层穿透深度，实现 TiB_2 与 Ti6Al4V 良好的界面结合。此外，机器学习和人工智能可以用来补充模拟，以获得更少缺陷和更高质量的多材料结构。

然而，这些模拟工作并未对不同材料界面三维形貌的演变进行研究。Yao 等开发了一种多物理模型，该模型将微米级流体动力学与纳秒级热扩散过程相结合，以研究 316L 与 IN718 之间界面的三维形貌演化[图 5-22(a)][36]。他们发现，当界面处熔池的长径比大于 0.25 低于 0.55 时，可以得到“鱼鳞”形态[图 5-22(b)～(f)]。“鱼鳞”形貌有助于界面处机械联锁结构和缠绕弯曲晶粒的形成 [图 5-22(f) 和 (g)]，从而提高界面结合强度。

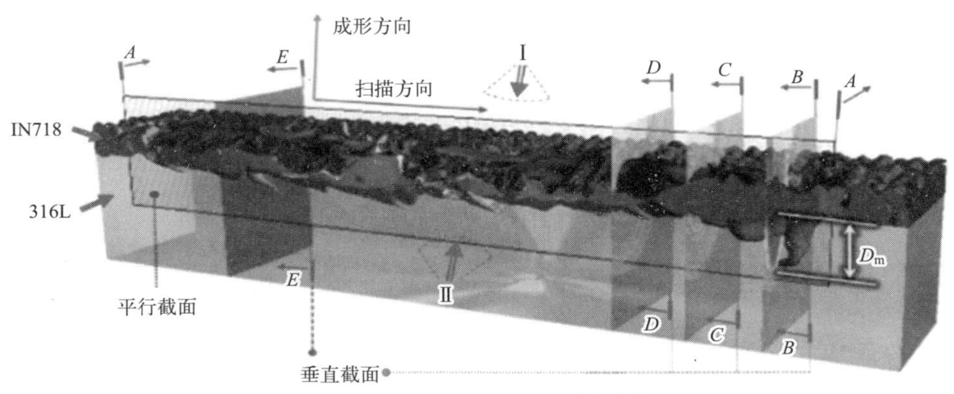

(a) 单道激光扫描图，显示不同观察方向的截面

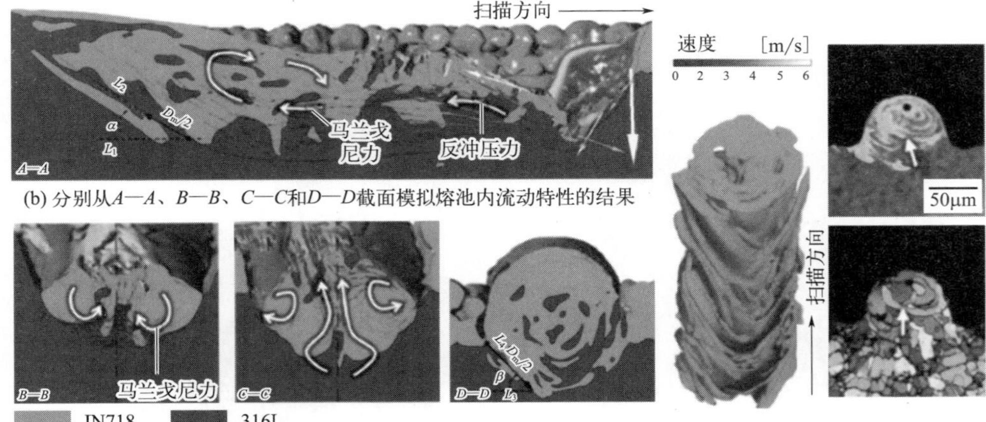

(b) 分别从A—A、B—B、C—C和D—D截面模拟熔池内流动特性的结果

(c) 分别从A—A、B—B、C—C和D—D截面模拟熔池内流动特性的结果 (d) 分别从A—A、B—B、C—C和D—D截面模拟熔池内流动特性的结果 (e) 分别从A—A、B—B、C—C和D—D截面模拟熔池内流动特性的结果 (f) 界面的“鱼鳞”形态 (g) 沿E—E横截面的代表性元素分布图和微观结构

图 5-22 结合微米级流体动力学与纳秒级热扩散过程的多物理模型[36]

5.4.3 粉末污染与分离

SLM 多材料技术中的粉末交叉污染和不同粉末成形后的回收仍然是需要解决的关键问题之一。一方面，SLM 的固有特性（如基于粉床）带来了在成形多材料结构时不可避免的粉末交叉污染问题。成形完一层粉后，需将未熔粉末清理干净；否则，不同粉末的混合会导致粉末交叉污染。这种混合物可能会扰乱材料的布局与成分比例，并改变多材料结构的功能，这不利于对其性能的精确控制。因此，粉末去除系统对于多材料 SLM 过程有效去除成形层内的未熔粉末是至关重要的。此外，还需要设备的粉体精确预置能力，以实现对不同粉体的精确预置。利用超声波换能器实现精确的预置粉末[8,9]，包括不同粉末的铺展和真空吸头的粉末去除，这样可以减少粉末的交叉污染。

另一方面，多物料 SLM 设备应考虑不同粉体的回收、分离和再利用，以降低物料成本。如果混合的粉末在粒度上有显著差异，可以通过筛分进行分离；如果混合的粉末具有不同的磁性，则可通过磁性吸附将其分离；如果混合的粉末具有不同的密度，它们可以被粒子惯性分开[37]。此外，多材料 LPPF 设备在成形过程中应避免原材料的混合。

5.4.4 生产效率提升

利用 SLM 工艺制造多材料零件，不可避免地要考虑到零件制造效率，如何提升零件的生产效率，是要解决的一个重大问题。在利用 SLM 工艺制备多材料零件的初期，大多数的研究人员是基于已有的 SLM 设备来成形多材料零部件的，即使用手动换料的方式来实现多材料零件的制造，在成形完一部分零件之后，需要先停止成形，将储粉缸上的粉末换成另一种粉末材料，还需要将通风口等位置的残余粉末清理干净，避免粉末混合。这种成形多材料的方式生产效率低，且容易出现粉末交叉混合、成形零件质量差等问题，故零件生产效率提升问题亟待解决。最为有效的方法就是改变铺粉方式，改装已有的设备。

作者团队采用铺粉车铺粉的方式来实现多材料的成形[38]，但是铺粉车经过了一定的改装，可以落下不同成分的粉末材料，需要利用柔性刮板来去除一部分的粉末材料，这种设备的效率不高，粉末如果不能一次性刮完的话需要重复多次来进行粉末的去除，故此方法仍需进一步改进。

Wei 等利用了超声波落粉和铺粉车铺粉综合实现多材料的下料过程[8]，此种方法结合了铺粉车铺粉的优势，可以使一部分材料实现快速铺粉的功能，超声波落粉的方式可以实现精确落粉，但是采用超声波落粉的方式速度慢、效率低，不利于零件的快速成形。

比利时 Aerosint 公司研发了一种新型的铺粉装置，采用具有两个转动鼓的铺粉装置，可以在设计图对应的位置铺两种不同的金属粉末，且可以通过增加转动鼓的数量来实现多种材料的成形，此种装置的效率高，可以一次性地在预定的位置处落下需要的粉末材料，铺粉车的一次移动可以实现这一成形层的多材料布置。

综合所述的设备发展来看，若想提高 SLM 工艺成形多材料零件的生产效率，则必须设计一种新方法，以实现一次性落下当前成形层不同部位所需的不同材料，而不需要再经过粉末清除便可实现多材料零件的成形。要实现这种铺粉方式，提高生产效率，需要在原理上进行一定的创新，关键在于实现粉末的一次性分布好，同时提高铺粉速度。

5.5 多材料激光金属粉床增材制造潜在应用

SLM 成形的多材料零件具有多样化的功能/性能，在苛刻的环境下，如高温、高负荷和高腐蚀，在航空航天、核能、海洋和海上的各种应用中有很大的潜力。此外，多材料增材制造甚至在 4D 打印领域展示了其优势。例如，通过不同材料（如形状记忆合金和非形状记忆合金）的布局设计，可以在加热后获得具有特定形状变化的新型智能材料，如图 5-23(a) 所示。多材料结构也可以应用于动力传动系统。图 5-23(b) 为成形的 CuSn10/PA11 多材料齿轮，高度为 3mm，证明了多材料 SLM 用于制造具有复杂结构的金属/聚合物组件的能力。使用 PA11 和 CuSn10 分别成形齿轮的内部和外部。该多材料齿轮可应用于电力传动领域需要绝缘和力传递的环境。图 5-23(c) 显示了一个成形的铜/聚合物涡轮叶片，其中只有叶片的中心是由铜制成的。铜/聚合物涡轮叶片具有应用于磁性动力系统的潜力。

在通信设备领域，扬声器、控制模块和辐射/电气绝缘体等聚合物组件可以附着在金属电子设备外壳上。图 5-23(d) 所示为一种由 SLM 成形的 CuSn10/PA11 多材料手机背壳，可以简化手机背壳的生产。图 5-23(e) 显示了 316 SS/CuSn10/PA11 多材料互锁环，它由三种不同的材料组成。在电子电路领域，直接制造复杂多材料结构的方法可以与其他增材制造工艺集成，制造 3D 复杂电路，从而可以直接成形整个电气设备。此外，多材料 SLM 可以在预定义的位置使用所需的材料建造复杂的 3D 金属电路和陶瓷封装形状，以提高功能或性能（例如，电导率、绝缘性能、防水功能以及抗震和抗压性）。

图 5-24(a) 为 SLM 成形的金属/玻璃多材料饰品结构，展示了多材料 SLM 在珠宝领域的创新可行性。该饰品结构不仅可以省去后续的镶嵌过程，还可以直接用不同材料分布（如多种贵金属组合）制造复杂的结构。图 5-24(b) 为

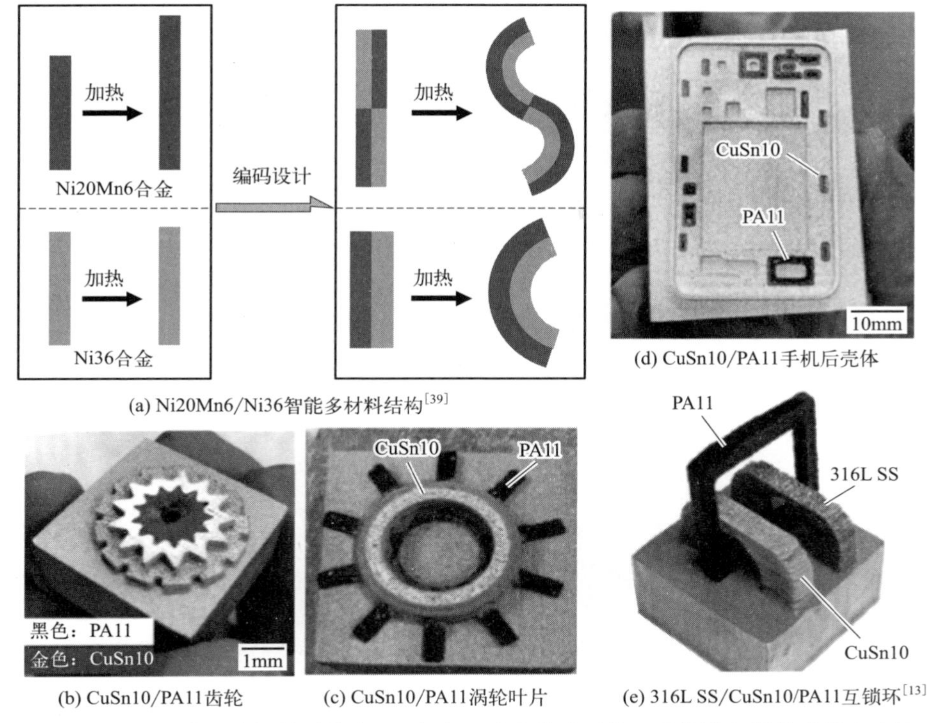

(a) Ni20Mn6/Ni36智能多材料结构[39]

(b) CuSn10/PA11齿轮　(c) CuSn10/PA11涡轮叶片　(d) CuSn10/PA11手机后壳体　(e) 316L SS/CuSn10/PA11互锁环[13]

图 5-23　SLM 成形多材料零件在 4D 打印、动力传动系统、通信设备领域的潜在应用

CuCrZr/316L 多材料管状换热器，具有复杂的弯曲结构，由 Aerosint SA 公司（比利时）生产[40]。在换热器中，铜管作为通道之一，被 316L 通道包围。与传统焊接方法相比，多材料换热器的 SLM 工艺具有较高的性价比。为了将 IN718 的高温性能与 316L SS 的高延展性和低成本特性结合起来，Wits 和 Amsterdam 制造了多材料热交换器[图 5-24(c)][26]。

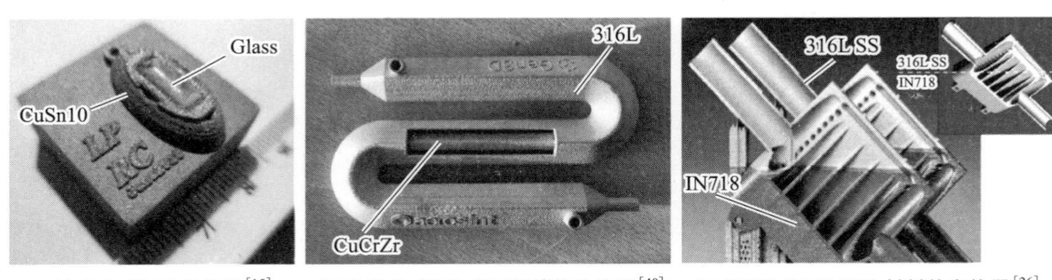

(a) CuSn10/玻璃挂坠[15]　(b) CuCrZr/316L多材料管状换热器[40]　(c) IN718/316L SS多材料热交换器[26]

图 5-24　SLM 成形的多材料零件在珠宝和能源领域的潜在应用

在生物医学领域，多材料 SLM 允许植入物实现精细的多材料布局，获得人体骨骼所需的各种性能（如生物相容性、刚度、耐磨性、耐腐蚀性）。图 5-25(a)

显示成形的 NiTi/Ti6Al4V 多材料髋关节植入物。这种多材料髋关节假体包括具有足够机械强度和刚度的 Ti6Al4V 内区和具有可控体积扩展（形状记忆激活）的 NiTi 外区，以促进合适的骨-假体接触并诱导骨长入。金属/聚合物混合结构也可以应用于矫形应用，例如，需要具有局部供药功能的金属植入物，以防止人工关节置换术后感染。然而，药物负载的可生物降解聚合物涂层不能控制植入物的药物释放曲线。Chueh 等开发了一种新型 SLM 成形金属/聚合物植入物，具有可控的药物传递截面[27]。这种可以装载抗生素的聚合物是可生物降解的，并可以嵌入金属植入物中，如图 5-25(b) 所示。此外，采用 SLM 工艺制造金属芯陶瓷壳的多材料假牙是可行的，可以获得优异的力学性能和更高的人体相容性。

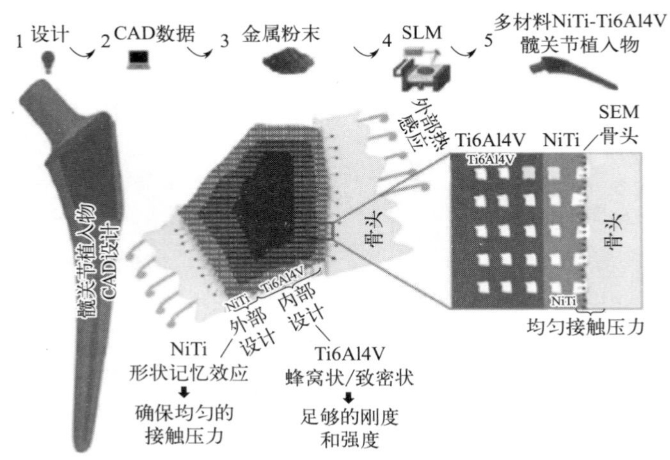

(a) 用于SLM制造的NiTi/Ti6Al4V多材料髋关节置入物的设计概念[41]

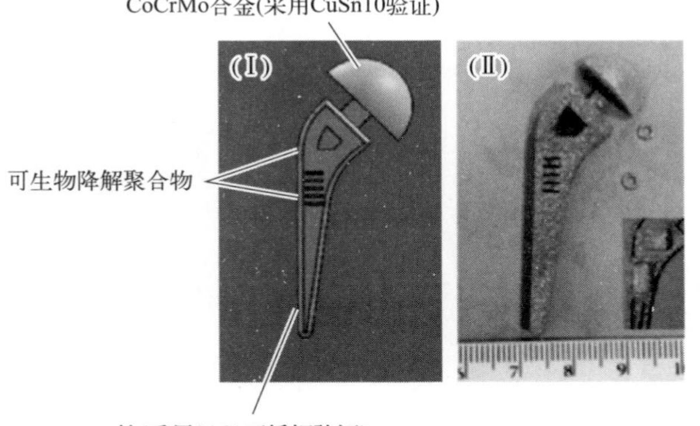

(b) 具有可控药物传递剖面的SLM成形金属/聚合物植入物[27]

图 5-25　SLM 成形的多材料零件在生物医学领域的潜在应用

在航空航天领域，SLM 工艺可用于制造在极端恶劣环境下工作的多材料部件，通过经济有效的方式配置灵活的材料布局，实现卓越的环境适应性。例如，美国国家航空航天局（NASA）开展了一个名为“快速分析和制造推进技术”的项目，该项目的关键目标之一是推进双金属和多金属增材制造技术。在本项目中，SLM 已成熟应用于燃烧室的制造，并结合其他 AM 技术（如送粉定向能量沉积，blown powder-directed energy deposition，BP-DED）制造轻型推力室组件（图 5-26）。这说明多材料 SLM 技术可以在腔室和喷嘴之间产生连续的冷却通道，并通过配置适当的材料布局来减轻零件的重量。

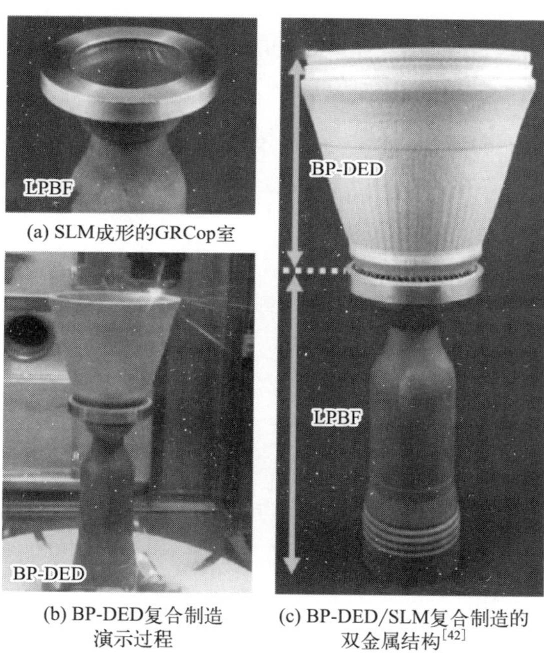

(a) SLM成形的GRCop室

(b) BP-DED复合制造演示过程

(c) BP-DED/SLM复合制造的双金属结构[42]

图 5-26　NASA 的多金属增材制造项目

5.6　未来的发展

本章综述了 SLM 成形多材料结构（特殊异种材料）的研究进展，综述了 SLM 成形多材料结构的界面特性和强化方法、SLM 成形多材料的关键技术问题及潜在应用。

SLM 成形的主要结构类型包括金属/金属、金属/聚合物、金属/玻璃和金属/陶瓷。其中，金属/金属体系研究最为广泛，包括 316L/CuSn10、316L/IN718、Ti6Al4V/IN718、CuSn10/18Ni300、AlSi10Mg/C18400 等。不同类型的复合材料的界面形成和结合机理不同。对于金属/金属组织，熔合区和独特的显微组织（如针状凝固组织、细化晶粒）有助于形成较强的结合界面；金属/聚合物、金属/玻璃和金属/陶瓷结构通过机械互锁结构结合在一起。缺陷（如裂纹、气孔、分层和未熔化的粉末颗粒）是 SLM 成形多材料结构力学性能的关键挑战。目前抑制界面缺陷、增强界面结合强度的有效方法包括优化界面工艺参数、引入中间结合层和成分过渡区以及界面设计。

多材料 SLM 技术的关键技术问题包括粉末供给系统的开发、数据制备、热力学计算和过程模拟以及粉末交叉污染和回收。基于对粉末送料系统（铺粉刮刀式、超声式、“铺粉刮刀＋超声”混合送料系统和电子照相送料系统）的改进，各种多材料 SLM 设备已被开发出来，以构建具有层间或层内成形的结构。然而，低效率和粉末交叉污染仍然是其面临的挑战。缺乏数据格式同时表达多材料结构的几何信息和材料信息是多材料 SLM 成形的另一个障碍，可以通过一些潜在的文件格式（如 VFA、SVX 和 3MF）和新的方法（如功能表示）来解决。热力学计算和过程模拟有助于我们了解材料性能的相容性，预测不同材料在多材料 SLM 成形中的物理行为，快速筛选成形材料类型和工艺参数。通过筛分、磁吸附、颗粒惯性等方法，可将混合的不同粒度的粉体分离，减少粉体污染和回收利用。SLM 成形的多材料零件在 4D 成形、电子、珠宝、能源、生物医学、航空航天等领域具有巨大的应用潜力。将多材料 SLM 与其他增材制造方法（如 LDED）相结合的混合制造方法为高效生产和应用提供了一种有效的方法。

本章对多材料 SLM 的发展前景进行了展望。

在多材料 SLM 成形中，热性能的不匹配和二次相（如脆性金属间化合物和碳化物）的形成会导致高残余应力，并在 SLM 成形的多材料结构中产生分层和裂纹。然而，目前商用的能够进行相变预测的模拟软件多为单材料成形设计，对多材料结构界面的二次相和缺陷的预测具有挑战性。因此，可以对多种材料进行热力学计算和过程模拟，以了解界面处的温度梯度、热应力分布和凝固行为，从而为提高界面结合强度和减少缺陷提供理论指导。

SLM 可以开发多种多样的多材料类型，以满足工业应用对多功能性零件日益增长的要求。引入机器学习可以加速新型多材料 SLM 的开发。一个包含材料性能（化学成分、熔点、激光吸收率、热导率、比热容等）、成形工艺参数（激光功率、扫描速度、层厚、扫描间距等）和成形多材料部件性能（强度、延展性、疲劳寿命、耐磨性、耐腐蚀性等）的 3D 模型可以建立训练机器学习模型。训练模型可用于预测新型多材料零件的性能。此外，通过基于实时监测技术（如高速 X 射线成像）的高保真表征方法，可以监测成形过程中的中间时间水平的热动力学和空间水平的结构演化。因此，可以了解不同材料在多材料 SLM 成形中的热行为和结构形成。

多材料界面的设计可以有效地提高界面结合强度。在 SLM 成形的多材料结构界面上可以形成连续的梯度过渡区和机械联锁结构。需要探讨过渡区特性（厚度、成分等）对界面结合强度的影响。机械联锁结构的尺寸和形状等设计特征决定了不同材料间界面结合的力学性质。

通过对 SLM 工艺的改进，可以探索成形高质量的多材料结构。绿色和蓝色激光器的引入可以有效地成形具有高反射率的多种材料（铜、铝）。在多材料成形过程中，利用外加电场、超声波和磁场对熔池进行搅拌，可以细化组织，减少缺陷，从而促进不同材料的冶金结合。

在 SLM 成形过程中，可采用现场监测技术，保证多材料零件的高质量。借助高速摄影技术和红外成像相机，可以获得成形过程中熔池的温度和尺寸、溅射的尺寸、溅射的距离和角度。此外，高速同步 X 射线原位成像可用于研究界面动力学（熔池几何形状、内部流动模式、孔隙形成/消除等）。最后，获得的熔池、溅射、界面动力学信息可用于机器学习，建立界面缺陷的形成与多材料 SLM 采用的工艺参数之间的关系，从而利用优化后的工艺参数保证零件的质量。

参考文献

[1] Koopmann J，Voigt J，Niendorf T. Additive manufacturing of a steel-ceramic multi-material by selective laser melting [J]. Metallurgical and Materials Transactions B，2019，50（2）：1042-1051.

[2] Wei C，Li L. Recent progress and scientific challenges in multi-material additive manufacturing via laser-based powder bed fusion [J]. Virtual and Physical Prototyping，2021，16（3）：347-371.

[3] Demir A G，Previtali B. Multi-material selective laser melting of Fe/Al-12Si components [J]. Manufacturing letters，2017，11：8-11.

[4] 吴伟辉，杨永强，毛桂生，等．异质材料零件 SLM 增材制造系统设计与实现 [J]. 制造技术与机床，2019，688（10）：32-37.

[5] Zhang X，Chueh Y，Wei C，et al. Additive manufacturing of three-dimensional metal-glass functionally gradient material components by laser powder bed fusion with in situ powder mixing [J]. Additive Manufacturing，2020，33：101113.

[6] Al-Jamal O M，Hinduja S，Li L. Characteristics of the bond in Cu-H13 tool steel parts fabricated using SLM [J]. CIRP annals，2008，57（1）：239-242.

[7] Wei C，Li L，Zhang X，et al. 3D printing of multiple metallic materials via modified selective laser melting [J]. CIRP Annals，2018，67（1）：245-248.

[8] Wei C，Sun Z，Chen Q，et al. Additive manufacturing of horizontal and 3D functionally graded 316L/Cu10Sn components via multiple material selective laser melting [J]. Journal of Manufacturing Science and Engineering，2019，141（8）：81014.

[9] Chueh Y，Wei C，Zhang X，et al. Integrated laser-based powder bed fusion and fused filament fabrication for three-dimensional printing of hybrid metal/polymer objects [J]. Additive Manufacturing，2020，31：100928.

[10] Rafiee M，Farahani R D，Therriault D. Multi-material 3D and 4D printing：a survey [J]. Advanced Science，2020，7（12）：1902307.

[11] Sing S L, Lam L P, Zhang D Q, et al. Interfacial characterization of SLM parts in multi-material processing: Intermetallic phase formation between AlSi10Mg and C18400 copper alloy [J]. Materials Characterization, 2015, 107: 220-227.

[12] Liu Z H, Zhang D Q, Sing S L, et al. Interfacial characterization of SLM parts in multi-material processing: Metallurgical diffusion between 316L stainless steel and C18400 copper alloy [J]. Materials Characterization, 2014, 94: 116-125.

[13] Chueh Y, Zhang X, Ke J C, et al. Additive manufacturing of hybrid metal/polymer objects via multiple-material laser powder bed fusion [J]. Additive Manufacturing, 2020, 36: 101465.

[14] Bai Y, Zhang J, Zhao C, et al. Dual interfacial characterization and property in multi-material selective laser melting of 316L stainless steel and C52400 copper alloy [J]. Materials Characterization, 2020, 167: 110489.

[15] Tan C, Wang D, Ma W, et al. Ultra-strong bond interface in additively manufactured iron-based multi-materials [J]. Materials Science and Engineering (A), 2021, 802: 140642.

[16] Zhang X, Wei C, Chueh Y, et al. An integrated dual ultrasonic selective powder dispensing platform for three-dimensional printing of multiple material metal/glass objects in selective laser melting [J]. Journal of Manufacturing Science and Engineering, 2019, 141 (1).

[17] Tan C, Zhou K, Ma W, et al. Interfacial characteristic and mechanical performance of maraging steel-copper functional bimetal produced by selective laser melting based hybrid manufacture [J]. Materials & Design, 2018, 155: 77-85.

[18] Chen J, Yang Y, Song C, et al. Interfacial microstructure and mechanical properties of 316L/CuSn10 multi-material bimetallic structure fabricated by selective laser melting [J]. Materials Science and Engineering (A), 2019, 752: 75-85.

[19] Chang H, Yang C, Hsieh Y, et al. Interfacial analysis of porcelain fused to high-palladium alloy with different observation methods [J]. Journal of Dental Sciences, 2016, 11 (2): 156-163.

[20] Wei C, Chueh Y, Zhang X, et al. Easy-to-remove composite support material and procedure in additive manufacturing of metallic components using multiple material laser-based powder bed fusion [J]. Journal of Manufacturing Science and Engineering, 2019, 141 (7).

[21] Rankouhi B, Jahani S, Pfefferkorn F E, et al. Compositional grading of a 316L-Cu multi-material part using machine learning for the determination of selective laser melting process parameters [J]. Additive Manufacturing, 2021, 38: 101836.

[22] Chen J, Yang Y, Song C, et al. Influence mechanism of process parameters on the interfacial characterization of selective laser melting 316L/CuSn10 [J]. Materials Science and Engineering (A), 2020, 792: 139316.

[23] Tey C F, Tan X, Sing S L, et al. Additive manufacturing of multiple materials by selective laser melting: Ti-alloy to stainless steel via a Cu-alloy interlayer [J]. Additive Manufacturing, 2020, 31: 100970.

[24] Tan C, Zhang X, Dong D, et al. In-situ synthesised interlayer enhances bonding strength in additively manufactured multi-material hybrid tooling [J]. International Journal of Machine Tools and Manufacture, 2020, 155: 103592.

[25] Gu H, Wei C, Li L, et al. Numerical and experimental study of molten pool behaviour and defect formation in multi-material and functionally graded materials laser powder bed fusion [J]. Advanced Powder Technology, 2021, 32 (11): 4303-4321.

[26] Wits W W, Amsterdam E. Graded structures by multi-material mixing in laser powder bed fusion [J]. CIRP Annals, 2021, 70 (1): 159-162.

[27] Chueh Y, Wei C, Zhang X, et al. Integrated laser-based powder bed fusion and fused filament fabrication for three-dimensional printing of hybrid metal/polymer objects [J]. Additive Manufacturing, 2020, 31: 100928.

[28] Fujifilm. The new 3D data format FAV [EB/OL]. [2023-1-11]. https://www.fujifilm.com/fbglobal/eng/company/technology/production/solution_service/fav.html.

[29] Michalatos P, Payne A O. Working with multi-scale material distributions [C]. Proceedings of the 33rd Annual Conference of the Association for Computer Aided Design in Architecture (ACADIA), Cambridge, 2013.

[30] Richards D, Amos M. Designing with gradients: Bio-inspired computation for digital fabrication [C]. Proceedings of ACADIA 2014, association for computer-aided design in architecture, University of Southern California, Los Angeles, 2014.

[31] Fabb G. 3D design futures: An interview with Dr. Daniel Richards, Part 2 [Z]. 2018.

[32] Mohanty S, Hattel J H. Laser additive manufacturing of multimaterial tool inserts: A simulation-based optimization study [C]. Laser 3D Manufacturing IV. SPIE, 2017.

[33] Gu H, Wei C, Li L, et al. Multi-physics modelling of molten pool development and track formation in multi-track, multi-layer and multi-material selective laser melting [J]. International Journal of Heat and Mass Transfer, 2020, 151: 119458.

[34] Sun Z, Chueh Y, Li L. Multiphase mesoscopic simulation of multiple and functionally gradient materials laser powder bed fusion additive manufacturing processes [J]. Additive Manufacturing, 2020, 35: 101448.

[35] Chen C, Gu D, Dai D, et al. Laser additive manufacturing of layered TiB2/Ti6Al4V multi-material parts: Understanding thermal behavior evolution [J]. Optics & Laser Technology, 2019, 119: 105666.

[36] Yao L, Huang S, Ramamurty U, et al. On the formation of "Fish-scale" morphology with curved grain interfacial microstructures during selective laser melting of dissimilar alloys [J]. Acta Materialia, 2021, 220: 117331.

[37] Ullrich H. Mechanische verfahrenstechnik: Berechnung und projektierung [M]. Springer-Verlag, 2013.

[38] 吴伟辉，杨永强，毛桂生，等．激光选区熔化自由制造异质材料零件 [J]. 光学精密工程，2019，27 (03): 517-526.

[39] Shi Y, Wu H, Yan C, et al. Four-dimensional printing—the additive manufacturing technology of intelligent components [J]. J Mech Eng, 2020, 56 (15): 1.

[40] Printing services-aerosint [EB/OL]. [2023-1-11]. https://aerosint.com/printing-services/.

[41] Bartolomeu F, Costa M M, Alves N, et al. Additive manufacturing of NiTi-Ti6Al4V multi-material cellular structures targeting orthopedic implants [J]. Optics and Lasers in Engineering, 2020, 134: 106208.

[42] Gradl P R, Protz C, Fikes J, et al. Lightweight thrust chamber assemblies using multi-alloy additive manufacturing and composite overwrap [C]. AIAA Propulsion and Energy 2020 Forum, 2020.

第6章

增材制造工艺约束与结构设计方法

6.1 增材制造工艺约束

增材制造可以实现复杂零部件的制备，扩展了设计空间。拓扑优化出的结果构型复杂，难以使用传统方法制备，因此增材制造与拓扑优化结合可以充分发挥其优势。但是传统的拓扑优化方法得到的结构不能完全适用于增材制造，这是因为虽然增材制造提供了极大的成形自由度，但是其依然存在独特的制造约束。在进行拓扑优化设计时添加增材制造约束，可获得可直接制备的拓扑优化结构，具有重要的工程应用与研究价值。激光增材制造成形的结构特征制约因素包括切片离散约束、光斑大小约束、激光熔穿约束和设计模型分辨率约束等。

6.1.1 切片离散约束

SLM成形工艺基于“离散/堆积”的加工原理，采用逐层叠加的方式进行零件加工。在切片分层过程中，CAD模型的连续表面被逐层离散化，因此离散使零件的外轮廓信息不完整，从而产生误差（见图6-1）。切片厚度越大，轮廓包络面也越大，丢失的数据就越多，成形误差也就越大；熔道越宽，成形平面误差越大，曲率越大则丢失的数据也越大。因此在模型切片过程中，需要考虑切片厚度对模型成形轮廓精度的影响。

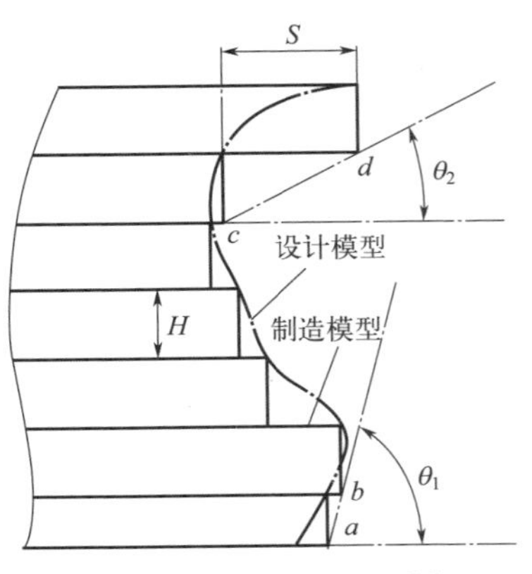

图6-1 切片离散约束[1]

6.1.2　光斑大小约束

激光光斑大小对结构成形的约束主要体现在熔道宽度上，熔道的宽度决定了 SLM 可成形的极限最小尺寸（图 6-2）。但是实际在熔化过程中，由于热量的影响，熔道的宽度会大于激光光斑的直径，因此在设计极限尺寸时，需要考虑激光光斑尺寸的影响。由于激光光斑的能量是高斯分布的，因此在粉末熔化时，优先熔化的是光斑中心位置，随后开始向边缘位置扩展，熔池开始逐渐扩大，此时受到金属液体的表面张力的作用，周围的粉末开始向熔池中心移动，而大熔池不断吞噬周围的粉末继续长大，与此同时熔池与基体的润湿性增加，润湿角逐渐增大，形状由圆形向椭圆形演变。

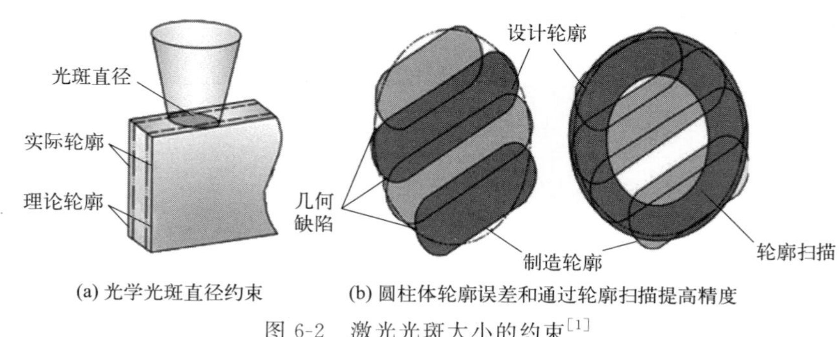

(a) 光学光斑直径约束　　(b) 圆柱体轮廓误差和通过轮廓扫描提高精度

图 6-2　激光光斑大小的约束[1]

6.1.3　激光熔穿约束

SLM 采用激光将一层一层材料熔化并与基体粘成一体，在这个过程中，上一已成形层也被部分熔化，从而使相邻两层之间产生冶金结合。如图 6-3 所示的悬垂结构，激光照射在当前层，熔化材料并形成熔池，由于下部起支撑作用的粉末不足以支撑熔池，使得熔池塌陷在下部未熔化粉末中，这种现象就像激光穿透

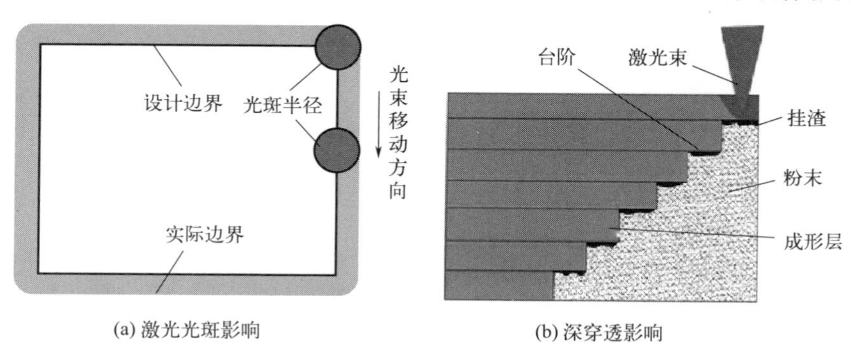

(a) 激光光斑影响　　(b) 深穿透影响

图 6-3　激光光斑与深穿透对成形精度的影响机理[2]

了粉末材料，因此将其称为“激光深穿透效应”。在激光照射后悬垂表面将会黏附大量未熔化的粉末，这是因为熔池内液态金属会因重力和毛细管力的作用沉陷到粉末中。粉末黏附除了影响表面粗糙度和成形精度外，还会导致表面塌陷或者成形面翘曲等缺陷。

6.1.4 设计模型分辨率约束

结构模型在三维软件设计与格式转换的过程中，会产生结构特征信息丢失的现象。比如从 PRT 或 STEP 等格式转换为 STL 格式，STL 的三角面片大小的分辨率会影响最终打印成形的结构的表面分辨率，如果 STL 划分三角面片尺寸过大，会导致表面形状严重失真，偏离原始设计的曲面特征。表 6-1 为将圆球球体转换成 STL 文件格式所产生的误差。

表 6-1 将球体转换成 STL 文件格式所产生的误差

弦差参数	三角面片数量	转换后表面积/m^2	转换后体积/m^3	表面积误差/%	体积误差/%
0.5	572	0.03101	0.0005103	1.292	2.540
0.1	2496	0.03132	0.0005203	0.306	0.630
0.05	5180	0.03137	0.0005220	0.146	0.306
0.02	12540	0.03140	0.0005229	0.051	0.134

6.2 增材制造结构成形特征约束

增材制造结构成形典型特征约束包括薄壁结构、尖角结构、圆柱结构、圆孔结构（平行于 Z 轴）、圆孔结构（垂直于 Z 轴）和方形孔（垂直于 Z 轴）等，如图 6-4 所示。

6.2.1 薄壁结构

薄壁是复杂功能件中较为常见的结构之一，根据零件的使用要求，薄壁的尺寸厚度会随之改变，而由于工艺的限制，不可能获得任意薄度的壁，因此对薄壁结构的成形能力研究就有实际意义。薄壁特征结构的设计统一为固定的高度和宽度，均为 5mm，每两个相邻的薄壁结构

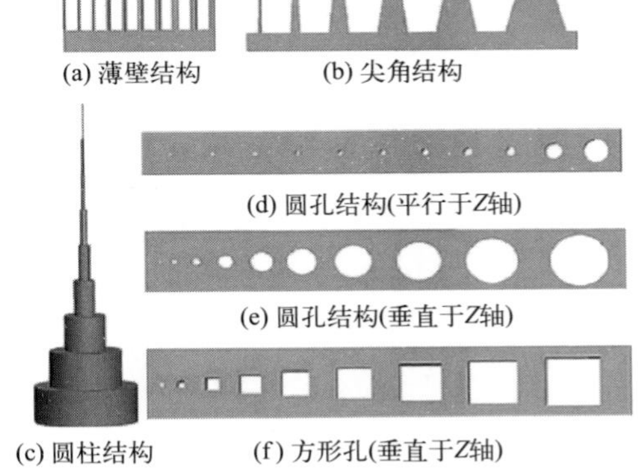

图 6-4 几何特征模型[1]

之间的距离为 2.5mm，对壁厚进行一系列的梯度设计。

图 6-5(a) 是 SLM 成形薄壁特征的相对误差曲线图，从图中可以看出在成形壁厚小于 0.5mm 以下的薄壁时，绝对误差非常大，这由两个原因引起。其中之一是粉末黏附，因为在激光熔化熔道的过程中部分热量从熔道位置向边缘粉末区域传递，由于热量较低而不足以熔化粉末，所以边缘的粉末便以烧结的形式黏附在熔道边缘，进而增加了成形件的尺寸，如图 6-5(b)、(c)、(d) 所示为不同厚度的薄板成形中产生的粉末黏附现象。从图 6-5(a) 中还可以看出，当壁厚小于 0.7mm 时，X 方向的相对误差比 Y 方向的相对误差大，这是因为 X 方向的薄壁是面向铺粉刷的，因而与铺粉刷的接触面积大，铺粉刷在铺粉过程中会剐蹭薄壁，由于壁厚较小刚度不强而发生少量变形，使得激光熔道比设计的位置稍微靠外，因而增大了成形尺寸，因此推荐选择 Y 方向成形薄壁特征。

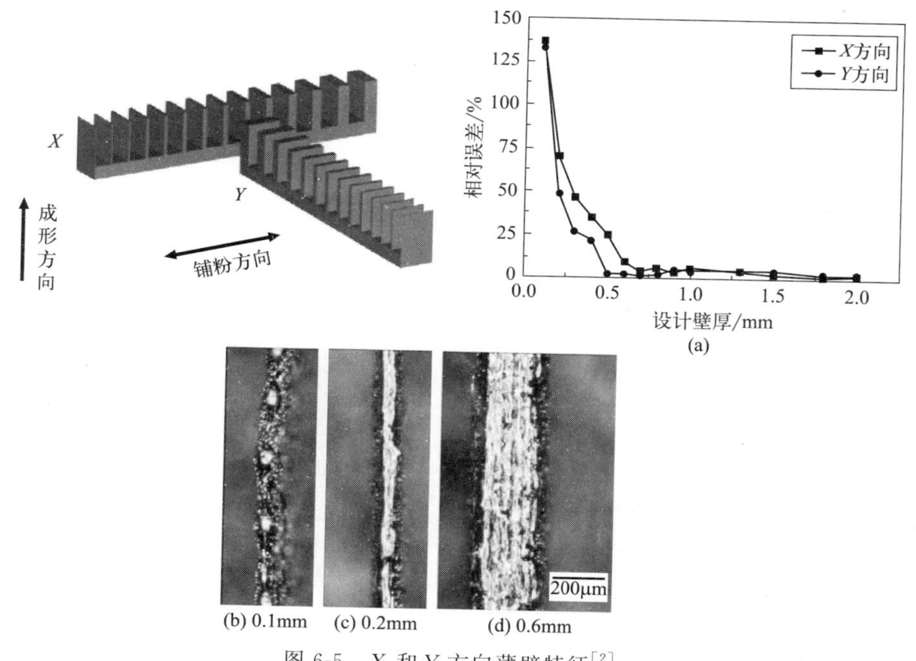

图 6-5 X 和 Y 方向薄壁特征[2]

6.2.2 尖角约束

按水平和竖直两种摆放方式成形了角度为 2°、5°、10°、15°、20°、30°的尖角零件，其成形效果如图 6-6(a) 所示。采用三坐标测量仪测量了每个尖角的角度，图 6-6(b) 为尖角零件角度的误差曲线图。从图中可以看出，当尖角零件沿水平摆放成形时，其角度误差在 0 附近波动（−0.15°～0.2°之间），精度较高。当尖角沿竖直摆放成形时，其角度误差随尖角度数的增大而增大（0.3°～2.6°之间），且其角度误差明显大于水平摆放成形的尖角。这是因为，当尖角竖直摆放加工时，受到 SLM 分层原理的影响，使其两个侧面产生了“台阶效应”，因而误差相对较大。可见，沿水平方向摆放成形能够降低尖角零件的角度误差。

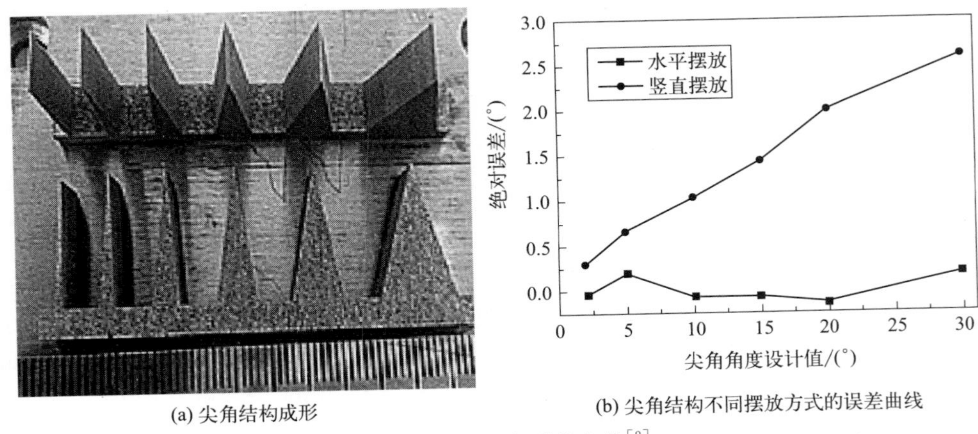

(a) 尖角结构成形　(b) 尖角结构不同摆放方式的误差曲线

图 6-6　尖角角度误差变化[2]

6.2.3 圆柱/方柱特征约束

为了研究圆柱和方柱特征的影响，圆柱的直径和方柱的边长分别设置为 0.1～3.0mm，高度设置为 6mm，且对柱特征的研究只考虑竖直方向。如图 6-7 所示为柱特征的成形实物图，其中直径分别为 0.1mm 和 0.2mm 的圆柱成形失败，边长为 0.1mm 的方柱成形失败。对成形成功的每个柱进行测量，测量结果如图 6-7(g) 所示。方柱和圆柱的相对误差均呈现逐渐减小的趋势，当柱的尺寸大于 0.8mm 时，相对误差已经小于 5%。在小尺寸成形时，方柱的相对误差要大于圆柱，这是

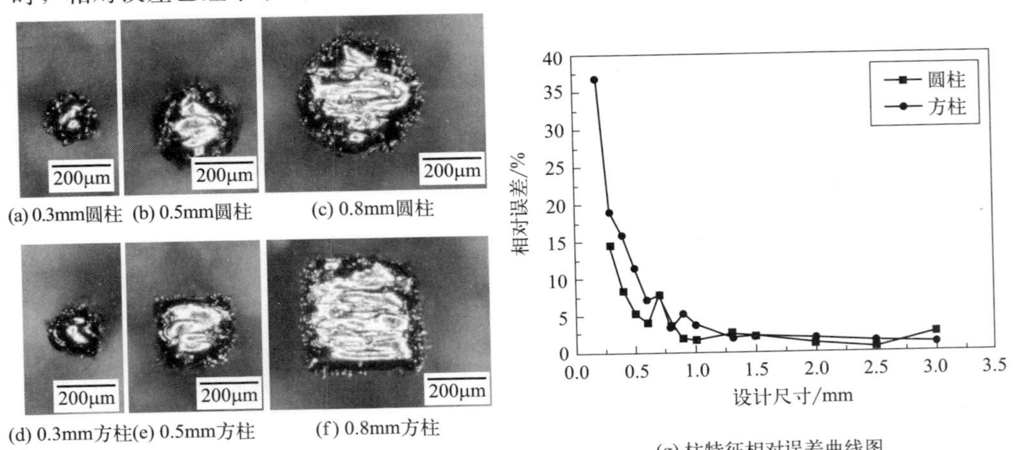

(a) 0.3mm圆柱　(b) 0.5mm圆柱　(c) 0.8mm圆柱

(d) 0.3mm方柱　(e) 0.5mm方柱　(f) 0.8mm方柱

(g) 柱特征相对误差曲线图

图 6-7　圆柱与方柱特征[2]

因为成形圆柱时的每条扫描线均相同。

6.2.4　跨度约束

如图 6-8 所示为圆孔特征 SLM 成形实物图。水平摆放时，孔径小于 0.3mm 的圆孔特征被堵塞，孔径大于 0.3mm 的圆孔的形状精度较好，圆孔边沿较为清晰。竖直摆放（不添加支撑）时，孔径小于 0.3mm 的圆孔完全被堵塞，孔径大于 0.4mm 的圆孔虽然可以成形，但是圆孔顶部存在大量的“挂渣”，而且圆孔越大，“挂渣”越多。这是因为当激光束扫描到圆孔的顶端时，圆孔顶端成了无支撑的悬垂结构，由于激光深穿透作用，金属溶液在重力和毛细管力作用下下垂，从而产生“挂渣”。在孔径小于 1mm 时，挂渣对圆孔的影响很大，如图所示，孔径小于 0.3mm 的圆孔几乎被堵塞，而孔径为 0.3～1mm 的圆孔也由于挂渣的影响而圆孔形状极其不规则。孔径大于 1mm 时，挂渣对圆孔的影响减小，但是由于材料在成形高度方向的收缩效应，圆孔在高度方向呈现“被挤压”的形状，导致形状精度较差。

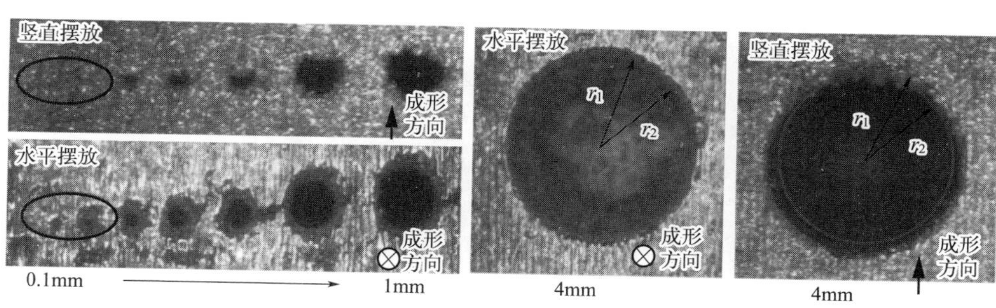

图 6-8　圆孔 SLM 成形样品

如图 6-9 所示为方孔特征 SLM 成形实物图。由图可知，水平摆放时，边长小于 0.3mm 的方孔被堵塞，方孔特征成形失败，边长大于 0.3mm 的方孔特征能够成形，边沿有较少的黏附，方孔呈现较好的形状精度，特征明显。竖直摆放（不添加支撑）时，边长小于 0.5mm 的方孔被堵塞，方孔特征成形失败，边长

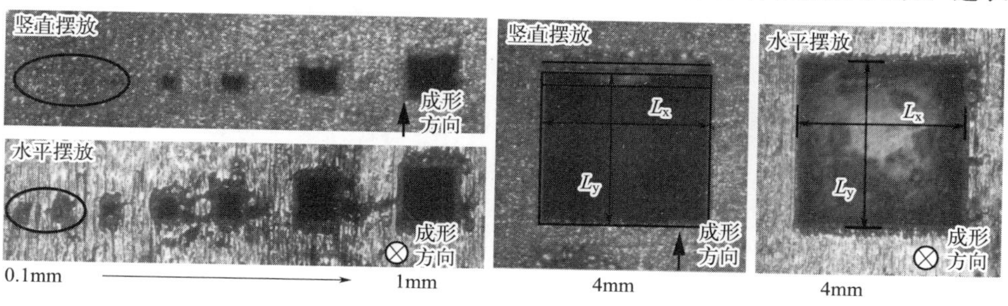

图 6-9　方孔 SLM 成形样品

大于 0.5mm 的方孔特征虽然能够成形，但是在方孔悬垂面存在大量的“挂渣”，降低了方孔的形状精度和尺寸精度，而且方孔尺寸越大，悬垂跨度也越大，“挂渣”现象越严重。

6.2.5 倾角约束

倾斜角特征的研究是针对结构件中与水平面具有一定倾斜角度的结构，通过研究 SLM 成形的斜面与水平面的夹角与设计角度对比来表征倾斜角特征的成形质量，将角度分别设置为 15°、20°、25°、30°、35°、40°、45°、50°、60°、70°。图 6-10 分别是倾斜角为 15°时的 X 方向和 Y 方向成形的形貌侧视图和俯视图，在侧视图中均发现了挂渣现象，而在俯视图中发现边缘出现锯齿和少量的翘曲现象，其中图 6-11(a) 中的挂渣和翘曲现象相对图 6-11(b) 比较严重。出现挂渣的原因是在对具有倾斜角的面进行切片处理时，由于存在切片厚度导致了悬垂结构的产生，悬垂结构在 SLM 成形时没有实体支撑，只有粉末支撑，因此在激光深穿透的作用下，成形面下侧面就会黏附一些烧结的粉末，从而形成挂渣缺陷，这是导致成形角度总体上比设计角度小的原因。

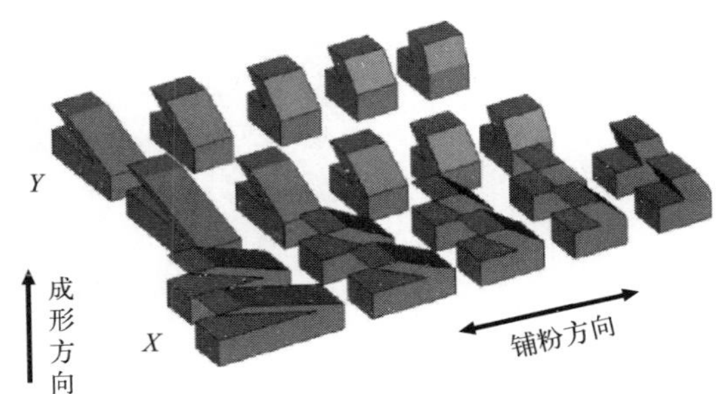

图 6-10 倾斜角特征[2]

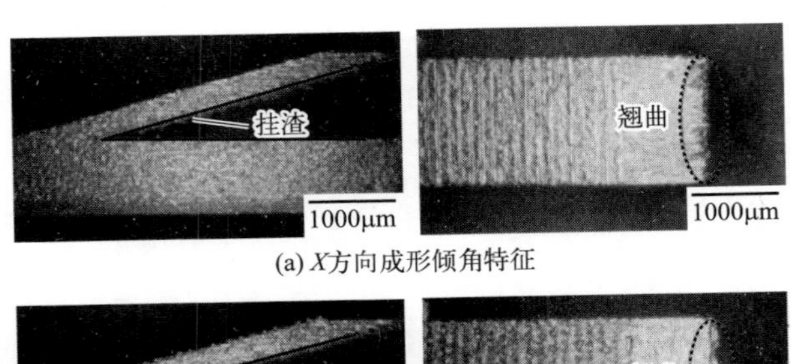

(a) X方向成形倾角特征

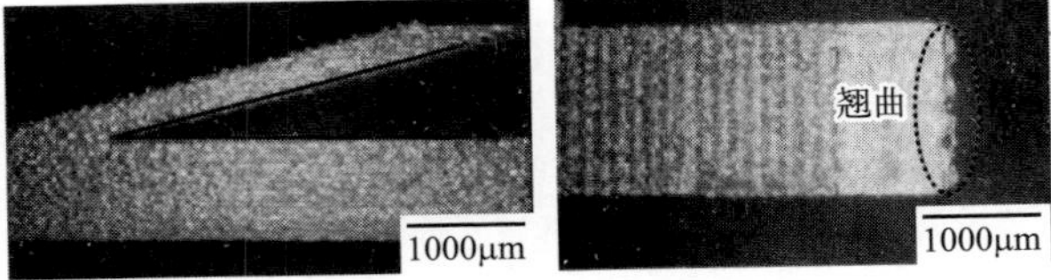

(b) Y方向成形倾角特征

图 6-11 倾斜角特征侧视图与俯视图[2]

6.3 拓扑优化设计

6.3.1 拓扑优化概念

根据设计变量类型，结构优化设计方法可以分为尺寸优化、形状优化以及拓扑优化[3]，它们与工程设计阶段特征的关系如图 6-12 所示。尺寸优化是最早提出的优化方法，其简单便捷，但是结构修改范围较小，形状和拓扑结构都没有发生变化；而形状优化则是控制结构边界形状参数，而其结构拓扑不发生变化。由于尺寸优化和形状优化均具有一定局限性，因此研究学者们开始提出拓扑优化的概念，拓扑优化是在给定材料用量的条件下，寻找设计区域内最优的材料分布，从而获得结构某种性能指标最优的结构优化设计方法。其目的是以最少的材料，最低的消耗，达到结构的目标性能，包括强度、刚度、稳定性和散热性能等等。增材制造技术的出现，为拓扑优化结构模型的成形制造提供了技术条件，被广泛地应用于增材制造技术的前端设计中。拓扑优化的价值就是革新了传统的功能驱动的经验设计模式，实现了性能驱动的生成式设计，成为真正的正向设计模式。

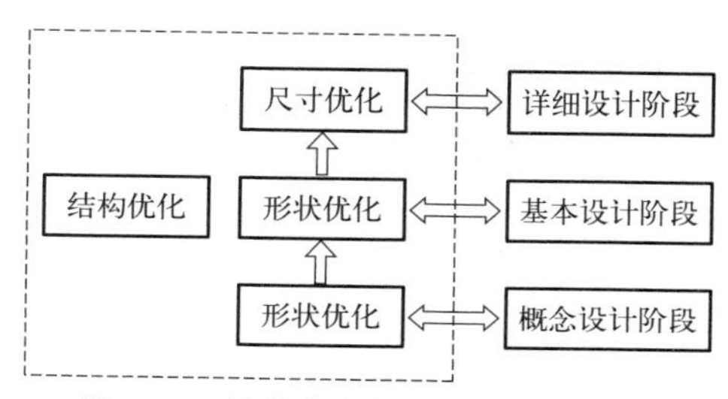

图 6-12　结构优化与工程设计的关系

6.3.2 拓扑优化设计的基本要素

拓扑优化是在给定的负载和边界条件对于设计空间进行优化的一种数学梯度方法，利用最优准则算法寻找目标函数的极小值，求解拓扑优化问题。因此，拓扑优化设计的基本要素包括：约束条件、目标函数、寻优方法。目标函数可以是结构的刚度、质量、形变量、散热效率、自振频率、面积-体积比等。目前拓扑优化的寻优方法主要包括均匀化方法、变密度法（solid isotropic material with penalization，SIMP）、渐进结构优化法（evolutionary structural optimization，ESO）、水平集方法、可移动变形组件方法（moving morphable component，MMC）等。

6.3.3 拓扑优化设计方法

(1) 均匀化方法

均匀化方法是一种用于确定等效均匀化材料属性的方法，Bendsøe 和

Kikuchi 等在 1988 年提出了第一个连续体结构拓扑优化的均匀化方法[4]，均匀化方法将对整体结构拓扑的设计转变为对材料微结构的几何参数的尺寸优化问题。该方法不仅能解决形状优化问题，还能解决基于固定网格的线弹性结构拓扑优化问题。

袁振等用均匀化方法优化复合材料的极值弹性特性和最大刚度，很好地实现了微结构的拓扑优化设计[5]。因为均匀化方法存在构造微结构和设计变量过多等问题，所以均匀化方法主要用于材料微观设计问题。

(2) SIMP 法

SIMP 变密度惩罚方法是在均匀化方法的基础上发展而来的，SIMP 的基本思想是采用一种人为设定在［0,1］之间连续变化的相对密度来描述结构域中材料的用量，并以每个单元的相对密度作为设计变量，通过引入指数函数的惩罚项来构建单元相对密度与弹性模量间的对应关系，从而获得趋于离散 0-1 分布的结构形式。SIMP 方法假定结构域中的材料均具有各向同性，且无须引入带孔微结构，每个单元的设计变量仅有一种。在基于变密度法的结构拓扑优化过程中会出现中间密度值单元，即密度值介于 0～1 的情况，需要引入惩罚因子 P 来将每个单元的密度强制逼近到 0 或 1。当 $P=1$ 时，没有惩罚效果，当 P 取值过小时，中间密度惩罚效果不佳，存在过多的中间密度灰度单元，当 P 取值过大，拓扑结构过早收敛，容易得到局部最优解。此外，为了使 SIMP 插值模型具有很好的收敛效果，同时满足 Hashin-Shtrikman 边界条件，通常 $P=3$。Sigmund 和 Bendsøe 探索了多种变密度法材料插值模型[6]，指出 SIMP 方法中产生的中间密度值是有其物理意义的，而且验证了指数形式的材料插值模型具有广泛的适应性。SIMP 方法在应用过程中存在中间密度单元和数值不稳定现象（棋盘格式、网格依赖性等）。

(3) ESO 法

ESO 渐进结构优化方法最早由 Xie 和 Steven 等在 1993 年提出[7]，ESO 方法的基本思想是通过将无效或低效的单元逐步去掉，结构将逐步趋于优化。在优化迭代中，有限元网络是固定的，对存在的材料单元编号为非零数，对不存在的材料单元编号为零。ESO 法具有物理概念简单、算法通用性好、易与有限元分析软件相结合等优点。基于上述优点，国内外学者对渐进结构优化法产生了浓厚的兴趣，历经二十多年的不断研究与发展，无论在理论创新探究还是在实际应用领域中该算法都已获得了大量的研究成果。

(4) 水平集方法

水平集方法最早主要应用于图像处理和流体力学中追踪运动边界，是由 Sethian 和 Osher 等提出的[8]，其主要思想是将移动的边界作为零水平集嵌入高一维的水平集标量函数中，如此便可由闭超曲面的演化方法得到水平集函数的演化方程，而嵌入的闭超曲面总是其零水平集，最终只要确定零水平集即可确定移动界面演化的结果。水平集方法被 Sethian 等成功应用到结构优化领域[9]。与变密度法相比，这种方法的主要优点是拓扑结构的边界更加光滑，水平集函数 $\Phi(x)$ 与材料分布关系表示如图 6-13 所示。

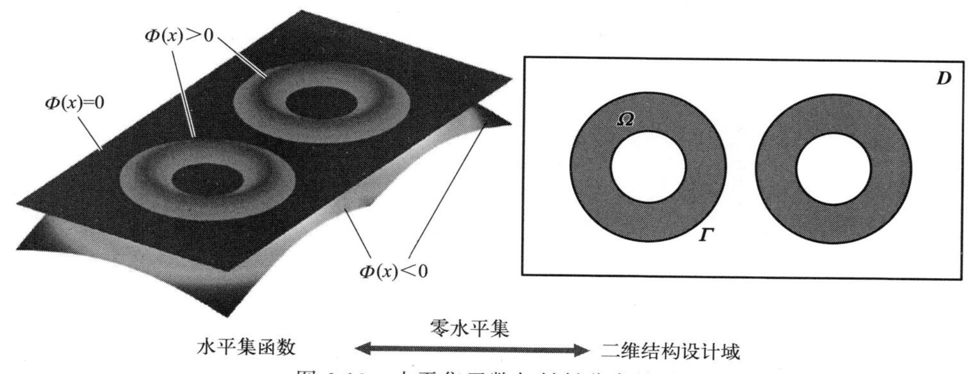

图 6-13　水平集函数与材料分布关系

水平集方法的求解思路为：首先根据优化问题的灵敏度信息求解结构边界的演化速度，采用惩罚法或增广拉格朗日法处理有约束的优化问题，通过在目标函数中添加拓扑结构周长的惩罚项，使最优拓扑结构的形状更规则，然后利用差分法的迎风格式求解哈密顿-雅可比方程。为了保证数值求解的稳定性，最大时间增量步长需要满足 Courant-Friedrichs-Lewy（CFL）条件。

(5) MMC 法

经典拓扑优化方法已经取得了巨大的成就，但是仍然面临很多问题，例如结构网格维度灾难，拓扑结构尺寸和形状控制，拓扑结果后处理。大连理工大学郭旭教授团队提出了一种可移动变形组件拓扑优化方法[10]，这种方法的基本思想是通过优化组件的参数确定最优材料布局，组件的参数包括：截面尺寸、长度、方向角度以及质心位置，通常利用给定的水平集函数描述组件的几何形状。移动可变形组件法以具有显式几何参数的、能够在设计域中自由移动和变形的组件作为结构拓扑描述的基元，所得设计结果不存在灰度单元、边界光滑、传力路径清晰，并且可以便捷地获取传力路径上的结构几何尺寸。

6.3.4　拓扑优化设计实例

(1) 卫星支架

针对小卫星薄壁式铸钛一体化星敏支架减重需求，王瑞显等利用 SolidThinking Inspire 对星敏支架进行拓扑优化设计，其设计流程如图 6-14 所示[11]。一体化星敏支架作为基础模型进行拓扑优化设计，该星敏支架上装有 3

个星敏，且3个星敏间光轴角度固定，星敏和星敏支架中间有冷板。将星敏之间的连接处作为设计空间进行设计，优化目标设置为基频不低于200Hz和质量最小化。在SolidThinking Inspire工具中进行拓扑优化计算，获得拓扑优化结果后，通过Inspire对其模型进行光顺处理，最后通过Creo Parametric进行细节化处理。得到优化的拓扑结构后，对结构进行力学仿真分析，获得Von Mises应力云图，验证器是否符合强度要求。采用Ti6Al4V的激光选区熔化增材制造的一体化星敏支架如图6-14所示，星敏支架实测质量为1.36kg，支架减重达80%，减重效果显著。

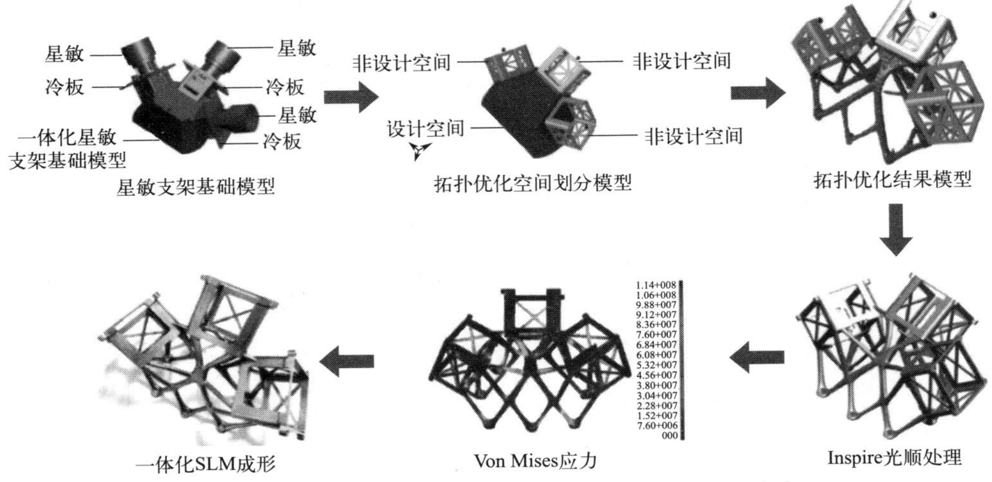

图6-14　小卫星星敏支架结构轻量化设计与制造流程[11]

(2) 机械臂

机械臂基于增材约束设计示例如图6-15所示[12]，通过引入最小尺寸约束，有效抑制细小结构的生成，通过引入对称约束，确保机械臂整体结构的对称性，降低模型重构的难度，通过引入挤压约束，使得连杆等横截面挤压成形，图中所

图6-15　机械臂拓扑优化设计[12]

示结构加工工艺简单，加工成本远低于无制造约束优化结构，具备一定的实用价值。根据优化结果，对机械臂优化模型进行重构处理。大臂主体采用类桁架结构，连杆采用普通直杆结构，大臂座做挖空处理，其余结构单元保留原始结构特征。为避免各结构单元连接处产生装配不良的现象，对各连接处做加强处理，最终得到机械臂重构模型。

(3) 汽车轮毂拓扑优化

针对汽车轮毂进行拓扑优化[13]，先分析轮毂结构和主要参数，根据轮毂的设计标准，构建轮毂初始结构，借助有限元仿真软件对轮毂进行数值仿真分析，通过轮毂径向疲劳试验仿真和弯曲疲劳试验仿真验证其结构合理性。其次考虑增材制造构件的设计规则，进行轮毂的拓扑优化设计。设计的新型轮毂经详细力学分析验证，相对初始结构减重 20.4%，抗弯曲疲劳性能提升了 8.8%，如图 6-16 所示。

6.3.5 多物理场拓扑优化

图 6-16　轮毂径向疲劳试验应力分析[13]

目前，拓扑优化的研究多集中在性能指标模型，仅局限于单一性能确定的优化设计，面向多种物理场的拓扑优化设计方法需要进一步开发研究。北京化工大学尹芳放针对包括多层变刚度和连续梯度刚度结构的两类功能梯度结构，分别构建 Lagrange 插值多项式和二元指数形式梯度系数函数的材料插值模型[14]。其次，引入材料插值模型，建立一种以质量为优化目标，位移为约束条件的功能梯度结构拓扑优化模型，并探究位移约束和梯度系数组合对于优化结果的影响规律。最后，结合传热学理论，建立一种同时考虑拓扑构型和材料参数的功能梯度结构多尺度设计方法，结合复合材料物性参数模型和机器学习聚类分析 k-means 算法，建立一种功能梯度结构静力学性能与传热特性预测方法，并将其应用于夹层结构设计与性能评估。根据仿真结果，与传统均质夹层结构相比，具有同等承载能力的新型结构隔热和热应力缓和性能分别实现 86.50% 和 42.10% 的提升。中国科学技术大学王杰通过在结构表面设置吸声材料并使用 SIMP 插值模型，开展了阻抗边界条件下的三维声学等几何边界元分析[15]。结合形状设计和吸声材料拓扑分布改变这两种设计方式并建立了形状与拓扑联合优化算法，通过等几何边界元中的 NURBS 插值构建了结构形状和表面吸声材料拓扑分布之间的联系通道，依据有效的联合优化迭代方案实现了比单类型的形状或者拓扑优化更好的降噪效果。

6.4 考虑制造约束的拓扑优化设计

没有考虑几何约束的拓扑结构通常不满足多种制造工艺要求，使得拓扑结果与工程结构的差距很大。例如内部包含孔洞的结构通常具有更好的性能，但是内部孔洞无法通过机械加工或铸造工艺制造。为了促进拓扑优化方法在工程中的应用，在拓扑优化过程中，需要考虑多样的制造要求，降低拓扑结果的复杂程度。结构最小或最大尺寸控制是制造工艺的基本要求。基于 SIMP 拓扑优化法，处理棋盘格或网格依赖性问题的密度过滤法[16,17] 和灵敏度过滤法[18]，是最早实现拓扑结构尺寸控制的方法。

6.4.1 考虑结构最小尺寸约束的拓扑优化方法

最小尺寸约束是几乎所有制造方法都需要考虑到的几何特征制造约束。在面向增材制造的拓扑优化设计中，需要考虑到增材制造能力的最小尺寸约束，其最小尺寸与激光光斑大小和热影响区大小有关。

为了严格控制组件的最小长度，Guest 等提出了 Heaviside 投影法[19]，由于这种方法只能有效地控制组件的尺寸，而不能控制孔洞的尺寸，Guest 等进一步通过双 Heaviside 投影法有效地控制组件和孔洞的尺寸[20]。

拓扑优化过程中考虑制造约束提高了拓扑结构的可制造性，但是薄壁骨架结构制造过程复杂，通常包含多种制造工艺，对拓扑结构的形状要求非常严格，通过考虑制造约束直接设计这类结构非常困难。所以需要根据工程经验对拓扑结果进行后处理，使拓扑结果满足薄壁骨架结构的制造工艺要求。

6.4.2 考虑孔洞封闭约束的拓扑优化方法

封闭孔洞是结构的重要特征之一，如何识别封闭孔洞与区分结构内外孔洞是结构拓扑优化设计问题的关键技术之一。在 SIMP 算法中，封闭孔洞和开放孔洞的描述都是密度为零，导致内外孔洞识别困难。增材制造成形的封闭孔洞，会导致金属粉末残留在封闭孔洞内部，易形成裂纹源，影响结构性能，且由于材料粉末残留而无法达到设计的轻量化目标值。

6.4.3 考虑自支撑约束的拓扑优化方法

增材制造自支撑约束是指当结构下表面倾斜角度大于一定值时，在逐层制造过程中容易发生坍塌。此时需要在下方增加支撑结构，同时将上层热量传导至基板，以减小热变形。支撑结构设计不仅增加了设计难度，还导致加工时间及成本增加，且后期去除工艺难度较大，破坏了结构最优性。研究表明，当下表面倾斜角度小于一定值时，结构可以实现自支撑。设计自支撑的拓扑优化结构有助于节约材料成本，缩短设计周期。

悬垂结构是增材制造中难以成形的结构，需要额外设计支撑结构对其进行辅助成形，在成形结束后，还需要对其进行后处理去除支撑结构，浪费材料，以及增加工艺成本，并且对样品表面的粗糙度也会产生一定的影响。因此，在拓扑优化设计过程中，我们需要尽量避免悬垂结构的产生，设置特定的最小悬垂角度约束，使结构无须支撑，因此也被称为自支撑约束。可以通过密度梯度直接获取边界切线方向，从而建立悬垂约束与设计变量的显式数学关系。悬垂角为结构边界法线方向与打印方向的夹角，因此在基于边界描述的拓扑优化方法中更容易获得结构边界切线的角度信息，从而更方便计算约束结构的悬垂角。

6.5 未来的发展

本章综述了基于粉末床增材制造成形的工艺约束和结构成形特征约束，在其设计过程中和成形过程中需要考虑这些约束对结构成形质量的影响。但是，当空间结构更为复杂，部分结构悬垂无法解决时，还是需要通过添加支撑进行解决，而增加的支撑会影响结构接触部分的成形表面质量；当支撑在内部空腔时，则难以去除并取出，影响零件的成形质量和功能。因此，需要考虑将结构进行进一步的拓扑优化，实现结构的自支撑，免去去除支撑的麻烦。目前结构拓扑优化大部分还是集中在基于力学的拓扑优化，而针对热学、磁学、声学等功能的拓扑优化技术较少，未来拓扑结构的发展将面向功能的优化，并将多种功能进行集成。因此，功能结构拓扑和多功能一体化拓扑优化技术将是结构拓扑技术的未来发展方向。

参考文献

[1] Wang D, Wu S, Bai Y, et al. Characteristics of typical geometrical features shaped by selective laser melting [J]. Journal of Laser Applications, 2017, 29 (2): 022007.

[2] 白玉超．马氏体时效钢激光选区熔化成形机理及其控性研究 [D]．广州：华南理工大学，2018.

[3] 白伟．增材制造结构热变形缓和优化与考虑尺寸约束的构型设计 [D]．大连：大连理工大

学，2016.

[4] Bendsøe M P，Kikuchi N. Generating optimal topologies in structural design using a homogenization method [J]. Computer Methods in Applied Mechanics and Engineering，1988，71 (2) .

[5] 袁振，吴长春．复合材料周期性线弹性微结构的拓扑优化设计 [J]. 固体力学学报，2003，24 (1)：40-45.

[6] Bendsøe M P，Sigmund O. Topology optimization：Theory，methods，and applications [M]. Springer Science & Business Media，2003.

[7] Xie Y M ，Yang X Y ，Steven G P. Theory and application of evolutionary structual optimization method [J]. Eng Mech，1991，16 (6)：70-81.

[8] Osher S，Sethian J A. Fronts propagating with curvature-dependent speed：Algorithms based on Hamilton-Jacobi formulations [J]. Journal of Computational Physics，1988，79：12-49.

[9] Sethian J A，Wiegmann A. Structural boundary design via level set and immersed interface methods [J]. Journal of Computational Physics，2000，163 (2)：489-528.

[10] 李佳霖，赵剑，孙直，等．基于移动可变形组件法（MMC）的运载火箭传力机架结构的轻量化设计 [J]. 力学学报，2022，54 (01)：244-251.

[11] 王瑞显，冯振伟，马灵犀，等．小卫星一体化星敏支架拓扑优化 [J]. 南京航空航天大学学报，2021，53 (S1)：67-70.

[12] 张国锋．基于变密度法的结构拓扑优化敏度过滤及后处理方法研究 [D]. 成都：四川大学，2021.

[13] 刘肇涵．面向 3D 打印技术的汽车轮毂新型设计方法研究 [D]. 哈尔滨：哈尔滨工业大学，2021.

[14] 尹芳放．承载-隔热功能梯度结构可靠性拓扑优化设计方法及应用研究 [D]. 北京：北京化工大学，2021.

[15] 王杰．基于边界元的声学、声振问题结构形状与拓扑优化算法研究 [D]. 合肥：中国科学技术大学，2021.

[16] Bruns T E，Tortorelli D A. Topology optimization of nonlinear elastic structures and compliant mechanisms [J]. Computer Methods in Applied Mechanics and Engineering，2001，190 (26/27)：3443-3459.

[17] Bourdin B . Filters in topology optimization [J]. International Journal for Numerical Methods in Engineering，2001，50 (9)：2143-2158.

[18] Sigmund O，Petersson J. Numerical instabilities in topology optimization：A survey on procedures dealing with checkerboards，mesh-dependencies and local minima [J]. Structural Optimization，1998，16 (1)：68-75.

[19] Guest J K，Prévost J H，Belytschko T. Achieving minimum length scale in topology optimization using nodal design variables and projection functions [J]. International journal for numerical methods in engineering，2004，61 (2)：238-254.

[20] James K，Guest J K. Topology optimization with multiple phase projection [J]. Computer Methods in Applied Mechanics and Engineering，2009，199 (1) .

第7章

多孔结构设计方法及其成形性能

7.1 多孔结构设计方法

多孔结构设计，是一种基于模仿自然界的结构设计方法，例如骨多孔组织、木质多孔、荷叶径中空多孔和蜂窝多孔结构等，将自然界的多孔结构特征进行提炼，获取其几何拓扑特征，使用三维设计软件对拓扑空间结构特征进行正向或逆向设计，得到一类具有轻质高强结构的零件。根据其孔隙率的变化规律，多孔结构主要可以分为三大类型：均匀多孔结构、随机多孔结构和梯度多孔结构。

7.1.1 均匀多孔结构设计

均匀多孔结构的设计思维是先构建单元体结构，可对单元体结构进行放大或缩小，然后基于特定尺寸的单元体结构对其进行三维空间的阵列操作，生成三维周期重复多孔结构。面向增材制造成形的多孔结构根据单元体结构类型主要可以分为三大类型：第一类是模仿金属晶格点阵结构（lattice structure）；第二类是通过隐式函数控制生成的隐式曲面多孔结构，又称为三周期极小值曲面多孔结构（triply periodic minimal surface cellular structures，TPMS）；第三类是利用拓扑优化方法获得的单元体。[隐式函数的概念：如果方程 $F(x,y)=0$ 能确定 y 是 x 的函数，那么称用这种方式表示的函数是隐函数，隐函数是相对于常见的显函数 $y=f(x)$ 而言的。]

常见的晶格点阵结构包括简单立方结构（simple cubic，SC）、面心立方结构（face center cubic，FCC）、体心立方结构（body center cubic，BCC）和密排六方结构（hexagonal close-packed，HCP）。通过特定方式连接金属晶格点阵结构的各个顶点和面心生成连接线，并将连接线生成微杆，从而获得具有一定孔隙率的三维空间点阵结构，常见的模仿金属晶格点阵的多孔结构有 SC[1]、BCC[2] 和 FCC[3]（图 7-1）。较早提出晶格点阵结构概念的是 Gibson 教授和 Ashby 教授[4]，他们对点阵结构的设计方法、力学性能等进行了系统性的研究，并提出了点阵结构弹性模量的经典预测模型 Gibson-Ashby 模型，见式(7-1)。

$$\frac{E_{\text{latt.}}}{E_{\text{sol.}}}=C_1\left(\frac{\rho_{\text{latt.}}}{\rho_{\text{sol.}}}\right)^n \tag{7-1}$$

式中，$E_{\text{latt.}}$ 为晶格点阵结构的弹性模量；$E_{\text{sol.}}$ 为实体结构的弹性模量；C_1 为 Gibson-Ashby 模型拟合系数；$\rho_{\text{latt.}}$ 为晶格点阵结构的密度；$\rho_{\text{sol.}}$ 为实体结构的密度。

图 7-1　三种典型的晶格点阵结构模型

由于晶格点阵设计的简易性及其轻质高强等优秀性能，近年来，研究者们对晶格点阵结构的设计及其性能开展了大量的研究[5,6]。Murr 等提出利用增材制造技术制备的具有复杂空间的网格点阵结构将是下一代的生物医学植入体[7]。Wettergreen 等通过实体建模方式，建立了多种基本单元体结构，并构造数据库，通过类似“积木”累积的形式，将不同形状但边界几何等同的多孔基本单元组合在一起，形成基本单元库，如图 7-2 所示[8]。

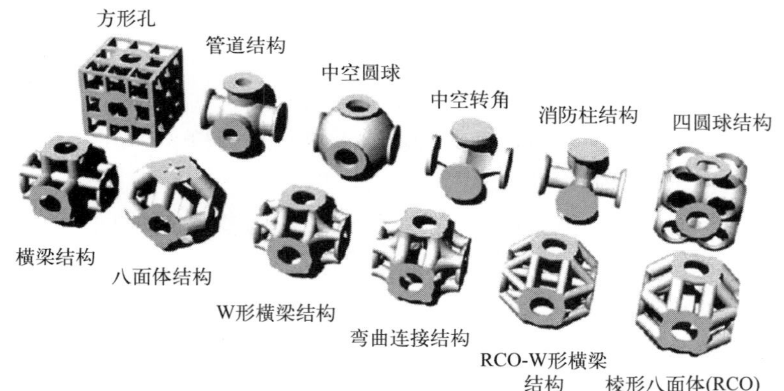

图 7-2　点阵结构的单元体库[8]

TPMS 结构是具有复杂的 3D 拓扑空间结构的极小值表面，其具有高比表面积、高孔隙率和保持高度的长程有序结构，其内部结构互联互通，且表面光滑，是用于骨科植入体设计中较为理想的多孔结构。与 TPMS 的几何形状类似的结构存在于生物系统中，如象鼻虫、甲壳虫和蝴蝶翅膀鳞片等[9,10]，该类型生物微结构显示的拓扑结构提供了特定的光学微结构，TPMS 引起了科学界和工程学科（例如，生物学、建筑学、材料学等）的关注，开始对基于 TPMS 多孔结构的弹性、塑性、黏弹性、光学和电磁学等性能开展模拟分析和实验验证。Schoen 较早系统性地提出了多种 TPMS 结构的设计函数模型[11]，并在书中阐述了多种类型 TPMS 结构的晶体学对称性关系。常见的 TPMS 结构主要有 gyroid[12,13]、diamond[14]、primitive[15] 和 IWP[16] 四种类型，其模型如图 7-3 所示，该四种类型隐式曲面结构的形状控制隐式函数见式(7-2)～式(7-5)。

$$F_{\text{gyroid}}=\sin(2\pi x)\cos(2\pi y)+\sin(2\pi y)\cos(2\pi z)+\sin(2\pi z)\cos(2\pi x)-t \tag{7-2}$$

$$\begin{aligned}F_{\text{diamond}}=&\sin(2\pi x)\sin(2\pi y)\sin(2\pi z)+\sin(2\pi x)\cos(2\pi y)\cos(2\pi z)+\\&\cos(2\pi x)\sin(2\pi y)\cos(2\pi z)+\cos(2\pi x)\cos(2\pi y)\sin(2\pi z)-t\end{aligned} \tag{7-3}$$

$$F_{\text{primitive}}=\cos(2\pi x)+\cos(2\pi y)+\cos(2\pi z)-t \tag{7-4}$$

$$F_{\text{IWP}}=\cos(2\pi x)\cos(2\pi y)+\cos(2\pi y)\cos(2\pi z)+\cos(2\pi z)\cos(2\pi x)-t \tag{7-5}$$

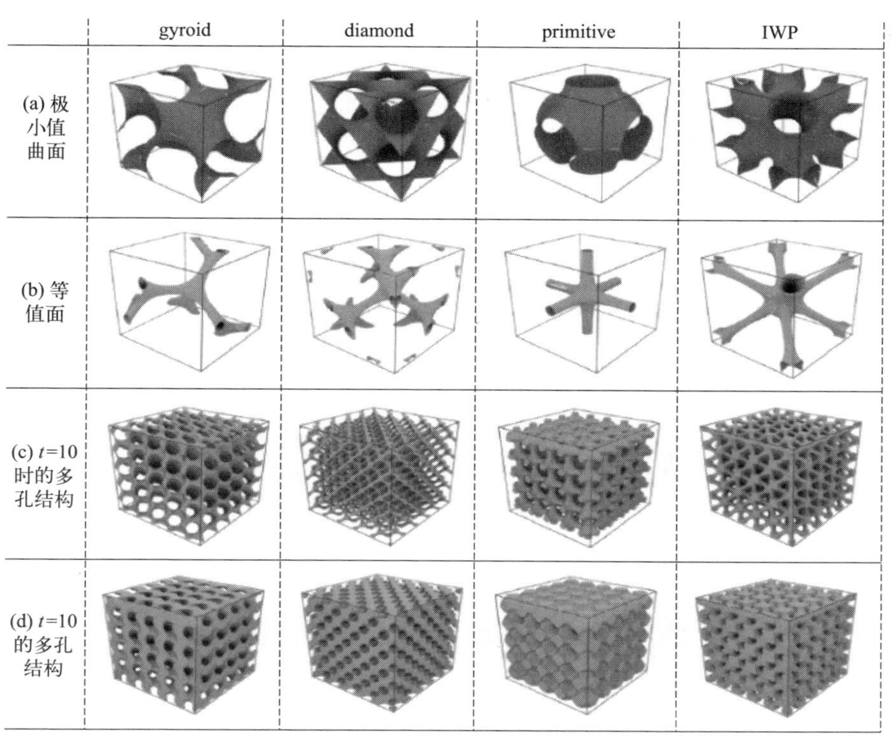

图 7-3　隐式曲面多孔结构[15]

TPMS 的结构类型、尺寸和孔隙率等参数均可以通过该四个三角函数的参数调节进行控制。根据其隐式曲面生成可增材制造的三维结构模式，TPMS 结构又可分为一般隐式曲面（TPMS）多孔[13,17]和双重隐式曲面（double TPMS）多孔[18]。一般微杆型隐式曲面多孔结构是通过隐式曲面的端面封闭形式生成几何体，而双重隐式曲面多孔则是通过曲面偏置方式生成几何体，见图 7-4。

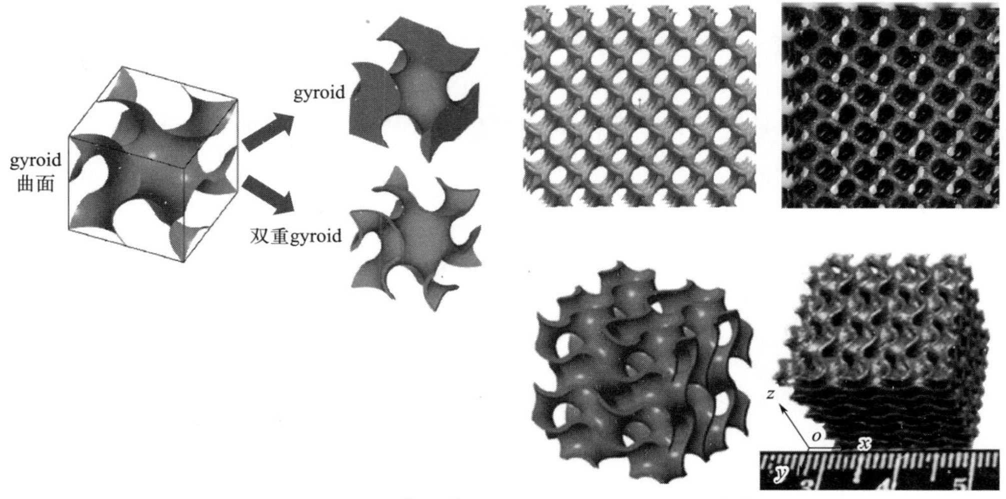

图 7-4　gyroid[13,17] 和双重 gyroid 隐式曲面[18]

Melchels 等将 gyroid 和 diamond 的两个隐式函数输入 K3Dsurf v0.6.2 软件中生成了 gyroid 和 diamond 结构的几何模型，并通过调节参数 t 值控制孔隙率为 70%，此时 gyroid 和 diamond 的 t 值分别为 −0.6 和 −0.42[19]。在建立 TPMS 的几何模型后，利用立体光固化技术（SLA）制备了该两种隐式曲面多孔结构。Yang 等基于 gyroid 的隐式函数，利用 MATLAB 软件开发隐式曲面几何结构的代码，并通过三维几何的旋转操作，生成了分别绕（100）、（110）和（111）三个平面旋转的 gyroid 几何结构[17]。Ma 等使用 PTC Creo 3.0 软件和 gyroid 的隐式函数，设计了 gyroid 双重隐式曲面多孔结构（double-gyroid）[18]，并利用 SLM 制备 double-gyroid 结构，通过压缩测试和流体力学模拟仿真，获得了其力学性能和流体渗透性能，预测了该结构适合用于培养细胞以及作为医学植入体。

作者团队利用 MC（移动立方体）算法构建等值面的三角面片，生成了 primitive、diamond 和 gyroid 三种端面封闭式的隐式曲面[20]，并通过形函数控制生成具有系列孔隙率的隐式曲面多孔结构，获得孔隙率与等效弹性模量之间的关系，发现 diamond 结构和 gyroid 结构具有相近的弹性模量，而 primitive 结构在该三种隐式曲面多孔结构中具有最高的等效弹性模量。

隐式曲面多孔结构也可通过 K3Dsurf 和 PTC Creo 等商业软件进行建模，通过定义隐式函数生成对应的隐式曲面多孔结构，通过成熟的商业软件进行隐式曲面多孔建模虽然快捷方便，但是也存在局限性，可修改自由度低。而通过 MATLAB 等编程方法实现隐式曲面多孔结构设计，前期代码开发难度较大，但是一旦编译了成熟的隐式多孔结构几何体生成代码框架，则可快速生成所需模型，且修改自由度高，通过修改代码内部参数实现高自由度的参数化建模。通过经典隐式曲面函数生成的 TPMS 多孔结构，当设计参数 t 达到一定值时，具有三周期的 TPMS 三维结构会被夹断[21]，从而会导致结构的不连续性。结构不连续性对结构性能的影响非常大，会造成结构的难以打印成形或者存在严重的应力集中，导致在承载过程中失效。

基于拓扑优化方法设计的多孔单元体，其基本原理是在立方体空间中设定特定的载荷工况和边界条件，设定设计区域与非设计区域，利用拓扑优化算法对立方体空间进行拓扑优化设计，在拓扑优化条件设置中，以某一相对密度为减重目标，获得具有特定孔隙率的单元体结构。拓扑优化的多孔结构的构型主要取决于工况载荷条件和拓扑优化方法，拓扑优化是优化晶格结构或获得新结构的一种快捷有效的优化设计方法。

Yang 等利用双向进化结构优化（BESO）方法，设计出一种刚度很高的正交各向异性单元体结构[22]。利用均质化方法计算弹性张量及其柔度得到矩阵，构造了拉格朗日函数结合目标和多重函数约束，研究了各种正交各向异性比率的结构，其获得的拓扑结构呈现出沿着最强轴重新分布材料的模式，并保持整体的刚度，该方法适用于正交各向异性单元体的设计。

作者团队参考金属晶体学的点阵分布方式对立方体进行受力加载，利用 Abaqus 中的拓扑优化模块对三种受力加载工况开展优化迭代设计，获得类似 FCC、VC 和 ECC 三种类型的拓扑优化多孔单元体，其设计优化过程见图 7-5[23]。基于有限元分析的结果，逐步将结构中应力较小的部位删减。经过 15 次迭代，得到相应体积分数的拓扑优化网格单元体。网格结构内，连接相邻结构的部分是拓扑优化施加载荷的冻结区域。在同一个网格结构的点阵阵列中，每个相邻结构之间通过连接部位相互连接，以确保结构的刚性和稳定性。

Xie 等也基于 BESO 优化方法开发了一个计算程序，提出一系列的正交各向异性材料的设计，其中包括在一个或两个方向上为负泊松比或者零泊松比的单元体[24]，并利用增材制造技术制备了有机硅树脂材料，对其进行压缩测试分析，证明了零泊松比和负泊松比超材料结构的设计和制造的可行性。

对通过上述拓扑优化方法获得的单元体进行阵列设计，虽然可以获得优化的均质点阵结构，但是难以通过该设计方法直接获得梯度多孔结构，因此单一使用

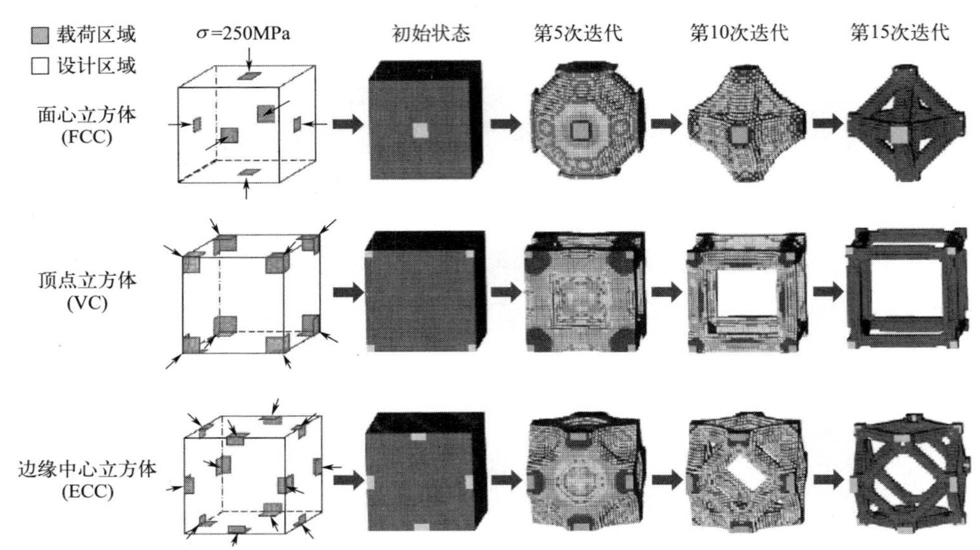

图 7-5　三种网格结构的拓扑优化迭代过程[23]

拓扑优化方法进行多孔结构设计具有一定的设计局限性。

7.1.2　随机多孔结构设计

随机多孔结构设计是一种模仿骨小梁的仿生结构设计方法，通常研究者们采用 Voronoi 理论对随机多孔结构进行设计。Voronoi 算法的核心思想是产生随机点，并在某一种子点附近随机搜寻相邻的随机点，通过计算连接生成 Voronoi 细胞。Gómez 等使用 Rhinoceros 三维设计软件中的 3D Voronoi Grasshopper 设计程序对获取的随机点生成 Voronoi 随机胞状结构，并通过获取 Voronoi 的胞状轮廓线生成类似骨小梁的微杆结构，最后通过光顺处理获得 Voronoi 随机多孔结构（见图 7-6）[25]。通过计算随机多孔的弹性模量和流体渗透性，发现该 Voronoi 结构可通过调节孔隙率与天然的骨小梁几乎完全匹配，该多孔类型有益于细胞黏附、迁移，最终促进新骨愈合。

Zhang 等也利用了 Grasshopper 的 3D Voronoi 插件程序对颅骨修复假体进行参数化建模，通过编程“电池”图（见图 7-7），控制在颅骨修复体三维空间生成具有随机多孔的骨小梁模型，并通过力学仿真和压缩测试获得了 SLM 成形随机多孔结构的力学性能，为含骨小梁结构的个性化植入体的设计提供了建模方法参考[26]。

7.1.3　梯度多孔结构设计

梯度结构的材料成分或结构沿结构内部在某一方向上发生变化，其材料特性

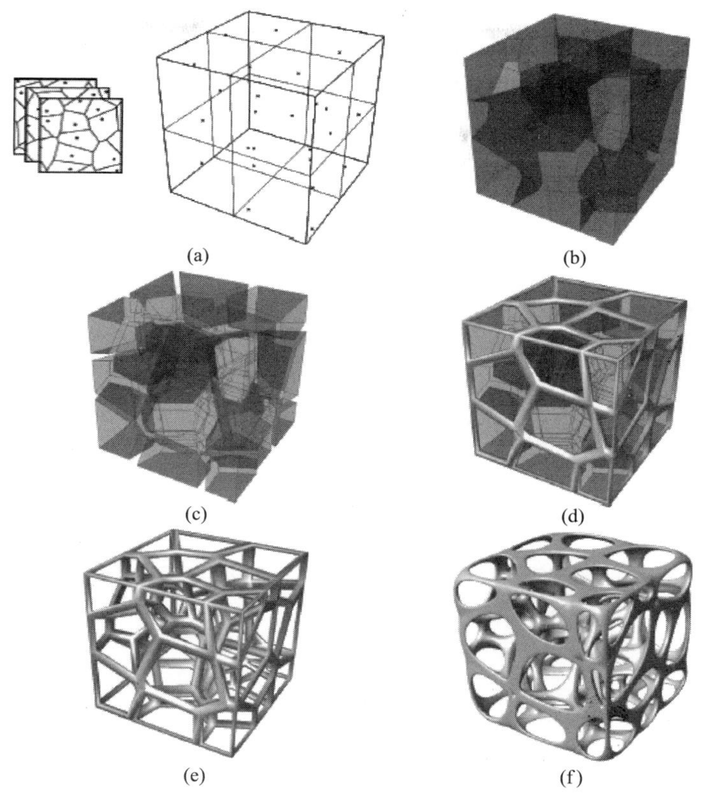

图 7-6　3D Voronoi 随机多孔结构设计方法[25]

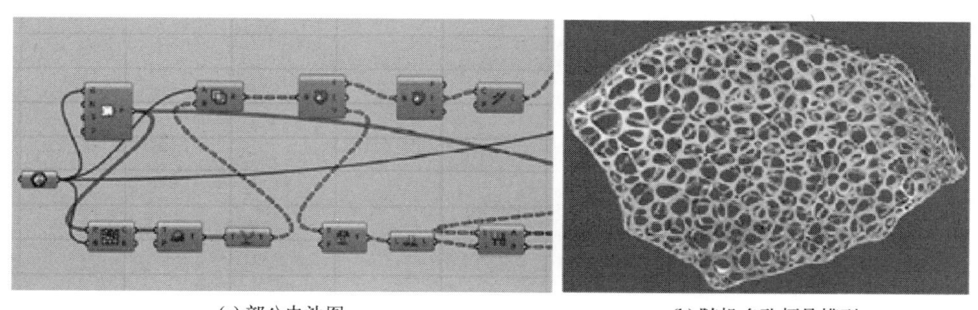

(a) 部分电池图　　(b) 随机多孔颅骨模型

图 7-7　随机多孔颅骨修复体[26]

以梯度的方式发生变化。梯度多孔结构是 FGM 的一类，其典型的结构特征为孔隙率呈现梯度变化。梯度多孔结构在骨骼、鸟喙、树干、竹子等生物结构中常见(生物梯度微结构)，由于其具有优秀的吸能、减振和抗弯等力学性能，被研究人员所青睐，对梯度多孔结构的仿生学设计方法和性能开展了大量的研究[27-30]。根据多孔结构的单元体类型，常见的梯度多孔结构可以分为三大类型：梯度晶格点阵结构、梯度随机多孔和隐式曲面梯度多孔。

作者团队曾提出了一种关于连续性梯度晶格点阵结构的参数化设计方法（图 7-8）[31]，该设计方法是基于 Rhinoceros 5 三维设计软件中的 Grasshopper 插件 Intralattice，以 BCC 的梯度晶格点阵结构设计为例：在空间分布的单元节点配置(0,0,0)、(1,0,0)、(0,1,0)、(0,0,1)、(1,1,0)、(1,0,1)、(0,1,1)、(1,1,1)和(1/2,1/2,1/2)，连接各个顶点，每条连接线均通过节点(1/2,1/2,1/2)，生成基础单元连接线；然后通过电池中的阵列操作方式获得分布的空间阵列线形分布；利用梯度函数驱动 mesh 建模程序对空间阵列线形进行包覆建模，并沿着设定的方向进行梯度变化，获得空间梯度多孔结构。该梯度晶格点阵结构可以通过“电池”程序对单元体数量、尺寸和半径的梯度变化进行参数调整，实现梯度多孔结构参数化驱动的快速设计。

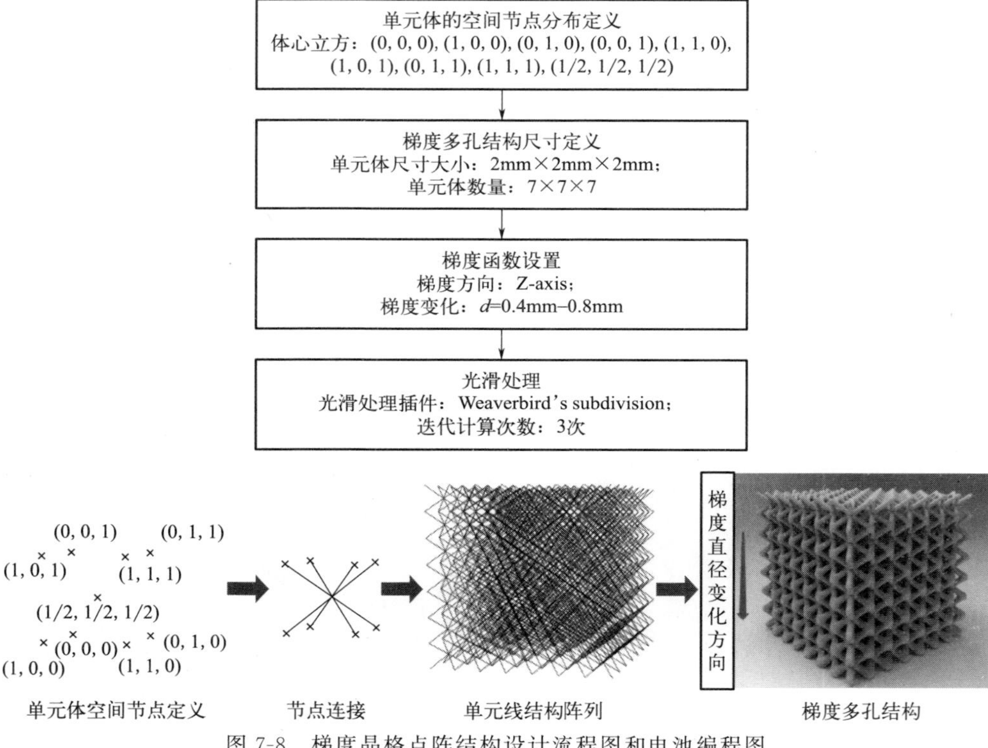

图 7-8　梯度晶格点阵结构设计流程图和电池编程图

Maskery 基于微杆结构几何建模的方式设计了梯度 BCC 点阵结构（图 7-9）[32]，由结构下部至结构上部，其相对密度呈现逐层减小的梯度变化，该类型的结构由于每层的微杆直径不同，因而结构呈现台阶式的梯度变化，并非连续性的梯度点阵结构。梯度晶格点阵结构除了由下至上的单向线性梯度结构变化外，Onal 等也研究了 Dense-In 和 Dense-Out 两种类型的梯度点阵多孔的设计方法与性能，其密度分别是由中间层向上下层呈现双向的梯度变化[33]。

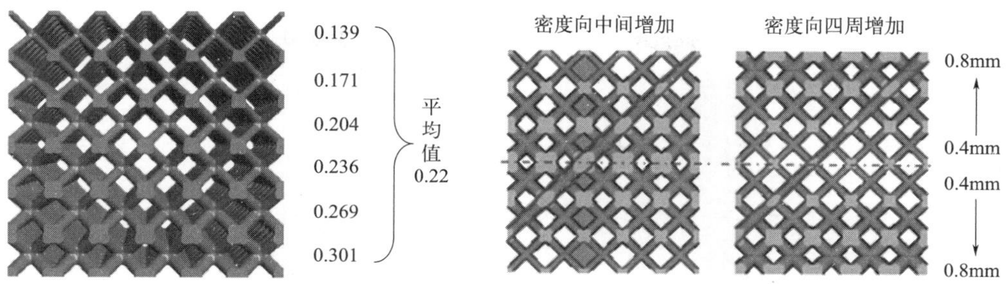

图 7-9　梯度晶格点阵结构[32,33]

梯度晶格点阵结构类型中除了上述的线性梯度的结构变化外，还有一种结构是中心梯度变化的晶格点阵结构。较早提出增材制造轴心梯度多孔结构的是 Kalita 等[34]，他们通过将系列孔隙率的圆筒点阵结构进行叠加，其孔隙率由轴心内部向圆周阶梯减小，并利用熔融沉积成形（fused deposition modeling，FDM）技术制备了 PP＋TCP 复合材料的多孔结构，并研究其生物相容性，发现轴心梯度结构利于细胞的附着生长。骨骼中的骨小梁结构在长轴位置以长轴方向为中心向周围呈现梯度孔隙率的变化（图 7-10），Surmeneva 等利用 Solidworks 三维设计软件模仿该轴心梯度变化的骨骼结构设计了具有轴心梯度的 BCC 和 diamond 点阵结构，该点阵结构的孔隙率由轴心至圆周呈现梯度递减的变化，并通过 EBM 技术制备了 Ti6Al4V 轴心梯度结构[35]。

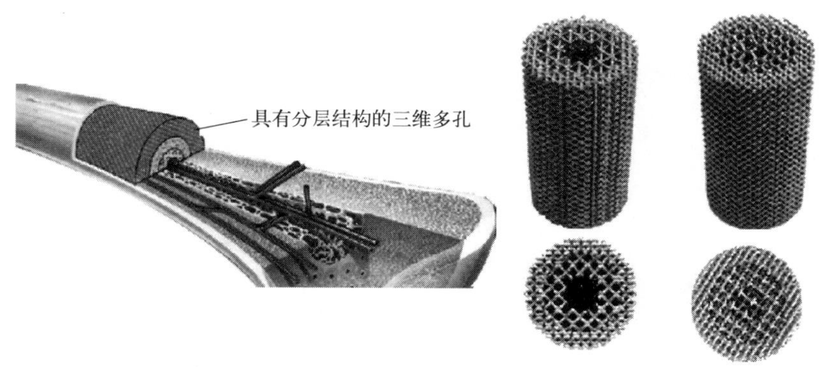

图 7-10　轴心梯度点阵结构[35]

作者团队提出结合有限元分析和 Rhinoceros 插件 Grasshopper 电池程序进行植入体的梯度点阵结构的参数化多孔结构的设计[36]。先对植入体进行有限元分析，根据分析应力结果调整其网格梯度变化，然后将网格划分的节点位置信息导入 Grasshopper 中，通过编写 Grasshopper 的电池图将有限元的网格生成具有一定梯度的点阵网格结构（图 7-11）。该参数化建模方法可应用于医学植入物中，通过设计具有梯度多孔的植入物，达到快速建模的效果。

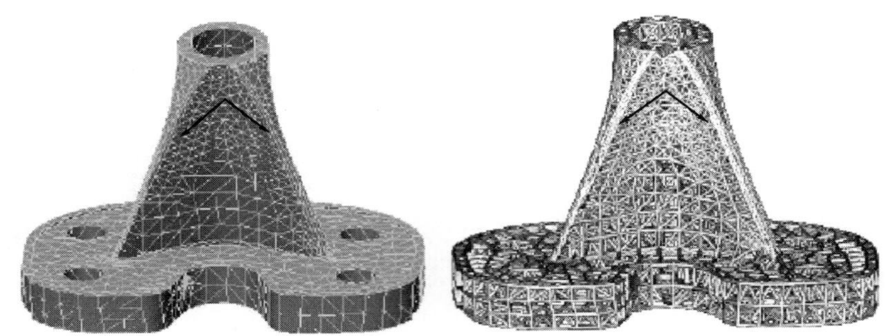

图 7-11 参数化梯度多孔植入体[36]

梯度金属晶格结构虽然可以通过参数化方法实现快速设计，但是由于其设计基础是基于金属点阵模式，其桁架结构连接处为突变的尖角结构，存在着应力集中，易导致结构的局部力学性能较差而发生局部断裂现象。因此，需要发展具有光滑圆弧连续性过渡桁架的梯度结构设计方法。

梯度随机多孔结构是在 Voronoi 理论的随机多孔结构基础上，对随机多孔结构的随机性利用特定方向的梯度设计程序进行干扰，使其在随机结构的基础上具有一定的梯度分布。Wang 等使用 Grasshopper 程序设计了具有梯度分布规律的随机多孔结构（图 7-12）[29]，先建立 z 轴上的均匀点分布，每层均匀点的距离由下至上呈现梯度变化，然后利用随机算法将每层的点进行随机打乱，形成具有 z 轴梯度的类随机点分布，最后利用 Voronoi 3D 的电池程序生成梯度随机骨小梁结构。Gómez 等也在基于 Voronoi 电池编程随机多孔骨小梁的设计基础上，模仿松质骨结构设计了梯度随机多孔结构[25]。

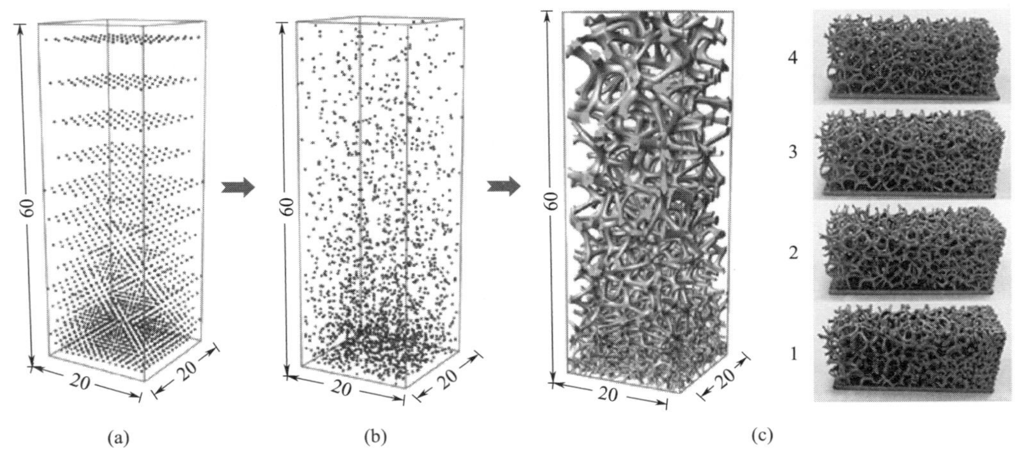

图 7-12 梯度随机多孔设计方法[29]

梯度随机多孔结构由于更接近人体骨骼的结构模式而受到研究人员的青睐，但是，正是因为其结构的随机性而使人们难以对局部的性能进行掌控和预测。隐式曲面梯度多孔结构设计是在均匀的隐式曲面多孔结构设计基础上发展而来的，隐式曲面多孔结构的孔隙率可通过调整隐式函数的常数项设计 t 值，从而控制其孔隙率的变化，因此，当将 t 值从常数改变为与坐标信息相关的函数时，隐式曲面整体结构的相对密度分布规律也会根据该函数的变化而变化[37]。根据孔隙率与力学性能的函数关系，可实现对梯度隐式曲面结构的力学性能的快速预测，或者利用有限元仿真分析方法对其力学性能进行仿真分析。

Maskery 等建立了 diamond 隐式曲面多孔结构的梯度控制函数[见式(7-6)][38]，通过调节 t 的位置函数控制孔隙率的梯度变化，并设计了两种孔隙率梯度变化的结构（见图 7-13)，孔隙率梯度变化函数见式(7-7)、式(7-8)。建立密度与 z 轴坐标的线性函数和三角函数关系，联立密度与设计 t 值的函数关系，即可获得 t 值与 z 轴坐标的函数关系。他们所使用的隐式曲面梯度的建模软件是由诺丁汉大学团队开发的 Functional lattice 软件包。

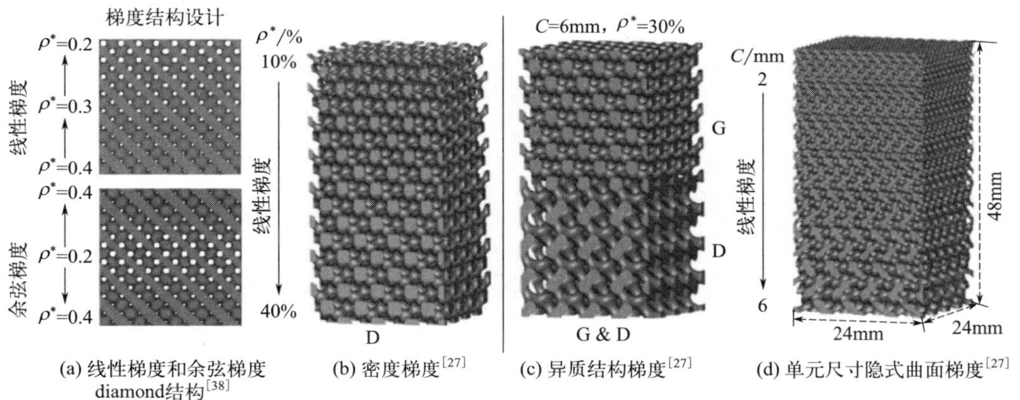

(a) 线性梯度和余弦梯度 diamond结构[38]　(b) 密度梯度[27]　(c) 异质结构梯度[27]　(d) 单元尺寸隐式曲面梯度[27]

图 7-13　隐式曲面梯度多孔结构

$$U=\sin x\sin y\sin z+\sin x\sin y\cos z+\cos x\sin y\cos z+\cos x\cos y\sin z-t(x,y,z) \tag{7-6}$$

$$\rho^{*}(z)=0.4-0.2z \tag{7-7}$$

$$\rho^{*}(z)=0.3+0.1\cos(2\pi z) \tag{7-8}$$

式中　U——隐式曲面函数；

$t(x,y,z)$——孔隙率相关的控制函数；

$\rho^{*}(z)$——z 轴的相对密度函数；

z——z 轴坐标。

Liu 等基于前期对均匀隐式曲面多孔结构的研究基础，通过添加密度梯度控制函数式(7-9)，异质结构梯度控制函数式(7-10)和单元体尺寸控制函数式(7-11)，利用K3Dsurf软件获得三类梯度隐式曲面的CAD模型，包括密度梯度，异质结构梯度和单元体尺寸梯度[27]。

$$R_G(D)=kz+R_0 \tag{7-9}$$

式中 $R_G(D)$——密度梯度控制函数；

k——相对密度-z 轴坐标的拟合曲线斜率；

R_0——初始零位结构密度。

$$\varphi_h(X)=\sum_{i=1}^{n}\frac{\varphi_i(X)}{e^{k_i\|X-X_i\|^2}} \tag{7-10}$$

式中 $\varphi_i(X)$——第 i 个数学模型子结构；

k_i——结构过渡因子。

$$\gamma(z)=\frac{k_1}{2}\times z+C_1+\frac{C_0}{z} \tag{7-11}$$

式中，$k_1=(m-1)/(z_{max}-z_{min})$；$C_1=-z_{min}k_1+1$；$C_0=0.5k_1z_{min}^2$。

Yang等利用MATLAB软件开发的代码对梯度gyroid结构进行设计，通过调整设计参数 t 值由常数项变为与 z 轴坐标相关的函数，获得沿 z 轴方向的梯度隐式曲面，并通过在MATLAB中对隐式曲面进行封闭操作获得端面封闭的gyroid结构[39]。随后，利用CT成像技术对梯度gyroid结构的SLM成形试样进行了尺寸精度研究，并提出了基于粉末床激光选区熔化成形技术的台阶效应对隐式曲面梯度多孔结构尺寸的影响机制[40]。

除了梯度孔隙率的隐式曲面多孔结构外，隐式曲面结构还包括梯度形状多孔结构和梯度尺寸多孔结构。Yoo等提出了一种新型的多形态多孔结构的设计算法，可以用于构建由多种TPMS形态和内部任意形状的过渡边界组成的复杂混

(a) IWP-diamond (b) primitive-diamond

图 7-14 梯度形状多孔结构[41]

合结构（见图 7-14），又称之为梯度形状多孔结构[41]。通过使用体积的距离场和生长函数，构建较为平滑过渡的结构边界。该方法可以快速、准确地控制生成多孔结构杂化形态，从而优化多功能性能，比如组合具有高的力学刚度和高的扩散系数。

7.2 多孔结构力学行为及各向异性行为

7.2.1 多孔结构力学行为

多孔结构的拓扑结构和材料直接决定其性能，而多孔金属结构的主要结构参数包括单元体类型、孔隙率、孔尺寸、比表面积等。不同单元体类型由于结构的受力分布不同，导致阵列成形后的结构承力状况不同，因此对不同类型的单元体构成的多孔结构的力学性能研究很有必要。

有学者利用 Maxwell 稳定性准则（式 7-12）对多种类型的多孔结构拓扑结构与力学行为的关系进行了解释[42,43]，并将多孔的力学行为分类为拉伸主导型（stretch-dominated）和弯曲主导型（bending-dominated），如图 7-15 所示。当 $M<0$ 时，微杆结构的变形方式主要为弯曲变形，因此称该类型的结构为弯曲主导型结构；当 $M\geqslant 0$ 时，微杆的变形方式主要为拉伸或者压缩变形，因此称这种结构为拉伸主导型结构。

$$M=b-3j+6=0 \tag{7-12}$$

式中，M 为判断结构变形方式参数；b 为晶格点阵结构连接梁数量；j 为晶格点阵结构连接点数量。

拉伸主导型结构往往是具有高的结构利用效率的，因此结构模量和初始屈服强度一般较高；而弯曲主导型结构的结构利用效率较低，因此其结构模量和初始屈服强度一般较低[44]。这使得拉伸主导型多孔成为弯曲主导型泡沫多孔的具有潜力的替代结构，但是需要注意的是，拉伸主导型结构在压缩过程中存在着屈服后的应变软化现象，因此会导致其能量吸收效果不佳，因为优秀的能量吸收结构一般需要具有较长的应力应变屈服平台。

Gümrük 等对 SLM 成形 BCC、BCCZ 和 F_2BCC 三种晶格多孔的力学行为开展研究，发现 BCCZ 结构（孔隙率＝86.72%）中由于存在着与受力方向平行的微杆，其压缩弹性模量可达 2054.67MPa，比 BCC 结构（孔隙率＝86.7%）高出 4.5 倍左右[45]。结合拓扑结构的变形行为和应力应变曲线分析可知，BCCZ 结构为拉伸主导型结构，而 BCC 结构为弯曲主导型结构，而拉伸主导型多孔往往比弯曲主导型多孔的弹性模量高。

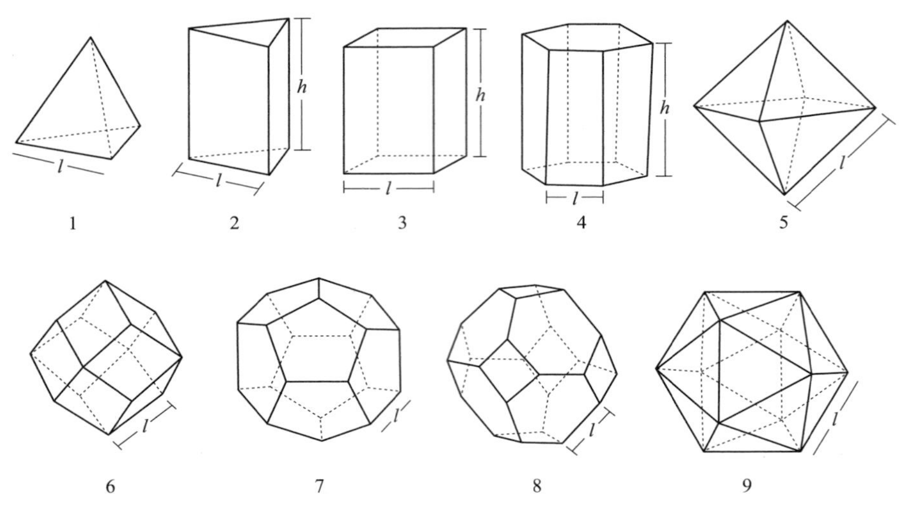

(a) 多面体结构(序号2～4, 6～8结构的$M<0$，为弯曲主导型结构，其余为拉伸主导型结构)

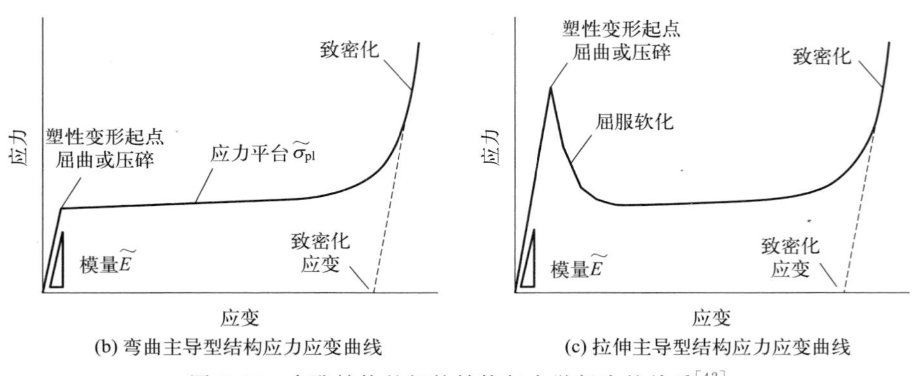

(b) 弯曲主导型结构应力应变曲线

(c) 拉伸主导型结构应力应变曲线

图 7-15　多孔结构的拓扑结构与力学行为的关系[42]

除了拓扑结构类型对多孔结构的力学行为有影响外，成形材料的塑性也同时对多孔结构的力学行为产生较大的影响。Maskery 等研究了 SLM 成形的 AlSi10Mg 的 gyroid 隐式曲面多孔结构的压缩行为和能量吸收行为，发现 AlSi10Mg 成形的均匀 gyroid 结构存在着 45°对角线的剪切带[见图 7-16(a)][46]。该脆性断裂的剪切带在 SLM 成形的 Ti6Al4V-gyroid[13] 多孔结构和 Ti6Al4V-Honeycomb（蜂窝）多孔结构[47] 中被发现，并且是多种孔隙率结构中普遍存在的结构断裂特征，该特征导致多孔结构在较低伸长率时已经发生不可逆的溃断现象，导致结构在早期变形中整体失效。Gorny 等利用数字图像相关仪（digital image correlation，DIC）对 Ti6Al4V-BCC 结构的压缩行为进行研究，发现其沿着特定的晶格层（45°倾斜角）约有 2%的 Tresca 应变带[见图 7-16(c)]，随后在该应变带上晶格结构发生剪切断裂[48]。作者团队通过设计正六面体单元模型，建立可控多孔结构的载荷与位移的简化计算模型，并对 Ti6Al4V 多孔力学性能进行了预测，发现正六面体失效是剪切应力失效，其断口形貌分析表明为解理断裂模式[49]。

(a) AlSi10Mg gyroid[46]

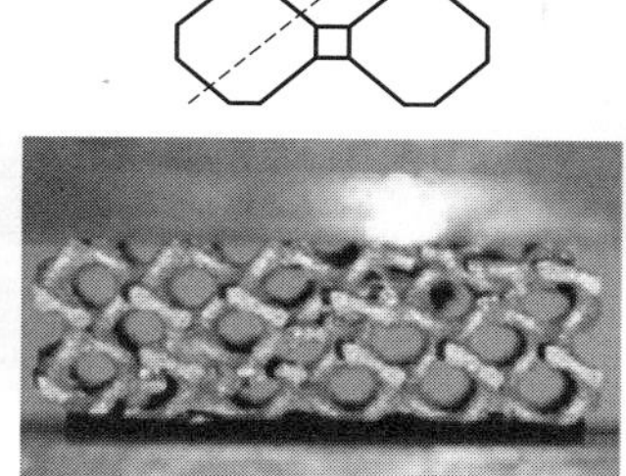

(b) Ti6Al4V-gyroid[13]

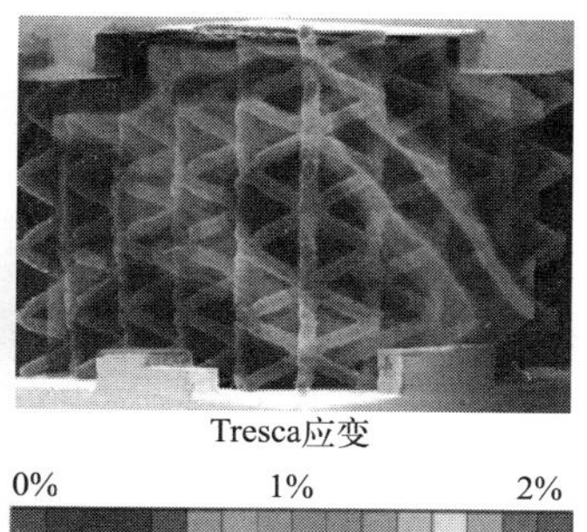

(c) Ti6Al4V-BCC[48]

图 7-16　脆性多孔材料断裂特征

利用 SLM 直接成形的 AlSi10Mg 和 Ti6Al4V 两种材料的实体零件和多孔零件均已被实验证明为脆性材料[46,50]，其伸长率较低，其多孔结构压缩过程中的力学性能不稳定[51]，易发生脆性溃断现象，因此难以利用函数模型对其力学变形行为和能量吸收行为进行精确预测。由于 SLM-316L 零件具有塑性好、强度高的特点（伸长率可达 30%～60%，抗拉强度可达 500～700MPa[52,53]），研究学者们开始对 316L 不锈钢多孔结构的力学行为进行研究[54,55]。由塑性材料 316L 不锈钢 SLM 成形的 gyroid 多孔结构在压缩过程中呈现整体均匀变形特征（见图 7-17）[18]，多孔结构整体变形后呈现桶状，其横向发生膨胀，与塑性良好的实体结构压缩后的鼓形相似。

图 7-17　塑性多孔材料压缩变形[18]

均匀多孔结构的压缩应力应变曲线特征[33] 可以分为三个阶段（图 7-18）：阶段一，线弹性变形阶段，在此阶段中多孔微杆发生弹性弯曲变形，为可恢复变形阶段；阶段二，屈服平台阶段，在该阶段中表现出了多孔材料的塑性特性，当成形材料的塑性较高时，此时多孔结构的屈服平台为较为平滑的过渡平台，当成形材料的脆性较高时，此时多孔结构的屈服平台则表现为脆性的波动特征，甚至是快速下降断裂特征；阶段三则为压实阶段，在该阶段，坍塌的微杆结构相互接触，应力急速上升，此时多孔结构的功能已经失效，因此可以通过压实阶段的起始点或者屈服平台的终点判断多孔结构的失效应变值。

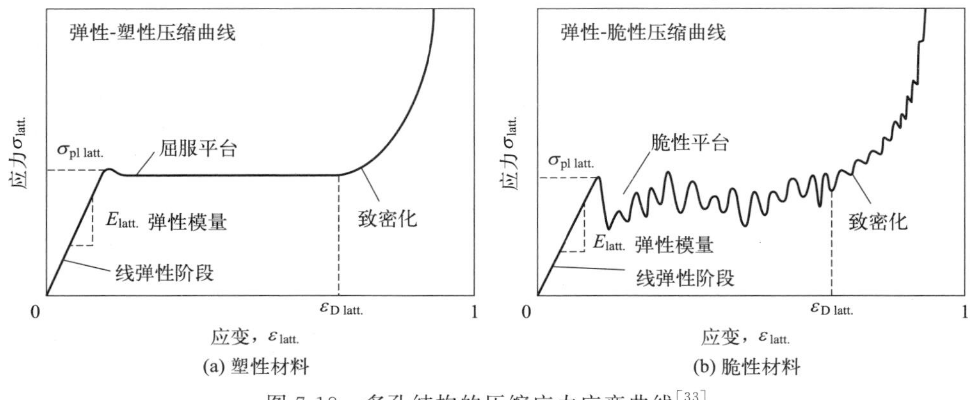

(a) 塑性材料

(b) 脆性材料

图 7-18 多孔结构的压缩应力应变曲线[33]

7.2.2 多孔结构各向异性行为

研究学者们对于多孔结构的力学性能的研究大部分集中在其单元体类型、孔隙率变化、尺寸大小和梯度结构等对其力学性能的影响方面，对于多孔结构的各向异性行为还需要进一步研究。常见晶格点阵多孔和隐式曲面多孔一般具有相应的晶体学对称性关系。晶格点阵多孔结构 FCC、VC 和 BCC 是通过模仿金属晶体结构 FCC、VC 和 BCC 的晶点分布方式和金属键的连接方式而设计的，因此也具有了金属晶体结构对称性和各向异性行为。在复杂载荷工况的结构设计中，需要考虑到具有强烈各向异性行为的多孔结构的取向分布。

Choy 等对 cubic（即 VC 结构）和 honeycomb 结构两个不同轴向方向的力学行为进行研究，其模型旋转变化方式如图 7-19 所示[56]。研究结果发现，结构孔隙率均为 80％的条件下，C1 结构比 C2 结构第一抗压强度大 78.84％；H1 结构（孔隙率＝78％）比 H2 结构（孔隙率＝74.19％）第一抗压强度大 149.66％。该结果说明了 cubic 结构和 honeycomb 结构表现出强烈的各向异性。

Mann 等对 cross（交叉杆）晶格点阵结构进行了系列的旋转操作，并利用 SLM 成形技术制备 Ti6Al4V 的旋转 cross 结构，其弹性模量的变化范围为 3.4～26.3GPa，抗压强度的变化范围为 103.7～402.9MPa[57]。该多孔结构的力学性能分布接近于人类皮质骨力学性能，同时也证明在评估多孔结构力学性能和在植入体的设计时必须考虑其承载方向。

Xu 等使用 Abaqus 中的 Fortran 语言编程的数值均质化方法，获得有效非连续的周期性晶格结构的刚度矩阵，用于评估结构的各向异性，使用有限元分析确定结构的边界条件和应变类型，系统性地推导出了几种典型晶格单元体的 3D 弹

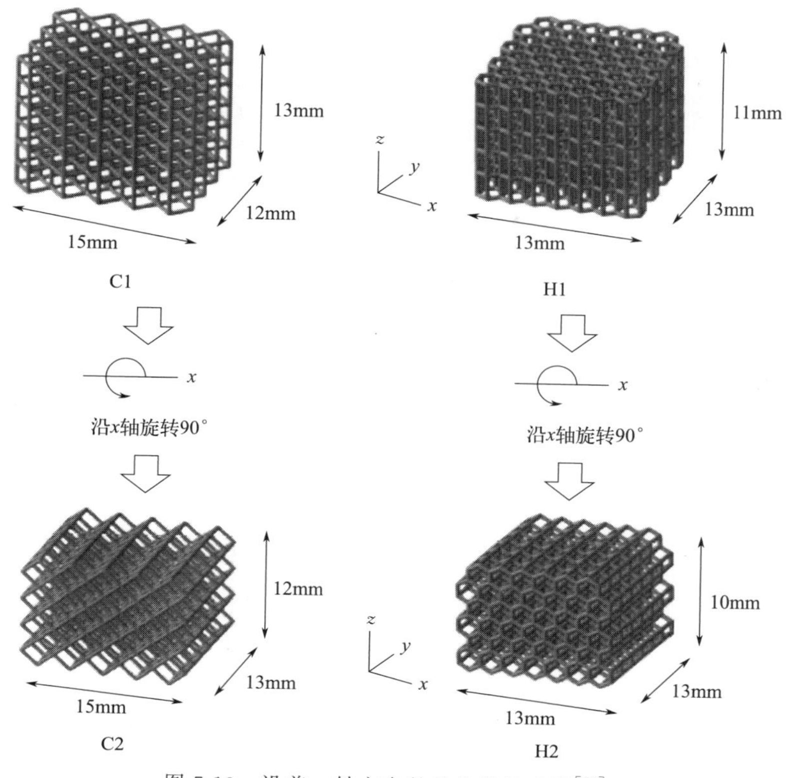

图 7-19　沿着 z 轴方向的晶格结构建模[56]

性模量表面（见图 7-20）[58]。晶格点阵结构的各向异性与微杆的空间分布相关，在微杆的方向上表现出更高的刚度。而在许多结构的应用中，材料的各向异性被认为是有危害的，特别是各向异性的材料被应用于结构组件或者能量吸收材料时。因此需要通过了解结构单元类型的各向异性，合适地选择单元体结构，从而控制其结构整体力学性能。

对于隐式曲面多孔结构，其各向异性的行为由其晶体学的对称性关系所决定。Kapfer 等统计了各类隐式曲面结构的对称性关系：gyroid 空间群为 $I4_1 32$，diamond 空间群为 $Fd\bar{3}m$，primitive 空间群为 $pm\bar{3}m$，IWP 空间群为 $Im\bar{3}m$，上述四种隐式曲面结构均是立方晶系[59]。

Yang 等针对 gyroid 隐式曲面多孔结构的各向异性行为开展了较为系统的研究（图 7-21），发现 gyroid 多孔结构在（100）平面旋转时，其相对弹性模量沿着［110］方向为中心线呈现对称分布，且在［110］的加载方向具有最高的刚度，相对弹性模量为 0.008[17]。gyroid 在（111）平面旋转，随着角度变化，几乎没有力学性能差异。其原因是在［111］方向上类似正六边形结构，而该正六边形结构被证明在二维结构中具有稳定的力学性能。然而，对隐式曲面多孔结构

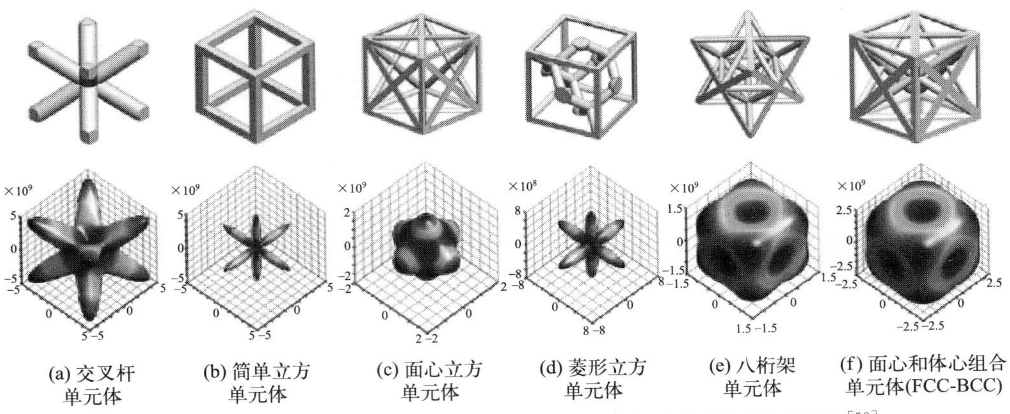

图 7-20　典型的晶格单元体和相应的3D空间有效弹性模量曲面模型[58]

的各向异性行为的研究除了 gyroid 结构外，其他的结构如 diamond、IWP 和 primitive 隐式曲面均缺乏相应的研究，而上述结构均属于不同的空间群，因此其力学性能的对称性会有所差异。

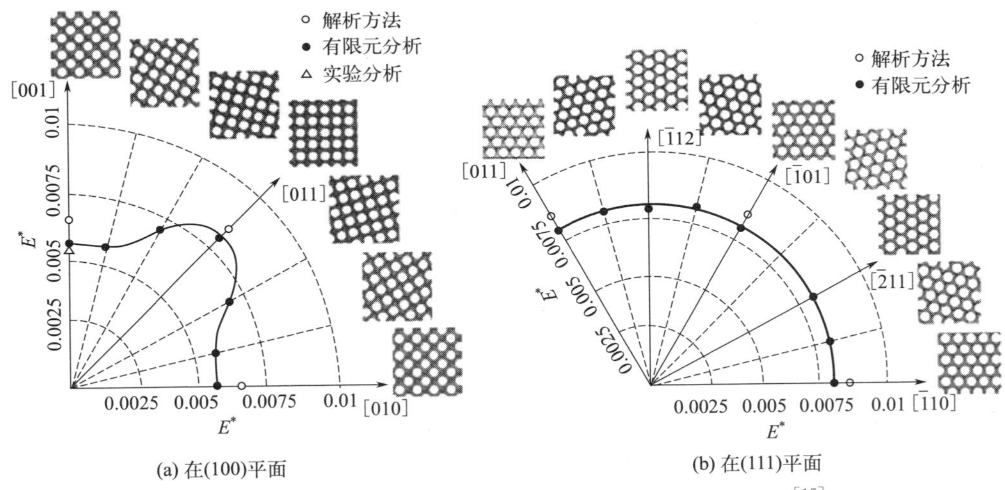

图 7-21　孔隙率=90%的 gyroid 结构的相对弹性模量极图[17]

7.2.3　梯度多孔结构力学行为

针对连续梯度材料的力学性能，研究者们提出用两种经典数学关系模型来描述梯度结构内部性能与位置的关系，如式(7-13)幂函数和式(7-14)指数函数[60,61]。其中 P_0 是参考初始性能，P 表示空间性能变化，例如弹性模量或硬度，距离 z 表示结构内部位置，参数 k 是从 0 到 1 的无量纲指数，参数 a 的单位为长度单位的倒数。$k=1$，幂函数关系变为线性关系；对于指数关系，当参数 $a>0$ 时，表示局部性能随距离的增加而增加，而当参数 $a<0$ 时，表示局部性能随着距离的增加而减小。

$$P=P_0 z^k \tag{7-13}$$

$$P=P_0 e^{az} \tag{7-14}$$

多孔力学性能和相对密度的关系可由 Gibson-Ashby 方程进行拟合，其弹性模量随着相对密度的上升而上升，因此在梯度多孔结构中，由于相对密度存在着梯度变化，其结构内部的力学性能也呈现梯度的变化。由于相对密度变化差异，梯度多孔结构与均匀多孔结构的力学行为往往具有较大差别：均匀多孔结构的压缩过程一般为整体均匀变形压缩，而梯度多孔结构（存在着沿着压缩方向的梯度变化）压缩过程一般为逐层变形压缩，其压缩过程一般表现为非线性力学行为。

梯度多孔结构由于成形材料的脆性会导致压缩应力应变曲线无长屈服平台特征，如 SLM 成形的 Ti6Al4V 梯度 gyroid 和梯度 diamond 多孔结构[27]，其应力应变曲线具有锯齿状增加趋势。由于 SLM 直接成形的 Ti6Al4V 为脆性材料，当最上层孔隙率最高的结构应力达到屈服应力时，则快速发生脆性断裂，导致最上层优先发生脆性断裂，其应力应变的曲线特征则表现为应力峰和应力谷；由于孔隙率的逐层下降，其应力峰值和应力谷值也会随着应变的增加而逐渐上升，因而应力峰值又代表了每层结构的压缩强度特征。

Maskery 等对利用热处理工艺改善 SLM 成形的 AlSi10Mg 梯度 BCC 结构的力学行为进行研究[32]，发现梯度结构的宏观表现为逐层坍塌的压缩过程，其应力应变曲线则呈现台阶上升的特征（见图 7-22），梯度多孔能量吸收值比均匀多孔能量吸收值高出 10.53%。在应变较小时，均匀多孔结构由于整体变形而吸收较多的能量，而梯度多孔结构此时主要变形为上层孔隙率较高的多孔结构，能量吸收较弱；随着应变的增大，梯度多孔结构发生逐层变形，且孔隙率越来越低，承载能力也相应地提升，因此能量吸收值也随之快速上升，并在特定的应变时能量吸收曲线与均匀多孔结构的曲线相交，此时取得相同的能量吸收值，超过此临界点后，梯度多孔结构的能量吸收值开始超过均匀多孔结构。

Al-Saedi 等对 SLM 成形的 AlSi12 材料的 F_2BCC 梯度多孔结构的力学性能和能量吸收性能进行了研究（见图 7-23）[62]，发现在较低应变时均匀多孔结构呈现了严重的脆断现象，而梯度多孔结构则呈现逐层脆断。通过有限元模型分析了均匀多孔结构和梯度多孔结构的应力分布，发现均匀多孔结构的由下至上的应力呈现较为均匀，而梯度多孔结构最上层结构与下层结构的应力分布呈现梯度分布，上层结构的孔隙率较高，承载性能较低，应力较高而最早发生屈服变形。该有限元分析结果从应力的分布和结构变形角度解释了梯度多孔结构逐层变形的原理。

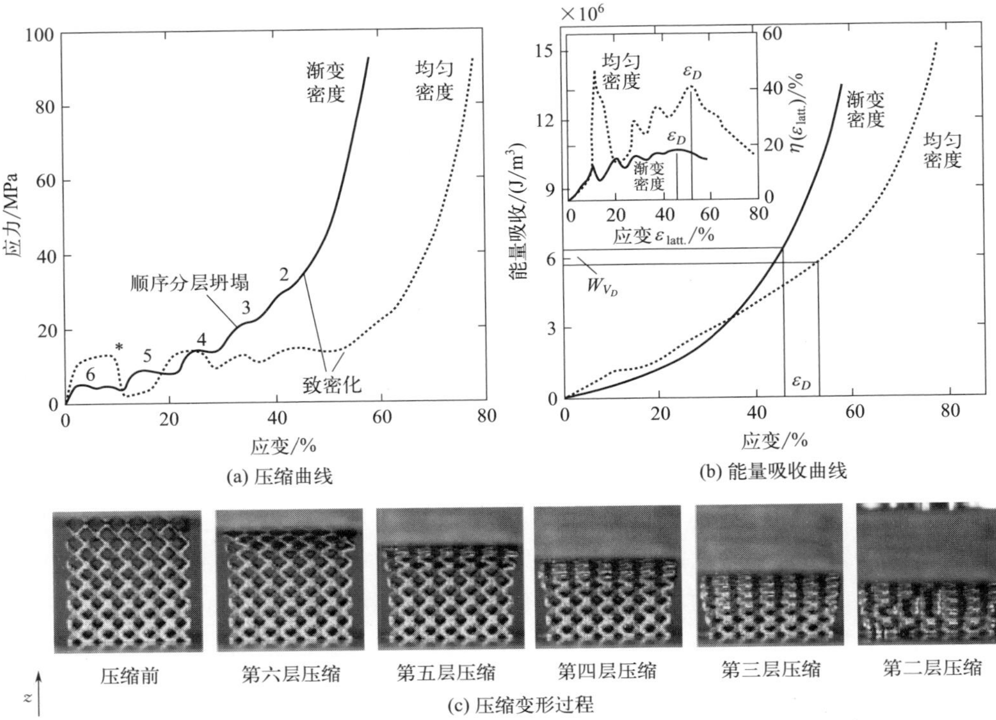

(a) 压缩曲线

(b) 能量吸收曲线

(c) 压缩变形过程

图 7-22 AlSi10Mg 梯度多孔结构压缩行为[32]

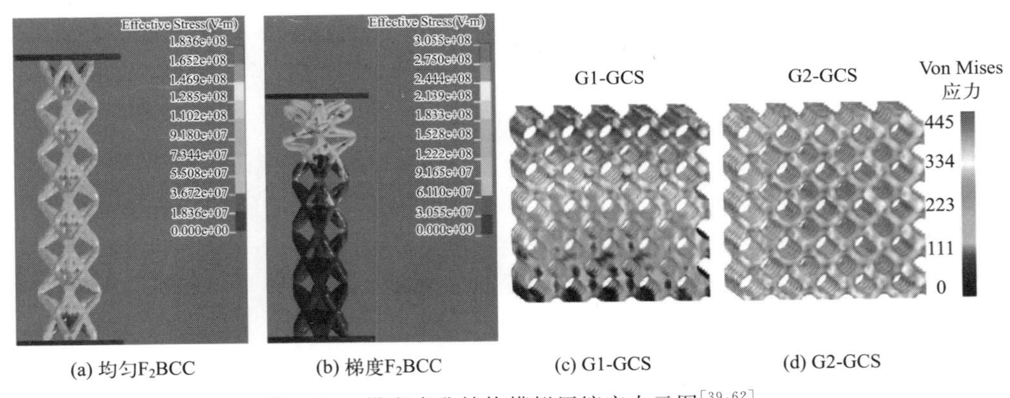

(a) 均匀F_2BCC (b) 梯度F_2BCC (c) G1-GCS (d) G2-GCS

图 7-23 梯度多孔结构模拟压缩应力云图[39,62]

线性梯度多孔结构沿着梯度方向进行压缩时，其压缩行为为逐层压实或者压溃过程，但是当压缩方向垂直于线性梯度方向时，则梯度结构的压缩行为与均匀多孔结构类似，整体结构接近均匀变形[39]。两种压缩方式模拟应力云图［图 7-23(c)、(d)］显示 G1-GCS 的 Von Mises 应力由上至下逐渐变小，而 G2-GCS 的 Von Mises 应力值除了边缘节点外整体呈现均匀分布。针对梯度多孔结构的整体力学性能，他们还提出了可利用 Reuss 模型[见式(7-15)]和 Voigt 模型

[见式(7-16)]分别对 G1-GCS 和 G2-GCS 两种类型的梯度多孔结构整体弹性模量进行预测。但是该模型存在一定的局限性，因为在连续梯度多孔结构中每层结构都是连续性变化，而模型统计的是非连续性台阶变化的每层的弹性模量，因而在预测时会有一定的偏差。

$$\frac{1}{E_{cel}} = \sum_{1}^{n} k_n \frac{1}{E_n} \tag{7-15}$$

$$\frac{1}{E_{cel}} = \sum_{1}^{n} k_n * E_n \tag{7-16}$$

式中，E_{cel} 为多孔结构整体的弹性模量；k_n 为第 n 层所占整体设计空间的体积百分比；E_n 为第 n 层的弹性模量。

对于多孔结构的弯曲行为，研究学者们多数对均匀孔隙的三明治多孔结构的弯曲力学性能进行研究[63-66]，针对梯度多孔弯曲力学行为的研究报道较少。Drol 等通过实验观察和模拟分析研究了刺猬的刺的弯曲行为（见图 7-24），发现刺猬刺的内部结构特征是一种梯度变化的多孔结构，其孔隙率由轴心至四周逐渐减小，内部的微结构以垂直于刺壁的方向为主进行分布，该梯度变化大大地增加了刺的整体弯曲性能[67]。该结构性能的发现为我们提供了自然界最有效的结构设计模式，为轻质、高刚度、耐冲击的结构设计提供灵感。

竹子由于其独特的功能梯度结构成了仿生结构设计的理想结构之一（见图 7-25）[68]，该梯度结构的弯曲行为具有不对称性：当弯曲加载在高纤维密度位置时，其弯曲应力较高，但是挠度较低；当弯曲加载在低纤维密度位置时，弯曲应力较低而挠度较高。微观结构特征的梯度分布导致了竹子的力学性能宏观不对称行为，对需要此弯曲性能的结构材料设计提供参考。郑伟采用 CT 扫描和逆向工程建模技术重建了头骨模型并对头盖骨多孔组织结构的弯曲性能进行了有限元模拟分析[69]，发现头骨最先在松质骨脆弱部位产生裂纹，然后裂纹向密质骨部位扩展，当密质骨发生断裂时，则失去了承载能力。在不同方向上对头骨进行加载，发现头骨的力学性能具有各向异性，且不同方向上加载的破坏模式也有所不同。

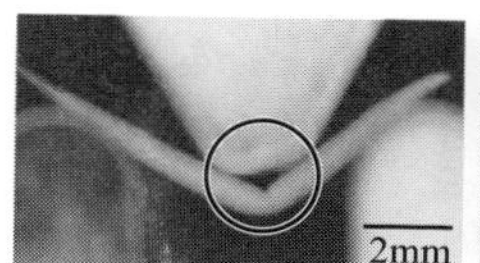

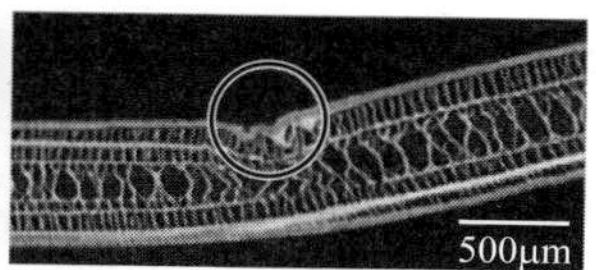

(a) 实验观察

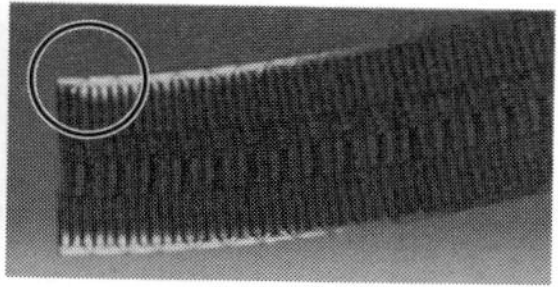

(b) 计算模拟分析

图 7-24　三点弯曲的失效位置[67]

梯度多孔结构除了一般所指的结构孔隙率梯度外，具有材料梯度的多孔结构也可以被认为是梯度多孔结构的一种，称之为梯度材料多孔结构。Zhang 等通过

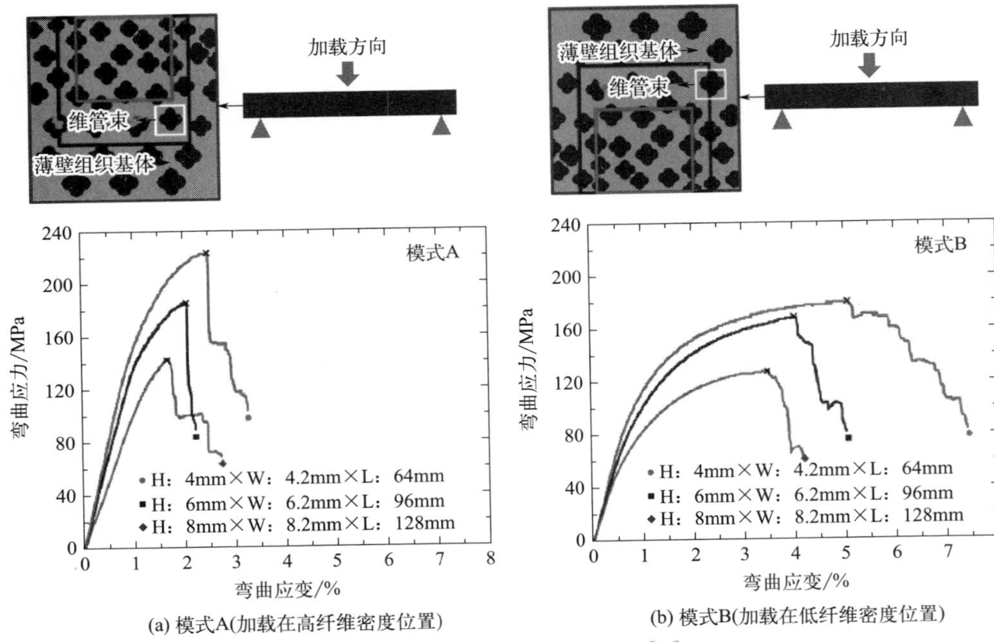

(a) 模式A(加载在高纤维密度位置)　(b) 模式B(加载在低纤维密度位置)

图 7-25　竹子的三点弯曲试验[68]

SLM 成形技术制备了 18Ni300-CuSn 的梯度材料多孔结构（图 7-26）[70]，该多孔的压缩行为呈现分层压缩变形特征，与梯度孔隙率多孔压缩行为类似，由屈服强度较低的上半部分 CuSn 多孔结构优先发生屈服变形，当 CuSn 结构压实后，下半部分的 18Ni300 多孔结构开始发生屈服变形。上述变形行为在 18Ni300-CuSn 多孔结构的应力应变曲线中表现为具有两个压缩屈服平台，跟常见均匀多孔结构应力应变曲线（只有一个屈服平台）有所区别，在相对密度相同时，18Ni300-CuSn 的有效能量吸收值大于单种材料 CuSn 多孔结构。18Ni300 具有高强度的优势，而 CuSn 则具有高导热散热的优势，而梯度材料多孔结构则可将 18Ni300 和 CuSn 两者的性能优势相结合，可应用于同时具有高强、散热、减振和能量吸

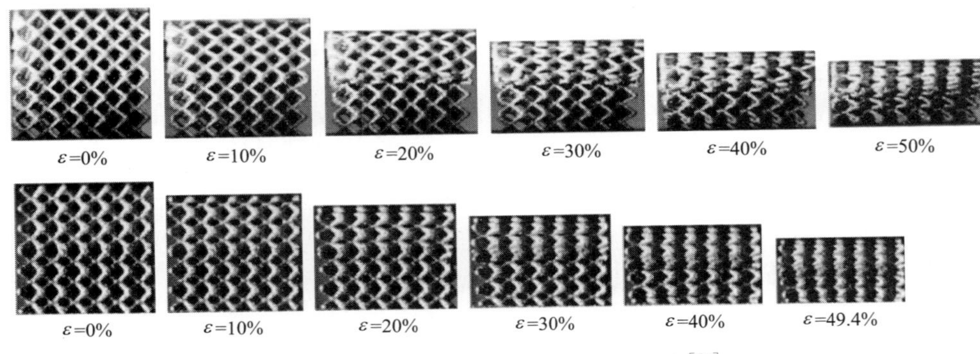

图 7-26　梯度材料多孔结构的压缩行为[70]

收需求的多功能组件。

7.3　多孔结构优化设计方法

7.3.1　基于拓扑密度云多孔结构优化设计

Panesar 等提出了多种从拓扑优化派生出来的适合于增材制造的结构设计策略[71]，通过结合拓扑优化和 MATLAB 的隐式曲面梯度参数化设计，获得基于拓扑优化的隐式曲面梯度多孔结构，并对比了拓扑优化结构、拓扑优化＋梯度 TPMS 结构、均匀 TPMS 结构三者应变能关系。从制造的角度来分析，拓扑＋梯度策略是最理想的适合于增材制造的设计方法。因为该方式生成的隐式曲面梯度多孔结构省去了添加支撑的步骤，可以称之为“无支撑结构”，因此省去了支撑处理需要大量的电脑内存和处理时间等麻烦。

Li 等开发了 MATLAB 梯度模型设计代码，将拓扑优化方法与隐式曲面多孔结构设计方法相结合，设计出基于拓扑优化密度云的隐式曲面梯度多孔结构（见图 7-27）[21]。他们先通过添加惩罚函数的优化方法解决了 gyroid 结构的夹断（pinch-off）问题；然后使用基于 SIMP 的拓扑优化方法对三点弯曲受力模型进行优化，获得优化后的材料密度 ρ 与三维坐标的映射关系，结合 gyroid 密度与 t

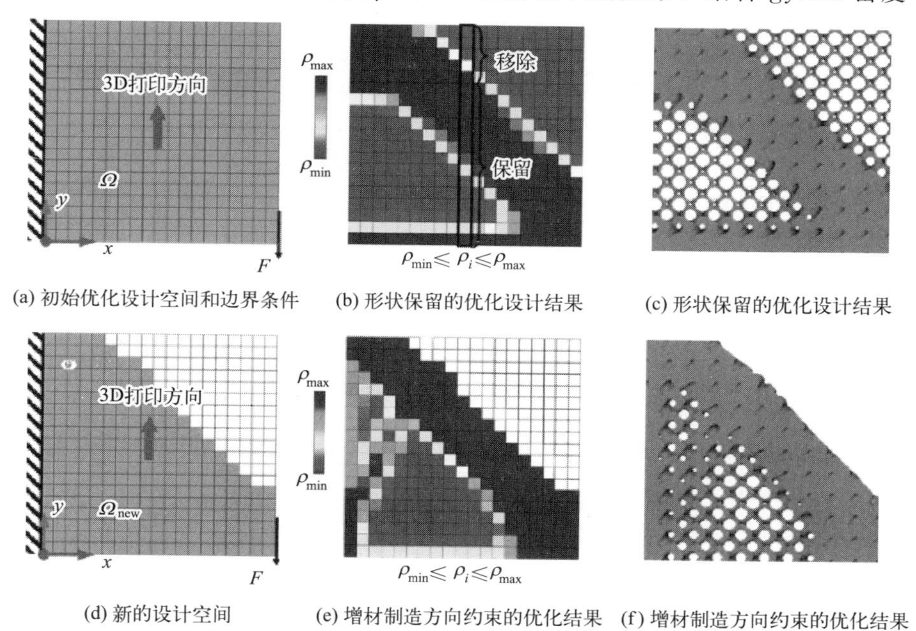

(a) 初始优化设计空间和边界条件　(b) 形状保留的优化设计结果　(c) 形状保留的优化设计结果

(d) 新的设计空间　(e) 增材制造方向约束的优化结果　(f) 增材制造方向约束的优化结果

图 7-27　优化过程[21]

值的函数关系，利用插值方法将结构优化结果输出映射到 gyroid 结构设计函数中，获得基于拓扑优化的梯度多孔结构。

利用拓扑优化方法可以根据特定优化算法对结构进行优化，但是对于医学植入体，除了轻量化的需求，还需要具有大量的微孔结构，以提供骨细胞和毛细血管长入的环境。因此，基于拓扑优化的梯度多孔结构设计被认为非常适用于医学植入体的设计，可根据不同的植入体的受力环境进行结构整体的拓扑优化设计，然后在拓扑优化密度云的基础上设计具有梯度多孔的医学植入体，在轻量化设计基础上又能保证较优化的强度，降低应力屏蔽和减少骨吸收现象。

Arabnejad 等通过多尺度计算，建立股骨植入体的人体受力环境，以股骨植入体的刚度分布作为计算依据，通过拓扑优化算法获得最佳的材料密度分布，将密度分布映射至四面体晶格多孔结构，设计具有梯度多孔结构的股骨柄植入体，并利用 SLM 技术制备了多孔植入体，进行植入试验，利用 Mircro-CT 分析其内部结构[72]。研究结果发现，相对于产生应力屏蔽的实心的植入物，基于拓扑优化的全多孔可将骨质流失量减少 25%，证明了拓扑优化的全多孔植入体在降低应力屏蔽和减少骨质吸收方面具有非常好的应用潜力。Wang 等在 Arabnejad 等的研究基础上通过多约束拓扑优化算法拓展了之前的优化设计方案，使用渐进均匀化方法确定骨组织结构的力学性能和疲劳性能，获得密度梯度的连续性分布，防止骨植入体的微动，最后利用 SLM 技术制备了钛合金的梯度多孔股骨柄植入体[73]。该优化设计梯度结构植入体的术后骨质流失仅为全实心的钛合金植入体的 41.9%，大大降低了骨折和翻修手术的风险。

7.3.2 基于应力云多孔结构优化设计

基于应力分布的隐式曲面梯度多孔结构设计流程主要分为两个阶段，阶段一为隐式曲面梯度基础单元体性能数据库建立，阶段二为基于应力云的梯度结构优化设计，下面以三点弯曲为例对该设计方法进行详细阐述，设计流程如图 7-28 所示。

阶段一：基础单元体性能数据建立。

① 基于 pinch-off 优化设计方法，对隐式曲面多孔结构单元体优化设计。

② 建立多孔单元体相对密度和设计参数 t 值关系函数。

③ 对所需密度范围的单元体力学性能进行测试或有限元仿真分析，建立单元体类型-相对密度-力学性能之间的函数关系。

④ 开发梯度多孔结构设计相关 MATLAB 代码，通过函数控制多孔结构类型和孔隙率的梯度变化。

阶段二：基于应力云的优化设计。

① 在 Abaqus 环境中建立 3D 模型/输入 3D 模型，材料属性赋予，结构

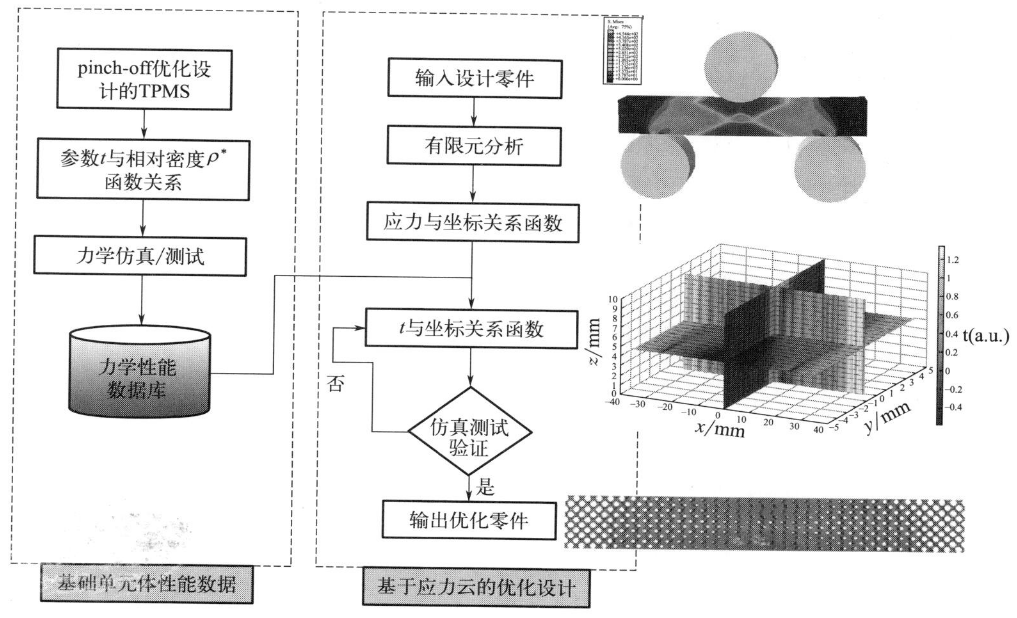

图 7-28　基于应力分布的隐式曲面梯度多孔结构设计流程

装配。

② 设置边界约束条件与受力载荷，在 Abaqus 软件中进行有限元分析，获得 Von Mises 应力云图。

③ 从 Abaqus 中导出节点坐标和 Von Mises 应力信息($x,y,z,\sigma_{\text{Mises}}$)，并将阶段一所获得的密度与力学性能的函数关系 $F(\rho,\sigma)$ 与密度和设计参数 t 函数 $D(\rho,t)$ 关系联立求解，并利用 MATLAB 插值函数进行拟合，获得拟合函数 $G(x,y,t)$。

④ 将拟合函数 $G(x,y,t)$ 代入隐式曲面梯度多孔结构设计代码中，并生成 .obj 文件。

⑤ 将 .obj 文件在三维建模软件中转换为 .stl 文件，并利用 Simsolid 进行仿真模拟分析，获得力-位移关系曲线以及应力分布云图。

该设计方法解决了隐式曲面梯度多孔结构设计问题，其相对密度的分布并非简单的 0 和 1 的关系，而是在 0 到 1 之间近似连续的梯度变化。

三点弯曲有限元分析过程见图 7-29，其具体流程如下：

① 创建模型，在 Abaqus 中建立长方体，其模型尺寸为 70mm×10mm×10mm，创建试验机的三个圆辊模型，其中底部两个圆辊是支辊，顶部是施力辊，直径等于 20mm，支辊跨距设置等于 50mm。

② 创建截面，赋予截面属性，设置材料属性。弹性模量为 187GPa，泊松比

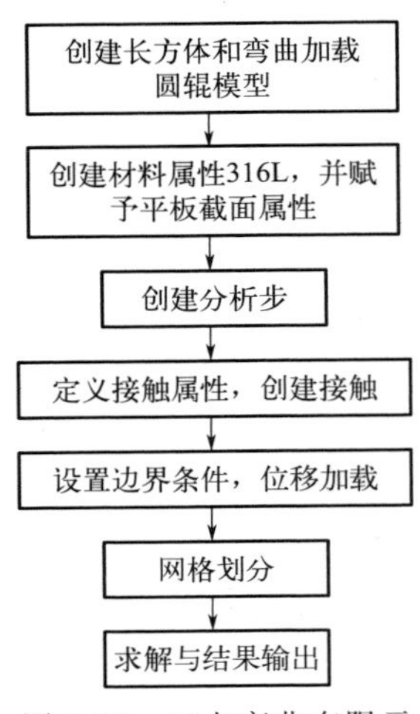

图 7-29　三点弯曲有限元分析流程图

为 0.3，屈服强度 458MPa。

③ 创建装配体，把四个零件装配在同一空间。

④ 分析步创建，初始分析步设置等于 10^{-5}，最小分析步设置等于 10^{-6}，最大分析步设置等于 0.1。初始分析步需要比网格单元尺寸小，否则可能会出现穿透现象。

⑤ 定义相互作用属性，设置法向方向为硬接触，切线方向为摩擦系数为 0.1 的滑动摩擦，并创建长方体与三个圆辊的相互接触。

⑥ 设置边界条件，固定底部两支辊，U1＝U2＝U3＝UR1＝UR2＝UR3＝0；将恒定位移约束加载在顶部的施力辊，U1＝0，U2＝－3，UR3＝0。

⑦ 网格划分时设置点的间距为 0.5，以六面体网格类型将所有几何体进行划分。

⑧ 提交求解任务，通过软件计算获得 Von Mises 分布见图 7-30。

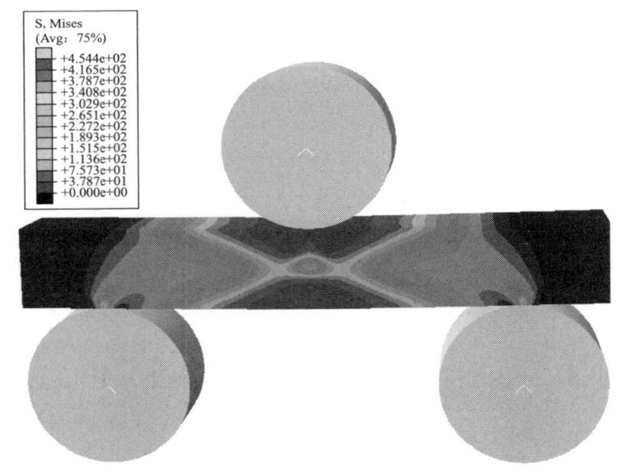

图 7-30　三点弯曲的 Von Mises 应力云图

采用三点弯曲的 Von Mises 应力云图作为应力分布参考基础进行隐式曲面梯度多孔结构设计。从 Abaqus 软件中导出包含所有节点的坐标位置与应力信息的 .csv 文件，将 .csv 文件的 Von Mises 应力数据进行归一化处理，并通过 MATLAB 的 csvread()读取节点的坐标位置与相对应力信息，建立 csvreshape，如图 7-31 所示，该图表示了 x、y、z 坐标与相对应力的关系。

在前文中，已获得 gyroid 隐式曲面多孔结构相对密度与屈服强度的数据，将其关系进行拟合（图 7-32），从而获得相对密度和 gyroid 相对屈服强度函数。

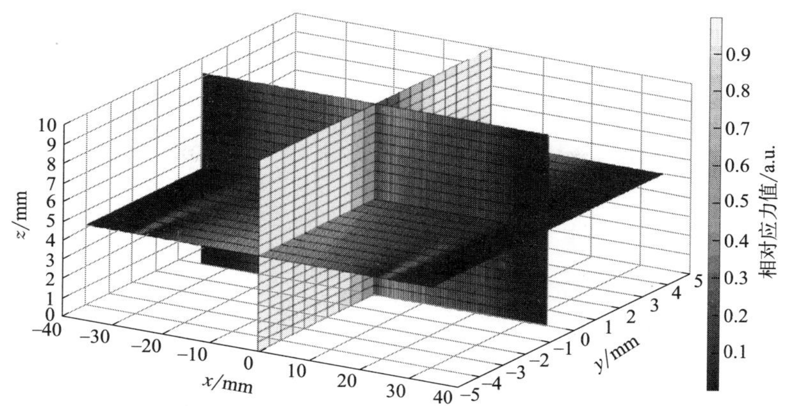

图 7-31 在 MATLAB 中构建的相对应力值与三维坐标关系图

此外，gyroid 多孔结构相对密度与设计参数 t 值函数式见（7-18），联立式(7-17)与式(7-18)求解得到相对屈服强度与设计参数 t 值的函数关系，如式(7-19)所示。

$$\sigma^* = 0.685\rho^{*1.7157} \tag{7-17}$$

$$t = 1.471 - 2.827\rho^* \tag{7-18}$$

$$t = 1.471 - 2.827 \times (1.46 \times \sigma^*)^{0.583} \tag{7-19}$$

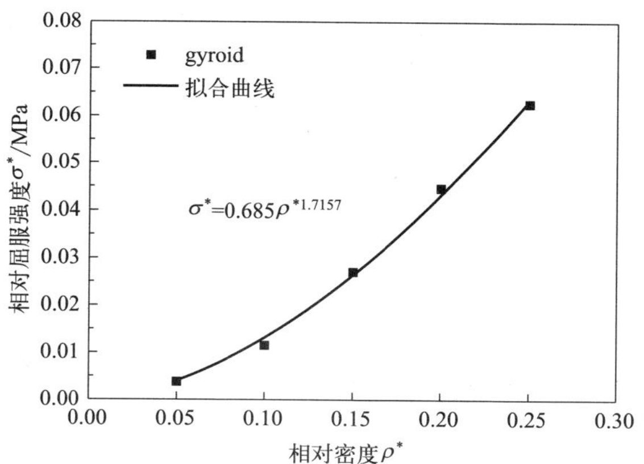

图 7-32 gyroid 多孔结构相对屈服强度与相对密度关系

为了控制孔隙率的变化区间，需要设置 t 值的上限和下限。在此设计中，控制 t 值的孔隙率在 95%～10%之间变化，则利用公式计算相对应力值的上限和下限的变化，设计参数 t 值与三维坐标的信息关系见图 7-33。在 MATLAB 软件中利用三次插值函数 interp3 拟合 x,y,z 与 t 值的关系，得到连续变化插值函数 interp3(x,y,z,t)，并将 interp3(x,y,z,t)代入优化隐式曲面方程中，得到 t 值随三维坐标值变化的隐式曲面函数，并通过 MATLAB 代码实现三维连续隐式曲面梯度多孔结构的生成，设计模型如图 7-34 所示。

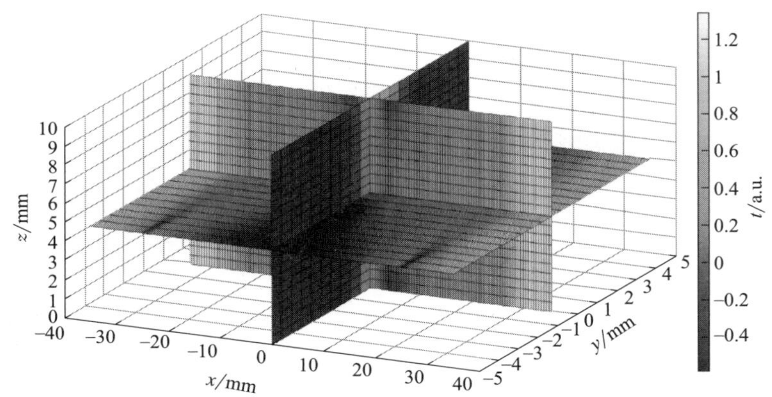

图 7-33 在 MATLAB 中构建的设计参数 t 值与三维坐标关系

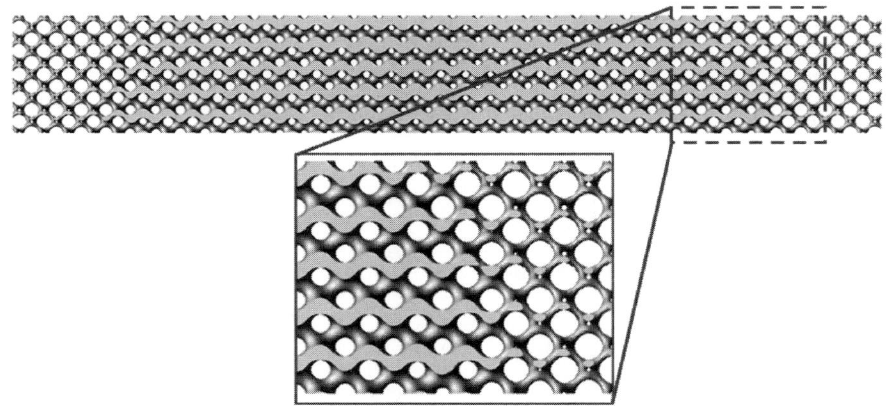

图 7-34 基于应力分布的 gyroid 梯度多孔结构模型

7.4 功能性多孔结构

7.4.1 多孔结构热学性能

针对多孔结构的散热性能进行研究，Ho 等对比了通过 SLM 成形的两种不同晶格的风冷换热器和传统的翅片管热交换器的散热性能[74]，发现在相同空气质量流量下，多孔晶格换热器的传热系数是翅片管换热器的 2 倍以上，其原因在于相互连通的孔和杆附近形成多个微涡流区域，改善流体混合，证明了利用 SLM 成形新一代紧凑型热交换器具有很大的商用前景。

在风冷散热器结构优化设计方面，Dede 等以有限的射流冲击空气冷却，并对最佳的优化模型的热传性能和流体流动性能进行试验评估，并将试验结果与针翅式散热器进行比较，实验结果表明优化的增材制造成形散热器相对于传统的针翅式散热器具有更高的热导率[75]。

姚晟在常用微通道结构基础上，设计出新型菱形交叉排列流道散热结构，通过 Fluent 软件进行分流角度热力学仿真，获得优化分流角度，并通过 SLS 技术打印模型，通过微通道散热试验，对其换热特性、流动特性进行深入分析，发现错排方式可增大内部散热面积，提升微通道热量转换效率[76]。针对微通道冷板金属增材制造成形工艺，周宇戈等设计并打印了矩形平直形、仿叶脉形和仿蜘蛛网形三种芯片微小通道冷板[77]，利用 X 射线观察微通道成形质量情况，发现各个冷板的微小通道均存在着一定的堵塞现象，需要通过优化材料工艺和优化设计来减少粉末堵塞。流体散热试验发现，仿蜘蛛网形的微流道结构的压降性能和芯片散热性能在三种结构中获得最优参数。

增材制造技术发展为新型 5G 通信散热结构带来了新的机遇与挑战，可结合仿生设计和增材制造思维设计并制造出具有高散热面积结构和高热流通量流道结构，但是伴随着新技术的出现与应用带来的是微流道结构与复杂结构的成形难题，如何实现最优散热结构的设计以及微细通道结构的精密制造，是增材制造散热结构亟需解决的技术问题。

7.4.2　多孔结构声学性能

周期性结构可视为固体物理学中声子晶体的概念在土木工程领域的扩展，声子晶体实际上也是一种微观的周期性结构，具有弹性波带隙效应。由于声子晶体具有带隙效应，在降噪、减震和声学器件上具有很大的研究意义。TPMS 多孔结构和点阵结构是具有周期对称性的结构，通过控制单元体尺寸大小和单元体类型，可以作为吸声结构有效控制特定频率的噪声。王东炜通过数值计算，分析了多孔材料中流、固相关参数和点阵结构材料、类型和尺寸等参数对结构隔声性能的影响，发现面心立方结构在吸声方面具有优异的可设计性，并通过模拟退火法优化了微孔尺寸、壁板厚度和孔隙率，在低频范围获得良好的吸声性能[78]。

7.4.3　多孔结构磁学性能

Wu 等通过将 SLM 和 SLS 两种技术相结合，实现了磁性多孔结构和弹簧结构相组合的压电特性的 4D 器件。该器件表现出可控变化的压电特性和自供电的压敏显示器[79]。在外部压力引起的磁通量变化过程中，该磁电装置可产生电脉冲，从而感知压力变化，实现了结构-功能一体化设计与制造。该磁性多孔结构由钕铁硼粉末和热塑性聚氨酯材料复合 SLS 打印形成，通过改变钕铁硼的含量、磁场方向、多孔结构距离和弹簧结构、压缩速度和压缩比，可改变输出电压值的大小。他们尝试最优化的参数条件，可实现 11.8μV 的输出电压。这项工作开辟了柔性磁电器件一种新的制造方法，并提供新的材料组合属性变化和功能，改变了 4D 打印的概念。

7.4.4 多孔结构电磁屏蔽性能

随着新兴的以 5G 无线系统为代表的电子设备和现代电信技术的出现与发展，开发高性能电磁屏蔽材料以减少电磁波污染十分必要。Mishra 等通过增材制造和电沉积技术，将铁磁颗粒（Fe、Ni、Co）沉积在双向碳纤维和环氧树脂中，最终刻蚀出多孔层压板结构[80]，该结构在保持电磁屏蔽辐射的功能前提下，减轻了结构重量的 15%，并在 −40dB 中表现出更好的屏蔽性能，同时具有高的阻燃性能和出色的散热性能。

7.5 未来的发展

本章针对多孔结构的设计方法以及其力学行为进行了综述分析，并基于笔者的研究提出了基于拓扑密度云和基于应力云的优化设计方法，对两种新型多孔设计方法进行了详细的展开阐述，这两种设计方法未来可结合更多的实际案例开展多方面的应用研究，包括医学植入体、汽车零部件和航空航天结构等，实现轻量化梯度结构件的快速设计。针对功能性的多孔结构方面，未来需要发展结构力学、流体动力学、热力学和声学等多物理场耦合约束条件下的梯度多孔结构优化设计方法，同时提升结构的承载性能、散热性能和降噪性能等，实现结构-功能一体化优化设计。此外，针对多孔结构的有限元仿真分析，由于其数据量极大而导致仿真速度非常慢，需要开发针对大数据量的复杂多孔结构的高效精确的有限元模拟分析算法与软件模块，实现大数据量的复杂多孔结构的力学、声学、热力学等性能的快速精准预测，减少模拟计算时间和降低试验工作量。

参 考 文 献

[1] Li S J, Xu Q S, Wang Z, et al. Influence of cell shape on mechanical properties of Ti-6Al-4V meshes fabricated by electron beam melting method [J]. Acta Biomaterialia, 2014, 10 (10): 4537-4547.

[2] Pettermann H E, Hüsing J. Modeling and simulation of relaxation in viscoelastic open cell materials and structures [J]. International Journal of Solids and Structures, 2012, 49 (19-20): 2848-2853.

[3] 康建峰，王玲，孙畅宁，等．面向 3D 打印可变模量金属假体的微结构设计 [J]. 机械工程学报，2017，53 (05)：175-180.

[4] Leary M, Mazur M, Elambasseril J, et al. Selective laser melting (SLM) of AlSi12Mg lattice structures [J]. Materials & Design, 2016, 98: 344-357.

[5] Helou M, Kara S. Design, analysis and manufacturing of lattice structures: An overview [J]. International Journal of Computer Integrated Manufacturing, 2018, 31 (3): 243-261.

[6] Bauer J, Hengsbach S, Tesari I, et al. High-strength cellular ceramic composites with 3D microarchitecture [J]. Proceedings of the National Academy of Sciences, 2014, 111 (7): 2453-2458.

[7] Murr L E, Gaytan S M, Medina F, et al. Next-generation biomedical implants using additive manufacturing of complex, cellular and functional mesh arrays [J]. Philosophical Transactions of the Royal Society A: Mathematical, Physical and Engineering Sciences, 2010, 368 (1917): 1999-2032.

[8] Wettergreen M A, Bucklen B S, Starly B, et al. Creation of a unit block library of architectures for use in assembled scaffold engineering [J]. Computer-Aided Design, 2005, 37 (11): 1141-1149.

[9] Schröder-Turk G E, Wickham S, Averdunk H, et al. The chiral structure of porous chitin within the wing-scales of Callophrys rubi [J]. Journal of Structural Biology, 2011, 174 (2): 290-295.

[10] Galusha J W, Richey L R, Gardner J S, et al. Discovery of a diamond-based photonic crystal structure in beetle scales [J]. Physical review E, 2008, 77 (5pt1): 050904.

[11] Schoen A H. Infinite periodic minimal surfaces without self-intersections [M]. NASA scientific and technical publications, 1970.

[12] Kelly C N, Francovich J, Julmi S, et al. Fatigue behavior of as-built selective laser melted titanium scaffolds with sheet-based gyroid microarchitecture for bone tissue engineering [J]. Acta Biomaterialia, 2019, 94: 610-626.

[13] Yang L, Yan C, Han C, et al. Mechanical response of a triply periodic minimal surface cellular structures manufactured by selective laser melting [J]. International Journal of Mechanical Sciences, 2018, 148: 149-157.

[14] Cao X, Xu D, Yao Y, et al. Interconversion of triply periodic constant mean curvature surface structures: From double diamond to single gyroid [J]. Chemistry of Materials, 2016, 28 (11): 3691-3702.

[15] Zheng X, Fu Z, Du K, et al. Minimal surface designs for porous materials: From microstructures to mechanical properties [J]. Journal of Materials Science, 2018, 53 (14): 10194-10208.

[16] Abueidda D W, Bakir M, Abu Al-Rub R K, et al. Mechanical properties of 3D printed polymeric cellular materials with triply periodic minimal surface architectures [J]. Materials & Design, 2017, 122: 255-267.

[17] Yang L, Yan C, Fan H, et al. Investigation on the orientation dependence of elastic response in gyroid cellular structures [J]. Journal of the Mechanical Behavior of Biomedical Materials, 2019, 90: 73-85.

[18] Ma S, Tang Q, Feng Q, et al. Mechanical behaviours and mass transport properties of bone-mimicking scaffolds consisted of gyroid structures manufactured using selective laser melting [J]. Journal of the Mechanical Behavior of Biomedical Materials, 2019, 93: 158-169.

[19] Melchels F P W, Bertoldi K, Gabbrielli R, et al. Mathematically defined tissue engineering scaffold architectures prepared by stereolithography [J]. Biomaterials, 2010, 31 (27): 6909-6916.

[20] 肖冬明. 面向植入体的多孔结构建模及激光选区熔化直接制造研究 [D]. 广州: 华南理工大学, 2013.

[21] Li D, Liao W, Dai N, et al. Optimal design and modeling of gyroid-based functionally graded cellular structures for additive manufacturing [J]. Computer-Aided Design, 2018, 104: 87-99.

[22] Yang X Y, Huang X, Rong J H, et al. Design of 3D orthotropic materials with prescribed ratios for effective Young's moduli [J]. Computational Materials Science, 2013, 67: 229-237.

[23] 肖泽锋. 激光选区熔化成形轻量化复杂构件的增材制造设计研究 [D]. 广州: 华南理工大学, 2018.

[24] Xie Y M, Yang X, Shen J, et al. Designing orthotropic materials for negative or zero compressibility [J]. International Journal of Solids and Structures, 2014, 51 (23-24): 4038-4051.

[25] Gómez S, Vlad M D, López J, et al. Design and properties of 3D scaffolds for bone tissue engineering [J]. Acta biomaterialia, 2016, 42: 341-350.

[26] Zhang G, Yang Y, Lin H, et al. Modeling and manufacturing technology for personalized biological fixed implants [J]. Journal of Medical and Biological Engineering, 2017, 37 (2): 191-200.

[27] Liu F, Mao Z, Zhang P, et al. Functionally graded porous scaffolds in multiple patterns: New design method, physical and mechanical properties [J]. Materials & Design, 2018, 160: 849-860.

[28] Han Q, Wang C, Chen H, et al. Porous tantalum and titanium in orthopedics: A review [J]. ACS Biomaterials Science & Engineering, 2018, 5 (11): 5798-5824.

[29] Wang G, Shen L, Zhao J, et al. Design and compressive behavior of controllable irregular porous scaffolds: Based on voronoi-tessellation and for additive manufacturing [J]. ACS Biomaterials Science & Engineering, 2017, 4 (2): 719-727.

[30] 耿达. 梯度点阵结构几何多尺度优化研究 [D]. 大连: 大连理工大学, 2018.

[31] Zhang M, Yang Y, Wang D, et al. Effect of heat treatment on the microstructure and mechanical properties of Ti6Al4V gradient structures manufactured by selective laser melting [J]. Materials Science and Engineering (A), 2018, 736: 288-297.

[32] Maskery I, Aboulkhair N T, Aremu A O, et al. A mechanical property evaluation of graded density Al-Si10-Mg lattice structures manufactured by selective laser melting [J]. Materials Science and Engineering (A), 2016, 670: 264-274.

[33] Onal E, Frith J, Jurg M, et al. Mechanical properties and in vitro behavior of additively manufactured and functionally graded Ti6Al4V porous scaffolds [J]. Metals, 2018, 8 (4): 200.

[34] Kalita S J, Bose S, Hosick H L, et al. Development of controlled porosity polymer-ceramic composite scaffolds via fused deposition modeling [J]. Materials Science and Engineering (C), 2003, 23 (5): 611-620.

[35] Surmeneva M A, Surmenev R A, Chudinova E A, et al. Fabrication of multiple-layered gradient cellular metal scaffold via electron beam melting for segmental bone reconstruction [J]. Materials & Design, 2017, 133: 195-204.

[36] 张国庆. 激光选区熔化成形植入体优化设计及应用基础研究 [D]. 广州: 华南理工大学, 2016.

[37] 李大伟. 仿生微结构几何建模技术研究 [D]. 南京: 南京航空航天大学, 2016.

[38] Maskery I, Aremu A O, Parry L, et al. Effective design and simulation of surface-based lattice structures featuring volume fraction and cell type grading [J]. Materials & Design, 2018, 155: 220-232.

[39] Yang L, Mertens R, Ferrucci M, et al. Continuous graded gyroid cellular structures fabricated by selective laser melting: Design, manufacturing and mechanical properties [J]. Materials & Design,

2019，162：394-404.

［40］ Yang L，Ferrucci M，Mertens R，et al. An investigation into the effect of gradients on the manufacturing fidelity of triply periodic minimal surface structures with graded density fabricated by selective laser melting [J]. Journal of Materials Processing Technology，2020，275：116367.

［41］ Yoo D，Kim K. An advanced multi-morphology porous scaffold design method using volumetric distance field and beta growth function [J]. International Journal of Precision Engineering and Manufacturing，2015，16 (9)：2021-2032.

［42］ Ashby M F. The properties of foams and lattices [J]. Philosophical Transactions of the Royal Society A：Mathematical，Physical and Engineering Sciences，2006，364 (1838)：15-30.

［43］ Calladine C R. Buckminster Fuller's "tensegrity" structures and Clerk Maxwell's rules for the construction of stiff frames [J]. International journal of solids and structures，1978，14 (2)：161-172.

［44］ Deshpande V S，Ashby M F，Fleck N A. Foam topology：Bending versus stretching dominated architectures [J]. Acta materialia，2001，49 (6).

［45］ Gümrük R，Mines R A W，Karadeniz S. Static mechanical behaviours of stainless steel micro-lattice structures under different loading conditions [J]. Materials Science and Engineering (A)，2013，586：392-406.

［46］ Maskery I，Aboulkhair N T，Aremu A O，et al. Compressive failure modes and energy absorption in additively manufactured double gyroid lattices [J]. Additive Manufacturing，2017，16：24-29.

［47］ Choy S Y，Sun C，Leong K F，et al. Compressive properties of functionally graded lattice structures manufactured by selective laser melting [J]. Materials & Design，2017，131：112-120.

［48］ Gorny B，Niendorf T，Lackmann J，et al. In situ characterization of the deformation and failure behavior of non-stochastic porous structures processed by selective laser melting [J]. Materials Science and Engineering (A)，2011，528 (27)：7962-7967.

［49］ 孙健峰．激光选区熔化 Ti6Al4V 可控多孔结构制备及机理研究 [D]. 广州：华南理工大学，2013.

［50］ Shi X，Ma S，Liu C，et al. Performance of high layer thickness in selective laser melting of Ti6Al4V [J]. Materials，2016，9 (12)：975.

［51］ Xu Y，Zhang D，Zhou Y，et al. Study on topology optimization design，manufacturability，and performance evaluation of Ti-6Al-4V porous structures fabricated by selective laser melting (SLM) [J]. Materials，2017，10 (9)：1048.

［52］ Chen W，Yin G，Feng Z，et al. Effect of powder feedstock on microstructure and mechanical properties of the 316L stainless steel fabricated by selective laser melting [J]. Metals，2018，8 (9)：729.

［53］ Liu Y，Yang Y，Mai S，et al. Investigation into spatter behavior during selective laser melting of AISI 316L stainless steel powder [J]. Materials & Design，2015，87：797-806.

［54］ Zhong T，He K，Li H，et al. Mechanical properties of lightweight 316L stainless steel lattice structures fabricated by selective laser melting [J]. Materials & Design，2019，181.

［55］ Xiao Z，Yang Y，Xiao R，et al. Evaluation of topology-optimized lattice structures manufactured via selective laser melting [J]. Materials & Design，2018，143：27-37.

［56］ Choy S Y，Sun C，Leong K F，et al. Compressive properties of Ti-6Al-4V lattice structures fabricated by selective laser melting：Design，orientation and density [J]. Additive Manufacturing，2017，16：213-224.

［57］ Mann V W，Bader R，Hansmann H，et al. Influence of the structural orientation on the mechanical properties of selective laser melted Ti6Al4V open-porous scaffolds [J]. Materials & Design, 2016, 95: 188-197.

[58] Xu S, Shen J, Zhou S, et al. Design of lattice structures with controlled anisotropy [J]. Materials & Design, 2016, 93: 443-447.

[59] Kapfer S C, Hyde S T, Mecke K, et al. Minimal surface scaffold designs for tissue engineering [J]. Biomaterials, 2011, 32 (29): 6875-6882.

[60] Suresh S. Graded materials for resistance to contact deformation and damage [J]. Science, 2001, 292 (5526): 2447-2451.

[61] Giannakopoulos A E, Suresh S. Indentation of solids with gradients in elastic properties: Part I point force [J]. International Journal of Solids and Structures, 1997, 34 (19): 2357-2392.

[62] Al-Saedi D S J, Masood S H, Faizan-Ur-Rab M, et al. Mechanical properties and energy absorption capability of functionally graded F2BCC lattice fabricated by SLM [J]. Materials & Design, 2018, 144: 32-44.

[63] Tian C, Li X, Li H, et al. The effect of porosity on the mechanical property of metal-bonded diamond grinding wheel fabricated by selective laser melting (SLM) [J]. Materials Science and Engineering (A), 2019, 743: 697-706.

[64] Shen Y, Mckown S, Tsopanos S, et al. The mechanical properties of sandwich structures based on metal lattice architectures [J]. Journal of Sandwich Structures & Materials, 2010, 12 (2): 159-180.

[65] Jing L, Wang Z H, Zhao L M. Failure and deformation modes of sandwich beams under quasi-static loading [J]. Applied Mechanics and Materials, 2010, 29-32: 84-88.

[66] Brenne F, Niendorf T, Maier H J. Additively manufactured cellular structures: Impact of microstructure and local strains on the monotonic and cyclic behavior under uniaxial and bending load [J]. Journal of Materials Processing Technology, 2013, 213 (9): 1558-1564.

[67] Drol C J, Kennedy E B, Hsiung B, et al. Bioinspirational understanding of flexural performance in hedgehog spines [J]. Acta Biomaterialia, 2019, 94: 553-564.

[68] Habibi M K, Samaei A T, Gheshlaghi B, et al. Asymmetric flexural behavior from bamboo's functionally graded hierarchical structure: Underlying mechanisms [J]. Acta Biomaterialia, 2015, 16: 178-186.

[69] 郑伟. 头盖骨微观多孔组织结构及弯曲性能研究 [D]. 哈尔滨：哈尔滨工业大学，2016.

[70] Zhang M, Yang Y, Wang D, et al. Microstructure and mechanical properties of CuSn/18Ni300 bimetallic porous structures manufactured by selective laser melting [J]. Materials & Design, 2019, 165: 107583.

[71] Panesar A, Abdi M, Hickman D, et al. Strategies for functionally graded lattice structures derived using topology optimisation for Additive Manufacturing [J]. Additive Manufacturing, 2018, 19: 81-94.

[72] Arabnejad S, Johnston B, Tanzer M, et al. Fully porous 3D printed titanium femoral stem to reduce stress-shielding following total hip arthroplasty [J]. Journal of Orthopaedic Research, 2017, 35 (8): 1774-1783.

[73] Wang Y, Arabnejad S, Michael T, et al. Hip implant design with three-dimensional porous architecture of optimized graded density [J]. Journal of Mechanical Design, 2018, 140 (11).

[74] Ho J Y, Leong K C, Wong T N. Additively-manufactured metallic porous lattice heat exchangers for air-side heat transfer enhancement [J]. International Journal of Heat and Mass Transfer, 2020, 150: 119262. 1-119262. 10.

[75] Dede E M, Joshi S N, Zhou F. Topology optimization, additive layer manufacturing, and experimental testing of an air-cooled heat sink [J]. Journal of Mechanical Design, 2015, 137 (11): 111403.

[76] 姚晟. 3D 打印微通道散热及其网络数据管理平台研究 [D]. 成都：电子科技大学，2018.

[77] 周宇戈，陈加进，王明阳，等. 天线微小通道冷板金属 3D 打印成形工艺研究 [J]. 电讯技术，2017, 57 (11): 1330-1334.

[78] 王东炜. 轻质点阵夹芯结构的声学性能研究 [D]. 哈尔滨：哈尔滨工业大学，2020.

[79] Wu H, Zhang X, Ma Z, et al. A material combination concept to realize 4D printed products with newly emerging property/functionality [J]. Advanced Science, 2020, 7 (9): 1903208.

[80] Mishra S, Katti P, Kumar S, et al. Macroporous epoxy-carbon fiber structures with a sacrificial 3D printed polymeric mesh suppresses electromagnetic radiation [J]. Chemical Engineering Journal, 2019, 357: 384-394.

第8章

复杂模具激光金属增材组合制造技术

8.1 复杂模具激光金属增材组合制造技术背景

随着时代的发展，工业实践中对零件各类性能的要求不断提高，希望零件具有更高的可靠性和更少的材料。减少装配数量和适当拓扑将有助于满足这些要求。然而，这类零件往往一部分形状较为规则而另一部分形状较为复杂，如果采用传统去除加工对一整块材料进行切削，不仅会造成材料的极大浪费，也可能由于加工约束而无法加工。

激光增材制造技术的应用和发展，能够实现自由形状零件的制造。然而，增材制造技术仍处于发展阶段，具有制造速度慢、制造精度低、制造尺寸受限等不足。激光增材制造的优势在于制造具有复杂结构的零部件，而对于形状规则、结构简单的区域，采用传统制造方式更具优势。同时，经激光增材制造出的零件表面粗糙，甚至存在支撑结构，往往需要二次机加工和后处理，才能满足工作要求。

对于这类零件，一种方案是：将零件分为几个部分，形状规则结构简单的部分采用等材或减材加工，而结构复杂的部分则采用增材制造的方法，最后通过连接结构装配成一个整体。此方案虽然能够解决复杂部分难以制造的难题，但过多的装配不仅会降低整体结构的可靠度，而且装配结构件会增加整体结构的制造成本。

针对以上问题，一种基于金属增材制造的组合制造技术应运而生。组合制造技术将传统加工技术与激光增材制造技术结合起来，零件中形状规则、结构简单的一部分采用高效、高质量的铸造/锻造和机械去除加工，而结构复杂的另一部分则采用灵活性、适应性极强的增材制造进行加工。同时，组合制造技术还可以在增材制造完成后进行机械半精加工和精加工。这种组合制造技术兼顾传统去除加工的高效、高质量的优势以及增材制造的灵活性、适应性的优点，取长补短，在满足设计要求的同时从材料利用率方面降低了加工成本，提高了加工效率。目前已见报道的方式主要有：铸造与激光立体成形技术的组合和激光立体成形技术与切削加工的组合。

20 世纪 90 年代后期，一项日本的大学和工业界的联合研究项目将激光立体成形与数控机床结合，并推出了最早的商业化设备，即 Matsuura 公司的 LUMEX Avance-25。在国内，西北工业大学于 2005 年在我国首台推重比为 10 的航空发动机后机匣制造中采用了铸造＋激光立体成形组合技术，该产品下部规则形状区域采用了 In961 合金铸造成形，上部复杂结构区域采用 GH4169 镍基高温合金激光立体成形完成，并通过装机考核[1]。2009 年，美国的 Optomec Design 公司采用激光立体成形技术对军用飞机 T700 锻造叶盘进行了修复，并通过了军方的振动疲劳验证试验[2]。如今 Mazak、DMG、Trumpf 等世界领先的精密机床制造企业已判断出未来市场的巨大需求，分别推出了自己的激光立体成形＋数控切削商业设备并开始销售。美国 Sandia 国家实验室在机械加工的盘上，直接沉积了薄壁复杂结构，也是得益于激光立体成形技术。对于这种结构非常复杂的构件来说，激光组合增材制造技术的优势就凸显出来了，不仅可以克服传统铸造成形制造周期长、工艺困难等一系列缺点，而且在一定程度上减轻了结构件的重量。

可见，激光组合增材制造技术具有以下特点：

① 激光组合增材制造是在零件的关键部位进行选区性的材料成形，在优化结构与功能组合设计的基础上，通过与传统方法组合制造，达到制造成本低、周期短、经济性好的目标。

② 激光组合增材制造更强调与基体材质的不同，实现异质材料的结合，以及制造内部材料的梯度变化，通过材料的优化组合，实现材料最优化利用，获得高性能。

③ 激光组合增材制造可以分为两个方面：一是在原有锻造、铸造等传统制造技术制造的新品零件上进行高性能激光增材制造；二是激光增材制造与机械加工等传统制造技术有机结合，实现高精度、高质量制造。

④ 激光组合增材再制造，以缺损零件作为母体，实现高性能修复，体现了零件全生命周期的循环利用与绿色制造，并节材降耗。激光组合增材制造有利于实现服役后零件的再制造。

与单纯的增材制造模具相比，组合制造技术的优势明显。一方面，增材制造过程会产生热应力。一些结构简单的区域如果仍采用增材制造的方式建造，巨大的热应力可能会使模具在制造完成之前就产生翘曲、裂纹等缺陷而失效。即便是增材制造模具能够顺利建造完成，其内部存在的残余应力也可使模具过早失效。另一方面，增材制造成形的模具表面粗糙，精度低，往往需要复杂的后处理步骤才能满足模具需求。组合制造模具则可以避免以上缺陷。组合制造将结构简单的部分采用铣削加工先行制造，避免了过多热应力和残余应力的产生。制造复杂结构的增材制造随后进行，能够确保模具复杂结构部分的顺利制造。增材制造完成后再次采用铣削加工的方式完成对模具整体的半精加工和精加工，在保证精度要求的同时，还可有效释放残余应力。

组合制造技术将模具按照制造难度分为几个部分，结构简单的区域采用机械加工的方法先行制造，再在其上完成复杂结构的增材制造，整个制造过程完成后还可对成形模具进行铣削半精和精加工。这极大地缩短了制造时间，避免了热应力和残余应力，同时兼具了柔性灵活制造和高精度的优点。

8.2 基于增材组合制造技术的复杂模具设计

8.2.1 随形水路设计

(1) 随形水路布局设计

在注塑成形过程中，由于熔融塑料的温度（一般为200～300℃）需要冷却到固化温度（一般在80℃以下）以下，冷却时间约占整个循环的70%～80%。因此，提高冷却速度是提高生产效率和实现大产量的关键。注塑件的散热方式有热传导、热辐射和热对流三种，其中近90%的热量是通过强制对流被冷却介质散发的。除冷却速度外，冷却过程还会影响液体塑料的流动性和填充能力，以及塑料制品的外观质量和尺寸精度。为了提高注塑模具的冷却效率和冷却质量，常采用随形冷却模具（conformal cooling molds，CCM）。传统加工工艺生产的模具的随形冷却（conformal cooling，CC）通道往往呈线性分布或不均匀分布，这导致形状复杂的注射模具的随形冷却通道到模具表面的距离不一致，冷却不均匀。在这种情况下，注塑产品会出现翘曲、划伤、脱模困难，甚至出现失效等问题。

作者团队以某种杯具模具为例，设计了如图8-1所示的随形水冷通道[3]。该通道包括中间的竖直通道和沿着模具表面螺旋上升的随形通道，水道的截面为圆形。杯子属于细长塑件（空心），在这类塑件的型芯上开设冷却管道比较困难，传统的冷却方式是挡板式。

图8-2是注塑杯具的冷却模拟效果图，图8-2(a) 为传统挡板式冷却通道，

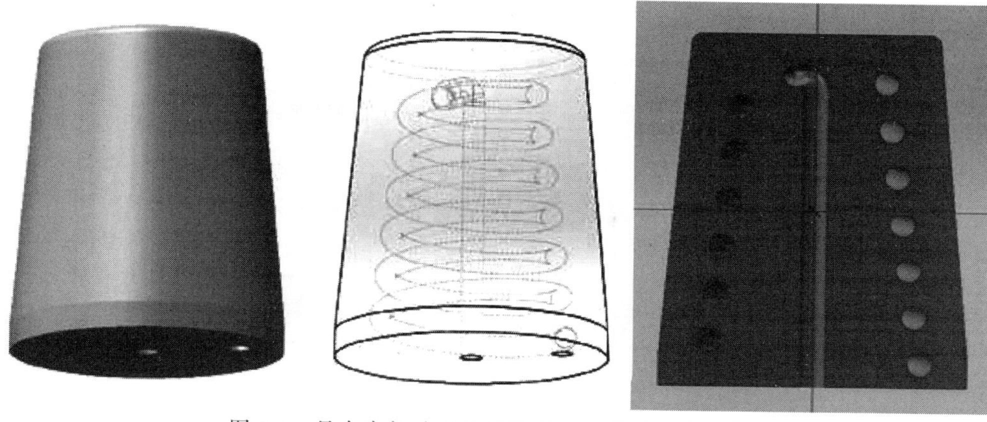

图 8-1　具有内部随形冷却通道的杯具模具型芯设计

图 8-2(b) 为随形冷却通道。从模拟结果可以看出，采用随形冷却通道模具的产品达到顶出温度的时间为 20.21s，比采用传统挡板式通道模具的产品所需时间 22.92s 缩短了 2.71s，冷却效率提升了 10%左右。

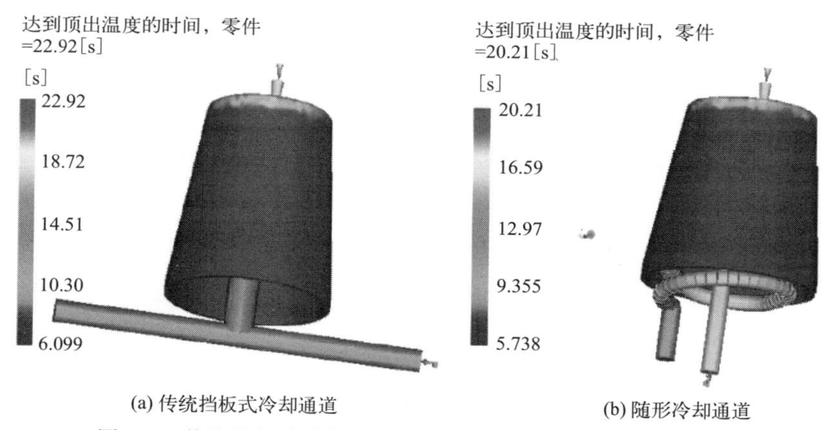

图 8-2　传统挡板式冷却通道与随形冷却通道的冷却时间模拟

上述杯具模具模型相对简单，可以采用手工来进行布局设计，但这种方法设计效率低下，很难达到最佳的冷却效果。为了提高设计效率，研究人员对随形冷却通道的自动设计进行了一系列的研究。研究人员已经提出了许多设计 CC 通道的方法和算法。实验设计是一种方便且成熟的方法，如全因子设计[4]、正交设计[5]、田口方法[6]、响应面方法[7] 和最佳拉丁超立方方法[8]，都被用于设计和优化 CC 系统。然而，实验设计的局限性在于，设计参数只能从实验范围中选择，不能扩展到更大的范围。Au 提出使用棚架结构来设计注塑模具的 CC 通道。其基本原理是利用空间枚举法将棚架单元联合起来，形成一个具有多孔结构的保形冷却系统[9]。但是，这种方法没有考虑通道结构与顶出结构之间的干涉，这种棚架结构的自支撑力是否能承受巨大的模腔压力，还需要进一步验证。Wang等受莲藕内部导管结构的启发，根据工程实践中CC通道设计的基本要求，提出了一种自动生成方法，如图8-3所示[10]。该方法的基本思路是：对需要冷却的模具零件进行切片，检查每层切片上的曲线干扰，从而筛选出曲线的控制点，然后制定连接策略，得到顺滑曲线，作为管道扫描的轨迹线，最终通过管道扫描形成随形冷却通道。实验结果表明，这种方法可以大大减少设计时间，引导用户快速完成设计，同时减少设计误差，提高工作效率。

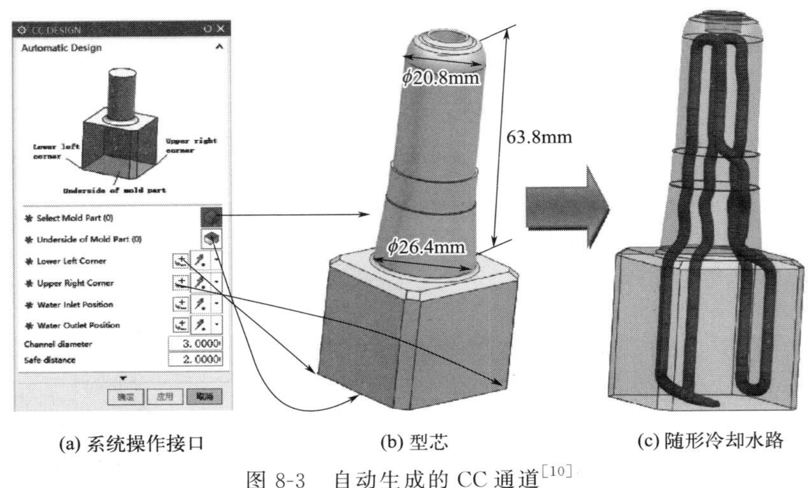

(a) 系统操作接口　(b) 型芯　(c) 随形冷却水路

图8-3　自动生成的CC通道[10]

(2) 冷却通道内支撑的设计

在注射成形过程中，管道的直径对冷却效率和生产效率起着重要的作用。在冷却通道布置方式和使用的冷却液流速相同时，扩大冷却通道直径可以提高冷却效率。因此，工业上一直在追求大孔径的冷却通道模具制造方法，以缩短单个注塑件或冲压件的制造时间。在传统模具制造方法中，大孔径的冷却通道易于在CNC加工中心加工，难点在于复杂布局的水冷通道的加工。采用逐层制造的增材制造技术则可以很好地完成任意复杂布局的水冷通道的建造。然而，增材制造并非完全的自由制造，它仍受如下因素约束：

① 构建角度。45°或更大的角度能够实现自支撑，但低于这个值的角度通常需要支撑结构来保持建造部分的稳定。

② 悬垂结构。某一区域下层未熔融固化而上层被激光照射熔融成形，则该部分称为悬垂。没有支撑材料的大悬垂结构是很难实现的。

③ 通道和孔。在增材制造过程中，直径较小的通道和孔具有一定的自支撑特性，不需要支架；当通道和孔的直径过大时，会产生塌陷而建造失败。

在随形水冷模具的增材制造过程中，如果水冷通道的轴向与制造方向（Z轴）平行，则不需要考虑支撑。但是，在大多数情况下，水冷通道的轴向并不与建造方向平行，甚至在多数情况下水冷通道的轴向与建造方向的夹角超过45°，这时就不得不考虑水冷通道的直径极限和改进措施。

显然，最糟糕的情况是水冷通道的轴向与建造方向的夹角为90°，即水冷通道呈水平设置。图8-4是采用激光选区熔化技术制造的轴向水平的冷却通道。图8-4(c)的结果表明，随着直径的不断增大，通道出现了坍塌现象，并且在构建过程中的翘曲造成了粉末扩散的阻碍，从而导致了模具的失效。坍塌翘曲的基本机制与残余应力有关，可以用加热和冷却过程中的温度梯度机制来解释［见图8-4(b)］。材料中凝固收缩引起的应力会导致悬空结构的倒塌。此外，凝固层中的拉伸残余应力也会导致悬挑物的包覆效应。

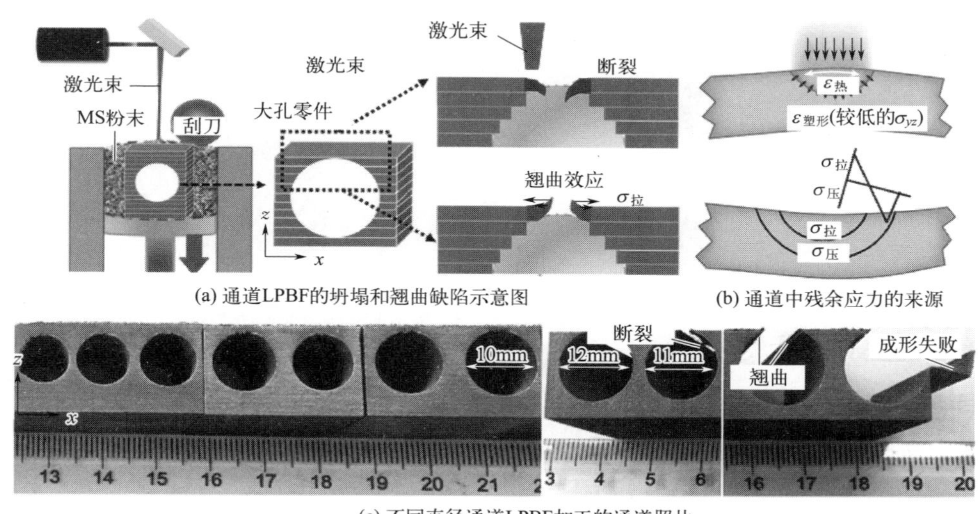

(a) 通道LPBF的坍塌和翘曲缺陷示意图

(b) 通道中残余应力的来源

(c) 不同直径通道LPBF加工的通道照片

图8-4 SLM加工冷却通道的工艺性分析

为了克服冷却通道在制作过程中的坍塌和翘曲缺陷，谭超林等设计了四种晶格结构，作为冷却通道的支撑结构，如图8-5所示[11]。冷却通道的直径为20mm，晶格单元的尺寸分别为L=4mm、6mm、8mm、10mm。所有晶格结构的支撑都为45°倾斜，优化后的晶格单元的相对密度（固体支柱与冷却通道内空间体积的百分比）约为8%，既保证了SLM的可制造性，又能最大限度地留出冷却液体的流动空间。

如图8-6所示，作者团队采用SLM技术成功制造出了具有自支撑设计的模具水冷通道。添加了作为支撑的晶格结构后，通道的可制造性显著提高，即使是20mm的通道仍然能成功制造。此外，不同的支撑单元尺寸在可制造性上没有明

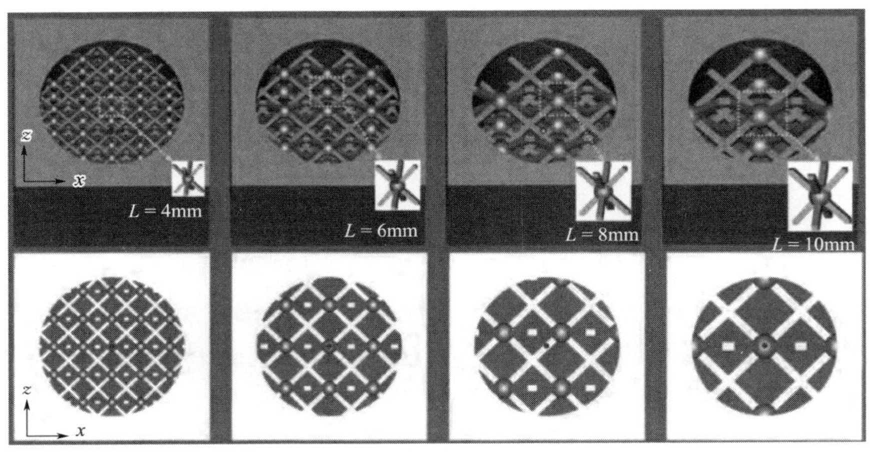

图 8-5　四种用于冷却通道支撑结构的晶格结构

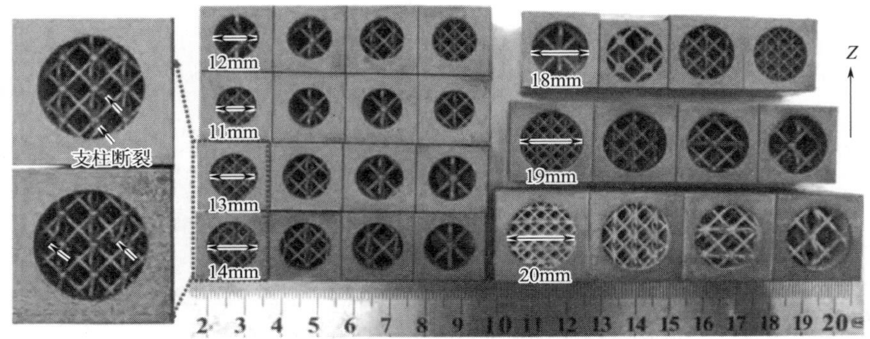

图 8-6　SLM 成形具有自支撑的模具水冷通道

显的变化，因为它们对通道具有相同的支撑强度（约 696MPa）。但仔细观察发现，直径为 14mm 的单元支架内部分支断裂（见放大图），其原因可能有两个：

① 铺粉时刮粉刀触碰到细支柱，使得细支柱产生弹性摆动而将粉末弹掉，导致支柱形成空洞，融合不良。

② SLM 过程中残余应力较大，可能超过小支柱的屈服强度，导致分支断裂。因此，应避免使用过细的支撑单元。

另外，当支架尺寸增大时，支架相对体积略有减小（由 8.5%下降到 6.5%），因此，就 SLM 的可制造性和水冷通道的有效空间而言，尺寸更大的支撑单元更具优势。

支撑不仅能够大大提高水冷通道的直径，而且能够改变通道内水流的流动特性，更好地传递热量。如图 8-7 所示，设计和制造了两种随形水冷模具。经过实验验证，这两种自支撑通道的水冷时间分别为 5.4s 和 4.2s，冷却时间较传统机加工模具缩短了 22%左右。

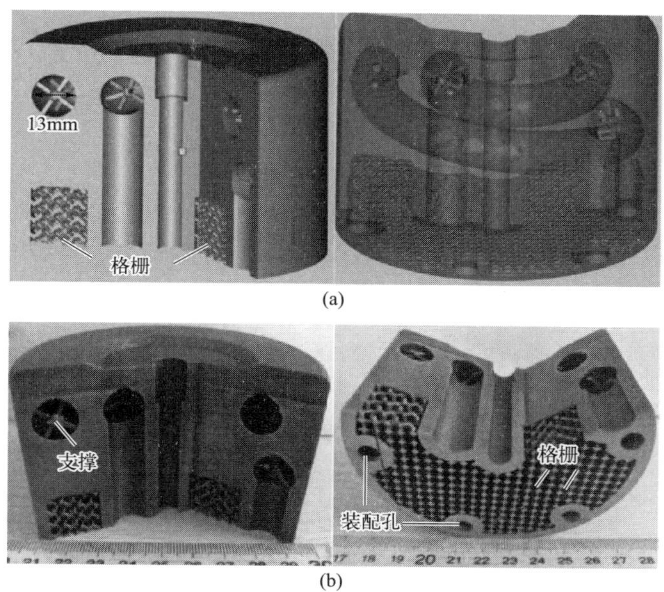

图 8-7　随形水冷模具的设计与制造

8.2.2　自支撑水道模具设计

模具冷却过程中大部分热量是以对流传热的方式通过冷却系统散失的，因此需要提高对流传热效率以缩短冷却时间。传统的提高对流传热效率的方法是改变冷却剂的流动形态，即从层流变为湍流。层流时，流体沿壁面分层流动，流体质点在热流方向上无宏观运动，热传导方式基本上为分子扩散作用，温度梯度较大，且对流传热热阻较大。湍流时，流体质点充分混合，温度梯度相对较小，且湍流越强，层流内层厚度越薄，传热热阻越小，因此对流传热系数越大，传热效率高。根据流体力学中雷诺数的计算公式可知，增大通道直径或者液体流速有利于流体达到湍流状态。

如图 8-8 所示，设计了冷却水道直径为 8mm 和 13mm 的随形水冷模具。对于 8mm 冷却水道模具［见图 8-8(a)］，产品冷却至 5.4s 时产品 99%的体积冷却至顶出温度并可以顶出；而对于 13mm 大孔径的自支撑冷却水道模具［见图 8-8(b)］，产品 99%的体积冷却到顶出温度只需 4.2s，产品冷却时间降低约 22.2%。由于采用相同的流量，因此冷却效率的提高可归功于传热面积的增大。此外，孔内支撑结构产生的二次流也有利于提高冷却效率。采用在管内插入异物和提高管内粗糙度等被动式强化传热的方法也可提高传热系数。例如，在管道的内表面形成一定规律性的粗糙凸微元体，能够对近壁面区的流体进行扰动，使流体产生二次流（螺旋流与边界层分离流），从而降低近壁区的热阻。

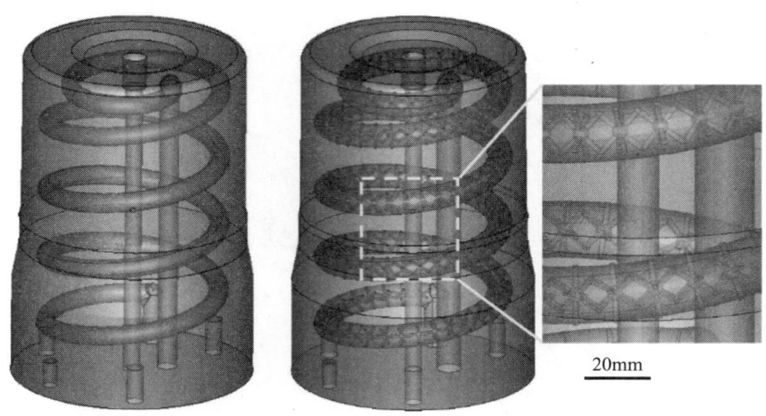

(a) 孔径为8mm无支撑水道　　(b) 孔径为13mm自支撑水道

图 8-8　两种随形冷却模具的三维模型

8.2.3　模具轻量化设计

注塑模具在成形过程中承受的压力通常低于 250MPa，而 SLM 成形的模具钢材料强度高达 2GPa。因此，将模具进行网格设计能够在满足模具服役强度条件的同时，减少模具体积，节约材料和成形时间。

如图 8-9(a) 所示，设计 diamond、rhombic（菱形）和 diagonal（对角弹性）三种网格结构单元，这些单元没有悬垂结构，有利于 SLM 成形，同时具有高度对称性，因此在力学性能上更倾向于各向同性。单元大小均为 2mm×2mm×2mm，其相对密度（RD）均为 30%。

SLM 制备的试样如图 8-9(b) 所示，网格形貌清晰完整，成形质量较理想。与实体试样相比，网格试样的 UTS（极限抗拉强度）明显降低。但是，其强度仍然达到注塑模具在服役时承受的压力要求（<250MPa），尤其是 diamond 网格试样。从断裂宏观形貌可见，试样主要发生剪切断裂。通常，网格试样的强度与有效实体体积分数（即相对密度）联系在一起，并采用相对强度（即 UTS 与相对密度的比值）来衡量网格的力学表现。diamond、rhombic 和 diagonal 三种网格结构的相对强度分别可达 1340MPa、940MPa 和 1062MPa，而实体试样为 1165MPa。因此，diamond 结构在模具轻量化设计中更具优势。

模具轻量化设计过程中需要兼顾其强度，因此需要在网格结构周围设计一层具有一定厚度的实体支撑壁。为了探究支撑壁厚度对网格结构力学性能的影响，作者团队设计了支撑壁厚为 0.2mm、0.5mm、0.75mm、1mm、1.5mm、2mm、2.5mm 和 3mm 的立方体，并研究其压缩性能。随着实体壁厚的逐渐增加，抗压强度（UCS）和压缩屈服强度（YS）逐渐增加。压缩失效形貌呈圆鼓

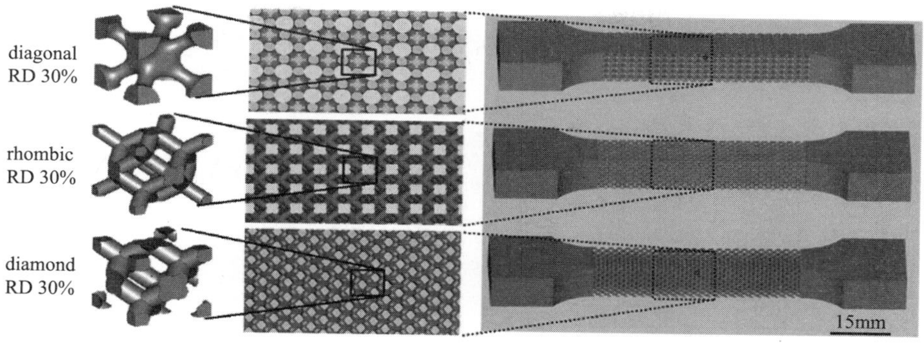

(a) 三种网格化结构

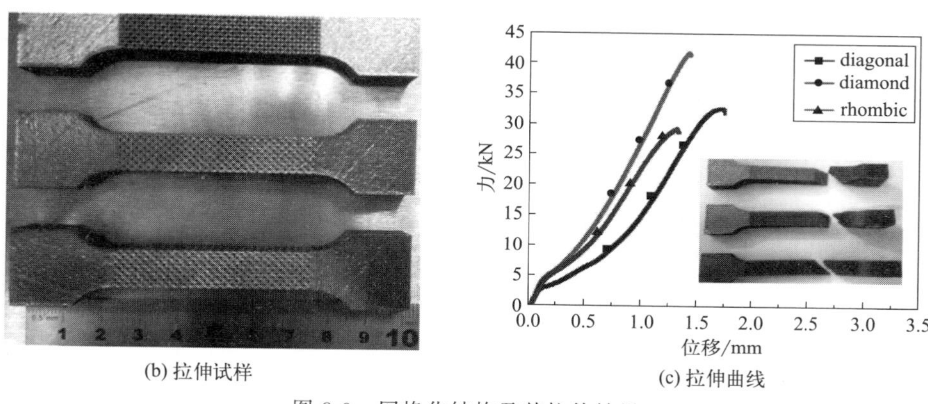

(b) 拉伸试样　　(c) 拉伸曲线

图 8-9　网格化结构及其拉伸结果

状，这是典型的塑性失效形貌，表明该网格减材试样具有良好的抗压塑性变形能力。随着壁厚的增加，网格所占体积分数逐渐减少，整个试样的实体部分所占体积（相对密度）逐渐增加，因此强度逐渐增加。

8.3　模具钢成形工艺

马氏体时效钢（maraging steel，MS）是一种先进的高强模具钢，其经过455～510℃时效热处理后，会在具有高密度位错、低硬度（28～30HRC）、良好韧性和延展性的马氏体基体上，形成均匀分布的金属间化合物，对马氏体基体中高密度位错的运动产生钉扎效应，达到第二相强化作用[4]。目前，SLM 成形马氏体时效钢所选用的牌号几乎全为 18Ni300。MS 具有超高强度（屈服强度通常为 1500～2500MPa，最高可达到 3450MPa）、良好的韧性和延展性、优良的焊接加工性能和热处理尺寸稳定性，广泛应用于航空、航天、核能和高性能工模具等前沿和尖端领域。

MS 通常采用激光选区熔化（SLM）技术制造，其设备示意图如图 8-10 所示[12]。工艺参数和热处理手段是调控模具钢致密度、力学性能、组织结构和强化机理的重要手段。SLM 成形过程中的主要工艺参数包括激光功率（laser power，P）、激光扫描速率（scan speed，v_s）、激光扫描间距（hatch space，h）、每层的铺粉厚度（layer thickness，t）和激光扫描策略等，并常采用如下公式计算激光与粉末作用时的体积能量密度（E_V，J/mm^3）：

$$E_V = \frac{P}{v_s t h}$$

通常使用的 MS 热处理包括固溶处理、时效处理和固溶+时效处理。

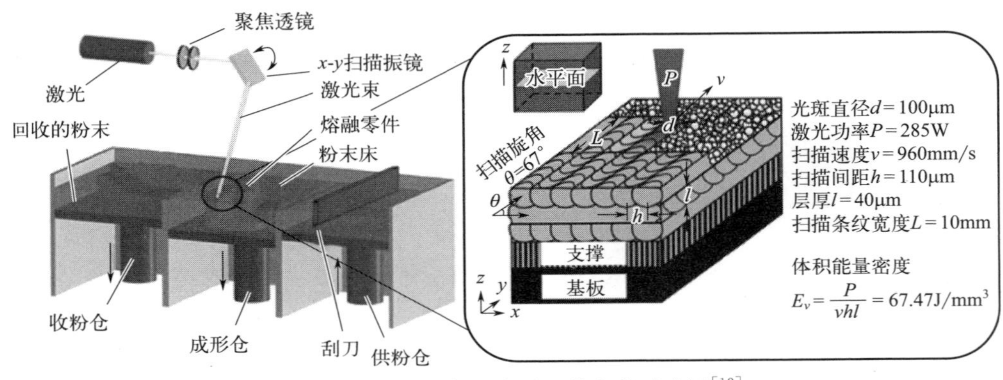

图 8-10　SLM 设备和成形工艺参数示意图[12]

8.3.1　致密度

致密度是影响模具钢性能的重要指标。作者团队对 18Ni300 模具钢致密化行为做了深入研究，采用正交实验法以及响应曲面法获取优化的马氏体时效钢 SLM 成形工艺。在工艺优化过程中，以成形件的致密度极大值为目标，选用 S 形正交层错扫描策略，分别研究激光功率、扫描速度、扫描间距和铺粉层厚对致密度的影响规律。

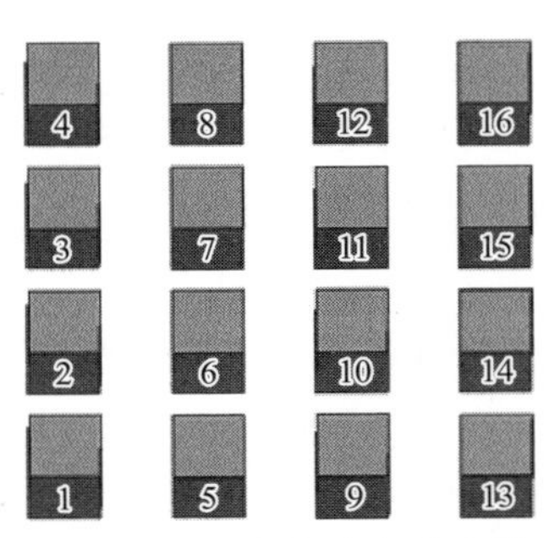

图 8-11　正交实验方形试样

图 8-11 是采用正交实验成形的方形试样。为定量描述不同参数对致密度的影响，使用阿基米德排水法测量各个试样的致密度，如表 8-1 所示。激光功率、扫描速度和扫描间距的 F 比均小于 F 临界值，说明三个因素对致密的影响在统计学上不显著。分析可知，激光功率极差 13.755、扫描速度极差 3.365 以及扫描间距极差

3.985，这说明在以上三个因素对致密度的影响程度中，激光功率最高，随后是扫描间距，影响最小的是扫描速度。

表 8-1　正交实验致密度的结果与分析

实验编号	激光功率/W	扫描速度/(mm/s)	扫描间距/mm	致密度/%
1	100	300	0.05	87.00
2	100	400	0.07	91.41
3	100	500	0.09	86.25
4	100	600	0.11	76.01
5	130	300	0.09	97.14
6	130	400	0.11	95.75
7	130	500	0.05	96.69
8	130	600	0.07	97.14
9	160	300	0.11	98.58
10	160	400	0.09	98.86
11	160	500	0.07	99.16
12	160	600	0.05	98.81
13	190	300	0.07	98.66
14	190	400	0.05	98.36
15	190	500	0.11	98.80
16	190	600	0.09	98.95
F	2.689	0.136	0.0175	
F 临界值	3.860	3.860	3.860	
极差	13.755	3.365	3.985	

当激光功率 160W、扫描速度 400mm/s，扫描间距 0.07mm 时可获得最大致密度值，通过分析可以发现该工艺组合并没有包括在正交实验方案中，因此需要进行下一步实验来获取更优的工艺参数。如图 8-12 所示为正交实验极差分析因素对致密度的影响曲线。

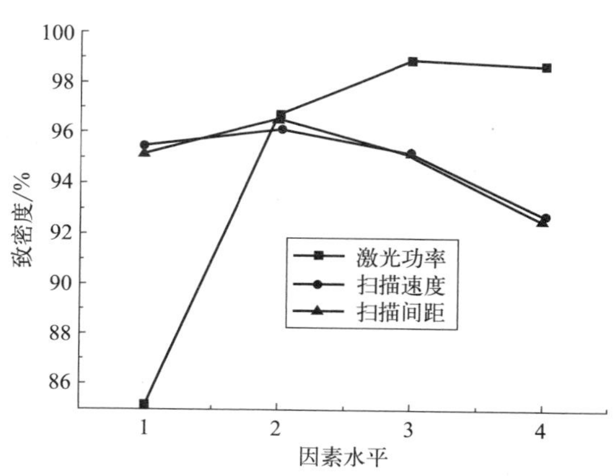

图 8-12　正交实验极差分析因素对致密度的影响曲线

正交实验分析可知致密度随激光功率、扫描速度和扫描间距的增加均现出先升高后下降的趋势，其中致密度随着激光功率的变化最明显，随扫描速度与扫描间距的变化较弱，进一步说明了激光功率对致密度的影响最大。

由正交实验的结果确定激光功率、扫描速度和扫描间距的最优值区间分别为130～190W、300～500mm/s 和 0.05～0.09mm，而且获得较高致密度的工艺参数为激光功率 160W、扫描速度 400mm/s、扫描间距 0.07mm。但是上述优化工艺参数为预设的孤立整数点，无法通过实验结果预测最优结果的致密度值。针对以上问题，在正交实验的基础上采用 BBD 响应曲面法进行优化设计实验。

使用 Design Expert 软件对测得的致密度结果进行分析处理，得到致密度的回归方程为：

$$R=99.08+0.54\times A+0.027\times B+0.16\times 2-0.0002\times A\times B+0.12\times A\times C-0.036\times B\times C-1.15\times A\times A-0.53\times B\times B-0.5\times C\times C$$

其中，R 为试样致密度；A 为激光功率；B 为扫描速度；C 为扫描间距。

图 8-13(a) 是扫描间距固定为 0.07mm 时的 3D 曲面图，图 8-13(b) 是扫描速度固定为 400mm/s 时的 3D 曲面图。当扫描间距固定时，总体上致密度随着扫描速度的增加而出现先增高后降低的趋势，但是在不同的激光功率下，其变化曲率不同；当固定扫描速度时，总体上致密度随着激光功率的增加也出现了先增高后降低的趋势，但是在不同的扫描间距下，其变化曲率也略有不同。以上现象说明激光功率、扫描速度和扫描间距三个因素对致密度的影响不是独立的，而是相互之间存在交互作用，每个因素对致密度产生作用时，均会受到其他两个因素的影响。对获得的致密度回归方程进行最优求解，预期最高致密度为 99.165%，期望值为 98.8%，相应工艺参数分别为：激光功率 167.41W，扫描速度 401.93mm/s，扫描间距 0.074mm。

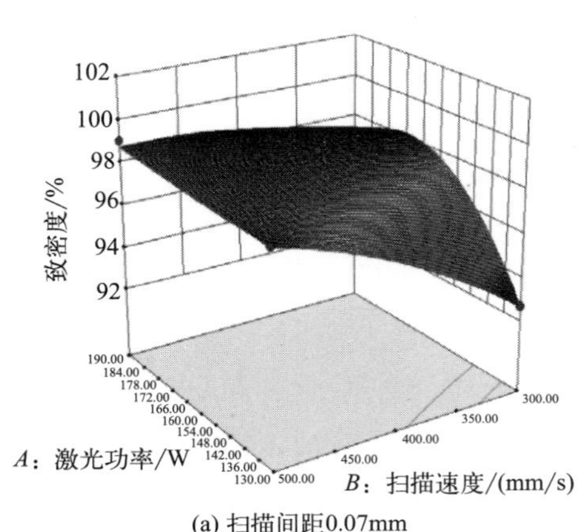

(a) 扫描间距0.07mm

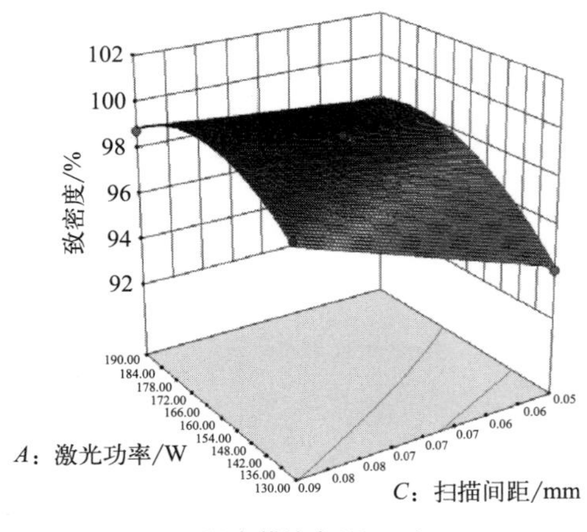

(b) 扫描速度400mm/s

图 8-13　响应曲面 3D 分析

国外相对较早进行了 SLM 成形马氏体时效钢的研究。比利时鲁汶大学 Kempen 等在 2011 年开始对 SLM 成形 18Ni300 钢进行研究，分析了不同层厚对成形试样粗糙度、相对密度和硬度的影响，发现较小的层厚（30μm）更有利于获得光洁的表面和更高的相对密度[13]；同时优化了工艺参数，发现与设备推荐参数相比，采用优化的工艺参数成形密度更高，并且，发现激光重熔能够略微提高试样致密度（由 99.15%增至 99.48%）。2015 年，意大利巴里理工大学 Casalino 等采用实验和数据统计的方式，对 SLM 成形 MS 工艺参数进行了优化[14]，发现激光功率大于 90W、扫描速率小于 200mm/s 时可以获得较高的致密度（>99%）。2016 年，南非斯坦陵布什大学 Becker 和 Dimitrov 研究了 v_s 和 h 对成形致密度的影响，发现 h 对致密度的影响小于 v_s，优化后的致密度达到 99.5%[15]。米兰理工大学 Demir 等在 2017 年也发现激光重熔处理能够对密度提高起一定作用，但基板预热处理（170℃）并没有降低孔隙率，反而增大成形尺寸偏差[16]，且由于预热基板有原位退火处理的作用，导致试样硬度降低。研究者们采用表 8-2 中的工艺参数，获得成形件致密度约为 99%。

国内对 SLM 成形 MS 材料的研究报道相对较晚。公开发表的文献资料显示，2014 年初，上海交通大学曹润辰研究使用 SLM 制备 MS 材料[17]。他们采用改装的 Phenix PM250 设备，进行了激光成形工艺参数的优化，并制备了薄壁零件；但没有报道试样的组织和力学性能。与此同时，2014 年重庆大学康凯也报道了采用 EOS M280 设备成形 18Ni300 粉末，采用优化的工艺参数制备了致密度大于 99%的试样。相关数据统计在表 8-2 中[18]。

表 8-2　SLM 成形 18Ni300 马氏体时效钢工艺参数及性能

设备	P/W	v_s/(mm/s)	h/μm	t/μm	E_V/(J/mm^3)	致密度/%	参考文献
EOS M280	80	400	50	40	100	>99	[18]
EOS M290	285	960	110	40	67	99.9	[12]
Concept laser M2	—	600	105	30	—	99.5	[15]
Dimetal-100	160	400	70	35	163	99.3	[19]
Concept laser M3	105	150	125	30	187	99.2	[20]
—	100	180	140	30	132	99.7	[14]
Renishaw AM250	200	—	90	40	60～77	99.0	[16]
Matsuura Avance-25	300	700	120	50	71	99.8	[21]
Concept laser M2	180	600	105	30	95	99.5	[22]

8.3.2　拉伸性能

拉伸性能是检验材料成形效果的重要指标。由图 8-14(a) 可知，随着激光功率的增加，抗拉强度和伸长率均逐渐增大。当激光功率为100W时，其抗拉强度和伸长率只有585.9MPa和1.98%，断口形貌［图8-15(a)］呈现大量杂乱无章的大尺寸近似球体和未熔化的金属粉末，这是因为激光功率较低，金属粉末没有充分熔化并产生了球化效应。随着功率的增加，未熔化的金属粉末和球化的结构逐渐消失［图8-15(b) 和 (c)］，抗拉强度和伸长率也明显增加，这是由于MS粉末熔化更充分，并且使得熔道与熔道以及层与层之间结合更加牢固，因而强度增加，同时内部缺陷逐渐消失，伸长率也得到了极大的提高。

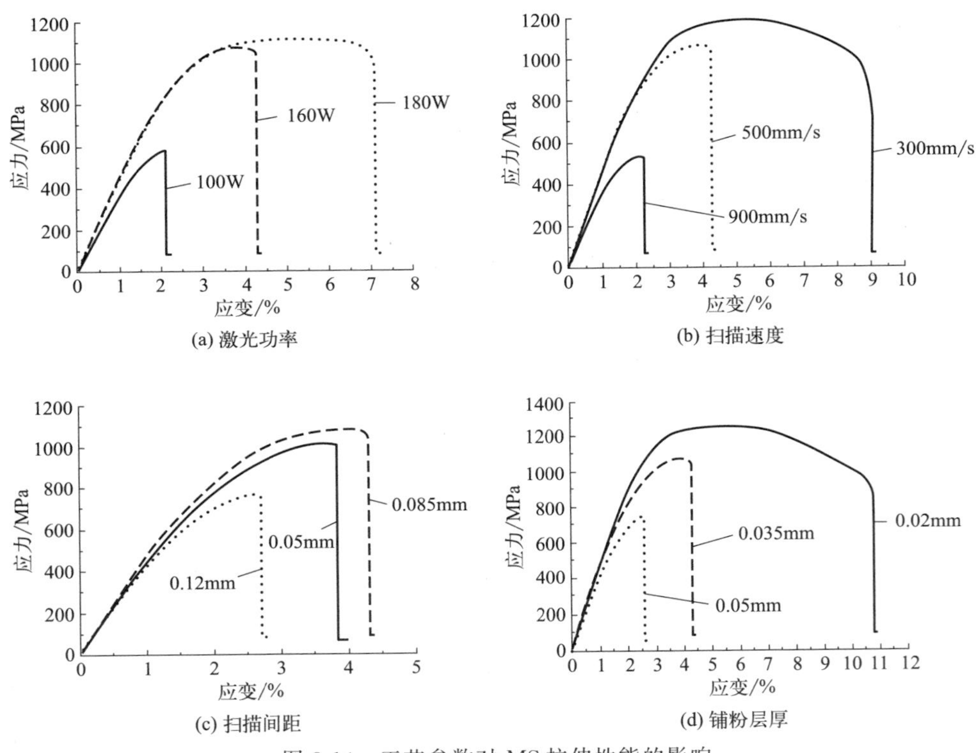

图 8-14　工艺参数对MS拉伸性能的影响

由图8-14(b) 可知，随着扫描速度增加，抗拉强度和伸长率逐渐减小，当扫描速度增加到900mm/s时，其抗拉强度降低到只有544.1MPa，而伸长率降低到只有2.17%。扫描速度对拉伸性能的影响机制与激光功率相似，当激光功率固定时，扫描速度决定了单位长度上的粉末在单位时间内吸收的激光能量，如果扫描速度过快，则会导致粉末无法吸收到足够的能量而导致球化现象，产生断续的熔道［图8-15(d)～(f)］。

如图8-14(c) 所示是扫描间距对SLM成形马氏体时效钢拉伸性能的影响。总体上随着扫描间距的增加，抗拉强度和伸长率均降低，但是也可以看出，较小

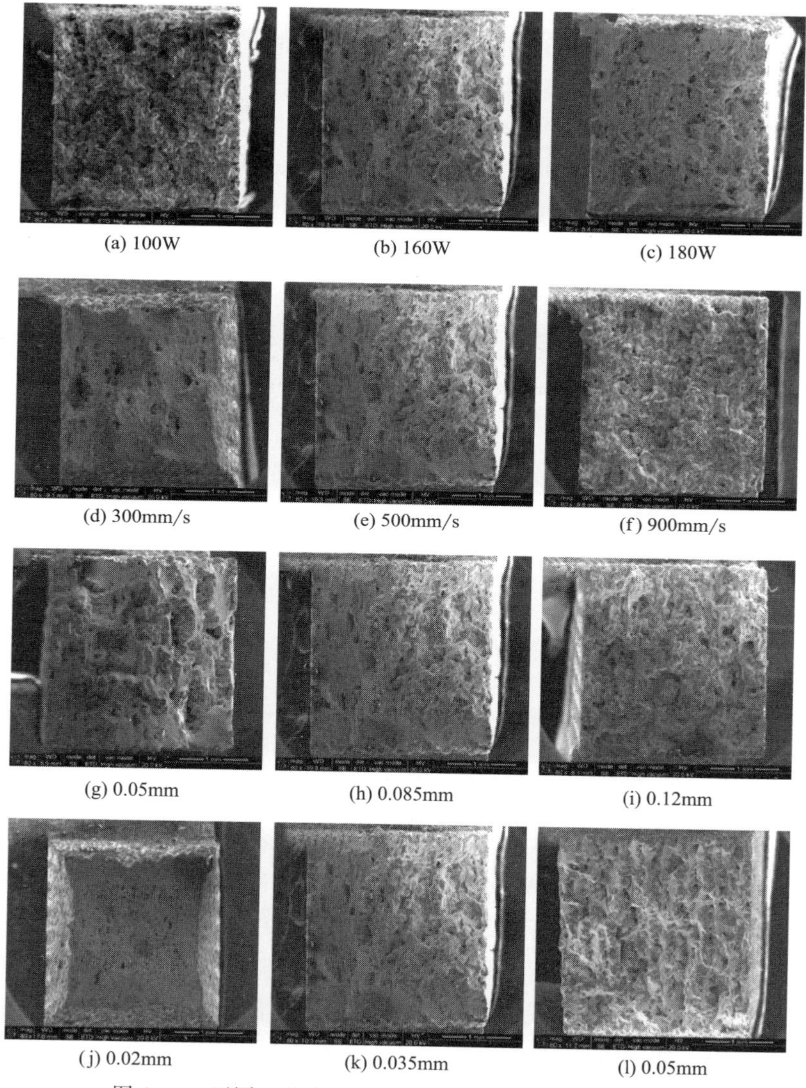

(a) 100W　(b) 160W　(c) 180W

(d) 300mm/s　(e) 500mm/s　(f) 900mm/s

(g) 0.05mm　(h) 0.085mm　(i) 0.12mm

(j) 0.02mm　(k) 0.035mm　(l) 0.05mm

图 8-15　不同工艺参数下的断口形貌（对应于图 8-14）

的扫描间距并没有对拉伸性能产生太大的积极影响。低的扫描间距并没有产生更优异的成形质量和塑性，反而出现了大量的比低激光功率和高扫描速度时尺寸更大的类球状结构［图 8-15(g)］，并且存在一些大间隙，间隙内部存在大量未熔化的粉末，这些缺陷在拉伸时成了断裂源。

如图 8-14(d) 所示是不同铺粉层厚 SLM 成形马氏体时效钢拉伸性能曲线。铺粉层厚的增加对拉伸强度和伸长率均具有不利影响，当铺粉层厚从 0.02mm 增加到 0.05mm 时，抗拉强度由 1246.3MPa 降低到 751.2MPa，伸长率从

10.65%下降到2.62%，可见铺粉层厚对SLM成形马氏体时效钢拉伸性能有着极其重要的影响。从图8-15(j)～(l)中的宏观断口形貌中可以看到，当铺粉层厚较薄时，拉伸断口出现明显的缩颈现象，表现出塑性断裂特征，这是因为低铺粉层厚使得激光不仅完成了对本层粉末的熔化，而且能更多地重熔上层已成形金属实体，使得两层之间结合更加充分。随着层厚的增加，分层现象愈发明显，断裂源主要来源于层与层连接的弱结合处。

作者团队还研究了采用水平摆放（0°）、倾斜摆放（45°）和竖直摆放（90°）三种摆放方式的MS拉伸性能，如图8-16所示。当水平摆放时抗拉强度最高为1266.4MPa，当竖直摆放时抗拉强度最高为1015.2MPa；而伸长率是倾斜摆放时最高，竖直摆放时伸长率最低为10.57%。

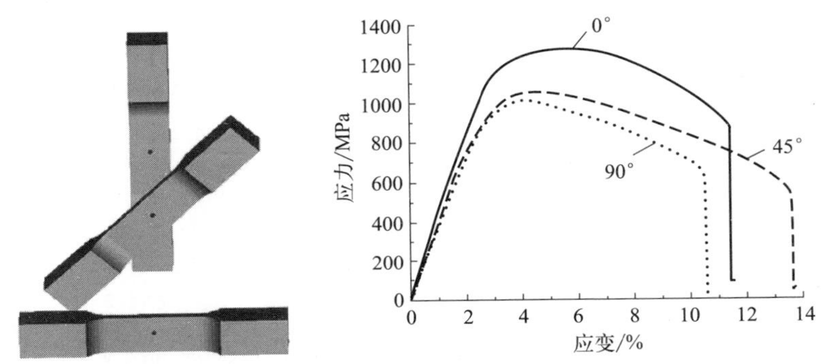

图8-16　拉伸试样摆放示意图与应力-应变曲线

为了研究不同的热处理制度对MS拉伸性能的影响，作者团队制备了尺寸如图8-17(a)所示的拉伸件，并做了固溶、时效和固溶＋时效处理。由图8-17(b)可知，拉伸强度随着固溶处理温度的升高而降低，随后基本保持不变。对比未热处理试样，固溶处理后拉伸强度出现了明显降低，而且温度越高强度降低越明显，当温度到达900℃以后，强度基本无变化，而伸长率的变化幅度在0.5%范围之内，变化不明显。

图8-17(c)是不同时效温度对拉伸性能的影响，可以明显看到无论时效温度高还是低，其抗拉强度均显著高于直接成形的试样，但是其伸长率均明显下降。对比不同时效温度下的应力-应变曲线，可知随着时效温度的增加，抗拉强度和伸长率均显著增长。抗拉强度的增加是由于Ni_3Ti、Ni_3Mo以及Fe_2Mo等第二相颗粒随着时效温度的增加不断弥散析出，这些颗粒会强烈阻碍位错的运动，从而提高强度。而伸长率的增加是由于逆转变奥氏体含量的增加导致的。

如图8-17(d)所示为固溶处理后不同时效温度下应力-应变曲线。不同时效温度下的抗拉强度差别非常明显，伸长率的变化很小。在时效温度低于520℃时，随着时效温度的增加，抗拉强度显著增长；而当时效温度到达560℃时，抗拉强度出现了明显的下降。抗拉强度出现以上变化是第二相强化与粗晶弱化综合作用的结果，当时效温度较低时，随着温度的增加，第二相颗粒析出更加充分和均匀，此时虽然也伴随有晶粒的增大而降低强度，但是第二相强化占据主导地位，因此强度明显增强；而当时效温度过高时，粗晶弱化的影响占据了主导地位，因此强度开始下降。

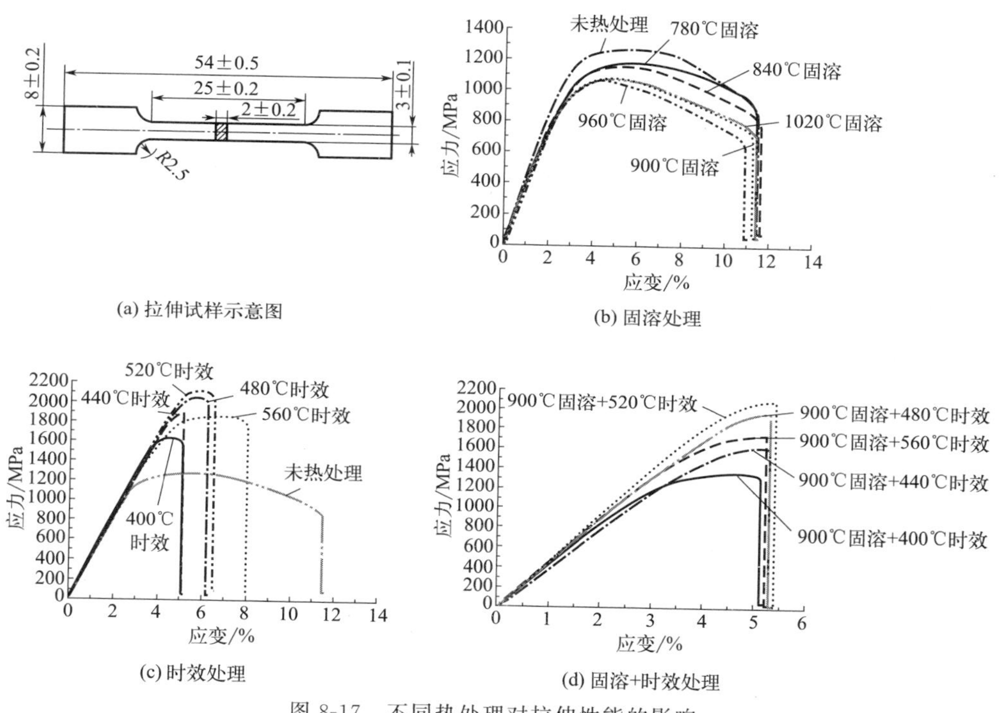

图 8-17　不同热处理对拉伸性能的影响

国内外学者也对 MS 的力学性能做了大量的研究工作。Yin 等也研究了不同时效温度和时间对 SLM 成形件力学性能的影响，并发现最佳时效工艺为 490℃、3h，低于 390℃和高于 590℃的时效温度分别会导致欠时效和过时效，过时效会导致析出相的分解和奥氏体含量的增加，进而导致强度的降低[23]。Casati 等也研究了不同热处理工艺对力学性能的影响，有趣的是，在较高温度（600℃）时效 10min 也能产生明显的时效强化效果，YS 达 1557MPa，但试样拉伸强度的波动性较大，且 El（伸长率）值较低[24]。国内康凯[18] 也报道了致密度大于 99%、抗拉强度（UTS）为 1180MPa 的试样；且试样经 840℃＋490℃、4h 的 SAT（固溶时效处理）后 UTS 提高到 1903MPa。上海材料研究所周隐玉等获得了经 SAT 后，YS 从 901MPa 增加到 1895MPa 的样品[25]。相关数据统计在表 8-3 中。

表 8-3　SLM 成形 18Ni300 马氏体时效钢热处理工艺及其力学性能

热处理制度	UTS/MPa	YS/MPa	El/%	硬度	参考文献
SLM AF	1065	901	11.5	30HRC	[25]
840℃+490℃,6h	998	1895	4.5	52HRC	[25]
SLM AF	1165±7	915±7	12.4±0.1	36～36HRC	[12]
490℃,6h	2014±9	1967±11	3.3±0.1	53～55HRC	[12]
840℃+490℃,6h	1943±8	1882±14	5.6±0.1	52～54HRC	[12]
SLM AF	1178	—	7.9	381HV	[26]
840℃+480℃,6h	2164	—	2.5	646HV	[26]
SLM AF	1290±114	1214±99	13.3±1.9	396HV	[20]
480℃,5h	2217±73	1998±32	1.6±0.3	635HV	[20]
SLM AF	1192	—	8	35HRC	[14]
SLM AF	1100	1050	12.1	420HV	[15]
490℃,6h	1800	1720	4.5	600HV	[15]
SLM AF	1125	—	10.4	400HV	[21]
820℃+460℃,6h	2033	—	5.3	618HV	[21]
SLM AF	1190	—	125	350HV	[23]
490℃,3h	1860	—	5.6	560HV	[23]
SLM AF	1188±10	915±13	6.2±1.3	—	[24]
460℃,8h	2017±58	1957±43	1.5±0.2	—	[24]
600℃,10min	1659±119	1557±140	1.6±0.1	—	[24]
锻造	1000～1170	760～895	6～15	35HRC	[13]
锻造时效	1930～2050	1862～2000	5～7	52HRC	[27]

注：AF 表示 SLM 原始成形，未处理。

8.3.3　硬度

为了研究不同工艺参数下的硬度变化规律，作者团队选用布氏硬度测量设备进行宏观硬度测量。如图 8-18 所示，分别为激光功率、扫描速度、扫描间距和铺粉层厚对顶面和侧面布氏硬度的影响图。由图可知，随着激光功率的增加，顶面和侧面的布氏硬度均增加，而且激光功率梯度增加越大，硬度增加越明显，这与致密度的变化趋势相似。布氏硬度随着扫描速度的增加而减小，这与致密度的影响趋势相似。图 8-18(c) 是扫描间距对顶面和侧面布氏硬度的影响趋势图，总体上硬度变化区间较小，但可以明显看出随着扫描间距的增加，布氏硬度呈逐渐减小的趋势，这与致密度的变化趋势略微不同。图 8-18(d) 是铺粉层厚对顶面和侧面布氏硬度的影响趋势图，铺粉层厚 0.02mm 时的硬度最大，随着铺粉层厚的增加，布氏硬度逐渐减小，表现为与致密度变化类似的趋势。以上四个因素对硬度影响趋势与对致密度的影响趋势类似，这说明了致密度与硬度有着重要的联系。

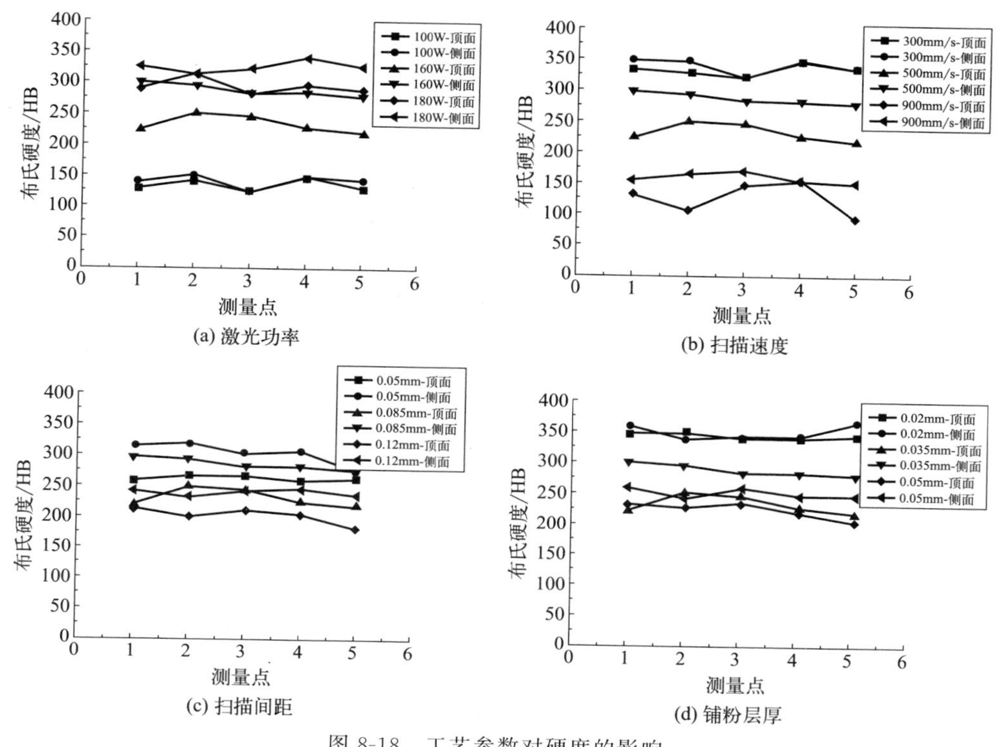

图 8-18　工艺参数对硬度的影响

通过对试样的顶面和侧面布氏硬度进行比较，发现总体上呈现出侧面硬度大于顶面硬度的现象，特别是对于部分试样其差距可达到 54.32HB，但也有部分试样差距较小，相差大约 5.04HB。

图 8-19 所示为不同热处理制度下 MS 的显微维氏硬度的变化。从图 8-19(a) 中可以看出在 900℃之前，随着温度的升高，硬度迅速下降，而当温度超过 900℃时，硬度略微升高后基本保持不变状态，这与传统工艺制造的马氏体时效钢的固溶处理后硬度上升现象不同，这是因为微观偏析产生的亚晶组织和残余应力会随着固溶温度的提升而逐渐消失，进而降低 MS 的硬度，尽管存在固溶强化现象，但其强化所获得的硬度提升低于上述两个方面损失的硬度值。图 8-19(b) 显示了显微硬度随固溶时间的变化规律。硬度值也呈现了先下降后升高的现象，这同样是残余应力、显微偏析以及固溶强化综合作用的结果。但是其变化幅度非常小，说明了固溶处理时间对硬度的影响力较小。

图 8-19(c) 和 (d) 分别是不同直接时效温度和不同时效时间对 MS 的硬度影响。随着温度和时间的增加，硬度均表现为先增长后降低的趋势。可见在低温时以及较短的时效时间下，时效产生的析出相不足，因此没有达到峰值时效状态，而当时效温度到达 560℃以及时效时间超过 6h 后，硬度开始明显下降，这

是因为引起了过时效，使得逆转变奥氏体含量大量增加，析出相开始粗化。

图 8-19(e) 和 (f) 是固溶处理后不同时效温度和不同时效时间下的硬度变化曲线，总体上看，硬度的变化呈现出先增加后降低的趋势。硬度的增加是因为随着时效温度/时效时间的增加，第二相颗粒逐渐析出并弥散分布在马氏体基体中，从而起到了强化作用。而时效温度和时间过高时出现硬度下降，固溶处理之后的马氏体时效钢 SLM 成形件进行时效处理基本上没有逆转变奥氏体的产生，因此，硬度降低的原因主要是马氏体板条尺寸的增加导致的。

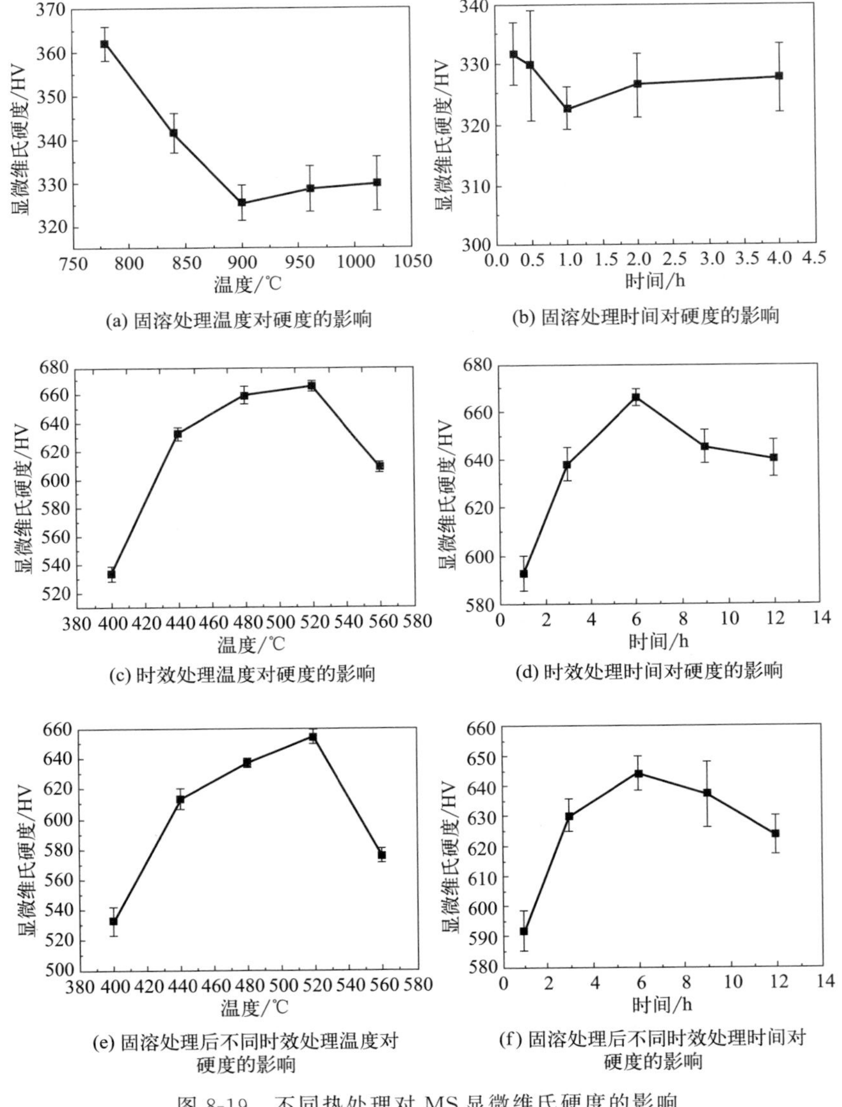

(a) 固溶处理温度对硬度的影响

(b) 固溶处理时间对硬度的影响

(c) 时效处理温度对硬度的影响

(d) 时效处理时间对硬度的影响

(e) 固溶处理后不同时效处理温度对硬度的影响

(f) 固溶处理后不同时效处理时间对硬度的影响

图 8-19　不同热处理对 MS 显微维氏硬度的影响

8.3.4 梯度 MS 工艺

MS 虽然具有诸多优异的性能，但是其高合金元素（如 Ni，Co 和 Mo）也使 MS 粉末的市场价格昂贵，远高于 H13、4Cr13 等常规模具钢材料。此外，SLM 层状成形方式使得其生产效率相对于传统加工方式明显偏低，目前很大部分 SLM 设备的成形速率仅为 5～20cm^3/h。因此，将传统加工方式与 SLM 增材制造方式结合起来，采用嫁接方式制造成形 MS 基梯度材料功能件成为趋势。在不降低零件功能和服役性能的同时，充分发挥增材和减材制造各自的优势，节约成本和提高成形效率。作者团队选用 45 钢、304 不锈钢以及 4Cr13 模具材料作为组合制造中块体基底材料，研究了嫁接件的力学性能。

如图 8-20（a）所示，采用标准试样进行拉伸试验，发现断裂位置均位于母材 304 钢、45 钢和 4Cr13 钢，实验结果归纳于表 8-4。这表明界面抗拉强度完全达到基底母材的强度。这可能是因为界面结合区产生了强度效应，导致其强度高于基底母材；由于基底母材强度均明显小于 MS，所以断裂均出现在母材。为了进一步验证界面区域是否产生了强化效应，同时为了进一步测定界面结合强度，采用如图 8-20(b) 所示的非标准试样进行拉伸试验。这种试样的截面积在界面结合区域最小，从而拉伸过程中在界面结合部位形成应力集中效应，有利于裂纹在界面形成和拓展。试样拉伸断裂形貌见图 8-20(b)，45-MS 试样断裂位置出现在界面，而 304-MS 和 4Cr13-MS 试样的断裂位置依然出现在基底母材一侧。应力集中试样的拉伸测试数据也归纳于表 8-4。

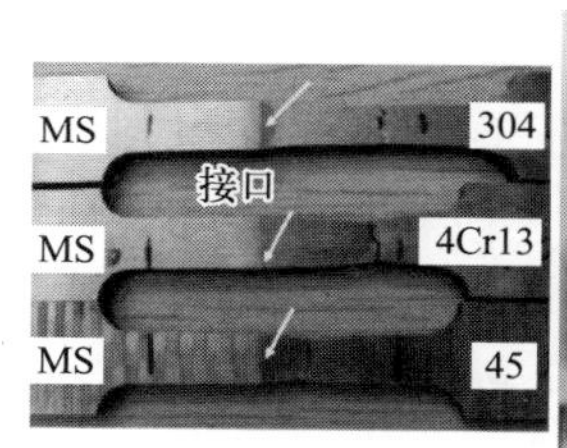

(a) 标准拉伸试样断裂图

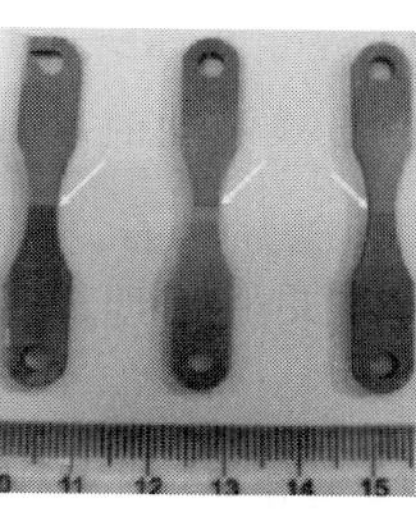

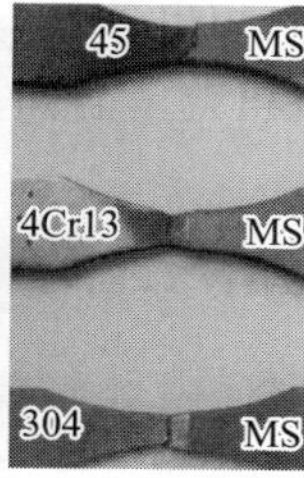

(b) 应力集中拉伸试样及其断裂照片

图 8-20　异种铁基梯度材料拉伸试样

表 8-4　SLM 制备的铁基梯度材料试样拉伸性能归纳

样件	正常试样		应力集中试样	
	抗拉强度/MPa	伸长率/%	抗拉强度/MPa	伸长率/%
SLM MS	1165±7	12.4±0.1	—	—
304-MS	675±46	38.5±2.3	695	20.5
304-MS 时效	652±13	46.9±2.0	—	—

续表

样件	正常试样		应力集中试样	
	抗拉强度/MPa	伸长率/%	抗拉强度/MPa	伸长率/%
4Cr13-MS	590±35	15.4±0.9	714	12.5
4Cr13-MS 时效	656±16	23.3±1.3	—	—
45-MS	650±20	14.7±0.7	689	7.5
45-MS 时效	655±22	17.0±1.0	—	—

分析表 8-4 中的数据发现，应力集中试样的抗拉强度均大于普通拉伸试样，尤其是 4Cr13-MS 试样，其抗拉强度从 590MPa 提高至 714MPa。原因主要是：界面区域由于元素扩散和固溶，使界面强度大于基底母材强度。由于界面发生了强化，且母材其他位置的尺寸大于界面，所以在界面以外部位断裂时需要更大的拉力，即表现出更高的强度。45-MS 试样界面结合强度较弱，所以拉伸过程中，裂纹在界面产生并向较软的母材一侧扩展。304-MS 和 4Cr13-MS 试样界面元素扩散充分，界面得到有效强化，所以断口未出现在界面，而是在母材中截面积大于界面的位置。通过界面尺寸缩小的应力集中试样，进一步证实了界面强化的推测，并且能够确定 45-MS 试样界面结合强度为 689MPa，略大于基底母材；而 4Cr13-MS 和 304-MS 试样更佳，结合强度分别达到 714MPa 和 695MPa。时效处理是提高 MS 强度的有效途径，但在时效处理过程中，由于材料热胀系数差异容易在界面位置形成较大的失配应变进而影响材料的结合强度，因此，探究了时效处理对界面结合强度的影响。经时效处理后，标准试样拉伸结果表明断裂位置依然出现在母材区，测试数据如表 8-4 所示，时效处理并没对结合强度和母材强度产生明显影响，但是有效提高了多材料试样的整体伸长率，这对时效后 MS 伸长率显著降低是非常有益的弥补。

另外，作者团队对 Cu-MS 梯度嫁接也做了研究。代表性拉伸应力-应变曲线如图 8-21 所示。从图中插入的试样断裂照片可见，断裂位置除了第六个试样出现在界面，其余都出现在母材 Cu 上。第六个试样的界面出现了较多的裂纹，导致结合强度大幅降低。从第一至第五个试样来看，提高扫描速率并没有影响界面拉伸强度，是因为 SLM 制备的 MS 的 UTS 为 1165MPa，远高于铜的 220MPa。并且，Cu 和 Fe 的互扩散和混合导致界面区域的 Cu 组织产生了固溶强化，所以断裂并未出现在界面。

从图 8-21 的应力-应变曲线可见，梯度材料试样的弹性模量略微高于 Cu，因为 MS 的 YS 和弹性模量远大于 Cu；并且断裂伸长率（El）仅约为铜的一半，拉伸过程中 MS 并没出现明显的弹性伸长。值得一提的是，在激光/电弧焊接或者激光直接沉积钢-铜双金属件时，拉伸试验时出现的断裂往往出现在结合区（熔化区或者热影响区）[28]。SLM 成形的 Cu-MS 具有较高的结合强度的主要原因

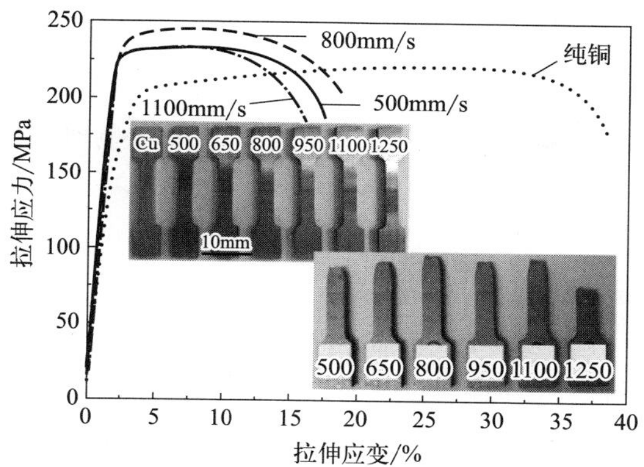

图 8-21 SLM 制备的 Cu-MS 梯度材料试样拉伸应力-应变曲线和试样断裂前后照片

有：一是，界面较强的 Marangoni 对流使 Cu 和 Fe 元素充分扩散互溶；二是，SLM 成形过程中的应力相对较低，可低至 100MPa 左右[29]，而激光焊接时的残余应力往往超过 300MPa[30]。

8.4 复杂模具嫁接应用案例

在传统注塑过程中，模具温度直接影响着注塑制品的质量和生产效率，其中热残余应力容易在以下两个阶段产生：一是注塑制品在型腔中的冷却阶段，二是注塑制品从脱模温度冷却到室温的阶段。因此对模具的温度控制就变得尤为重要，主要通过模具的冷却系统来进行适当的控制和调节。

传统模具冷却水路主要采用钻孔的常规加工方法，所以设计的注塑模具冷却水路主要是直线；水路还受到顶出系统、抽芯机构、镶拼结构、骨位等的约束限制，因此模具本身的结构特征也严重制约着冷却水道的分布、大小和数量。

增材制造技术在模具领域最具优势的能力是制造随形水冷模具。传统的模具内，冷却水道是通过交叉钻孔产生内部网络，并通过内置流体插头来调整流速和方向。金属增材制造技术在模具冷却水道制造中的应用则突破了交叉钻孔方式对冷却水道设计的限制。它能使冷却水道形状依据产品轮廓的变化而变化，模具无冷却盲点，有效提高冷却效率，减少冷却时间，提高注塑效率；水道与模具型腔表面距离一致，有效提高冷却均匀性，减少产品翘曲变形，提高了产品质量。作者团队设计和制造了如图 8-22 所示的随形水路杯具注塑模具。通过 SLM 打印出的模具具有随形水冷通道，可以缩短模具的冷却时间。实践证明，机加工可以有效保证模具的精度。

作者团队通过嫁接打印了一种随形水冷模具型芯，并采用机加工的方式改善

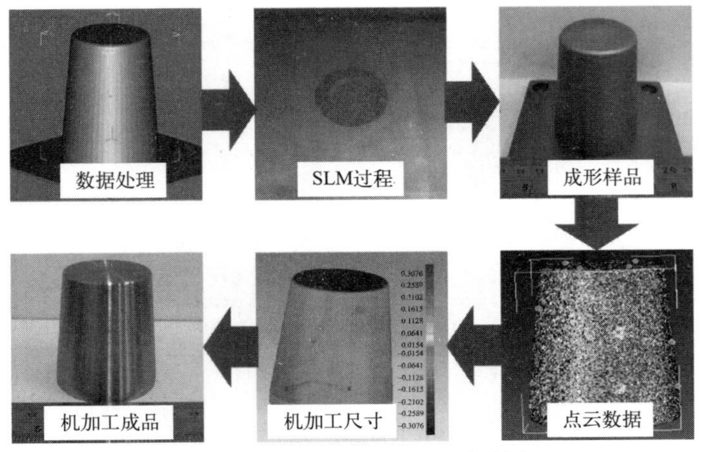

图 8-22 杯具注塑模具的组合制造

了型芯的表面粗糙度和尺寸精度[4]。如图 8-23 所示的具有螺旋冷却通道的型芯，冷却通道的直径为 2mm，通道自上而下随着实体直径的增加逐渐扩大，以达到均匀冷却的目的。图 8-23(a) 是模具的三维图，内部包含螺旋冷却通道，为方便后续机加工，预留了 0.3mm 的加工余量；图 8-23(b) 是 SLM 直接成形后的型芯，虽然可以看到金属光泽，但是由于表面粗糙、表面精度较差，无法直接使用，需要进一步进行表面处理。如图 8-23(c) 所示为进行表面车削处理后的型芯，表面具有明显的金属光泽，整体质量良好。

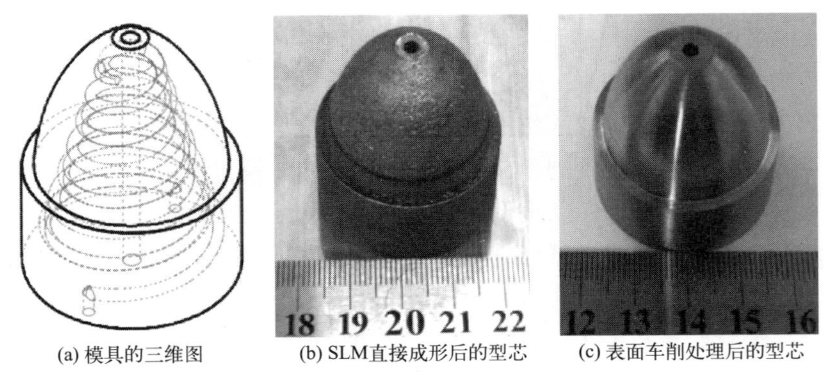

(a) 模具的三维图　(b) SLM直接成形后的型芯　(c) 表面车削处理后的型芯

图 8-23 随形水冷通道模具型芯的组合制造

为了降低 SLM 随形冷却模具的制备成本，将传统数控加工技术（CNC）和 SLM 技术结合起来，得到组合制造技术。具体如图 8-24 所示，模具型芯底部(如装配部位）结构简单、水道直线分布，采用 CNC 制备；型芯上部包含复杂冷却水道，则采用 SLM 技术成形。如此，既充分发挥 CNC 传统加工制备方式高效率、低成本的优势，又能发挥 SLM 自由设计和柔性制造的优势，最终达到提高随形冷却模具成形效率和降低制备成本的目的。此外，这种 CNC＋SLM 复合制备技术能够获得可靠性较高的结合界面，界面结合强度甚至高于母材。广东省新材料研究所和深圳光韵达光电科技股份有限公司等单位已将该技术制备的随形冷却模具应用于实际工业生产中。

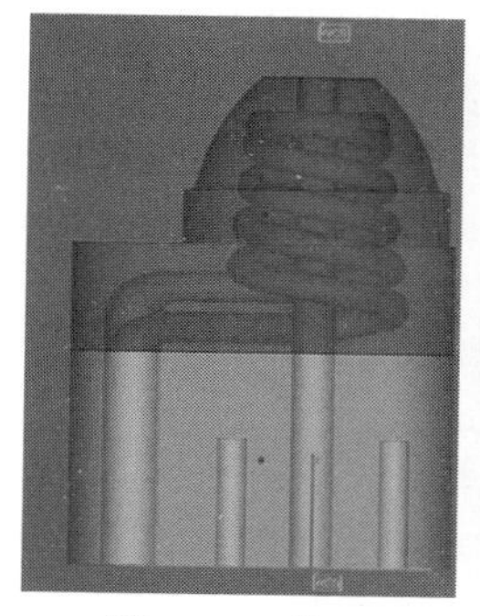

图 8-24　基于 SLM 组合技术成形的 MS 随形冷却模具

另外，作者团队联合广州雷佳增材科技有限公司采用组合制造方式生产了具有随形水冷结构的工业模具，如图 8-25 所示。该模具下部采用机械铣削加工方式获得特定形状和打印平面，上部有复杂水冷通道的结构采用 SLM 技术一次成形。图 8-25(a)、(c) 和 (e) 展示了水冷通道的复杂连接。该类模具已经成功获得工业应用。

(a) 水冷通道　(c) 水冷通道　(e) 水冷通道

(b) 对应的水冷模具　(d) 对应的水冷模具　(f) 对应的水冷模具

图 8-25　作者团队联合广州雷佳增材科技有限公司设计制造的随形水冷模具

近年来，随着产品品质要求越来越高、结构越来越复杂，传统的冷却技术对某些领域的产品已无法适用，并遇到品质提升的瓶颈。随形冷却因其最靠近产品表面，以高的冷却效率和均衡的冷却品质解决了传统技术无法实现的难题。

增材制造技术的出现和发展，实现了设计加工自由度的大幅提升，使模具领域复杂随形冷却水路加工得以实现。减材制造结合增材制造，能够快速完成模具的制造，并保证设计精度。嫁接技术巧妙地避免了增材制造技术的应力集中难题，同时能够结合传统铣削加工的快速和精度优势，使其在模具设计和制造领域大放异彩。

8.5 未来的发展

8.5.1 面临的关键问题

(1) 材料

嫁接打印的底材和嫁接材料应该选用同一种材料。使用同种材料的目的是保证受热和冷却后材料的收缩率一致，防止开裂。但是，在实际使用过程中仍然有很多困难。因为传统的材料，比如钢材的牌号非常多，而金属增材制造能使用的材料则非常少，不同牌号的钢材在嫁接后的强度是否能满足要求，需要进行更加深入的研究。

有部分研究者正在研究异种材料的嫁接技术，旨在探究不同种材料嫁接的结合强度、伸长率等力学性能，采用合适的增材制造工艺实现优异的嫁接性能。

从广义上讲，增材制造过程中基板的使用也属于嫁接打印的过程，只不过嫁接底材相对面积大，且平整。例如，在打印不同钢材和高温合金时，常常使用钢基板，就说明绝大部分的钢材和可使用的高温合金材料在增材制造过程中收缩率差距不大。在嫁接打印领域，也可以完全套用该理论：兼容材料间可以进行嫁接打印。然而，不同材料间的兼容程度仍不清晰。

(2) 定位

嫁接打印的另一技术难点在于定位。增材制造的工作面积要与底材完全重合，不然就会产生错位。如果零件内部有流道，定位错误会引起流道错层，从而导致零件不能达到设计要求。对于要求较高的零件，尺寸公差小于 0.1mm 才是有效的嫁接。

除了 xy 方向的定位精度，z 轴的精确定位同样不容忽视。由于嫁接打印大多只兼顾了 xy 方向的定位，对于 z 轴的定位缺乏科学有效的手段。预埋深度定位不精确，以及底材与水平铺粉刮刀不平行，会导致开裂、漏水和导致应力集中而引发疲劳性失效。

（3）随形水路设计

增材制造为随形水路的设计和制造提供了可能。然而，模具随形水路通道仍然存在诸多难题，如水路的尺寸、截面形状、分布等。除此之外，还需考虑通道内水流速度、流动形式（湍流或层流）以及模具材料的热胀冷缩性能。

8.5.2　未来展望

组合制造技术研究刚刚起步，并涉及铸造、锻造、机加工和金属增材制造的结合与应用，是一个多学科交叉技术领域，具有极大的发展潜力。具体有如下几个发展和应用方向。

① 多技术/多工艺协同作用。激光组合制造技术往往涉及多个制造技术与工艺，其相互之间的作用机理较复杂，因此需阐明多技术、多工艺之间的协同作用机制，从而为激光组合制造的工艺控制提供理论支撑。

② 激光组合制造过程的建模与仿真。激光组合制造技术工艺参数众多，若单纯地依靠试验手段去优化工艺参数，耗时耗力。因此，通过对激光组合制造过程进行建模与数值仿真，结合试验手段优化工艺，可节约时间和成本，同时还可为工艺的智能化控制提供策略。

③ 工艺数据采集、分析、检测与控制。激光组合制造技术由于涉及的工艺参数众多，故其工艺数据的采集、分析、检测与控制要比单一工艺复杂得多。因此，如何实现激光组合制造技术工艺数据库的建立调取及整个组合制造工艺的闭环控制将是难点。

④ 高集成度成套组合制造设备的开发。激光组合制造设备不是将单一工艺的装备进行简单组合，而是需要开发专用化、系列化、高集成度的专用智能化激光组合制造设备，这是目前激光设备及相关设备厂商需重点开发的方向。

参考文献

[1] 林鑫，黄卫东．应用于航空领域的金属高性能增材制造技术 [J]. 中国材料进展，2015，34（9）：5.

[2] 田宗军，顾冬冬，沈理达，等．激光增材制造技术在航空航天领域的应用与发展 [J]. 航空制造技术，2015，480（11）：38-42.

[3] 谭超林．选区激光熔化成型马氏体时效钢及其复合、梯度材料研究 [D]．广州：华南理工大学，2019.

[4] Hu P，He B，Ying L. Numerical investigation on cooling performance of hot stamping tool with various channel designs [J]. Applied Thermal Engineering，2016，96：338-351.

[5] He L，Yi M，Bo L，et al. Design and optimization of conformal cooling system of an injection molding chimney [C]. Materials Science Forum，2016：679-686.

[6] Sharma S G, Singraur D S, Sudhakar D S S. Transient analysis of an injection mould with conformal cooling channels [C] . Recent Advances in Mechanical Infrastructure: Proceedings of ICRAM 2019. Springer Singapore, 2020: 235-244.

[7] Hazwan M H M, Zamree A R S, Joanna G, et al. Warpage optimisation on the moulded part with straight drilled and conformal cooling channels using response surface methodology (RSM), glow-worm swarm optimisation (GSO) and genetic algorithm (GA) optimisation approaches [J]. Materials, 2017, 14 (6): 1326.

[8] He B, Liang Y, Li X, et al. Optimal design of longitudinal conformal cooling channels in hot stamping tools-sciencedirect [J]. Appl Therm Eng, 2016, 106: 1176-1189.

[9] Au K M, Yu K M. A scaffolding architecture for conformal cooling design in rapid plastic injection moulding [J]. Int J Adv Manuf Technol, 2007, 34 (5-6): 516.

[10] Wang J, Xuan J, Ni Y. Automatic design of conformal cooling channels of injection mold based on lotus root model [J]. The International Journal of Advanced Manufacturing Technology, 2023, 125 (3/4): 1879-1892.

[11] Ctab C, Di W A, Wm B, et al. Design and additive manufacturing of novel conformal cooling molds [J]. Materials & Design, 2020, 196.

[12] Tan C L, Zhou K S, Ma W Y, et al. Microstructural evolution, nanoprecipitation behavior and mechanical properties of selective laser melted high-performance grade 300 maraging steel [J]. Mater Des, 2017, 134: 23.

[13] Kempen K, Yasa E, Thijs L, et al. Microstructure and mechanical properties of selective laser melted 18Ni-300 steel [J]. Phys Procedia, 2011, 12: 255.

[14] Casalino G, Campanelli S L, Contuzzi N, et al. Experimental investigation and statistical optimisation of the selective laser melting process of a maraging steel [J]. Opt Laser Technol, 2015, 65: 151.

[15] Becker T H, Dimitrov D. The achievable mechanical properties of SLM produced maraging Steel 300 components [J]. Rapid Prototyp J, 2016, 22: 487.

[16] Demir A G, Previtali B. Investigation of remelting and preheating in SLM of 18Ni300 maraging steel as corrective and preventive measures for porosity reduction [J]. Int J Adv Manuf Technol, 2017, 93: 2697.

[17] 曹润辰 . 18Ni300 马氏体时效钢选区激光熔化工艺及金属粉末激光熔化实验研究 [D] . 上海: 上海交通大学, 2014.

[18] 康凯 . 选区激光成形用 18Ni-300 粉末特性及成形件组织结构的研究 [D] . 重庆: 重庆大学, 2014.

[19] 白玉超 . 马氏体时效钢激光选区熔化成型机理及其控性研究 [D] . 广州: 华南理工大学, 2018.

[20] Yasa E, Kempen K, Kruth J, et al. Microstructure and mechanical properties of maraging steel 300 after selective laser melting: Proceedings of the 21st International Solid Freeform Fabrication Symposium [C] . Texas: Austin, 2010.

[21] Mutua J, Nakata S, Onda T, et al. Optimization of selective laser melting parameters and influence of post heat treatment on microstructure and mechanical properties of maraging steel [J]. Mater Des, 2018, 139: 486.

[22] Suryawanshi J, Prashanth K G, Ramamurty U. Tensile, fracture, and fatigue crack growth properties of a 3D printed maraging steel through selective laser melting [J]. J Alloys Compd, 2017, 725:

355.

[23] Yin S, Chen C Y, Yan X C, et al. The influence of aging temperature and aging time on the mechanical and tribological properties of selective laser melted maraging 18Ni-300 steel [J]. Addit Manuf, 2018, 22: 592.

[24] Casati R, Lemke J N, Tuissi A, et al. Aging behaviour and mechanical performance of 18-Ni 300 steel processed by selective laser melting [J]. Metals, 2016, 6: 218.

[25] 周隐玉，王飞，薛春．3D 打印 18Ni300 模具钢的显微组织及力学性能 [J]. 理化检验（物理分册），2016，52：243.

[26] Bai Y C, Yang Y Q, Wang D, et al. Influence mechanism of parameters process and mechanical properties evolution mechanism of maraging steel 300 by selective laser melting [J]. Mater Sci Eng, 2017, A703: 116.

[27] Steel, maraging, bars, forgings, tubing, and rings 18. 5Ni-9. 0Co-4. 9Mo-0. 65Ti-0. 10Al consumable electrode vacuum melted, annealed: SAE AMS 6514J [S] . 2005.

[28] Chen S, Huang J, Xia J, et al. Influence of processing parameters on the characteristics of stainless steel/copper laser welding [J]. Journal of Materials Processing Technology, 2015, 222: 43-51.

[29] Liu Y , Yang Y, Wang D. A study on the residual stress during selective laser melting (SLM) of metallic powder [J]. The International Journal of Advanced Manufacturing Technology, 2016, 87 (1/4): 647-656.

[30] Martinson P, Daneshpour S, Koçak M, et al. Residual stress analysis of laser spot welding of steel sheets [J]. Materials & Design, 2009, 30 (9): 3351-3359.

第9章

医用材料激光金属增材制造技术

9.1 医用材料激光金属增材制造技术背景

生物医用金属材料根据其在生物体内的活性可分为两类：一类是不可降解材料，包括不锈钢、钛及钛合金、钴基合金、形状记忆合金（镍钛合金）、难熔金属钽及贵金属；一类是可降解材料，包括镁及镁合金、锌基合金、铁基合金。当前，生物医用金属材料常用于骨科、口腔科、辅助器材等领域，具有治疗、修复、固定和置换人体硬组织系统等功能，在心血管领域也有初步应用。

目前，生物医用金属材料在临床应用中的主要问题是生理环境对其腐蚀所造成的金属离子向周围组织的扩散，及植入材料自身的性质退变。前者可能导致对人体的毒害，后者可能引起植入材料功能失效。生物医用金属材料在临床应用时通常需要考虑四个方面。

(1) 生物相容性

生物医用金属材料应当是无不良刺激、无毒害，不引起毒性反应、免疫反应或干扰免疫机制，不致癌、不致畸，无炎性反应，不引起感染，不被排斥的。医用金属材料对生物体的毒性程度与其释放的化学物质和浓度有关。当需要在材料中引入有毒元素来提高其他性能时，首先应考虑采用合金化来减小或消除毒性。某些有毒金属单质与其他金属元素形成合金后，可以减小甚至消除毒性。

(2) 耐蚀性

生物医用金属材料在临床应用时，绝大部分的工作环境都是人体体液，如血液、间质液、淋巴和关节液中，这些体液含有蛋白质、有机酸、碱金属和无机盐等，均可对金属植入体产生腐蚀。腐蚀不仅降低或破坏金属材料的力学性能，导致断裂，还产生腐蚀产物，对人体有刺激性和毒性。在设计和加工生物医用金属材料时，可从材料组分、杂质元素含量以及组织方面保证其耐蚀性。

(3) 力学性能

由生物医用金属材料制成的植入物在临床应用时通常用来承力或固定，如人工关节、人工椎骨、骨折内固定钢板、骨钉、牙种植体、钢丝、矫正托槽等。某些受力状态要求极高，如人工髋关节，每年要承受 100 万～300 万次循环的体重冲击载荷和磨损，且一般要求使用寿命在 15 年以上，因此材料必须具有优良的力学性能。

(4) 成骨能力

生物医用金属材料常常应用于骨修复和骨固定，这要求其具有良好的骨诱导能力，使得骨组织能正常成形。而以钛合金、镁合金、钽金属等为主要原材料的多孔植入体都具有优良的成骨活性，如慕尼黑工业大学 Wu 等研究了不同镁离子浓度对成骨细胞和破骨细胞的影响，研究结果表明镁合金浸体液可以促进成骨细胞增殖分化，也能抑制破骨细胞分化[1]。

目前，制备生物医用金属材料的激光增材制造技术有激光选区熔化（SLM）和激光定向能量沉积（LDED）。SLM 技术相比于其他增材制造技术具有更适合复杂精细结构的制造、个性化定制以及更优的综合力学性能的特点，而 LDED 技术则更多地应用于零件表面改性或缺陷修复方面。因此，目前制备生物医用金属材料的主流技术是 SLM，其在多孔结构构型以及复合材料制备方面具有独特的优势。如图 9-1 所示为 SLM 制备多孔支架示意图[2]。

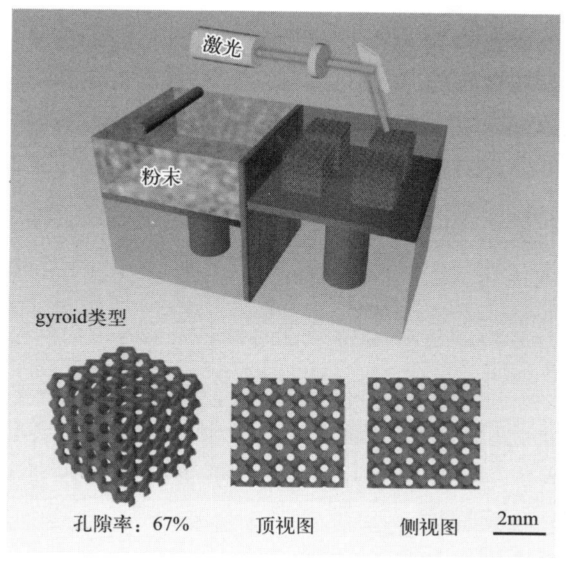

图 9-1　SLM 成形多孔支架示意图[2]

多孔结构的骨植入体与人体骨骼结构相仿，更适合于骨细胞的增殖与分化，且能减小高模量带来的应力屏蔽效应，在临床上具有高的应用价值。传统的多孔结构制备方法有气相沉积法、铸造法等，但均无法实现多孔结构的精准成形，更难以制备复杂外形的骨植入体。而 SLM 技术很适合制造特定孔形和孔径的多孔结构，具有制造优异性能骨植入体的潜力。图 9-2 为使用显微 CT、OM（光学显微镜）和 SEM（扫描电子显微镜）打印的基于 Schwartz diamond 结构的不同晶胞尺寸形态图[3]。

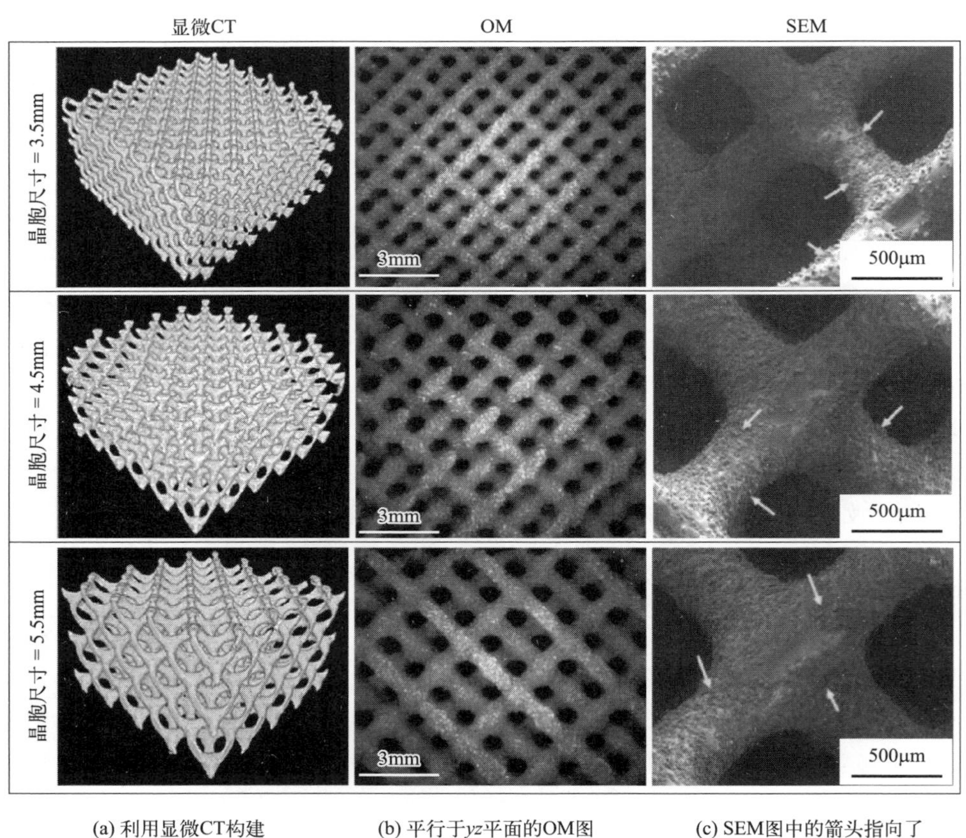

(a) 利用显微CT构建的3D图　(b) 平行于yz平面的OM图　(c) SEM图中的箭头指向了支柱表面上黏附的粉末

图 9-2　SLM 打印的具有不同晶胞尺寸的 Schwartz diamond 结构的形态图[3]

单一组分的生物医用金属材料，如纯钛，具备优异的生物相容性和力学性能，在骨植入体和牙种植体中得到了广泛应用。但致密纯钛具有相对于人体皮质骨较高的弹性模量，会引起应力遮蔽效应，此外，纯钛与人骨之间的界面不匹配问题使得新组织难以再生，从而导致材料植入失效。因此，低模量合金（如 Ti-Nb、Ti-Ta）、生物相容复合材料（如 Ti/HA）等被广泛研究。这些材料具有更良好的生物相容性、生物活性、耐蚀性，可有效避免应力遮蔽，改善骨整合性。SLM 技术通过调控合金成分含量，能得到组织均匀的合金及复合材料。

9.2 典型医用金属材料成形

9.2.1 钛及钛合金

钛及钛合金是医学植入领域里使用率最高的金属之一。虽然钛及钛合金价格比不锈钢昂贵，耐磨性能不如钴基合金，但它们具有更好的生物相容性。除此之外，钛及钛合金还有许多优秀的性能特点：它的比强度高，密度一般为钢的 60%，很多高强度钛合金的强度比合金结构钢的强度还高；耐磨性、耐腐蚀性能好，低耐磨性和低耐腐蚀性会导致骨植入体将不相容的金属离子释放到人体内，引起过敏和毒性反应；弹性模量低，这类金属的弹性模量接近人体骨骼，能防止应力转移到相邻的骨骼，导致骨细胞死亡，即能防止“应力屏蔽效应”；优异的抗疲劳载荷性能。这些特点使得钛及钛合金成为植入材料的首选。

(1) 纯钛

纯钛（Ti>99%）是一种广泛应用于骨植入体的金属材料。纯钛具有高耐腐蚀性和具有比钛合金更好的生物相容性，因为纯钛表面会自发形成稳定的氧化层。但与钛合金相比，纯钛的力学性能相对较低，硬度为 50～200HV、耐磨性差，这可能会导致骨溶解或无菌性松动的发生。

目前，纯钛可以通过多种的激光增材制造方式制造，如 SLM、LDED 等。使用不同方式制造的纯钛样品的微观结构、力学性能各有特点，使用 SLM 制造的纯钛样品具有板条状和针状的马氏体相（α'），相比之下，使用 LDED 制造的纯钛样品则具有各种形态的 α 相，主要以片状 α 相为主，部分区域为锯齿状或针状 α 相。

本章作者研究的 Schwartz 金刚石梯度多孔结构（Schwartz diamond graded porous structures，SDGPSs）由三重周期性最小表面金刚石晶胞拓扑结构构成，可以精确控制体积分数和晶胞尺寸，得以应用于 SLM 打印纯钛骨植入物[4]。图 9-3 为不同梯度孔隙率 FGPSs（功能梯度多孔支架）的显微 CT 重建模型，这些重建模型中没有明显的缺陷或是破碎的结构单元。其中图（f）展示了 SLM 工艺打印过程中熔融层间的冶金结合，没有分层。通过显微 CT 分析得出 SLM 打印 SDGPSs 的实际孔隙率，具体数据如表 9-1 所示，SDGPSs 的实际孔隙率分别为 84.99%、84.44%、83.96%、82.23%和 81.12%。

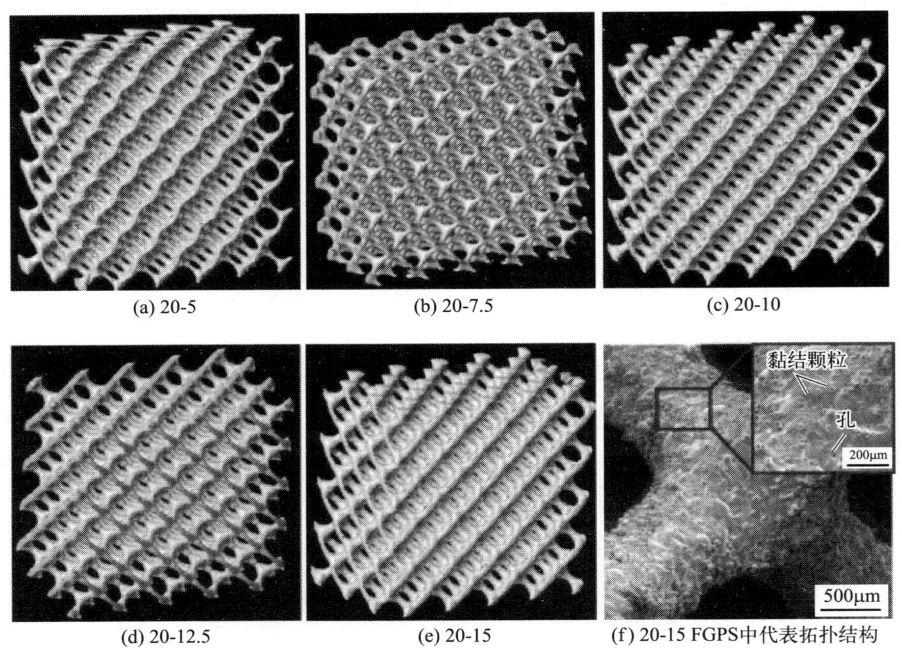

(a) 20-5 (b) 20-7.5 (c) 20-10
(d) 20-12.5 (e) 20-15 (f) 20-15 FGPS中代表拓扑结构

图 9-3 不同梯度孔隙率 FGPSs 的显微 CT 重建模型[4]

表 9-1 设计孔隙率与实际孔隙率的比较

SDGPSs	设计总孔隙率/%	结构体积/mm^3	实体支撑体积/mm^3	实际总孔隙率/%
20-5	87.93	9380.15	1407.96	84.99
20-7.5	87.17	9232.71	1436.61	84.44
20-10	86.94	9244.33	1482.79	83.96
20-12.5	85.08	9396.96	1669.84	82.23
20-15	84.03	9600.69	1812.61	81.12

注：20-5 中 20 表示远端体积分数，5 表示近端体积分数，余同。

图 9-4 是 SLM 工艺制备的纯钛 SDGPSs 压缩试验的应力-应变曲线。与均质多孔支架不同，SDGPSs 的塌陷可以分为 3 个不同的阶段。第一阶段是以弹性模量为主的线性弹性变形阶段，其中变形主要归因于支柱的弯曲。第二阶段出现波动，这是因为支柱发生了脆性破碎。最后，SDGPSs 进入整体致密化阶段，其中破碎的单元细胞支柱被迫相互插入，整体的强度增加。具有大孔隙率（>60%）的支架会产生致密变形过程。与其他 4 个 SDGPSs 不同，名称为 20-15 的 SDGPSs 的应力在坍塌前水平附近没有恢复，表现出与均匀多孔支架更相似的应力-应变行为。

表 9-2 为 SLM 打印的 SDGPSs 的力学性能，可以发现弹性模量和屈服强度

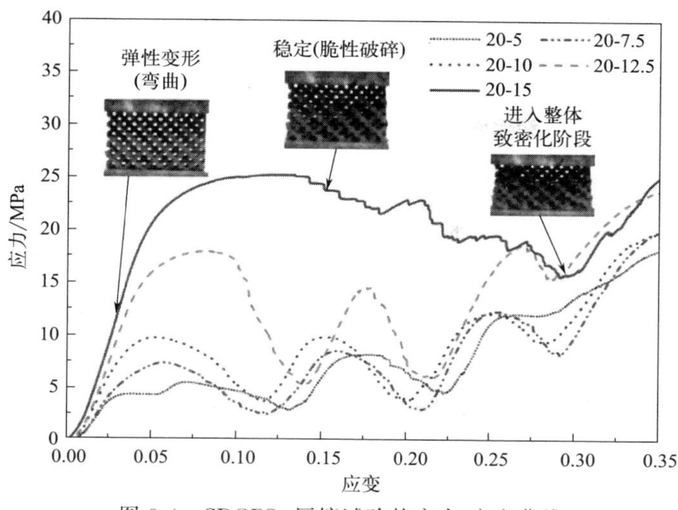

图 9-4　SDGPSs 压缩试验的应力-应变曲线

(梯度孔隙率为 20-5、20-7.5、20-10、20-12.5、20-15)[4]

都随着体积分数的增加而增加。其中 20-15 SDGPSs 的弹性模量和屈服强度分别是 20-5 SDGPSs 的约 2.1 倍和 4.7 倍，由于总孔隙率的降低，力学性能更高。

表 9-2　SDGPSs 的弹性模量与屈服强度

SDGPSs	弹性模量/MPa	屈服强度/MPa
20-5	276.60±11.79	3.79±0.85
20-7.5	329.97±26.92	4.76±0.13
20-10	381.27±33.41	6.78±1.03
20-12.5	460.83±19.34	13.21±0.60
20-15	586.43±21.51	17.75±0.90

此外，研究了晶胞尺寸对 SDGPSs 的可打印性和力学性能的影响。发现所有打印的 SDGPSs 在压缩过程中都经历了严重的结构坍塌[3]。在约 10%的应变下，晶胞尺寸为 3.5mm 的 SDGPSs 呈现出初始坍塌，结构强度损失 50%。其他晶胞大小的 SDGPSs 经历了类似的坍塌，但具有不同的强度和应变。多孔结构的静态力学行为是由支柱的变形决定的。随着晶胞尺寸从 3.5mm 增加到 5.5mm，相邻两个峰之间的平均间隔值增加，这是由于支柱长度的增加导致每个梯度层中支柱变形周期增长所致。平均峰值应力的降低说明晶胞尺寸更小的 SDGPSs 具有更优异的承载能力。

多孔结构在应对冲击和能量吸收方面发挥着重要作用。不同晶胞尺寸下 SDGPSs 单位体积的能量吸收能力与应力-应变之间的关系，如图 9-5 所示，随着变形量的增加，SDGPSs 吸收的能量逐渐增加。图 (a) 中的数字对应于图 9-5

中所示的峰值，代表着结构坍塌的顺序。随着晶胞尺寸从 3.5mm 增加到 5.5mm，当变形量为 33.5% 时，吸收的总能量从 6.06MJ/mm^3 降低至 4.32MJ/mm^3。图（b）为 SDGPSs 的能量吸收效率曲线，可以看出 SDGPSs 在晶粒第一个峰值应力之后，仍具有 60%～80% 的高能量吸收效率。晶胞尺寸为 3.5mm、4.5mm、5.5mm 的 SDGPSs 在变形量为 30% 时，能量吸收效率分别为 65.24%、61.79% 和 65.55%。结果表明，晶胞尺寸对 SLM 打印 SDGPSs 的能量效率的影响可以忽略不计。

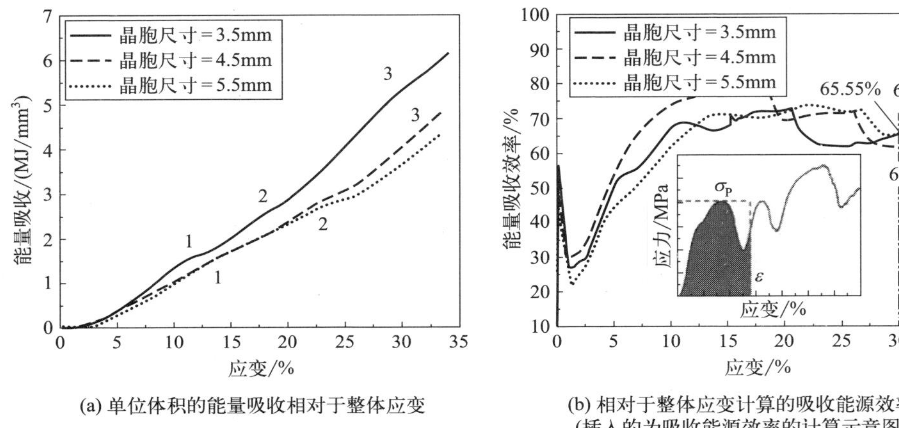

(a) 单位体积的能量吸收相对于整体应变

(b) 相对于整体应变计算的吸收能源效率（插入的为吸收能源效率的计算示意图）

图 9-5　SDGPSs 的能量吸收能力和能量吸收效率[3]

钛/羟基磷灰石（Ti/HA）复合材料具有良好的力学性能和优异的生物相容性，也应用于骨植入体领域。HA 与人体骨中的矿物质相似，具有强骨结合能力，能促进组织再生。在纯 Ti 基体上喷涂 HA 涂层，能提高骨植入体的生物活性，但陶瓷涂层与金属基体的结合强度较弱，易发生分离。为加强金属-陶瓷结合，提高 Ti/HA 复合材料的性能，可以将 HA 陶瓷粉末添加进 Ti 基体中，实现冶金结合。

功能梯度材料（functionally graded materials，FGM）的成分直接影响着零件的性能。本章作者研究了梯度 Ti/HA 材料，如图 9-6 为 SLM 打印的 Ti/HA FGM 在不同成分梯度边界区域的微观组织图像[4]。在图（a）中，可以清楚地看到每个相邻层的界面。在图（b）～(g）中，可以看到，Ti/0%HA 中以长的板条状晶粒（α 相）为主，Ti/1%HA 由于 HA 含量的增加而呈现出长的细针状晶粒。与 Ti/1%HA 层相比，Ti/2%HA 层和 Ti/3%HA 层的微观结构均表现出相似的短的细针状晶粒。Ti/4%HA 和 Ti/5%HA 层分别表现出连续的圆形晶粒和准连续的圆形晶粒，与 HA 含量较低的层相比具有显著差异。因此，从 Ti/0%HA 到 Ti/5%HA 的微观结构晶型演化遵循长板条形晶→长针状晶粒→短针状晶

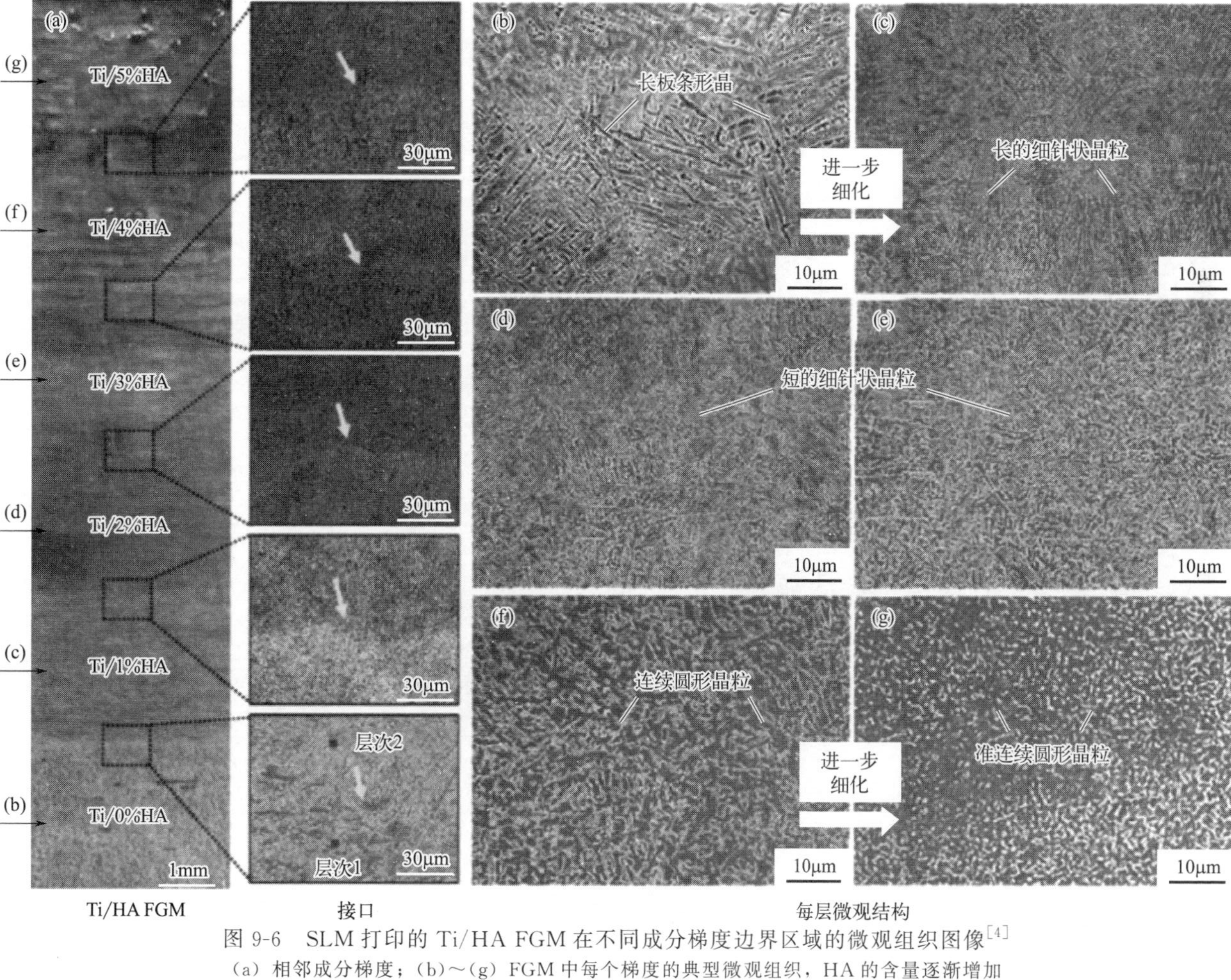

图 9-6　SLM 打印的 Ti/HA FGM 在不同成分梯度边界区域的微观组织图像[4]

（a）相邻成分梯度；（b）~（g）FGM 中每个梯度的典型微观组织，HA 的含量逐渐增加

粒→连续圆形晶粒→准连续圆形晶粒的规律。微观结构演化机理归因于熔池中的扰动和 HA 添加对晶体生长的阻碍。由于熔池中存在较大的温度梯度，产生表面张力，从而产生热毛细管力。同时，SLM 打印期间形成的相充当熔池中的非均质成核位点，毛细管力加速并均质化这些相，原始晶体的生长受到扰动。随着 HA 含量的增加，越来越多的 Ca、P 和 O 原子沉积在原子核上，促进侧向枝晶和树状晶生长。此外，可以推测，由于 HA 组分的成骨能力，Ti/HA 与纯 Ti 相比将促进更好的骨整合，这有利于它们在生物医学植入物中的应用。

图 9-7 为 SLM 打印的 Ti/HA FGM 的力学性能测试结果。不同 HA 含量的 Ti/HA FGM 界面的纳米压痕负载深度曲线如图（a）所示。结果表明，随着 HA 百分比的增加，压痕深度减小，Ti/0%HA 压痕深度最大，Ti/5%HA 压痕深度最小。相应地，如图（b）所示，纳米硬度和弹性模量都随着 HA 百分比的增加而增加。Ti/5%HA 的纳米硬度和弹性模量分别为 8.36GPa 和 156.26GPa，分别比 Ti/0%HA 高 64%和 16%。在添加 HA 后，Ti/HA FGM 具有更好的纳米硬度和弹性模量。图（c）和（d）为压缩试验中的应力-应变曲线以及计算的压缩强度。可以看出，Ti/HA FGM 的抗压强度和屈服强度分别为 871.92MPa 和 799.38MPa。

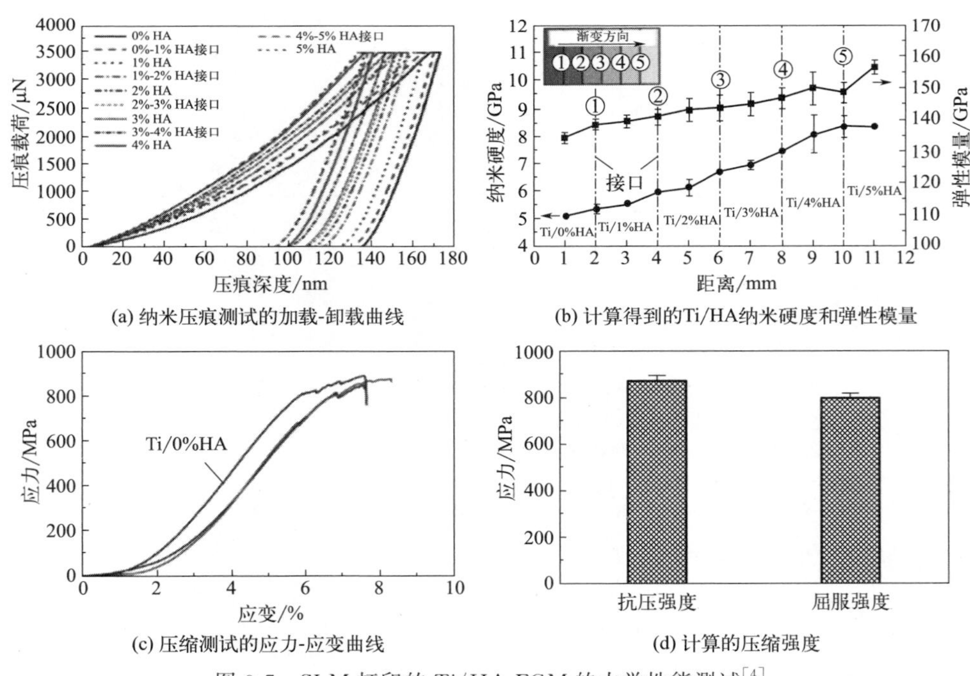

图 9-7 SLM 打印的 Ti/HA FGM 的力学性能测试[4]

（2）Ti6Al4V

Ti6Al4V 具有高强度、低密度、高耐腐蚀性、优秀生物相容性的特点，是骨植入体的优秀材料之一。Ti6Al4V 是最受欢迎的钛合金，占据了当前钛合金产品市场占有率的近一半。

Ti6Al4V 是一种 α+β 双相钛合金。作者团队研究了不同扫描速度打印的 Ti6Al4V 样品[5]，图 9-8 为在激光功率 170W、扫描间距 0.07mm、层厚 0.03mm 时，SLM 以不同扫描速度打印 Ti6Al4V 样品的微观结构。不同扫描速度下，Ti6Al4V 样品的微观组织主要由沿打印方向生长的粗外延柱状晶粒组成。在 SLM 工艺中，熔池温度通常高于 β 相生成的温度。超高冷却速率（高达 10^6 K/s）抑制了 β 相到 α 相的转变，而是发生马氏体转变，形成细小的针状 α′晶粒。当扫描速度为 900～1100mm/s 时，β 相晶粒的平均宽度约为 200μm。当扫描速度从 1200mm/s 进一步提高到 1300mm/s，β 相晶粒的平均宽度降低到 150μm。此外，扫描速度对样品的孔隙率有很大的影响。

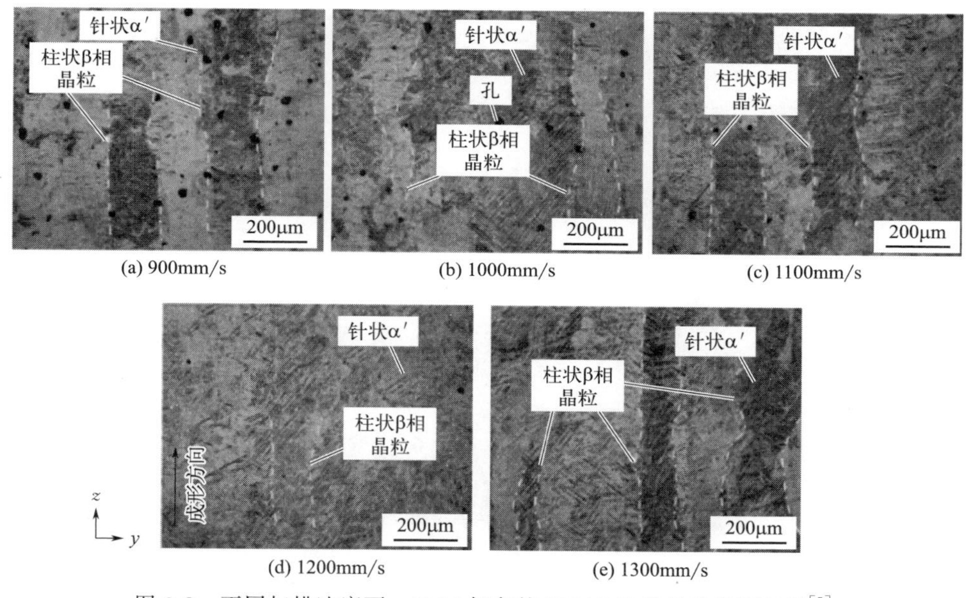

(a) 900mm/s　(b) 1000mm/s　(c) 1100mm/s

(d) 1200mm/s　(e) 1300mm/s

图 9-8　不同扫描速度下，SLM 打印的 Ti6Al4V 样品的微观组织[5]

图 9-9 为不同扫描速度下，SLM 打印的 Ti6Al4V 样品的力学性能。可以看到，扫描速度对 Ti6Al4V 样品的伸长率有显著影响，但对拉伸强度的影响可以忽略不计。Ti6Al4V 样品的抗拉强度在 1200～1265MPa 之间，当激光功率为 170W，扫描速度为 900mm/s 时，抗拉强度有最大值。在扫描速度为 1300mm/s 时，伸长率有最大值 7.8%。因为 SLM 打印的 Ti6Al4V 样品中含有完整的马氏体结构和细化晶粒，其拉伸强度远大于标准 ASTM F1472-14 中规定的锻造 Ti6Al4V 的最低强度要求，但由于脆性马氏体和残余应力，使得样品的伸长率较低。

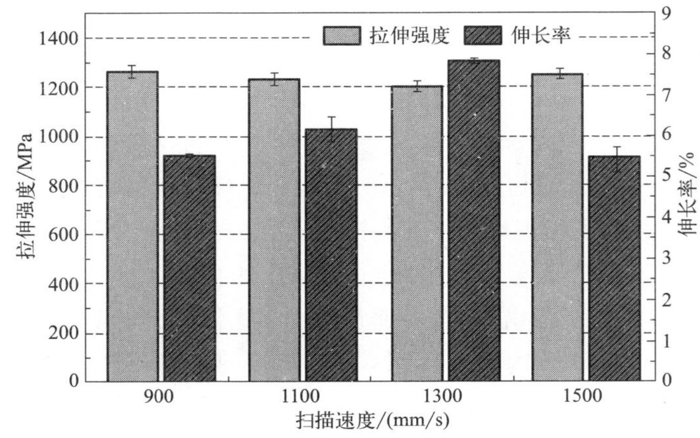

图 9-9 扫描速度对 SLM 打印 Ti6Al4V 样品力学性能的影响[5]

SLM 打印的 Ti6Al4V 样品在经过不同温度的退火后，微观组织如图 9-10 所示。当退火温度为 750℃时，经热处理的样品中仍存在 β 相的柱状晶粒，但柱状晶粒中的 α′马氏体转变为了 α+β 相，如图（a）、（b）所示，这是因为 750℃的退火温度只能使得部分 α′马氏体分解，α 相仍保持针状形状。当退火温度为 850℃时，柱状 β 相晶粒仍向外生长，但其边界变得模糊并逐渐消失，如图（c）、（d）所示。与 750℃下的微观组织相比，850℃的柱状 β 晶粒中亚稳态针状 α′马氏体相几乎完全分解，同时，板条状 α 相长大变宽。在经过 850℃退火后，显微组织由 α+β 相组成，呈网格状结构。Ti6Al4V 合金的 α′相在高于 800℃的温度下完全分解。

(a) 750℃ (b) 750℃

(c) 850℃ (d) 850℃

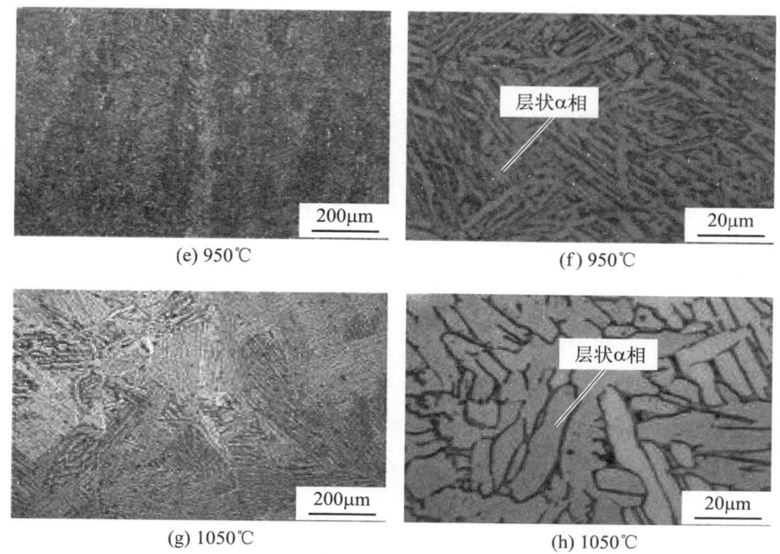

图 9-10　SLM 打印的 Ti6Al4V 样品在经过不同温度的退火后的微观组织[5]

图 9-11 为 SLM 打印的 Ti6Al4V 样品在经过不同温度的退火后的拉伸性能柱状图。可以看出，随着退火温度的升高，Ti6Al4V 样品的拉伸强度逐渐降低。当退火温度为 750℃时，抗拉强度降低至 1094MPa，比未经热处理的样品低 9%，伸长率为 7%。在 950℃时，可以获得最大伸长率，为 14%，比未经热处理的样品高 79%。在 750℃退火后，一些脆硬性的 α′马氏体分解成延展性相对较高的 α+β 相。当退火温度超过 800℃时，针状 α′马氏体完全分解成 α+β 相，使

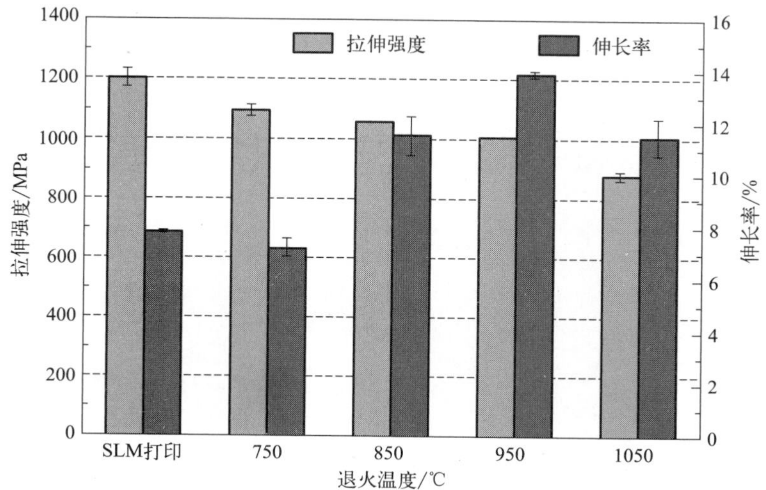

图 9-11　退火温度对 SLM 打印 Ti6Al4V 样品力学性能的影响
（激光功率 170W，扫描速度 1300mm/s，扫描间距 0.07mm）[5]

得拉伸强度降低，伸长率增加。当退火温度超过 β 相变温度时，形成的粗大晶粒和内部的板条状 α 相会阻碍位错滑移，导致应力集中在界面 α 和 β 相，降低延展性。

(3) 钛钽合金

钽（Ta）是目前最有前景的可用于生物方向的金属材料之一。钽具有两种不同的结构，即体心立方的 α 相和正方晶系的亚稳态 β 相。钛钽（Ti-Ta）合金同时保持有 Ti 和 Ta 的优势，具有优异的生物相容性、卓越的力学性能、高耐腐蚀性，在骨植入体材料中备受关注。

钽的比例至关重要，使用 SLM 技术制备钛钽合金零件，显微组织的影响如图 9-12 所示[6]。从图 9-12(a)～(c) 可以看出，在 Ti 中可以观察到一个典型的长度尺寸约为 60μm 的板条状 α 晶粒，而在 Ti-6Ta 和 Ti-12Ta 中都可以发现板

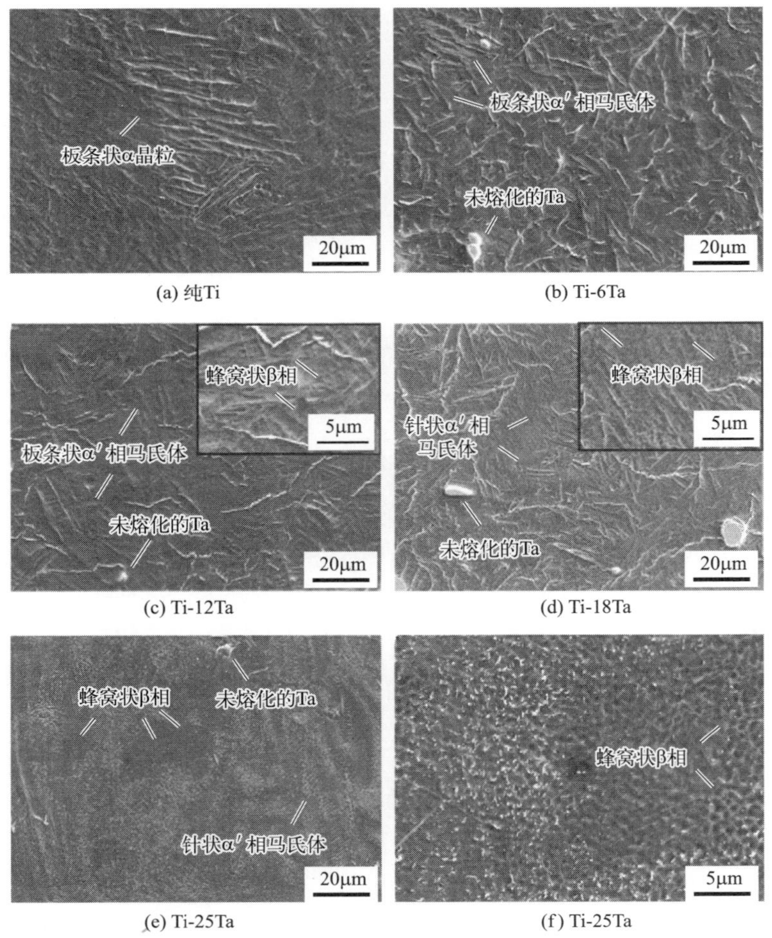

图 9-12 SLM 打印的不同 Ta 含量 Ti-Ta 粉末的 SEM 图像[6]

条状的 α′马氏体。在 Ti-12Ta 中观察到由平行和更细的板条状晶粒组成的组织。Ti-6Ta 中没有发现 β 相，但在 Ti-12Ta 中观察到了蜂窝状 β 相。Ti-18Ta 与 Ti-25Ta 的显微组织不同，在 Ti-18Ta 中，针状 α′相马氏体和蜂窝状 β 相晶粒出现在约 1μm 的宽度，而 Ti-25Ta 则是更多的蜂窝状 β 晶粒和较少的 α′晶粒。得出结论，β 晶粒的数量随着 Ta 含量的增加而增加。SLM 打印的 Ti-Ta 合金微观组织演变过程可描述为：板条状 α 晶粒→板条状 α′晶粒→针状 α′晶粒→针状 α′晶粒＋蜂窝状 β 晶粒。

Ta 的含量对 Ti-Ta 合金的力学性能具有重要的影响。图 9-13(a) 为 Ti-Ta 合金的拉伸应力-应变曲线，Ta 的质量分数从 0 增加到 25%，Ti-Ta 合金的屈服强度从 560MPa 提高到 1029MPa，抗拉强度从 641MPa 提高到 1186MPa，极限抗拉强度提高 85%，屈服强度提高 83%。这归功于细晶和固溶两种强化机制的发生。随着 Ta 含量的增加，Ti-Ta 合金的晶粒从粗大的板条状 α 相（长度 60μm）演变为蜂窝状 β 相（宽度为 1μm）。同时，在 Ti 基质中掺入 Ta 也形成了 β(Ti，Ta）相固溶体来进一步提高强度。另一方面，随着 Ta 含量的增加，Ti-Ta 合金的拉伸强度从 115GPa 降低到 89GPa，Ta 的加入增加了钛合金中 β 相的量，使合金表现出低的拉伸强度。但 Ta 的含量并不是越高越好，其他研究表明，随着 Ta 含量的进一步增加（>30%质量分数），Ti-Ta 合金的强度急剧下降。SLM 加工的 Ti-25Ta 合金显示出优异的屈服强度、极限拉伸强度和显微硬度。图 9-13(b) 为 SLM 成形的 Ti-Ta 合金的耐腐蚀性能，研究不同 Ta 含量的 Ti-Ta 合金在 Ringer 溶液中的电流密度-电压曲线。随着 Ta 含量的增加，所有的试样都达到其稳定的无源电流密度。在第一阶段，电流密度随着电压的增加而增加。在第二阶段，Ti-Ta 合金形成保护性的钝化膜。在第三阶段，由于钝化膜中点蚀和再钝化的发生，出现了电流密度的振荡。Ti-25Ta 合金中最低的钝化电流密度和最高的腐蚀电位表明，与其他不同 Ta 含量的 Ti-Ta 合金相比，其耐腐蚀性最佳。

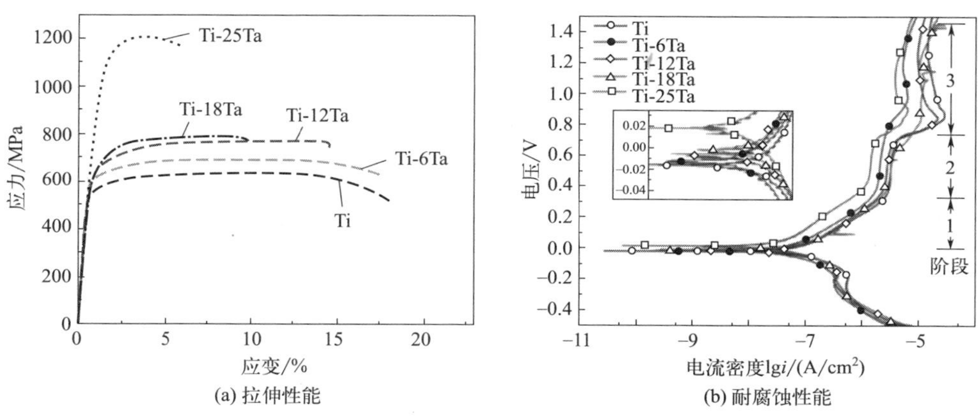

(a) 拉伸性能　(b) 耐腐蚀性能

图 9-13　SLM 成形的 Ti-Ta 合金的拉伸性能与耐腐蚀性能[6]

与人体骨骼（0.01～23GPa）相比，SLM 打印的 Ti-Ta 合金的弹性模量值仍然太高，本章，作者通过设计和制造多孔结构来降低弹性模量[7]。图 9-14（a）、（b）、（c）和（d）分别为设计的 Ti-Ta gyroid 结构模型和显微 CT 得到的 3D 重建模型，没有观察到断裂的支柱和分层，这说明 Ti-Ta 支架具有良好的可打印性。重建模型的孔隙率为 87.98%，与设计值（90%）相当。

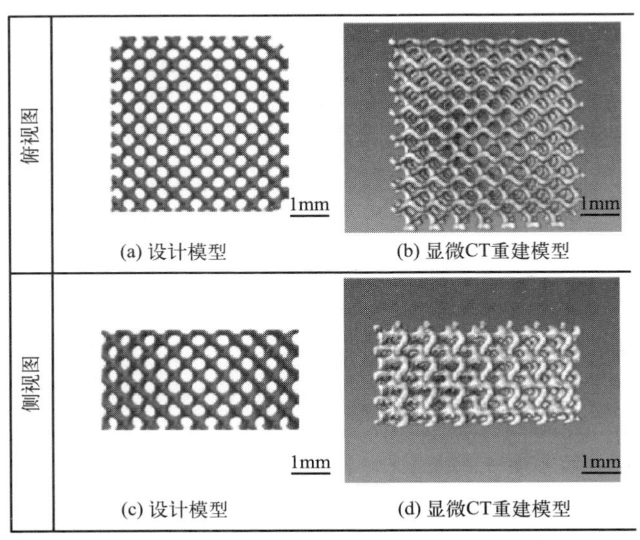

图 9-14　SLM 打印的 Ti-Ta gyroid 结构[7]

图 9-15 为 SLM 打印的 Ti-Ta gyroid 结构与其他金属的力学性能对比。SLM 打印的 Ti-Ta gyroid 结构弹性模量为 1.83GPa，与人体骨骼相似。Ti-Ta 优越的力学性能归因于 Ti-Ta 合金的微观结构和 gyroid 的拓扑结构，Ti-Ta 中的细 β 晶粒的形成在提高机械强度的同时降低了弹性模量。

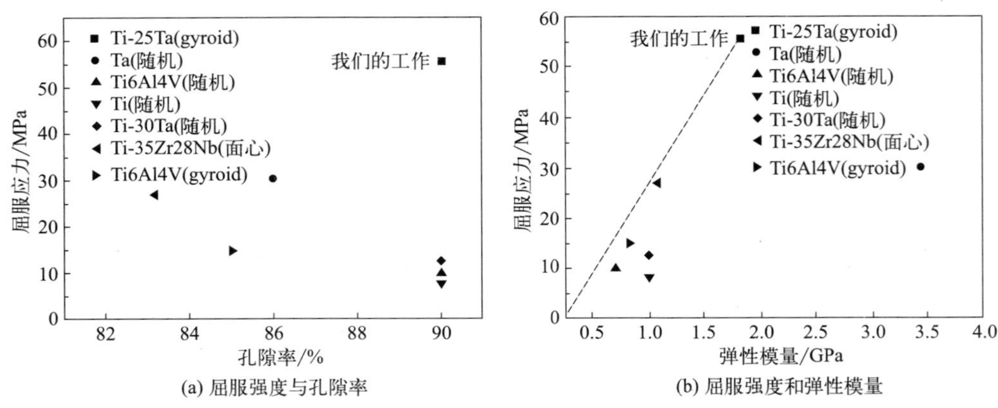

图 9-15　SLM 打印的 Ti-Ta gyroid 结构与其他金属的力学性能对比[7]

(4) 钛铌合金

钛铌（Ti-Nb）是生物医学应用中的一种优秀的候选材料，它的弹性模量非常低（50GPa），接近于人体的皮质骨（30GPa），具有很高的强度（600GPa），使用这种材料可以有效地避免应力屏蔽现象的发生。

与纯钛相比，使用 SLM 打印 Ti-Nb 合金需要更高的能量密度[8]。当能量密度为 110J/mm^3 时，打印的 Ti-25Nb 合金的最高相对致密度为 97.5%。如图 9-16 所示，Ti-25Nb 样品的微观结构在低能量密度为 70J/mm^3 和 80J/mm^3 下可以观察到针状晶粒，对应于 α′相［图 9-16(a) 和 (b)］。随着能量密度增加到 90J/mm^3 和 100J/mm^3，马氏体晶粒长大到粗化的板条形状［图 9-16(c) 和 (d)］。在能量密度为 92.59J/mm^3 的 Ti-13Nb-13Zr 合金中也可以发现类似的粗晶粒。此外，蜂窝状亚晶粒出现在能量密度为 110J/mm^3［图 9-16(e)］。随着能量密度的提高，Ti-25Nb 样品的显微组织由针状晶粒转变为粗的板条状晶粒，再到板条状晶粒＋蜂窝状晶粒。

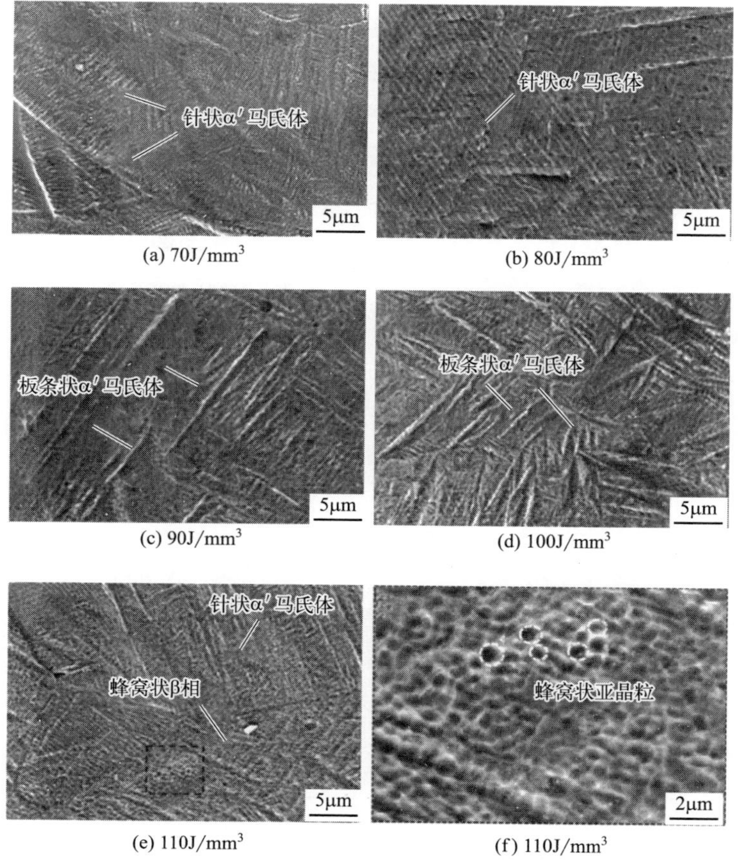

图 9-16　不同能量密度下，SLM 打印的 Ti-25Nb 零件在 xy 平面中的 SEM 图像[8]

能量密度对 SLM 打印 Ti-25Nb 合金的力学性能有显著影响。随着能量密度从 $70J/mm^3$ 提高到 $100J/mm^3$，合金的极限抗拉强度从 740MPa 下降到 685MPa、屈服强度从 640MPa 下降到 574MPa、伸长率从 19.5%下降到 17.3%和显微硬度从 261HV 下降到 245HV。使用 $110J/mm^3$ 打印的 Ti-25Nb 合金达到了 645MPa 的高屈服强度，748MPa 的极限抗拉强度和 19.9%的伸长率的综合性能。

9.2.2 钴基合金

医用钴基合金主要为钴铬（CoCr）合金，具有良好的耐腐蚀性能和优秀的力学性能，主要应用于牙科方面。

图 9-17 为 SLM 打印 CoCr 合金侧表面的微观组织形貌[9]。可以观察到分布在“熔道-熔道”熔池边界（用白色虚线标注）上的黑色凹坑，并形成了白色的边界。柱状晶粒分布在靠近“熔道-熔道”熔池边界的Ⅰ区域中，熔池的中心（区域Ⅱ）为大小 1～3μm 的细等轴晶粒，如图（b）所示。由于“熔道-熔道”熔池边界附近较大的温度梯度，该区域中的晶粒沿垂直于“熔道-熔道”熔池边界（由黄色箭头标记）的方向向熔池中心生长，即温度散失最快的方向。图（c）为经烧结工艺处理后 CoCr 合金的 OM 图像，“熔道-熔道”熔池和“层-层”熔池

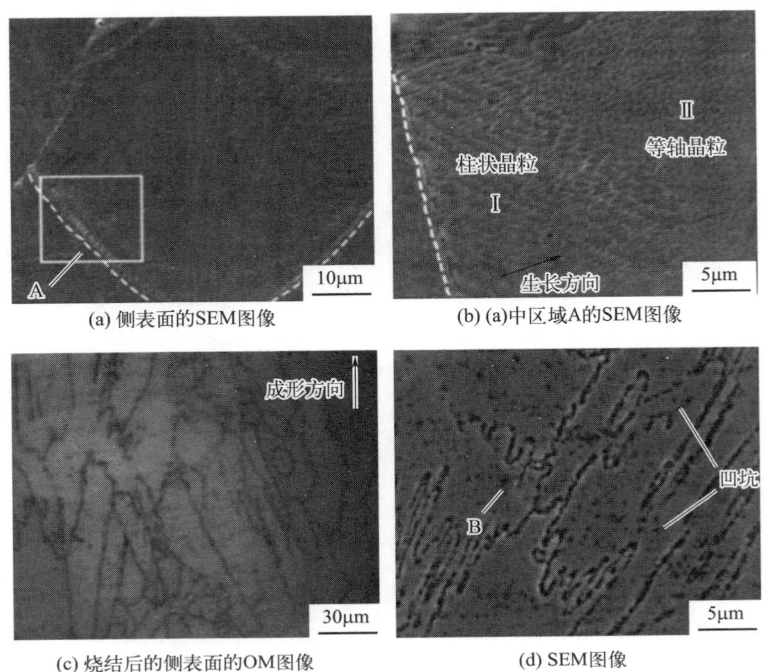

(a) 侧表面的SEM图像　(b) (a)中区域A的SEM图像

(c) 烧结后的侧表面的OM图像　(d) SEM图像

图 9-17　SLM 打印的 CoCr 样品[9]

的边界被部分消除。这是因为烧结导致熔池边界处的元素向熔池中心扩散，元素分布更加均匀。图（d）为经烧结处理后的CoCr合金微观组织的SEM图像，晶粒尺寸增长到5μm以上，尺寸不均匀。由于在烧结过程中发生了枝晶偏析，导致晶粒内部化学成分不均匀，因此晶体晶粒内部出现了黑色凹坑，并出现了沉淀物。

SLM打印的CoCr合金上表面的平均显微硬度为423.5HV，侧表面的平均显微硬度为434.7HV，侧表面的显微硬度略大于上表面。这是因为上表面只有彼此平行的“熔道-熔道”熔池边界，而侧面既有长形“熔道-熔道”熔池边界，又有半弧形“层-层”熔池边界，侧面熔池边界的密度高于上表面。在熔池的熔融凝固过程中，从熔池中心到边界的温度梯度会使元素从熔池中心富集到边界，形成一些硬脆化合物，使得熔池边界的显微硬度大于熔池中心，侧表面的显微硬度略大于上表面。SLM打印的CoCr合金的最大抗拉强度为1282.7MPa，屈服强度为847.3MPa，伸长率为10.9%。

孔隙率、承载支柱直径、单元尺寸等因素，对CoCr多孔结构的力学性能有着重要影响。通过SLM设备制备了具有立方密排（cubic closed packed，CCP）单元，面心立方（face-centered cubic，FCC）单元，体心立方（body-centered cubic，BCC）单元和球状中空立方（spherical hollow cubic，SHC）单元的CoCr多孔结构[10]。有限元分析与实验结果分析均揭示了同一单元尺寸下多孔支架的模量和强度从大到小排列顺序为FCC、BCC、SHC、CCP，如图9-18所示。具有倾斜承载支柱和水平梁的FCC单元拓扑的应力集中程度最小，力学性能优于其他单元拓扑。四种多孔结构的弹性模量和压缩强度的范围分别在7.18～16.57GPa和271.53～1279.52MPa之间，满足皮质骨和松质骨的要求。

四种CoCr多孔结构的失效经历四个阶段：初始状态、体积扩大、局部失效、整体失效。最终的失效模式可以总结为破裂和崩塌两种方式，由不同单元拓扑的结构特征所决定，图9-19为CoCr多孔结构断口形貌，可以观察到CCP、FCC和BCC的多孔结构为破裂失效，出现了沿加载应力方向45°的剪切带，裂纹扩展连续，图（b）和（c）中出现了沿特定方向排的一系列台阶、大量河流状与壳状的花纹，其结构为解理断裂。SHC多孔结构的断口呈现出滑脱现象，伴随着大间距区间出现，最终表现为崩塌失效。

为了提高CoCr多孔结构表面与细胞初期反应，促进骨更快更好地长入孔隙和预防术后感染，采用电沉积在上述SLM制备的BCC单元拓扑的多孔结构表面构建丝素蛋白/庆大霉素功能涂层（SFGM）[11]，构建的涂层平均厚度为2.30μm±0.58μm，对孔隙的影响可以忽略。图9-20展示了有无涂层的CoCr多孔结构表面细胞的初期反应，可以明显观察到成骨细胞在SFGM涂层上铺展状态更良好，有明显的伪足和更丰富的细胞间连接，细胞增殖的情况更优秀，SFGM涂层还

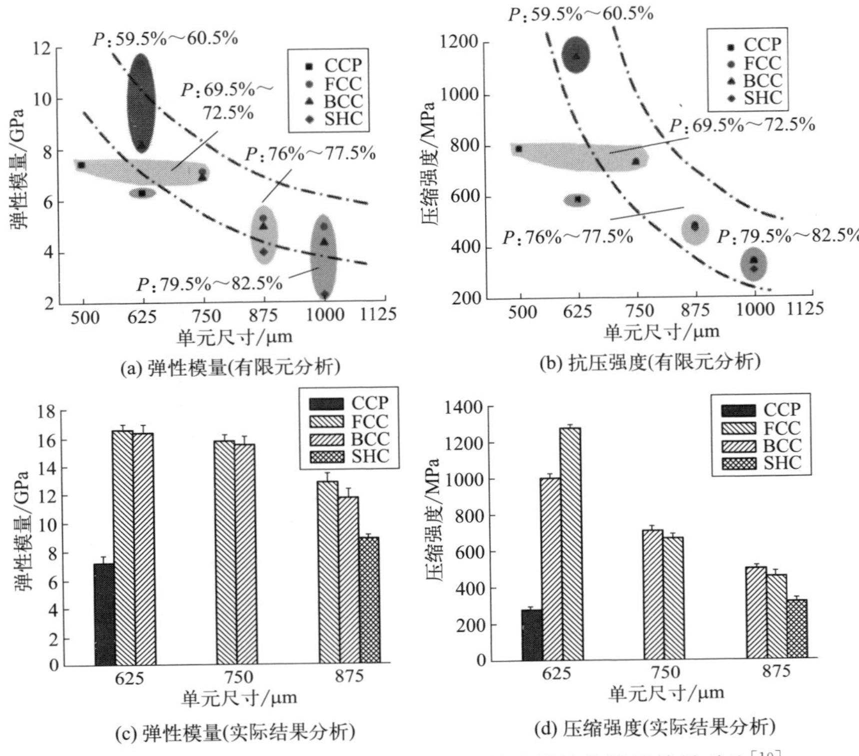

(a) 弹性模量(有限元分析)
(b) 抗压强度(有限元分析)
(c) 弹性模量(实际结果分析)
(d) 压缩强度(实际结果分析)

图 9-18　不同单元尺寸下四种单元拓扑力学性能模拟结果对比[10]

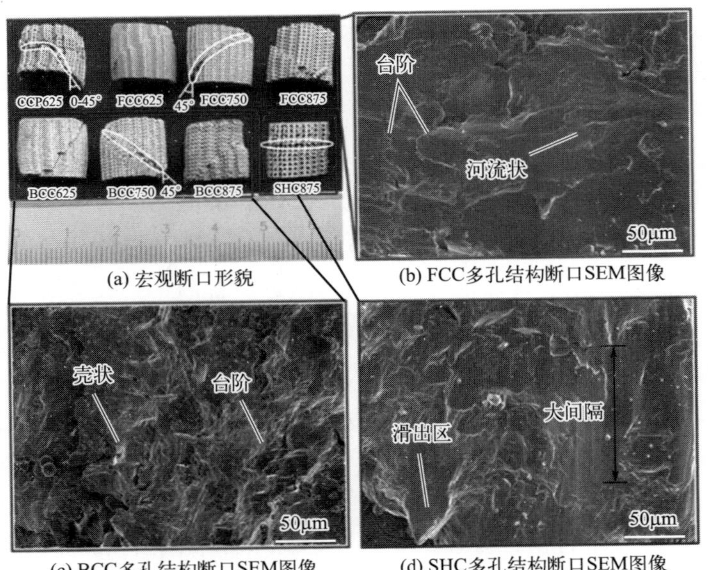

(a) 宏观断口形貌
(b) FCC多孔结构断口SEM图像
(c) BCC多孔结构断口SEM图像
(d) SHC多孔结构断口SEM图像

图 9-19　多孔结构断口形貌[10]

可以有效地减少 Co 和 Cr 离子的释放，减小细胞毒性。此外由于加入了庆大霉素，SFGM 涂层具有良好的持续抑菌功能，在一周内可以有效地抑制细菌的黏附和生长，预防骨植入体术后感染。

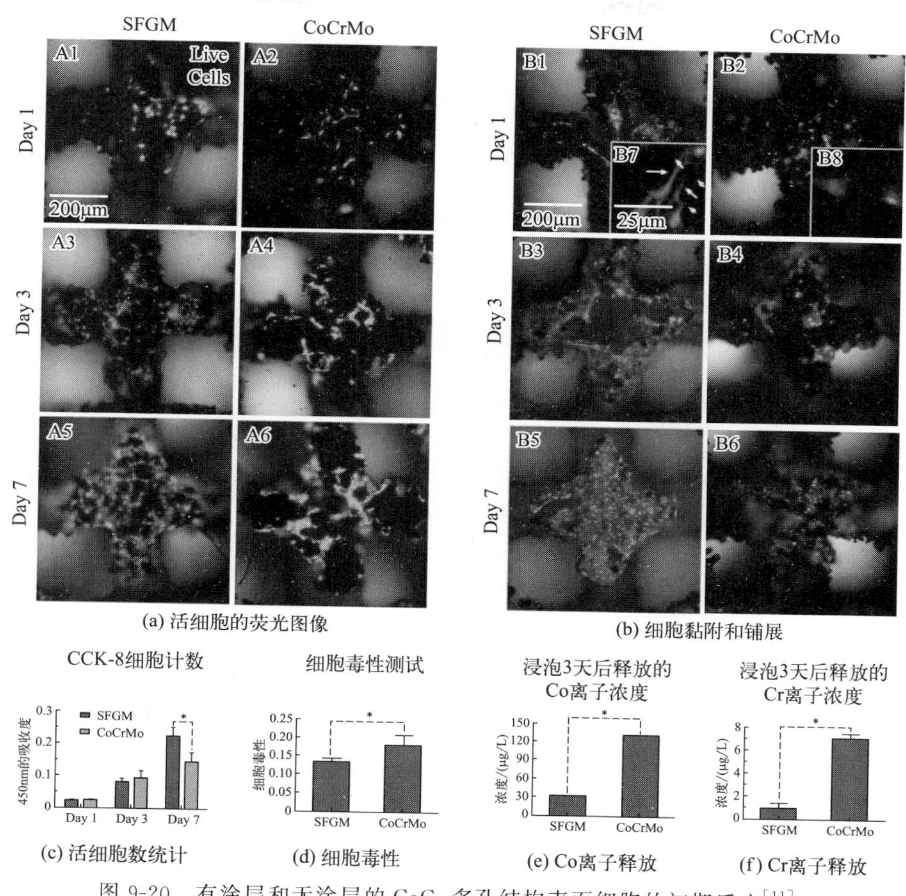

图 9-20　有涂层和无涂层的 CoCr 多孔结构表面细胞的初期反应[11]

9.2.3　镍钛合金

镍钛合金具有独特的形状记忆效应和超弹性行为。形状记忆效应是指物体在某一温度下受外力变形，去除外力后仍然保持变形后的形状，但在较高温度时能自动恢复变形前的形状的能力。超弹性行为是指奥氏体状态下的试样在外力作用下产生远大于弹性极限应变量的应变。除了这两个特点，镍钛合金也具有低刚度，优异的耐腐蚀性、耐磨性能和生物相容性，这使得镍钛合金成为一种极具吸引力和发展潜力的合金。镍钛合金植入物可以根据人体温度改变植入后的形状，使得镍钛合金能应用于内部骨固定质量的改善和微创手术；镍钛合金在靠近骨骼的地方表现出超弹性行为，通过毛孔的相互连接、毛细血管特性和低弹性模量实现高骨骼生长。

作者团队进行了选择性激光熔炼等原子比 NiTi 合金相变行为及力学性能的研究[12]，其中在功率 140W，不同的扫描速度下，通过 SLM 打印 NiTi 合金样品的微观结构如图 9-21(a)～(e) 所示，在所有样品中都可以观察到成形缺陷。在低扫描速度下，随着激光能量输入的增加，可以明显地发现裂纹和孔隙的存在，导致相对密度降低。然而，在高扫描速度下，由于激光作用时间较短，熔池温度较低，激光功率增加引起的小孔效应较弱，密度保持相对稳定。这种现象可以根据 SLM 中常见的锁孔理论来解释。高激光能量输入增加了熔池的温度、宽度和深度，从而达到形成锁孔的阈值。因此，小孔甚至裂纹形成变得不稳定，导

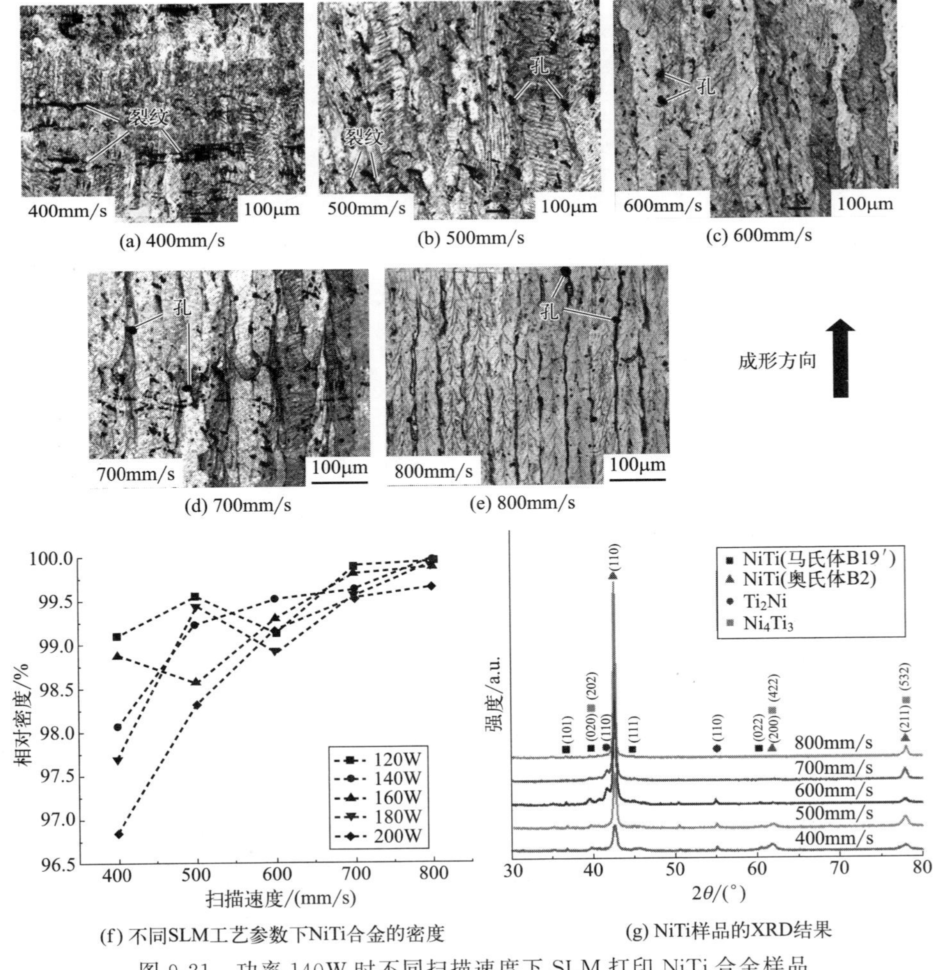

(a) 400mm/s (b) 500mm/s (c) 600mm/s

(d) 700mm/s (e) 800mm/s

(f) 不同SLM工艺参数下NiTi合金的密度 (g) NiTi样品的XRD结果

图 9-21 功率 140W 时不同扫描速度下 SLM 打印 NiTi 合金样品显微组织的光学图像和致密度相成分分析[12]

致相对密度的大幅波动和降低。由于低扫描速度导致激光熔池温度升高，“锁孔模式”的孔形成机制在 SLM 熔化机制中往往起主导作用。扫描速度的增加削弱了“锁孔模式”，减少了孔的形成，增加了 NiTi 合金的密度。同时，由于扫描速度的增加，能量输入的减少导致孔隙的形成，这是次要机制。此外，随着扫描速度的增加，沿着成形方向的结构纹理更清晰。

此外，研究了不同 SLM 工艺参数下 NiTi 合金的致密化行为。对不同激光功率和扫描速度下的 NiTi 合金进行了分析。如图 9-21(f) 所示，随着扫描速度的增加，NiTi 合金的密度逐渐增大，在 800mm/s 时达到最高密度。在 140W 和 400mm/s、500mm/s、600mm/s、700mm/s 和 800mm/s 的不同扫描速度下，图 9-21(g) 显示了通过 XRD 识别的 NiTi 样品相成分。很明显，所有样品主要由 B2 奥氏体和 B19′马氏体相组成。此外，NiTi 相 B2 的强衍射峰出现在所有测试样品中。随着扫描速度的降低，B19′马氏体相的衍射峰逐渐出现。同时，可以发现所有样品中都存在 Ti_2Ni 和 Ni_4Ti_3 沉淀。

图 9-22(a) 为 SLM NiTi 合金在不同扫描速度（400～800mm/s）、激光功率

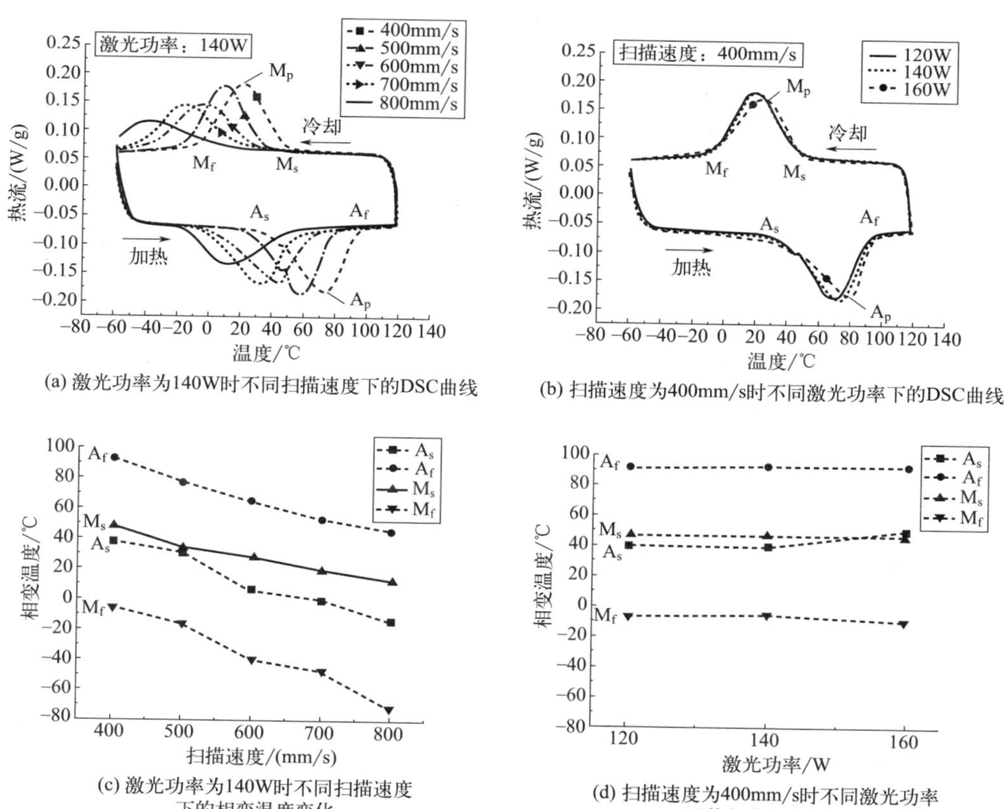

(a) 激光功率为140W时不同扫描速度下的DSC曲线

(b) 扫描速度为400mm/s时不同激光功率下的DSC曲线

(c) 激光功率为140W时不同扫描速度下的相变温度变化

(d) 扫描速度为400mm/s时不同激光功率下的相变温度变化

图 9-22　不同激光功率和扫描速度下的 DSC 曲线和相变温度变化[12]

为 140W 时的 DSC 曲线，图（b）为扫描速度设置为 400mm/s，140W 附近选择 120W、160W 激光功率进行 DSC 实验。在图（a）中，随着扫描速度的增加，相变峰向较低温度方向迁移，峰宽逐渐增大。同时，从图（c）中可以看出，相变温度［M_s（马氏体相变起始点）、M_f（马氏体相变终点）、A_s（奥氏体相变起始点）和 A_f（奥氏体相变终点）］随着扫描速度的增加而逐渐降低。特别是，M_s 从 48℃降至 12.5℃，降幅超过 35℃。M_s 的减少意味着在室温下更容易将马氏体相 B19′转变为奥氏体相 B2。同时，B2 相可以在应力过程中转变为 B19′相。因此，B2 相的稳定性和 NiTi 合金的超弹性得到增强。然而，如图（b）和图（d）所示，激光功率对相变温度的变化几乎没有影响。相变行为对 NiTi 合金的实际应用具有重要意义，因为它对形状记忆效应或超弹性的温度范围具有重要作用。事实上，NiTi 合金的转变温度主要由内部 Ni/Ti 比决定。镍元素每减少 1.0%，转变温度就会升高 83℃。一些研究表明，NiTi 合金在不同 SLM 参数下相变温度的变化主要是由有效 Ni/Ti 比的变化引起的。Ni/Ti 比值变化的主要原因如下：①平衡蒸气压高于 Ti 的 Ni 元素，其在 SLM 过程中易于蒸发和燃烧；②在 SLM 工艺中，Ti 元素容易与氧结合形成氧化物，在 SLM 过程中形成 Ti_2Ni、Ni_4Ti_3 和其他沉淀物，这改变了基体的 Ni/Ti 比。

9.2.4 可降解金属

目前临床使用的医用金属材料多为传统惰性材料，包括纯钛及钛合金、不锈钢、钴基合金等，其植入人体后将作为异物在患者体内长期存在，或服役结束后需经二次手术取出。此外，这些材料在磨损或腐蚀的过程中可能释放有害离子、金属盐或磨损颗粒，引起过敏反应、炎症反应等。21 世纪以来，可降解金属逐渐成了生物医用材料领域的研究热点，被誉为一类革命性金属生物材料。北京大学郑玉峰教授将其定义为：可降解金属是一类可以在体内逐渐腐蚀，释放出的腐蚀产物引起适当的宿主反应，这些腐蚀产物可以通过细胞和/或组织，或被细胞和/或组织代谢或同化，并在完成协助组织愈合的任务后完全消失无残留。我国的可降解金属研究处于国际并跑阶段，特别是可降解镁基金属的设计与制备、表面改性、降解行为、生物相容性等方面已开展了大量的探索研究工作并已开始进入临床应用研究阶段。国家先后在国家重点基础研究发展计划、国家高技术研究发展计划、国家科技支撑计划、国家自然科学基金等项目设立了可降解金属及其医疗器械产品研发的课题，鼓励科技原始创新。可降解金属主要包括镁基（Mg）可降解金属、锌基（Zn）可降解金属、铁基（Fe）可降解金属 3 个体系，这 3 类可降解金属的性能总结，如表 9-3 所示[13]。

表 9-3　可降解金属性能总览

特性	表征	镁基合金	锌基合金	铁基合金
力学性能	屈服强度/MPa	149～293	126～389	106～950
	抗拉强度/MPa	199～350	167～647	169～1550
	抗压强度/MPa	90～258	99～457	312～696
	伸长率/%	8～28	6～84	1.3～94
	硬度	35～90HB	44～217HV	175～428HV
	弹性模量/GPa	41～45	94～110	77～211
耐腐蚀性能	体外腐蚀速率(仿生溶液,电化学测试)/(mm/a)	0.45～12.56	0.16～1.66	0.17～1.30
	体外腐蚀速率(仿生溶液,静态浸渍试验,30～60 天)/(mm/a)	0.07～1.88	0.014～0.03	0.028～0.250
	体内腐蚀速率(大鼠股骨模型,体积损失,8～12 周)/(mm/a)	0.36～1.58	0.13～0.26	无明显降解
	腐蚀类型	局部腐蚀/点蚀	均匀腐蚀/局部腐蚀/点蚀	均匀腐蚀/局部腐蚀/点蚀
	主要阴极反应	析氢反应	氧化还原反应	氧化还原反应
	生物降解产物中的气体	氢气	无	无
	可溶性生物降解产物	Mg^{2+},OH^-	Zn^{2+},OH^-	Fe^{2+},Fe^{3+},OH^-
	不可溶性生物降解产物	$Mg(OH)_2$/MgO	$Zn(OH)_2$/ZnO	$Fe(OH)_3$/Fe_2O_3/Fe_3O_4
生物相容性	骨骼代谢的必需元素	是	是	否
	人体含量/g	25	2	4～5
	血清浓度/(mmol/L)	0.73～1.06	0.012～0.017	0.009～0.029
	每日平均饮食摄入量/mg	329	8.6	1.1
	建议每日摄入量/mg	280～350	12～15	8～18
	成骨细胞半抑制浓度/(mmol/L)	＞4.02	0.09	0.328～0.583
	血管内皮细胞半抑制浓度/(mmol/L)	66.7	0.13	—
	半数致死量/(mmol/L)	5000	350	1300

(1) 锌及其合金

目前已开发的可降解金属如镁基合金、铁基合金，在临床上的应用均存在着一定的问题。对于镁基合金而言，其在体内的腐蚀速率过高，容易导致在体内完成服役期限之前就失去了植入体所必要的力学性能，并且伴随着局部碱性过高、氢气聚集形成皮下气肿等问题，从而导致植入失效乃至更严重的后果；对于铁基合金而言，其植入体在人体服役存在的问题恰恰与镁及镁基合金相反，它们在人体内的降解速率过低，在人体内完成服役后很长一段时间才能够完全降解。Zn

的标准电极电位为－0.763V/SCE，介于镁的标准电极电位－2.37V/SCE与铁的标准电极电位－0.44V/SCE之间，降解速率介于镁和铁之间，且降解过程中不释放氢气。可降解锌合金较可降解镁合金的力学性能更佳，但锌离子对于不同细胞的安全阈值要比镁离子低100～500倍，人体中85%的锌存在于肌肉和骨骼中，11%的锌存在于皮肤和肝脏。研究锌基合金作为可降解金属植入物具有重要的意义。

针对金属锌在高能激光束的作用下会产生剧烈的蒸发反应与溅射现象，作者团队通过添加双气路（过滤气路＋洗气气路）循环净化系统（其中过滤气路中保证对蒸气、粉末飞溅、烟尘以及其他有害物质进行有效过滤；而洗气气路用于定期通入清洁惰性气体进行管路清洗，为长时间、持续稳定的成形过程提供稳定的气氛条件）解决了现有SLM成形Zn金属难题；制备高致密锌合金是发挥植入体优异性能的关键所在，先后研究了工艺参数（如激光功率、扫描速度等）与纯锌植入体致密度的映射规律，查明了激光作用下锌烧损对成形质量的影响与作用机理，探索了消除锌蒸发对成形不良影响的工艺措施，并提出了表面球化、内部孔洞、层间裂纹等缺陷的抑制策略，最终完成了高致密纯锌的激光增材制造工艺调控（图9-23）。进一步还评估了纯锌的力学性能，发现在功率80W、速度

(a) 不同工艺下打印的纯锌样品

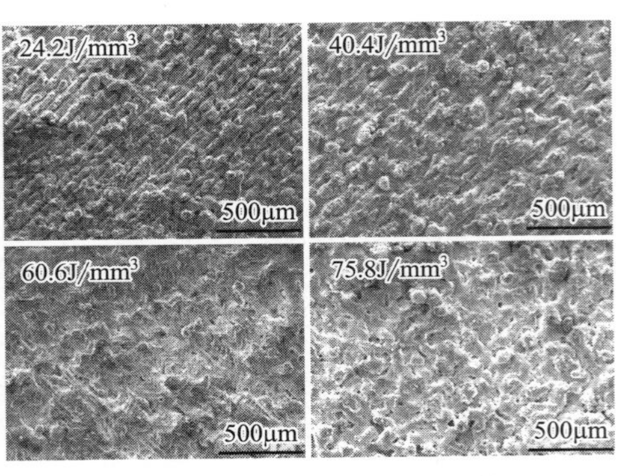

(b) 不同能量密度下的样品表面熔融情况

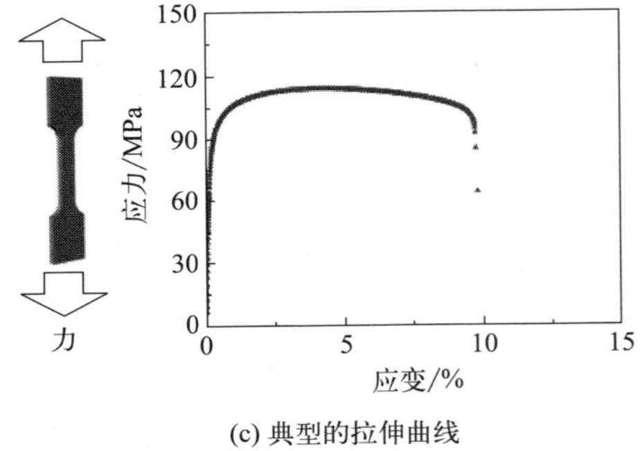

(c) 典型的拉伸曲线

(d) 打印的仿生多孔支架

图9-23　作者团队进行的纯锌SLM成形研究

800mm/s 下，其极限拉伸强度和伸长率分别达到 112.76MPa 和 9.92%；基于隐函数原理，设计了不同尺寸的 Schwartz 金刚石单元，建立了仿生梯度结构模型，并实现仿生多孔结构锌支架的打印成形。

由于纯锌性脆，强度和硬度低，因此纯锌作为植入体不能够满足临床要求，为改善纯锌力学性能的不足同时满足临床生理安全性的需要，科研工作者们开发了 Zn-Mg、Zn-Ca、Zn-Sr 等以营养元素 Mg、Ca、Sr 元素作为主合金化元素的锌基可降解合金。图 9-24 为作者团队通过 SLM 制备的 Zn 及 Zn-Mg 合金[2]。对其进行微观结构表征，发现纯锌的金相结构主要是尺寸为 1～10μm 的粗板条晶粒，而锌-镁合金中则主要是平均尺寸小于 1μm 的细小的枝晶及柱状亚晶。

Zn

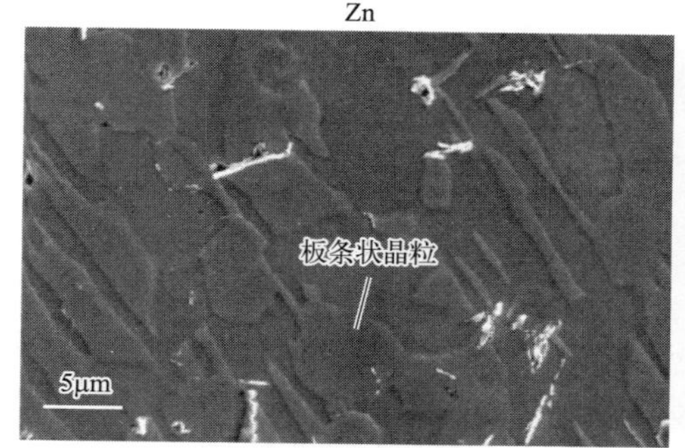

(a) 支架晶粒特征的SEM图像

Zn-Mg

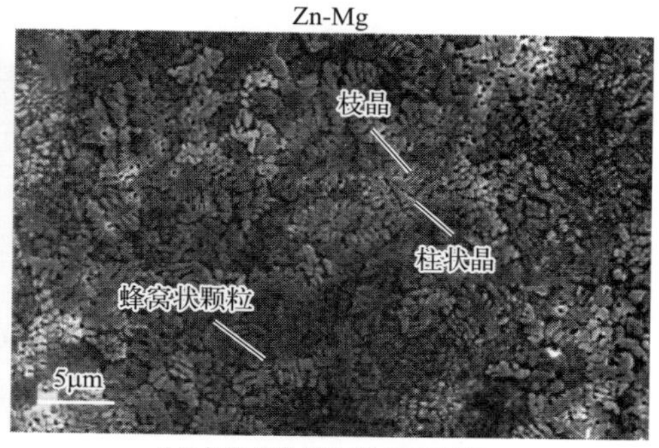

(b) 支架晶粒特征的SEM图像

Zn-Mg

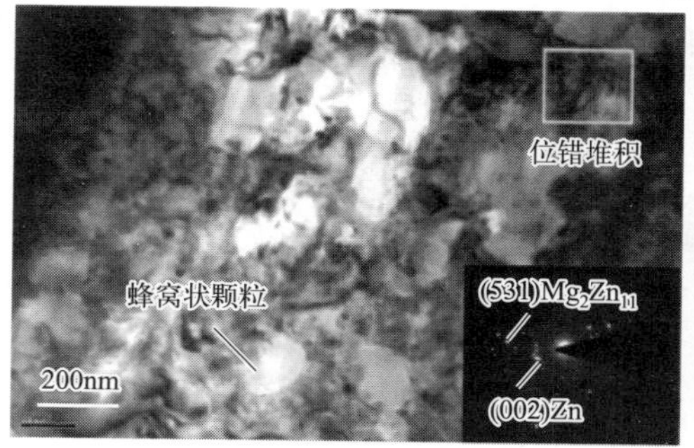

(c) 锌镁合金的明场图像及部分电子衍射图

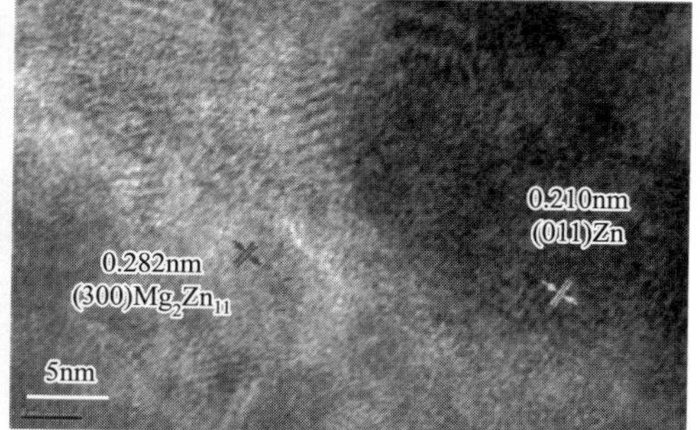

(d) 锌镁合金的HRTEM(高分辨率透射电镜)显微照片

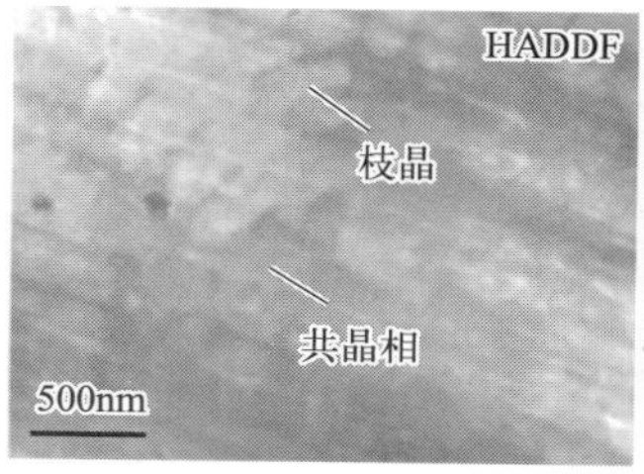

(e) HAADF(高角度环形暗场)图像

(f) 基于图(e)的锌元素的EDS能谱图

(g) 基于图(e)的镁元素的EDS能谱图

图 9-24　SLM 制备的锌与锌镁合金支架的微观结构特征[2]

Zn-Mg 合金的主要相成分为 α-Zn 以及 Mg_2Zn_{11}，根据 Zn-Mg 合金相图，α-Zn 与 Mg_2Zn_{11} 共晶组织在 364℃沿晶界凝固，从而抑制了 Zn-Mg 合金的晶体生长。图 9-25 为 SLM 制备的锌以及锌镁合金支架的力学性能表征，锌镁合金支架的抗压强度、屈服强度、弹性模量分别为 50.52MPa±1.23MPa、48.3MPa±1.17MPa、2.369GPa±0.08GPa，分别是锌支架的 1.8、3 和 3.8 倍。锌支架的变形始于线弹性阶段，随后为一段长平台区（应变为 10%～30%），最后是压缩致密化阶段，而锌镁合金支架在初始线弹性区之后沿对角面断裂。锌镁支架的典型断口形貌为准解理面，尺寸约为 1μm，表明为解理断裂模式。

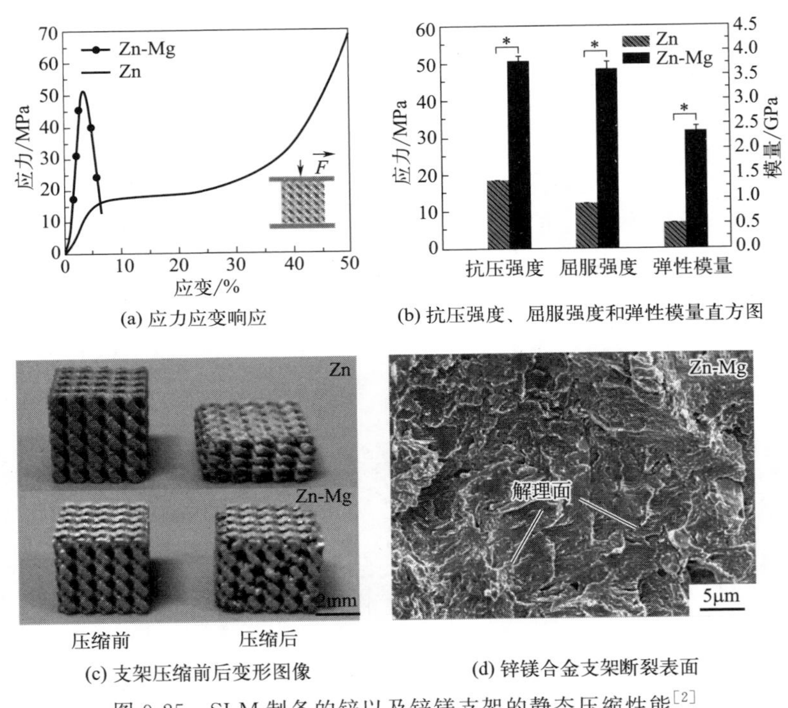

(a) 应力应变响应

(b) 抗压强度、屈服强度和弹性模量直方图

(c) 支架压缩前后变形图像

(d) 锌镁合金支架断裂表面

图 9-25　SLM 制备的锌以及锌镁支架的静态压缩性能[2]

植入体不可避免地承受患者活动时所引发的重复载荷，因此腐蚀疲劳性能是增材制造生物降解支架性能的关键决定因素，图 9-26 为纯锌支架以及锌镁合金支架的腐蚀疲劳行为表征，支架的疲劳寿命与加载应力以及循环次数高度相关，在循环次数为 10^6 时，SLM 制备的 Zn-Mg 合金支架的疲劳强度比 Zn 支架高 227%，但应变积累比印制的 Zn 支架低 17%，镁元素的引入有助于锌支架的承载能力以及腐蚀疲劳极限的提高。

(2) 镁及其合金

镁及镁基合金属于典型的轻金属，纯镁的密度为 1.74g/cm^3，镁合金的密度为 1.75～1.84g/cm^3，与人皮质骨密度相近（1.8～2.1g/cm^3），要远低于医用

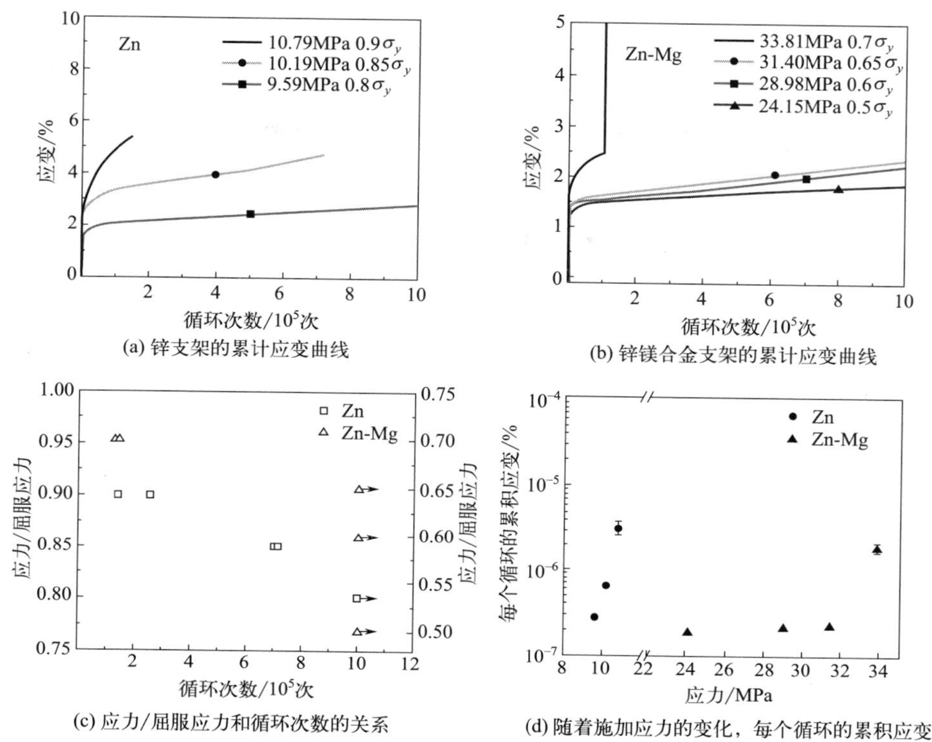

(a) 锌支架的累计应变曲线

(b) 锌镁合金支架的累计应变曲线

(c) 应力/屈服应力和循环次数的关系

(d) 随着施加应力的变化，每个循环的累积应变

图 9-26　SLM 制备的锌和锌镁合金支架在不同载荷水平下的腐蚀疲劳性能[2]

钛合金（4.5g/cm^3）和医用不锈钢（7.6g/cm^3）。镁及其合金的弹性模量为 41～45GPa，不及医用钛合金的 1/3，与人体皮质骨弹性模量更为接近。在骨科应用中，能够有效缓解应力屏蔽效应，促进患处骨组织功能重建。镁是维持人体健康必需营养元素之一，镁参与人体的能量代谢、蛋白质和 DNA 合成以及维持线粒体膜稳定的 600 多种酶反应，且镁离子在促进骨组织愈合过程中发挥积极作用。我国镁资源丰富，镁合金种类繁多，Mg-Al 合金、Mg-Ca 合金、Mg-Li 合金、Mg-Li-Ca 合金、Mg-Zn 合金、Mg-Zr 合金等都是比较典型的医用镁合金。

镁及镁合金容易发生腐蚀，限制了其在医学临床上的应用。镁的主要破坏形式为局部腐蚀，初始时发生不规则的局部腐蚀，随后逐渐遍布纯镁表面，腐蚀速率逐渐增大。北京科技大学李亚庚等对金刚石结构单元的 WE43 镁合金多孔支架的体外降解行为进行研究和表征[14]，发现支架在仿生溶液（SBF）中浸泡，多孔结构的支柱尺寸随浸泡时间的增加不断被腐蚀，其孔径也不断变大，当浸泡时长达 28 天时，支架整体损失了 20.7%的体积。其力学性能也随着浸泡在仿生溶液（SBF）中的时长而改变。腐蚀对于刚度的影响不同于对屈服强度的影响，这与降解产物（氢氧化物等）和镁合金之间的界面结合有关，弹性模量不仅与降解产物相关，还与支架内结构的变化有关。对于屈服强度，降解产物不能承载过多的载荷，因此屈服强度主要取决于剩余镁的强度。整体 WE43 镁合金支架即使在仿生溶液（SBF）中浸泡腐蚀了 28 天，其力学性能仍与骨小梁相当，可提供较为可靠的力学支撑。

(3) 铁及其合金

铁及其合金在可降解金属体系中有最优异的力学性能，可与传统的医用金属材料相当，元素铁主要存在于血液环境中，研究表明，成人体内 Fe 的总量为 4～5g，其中 72%以血红蛋白、3%以肌红蛋白、0.2%以其他化合物的形式存在，因此往往被用来制备心血管支架。

纯铁在体内实验中表现出降解速率过低的问题，在完成服役期限后很长一段时间仍保持基本完整，因此对铁基合金的研究主要集中于使用改变铁基材料的化学组成、微观组织结构等方法制备铁基合金，从而加快铁基材料的腐蚀速率。北京科技大学李亚庚等对多孔铁支架的体外降解行为进行了研究，发现随着降解时间的增加，支架表面析出越来越多的红褐色降解产物，直至第 28 天，支架表面完全被红褐色降解产物覆盖[15]。样品清洗后，支架的整体质量减少了 3.1%。其力学性能也随着浸泡在仿生溶液（SBF）中的时长而改变，在压缩载荷加载区间显示出平滑的应力-应变曲线，且支架在 60%的应变下仍具有圆柱形形状，这与纯铁的高延展性有关，由于降解产物与铁支架之间的界面结合，多孔铁支架刚度与屈服强度随浸泡时间显示出了不一致的变化趋势，随着腐蚀时间的增加，多孔铁支架的整体强度略微下降，但其力学性能仍与骨小梁的力学性能接近。

9.3 医用材料激光金属增材制造典型应用

激光金属增材制造技术制备生物医用材料在近十几年发展迅速，是新型加工的发展趋势，应用领域集中在骨科、口腔科和医疗工具 3 个方面，在骨植入体、牙种植体、托槽、义齿、手术导板等医疗器械中表现出了极高的应用优势。此外，在心血管、组织支架及药物制作等方面也有较大的应用潜力。尽管有众多的金属材料，但至今也只有少部分金属材料可应用于医疗行业。目前临床上应用较成熟的金属主要是钛基金属和钴铬合金，其他的如铁基合金、钽基金属和镁基合金等也是当下的应用研究热点。

9.3.1 骨科应用

骨科领域是目前激光金属增材制造技术制备生物医用材料应用最广泛的领域，在骨肿瘤手术、关节修复术、脊柱植入术、骨折固定和重建方面得到了广泛应用。

(1) 关节

下肢负责维持人体的直立姿势、行走、奔跑等功能，且承受着人体全部的重量，正因如此，下肢关节常常遭受劳损，临床上关于关节的修复或置换主要针对膝关节和髋关节。

膝关节是人体所有关节中最大且结构最复杂的关节，常见的疾病有骨性关节炎、类风湿性关节炎、膝关节畸形，疾病发作时常会令患者疼痛难忍。全膝关节置换术是治疗严重膝关节疾病最有效的手段。但不同患者之间的膝关节存在结构上的差异，每位患者对膝关节所应承担的功能要求也不尽相同，且商用膝关节假体型号固定，截骨平面匹配性差，因此，具有个性化的膝关节植入体是临床医师期望的，而激光金属增材技术可以提供这样的个性化设计。华南理工大学王安民研究了 3D 个性化膝关节置入物的设计，包括两个步骤：逆向设计和正向设计。逆向设计主要包括重建下肢力线，选择个性化截骨位置，提取解剖特征；正向设计主要包括设计具有个性化的假体轮廓和关节面。其中，正向设计中，利用计算机提取股骨远端和胫骨平台上各个切割面的轮廓形状，并对患者截骨面的轮廓进行参数拟合，可以提高种植体轮廓的匹配度，为增材制造技术提供精准的 CAD 文件。个性化假体如图 9-27(a) 所示，股骨假体和胫骨假体均采用作者团队研发的 Dimetal-280 金属增材制造设备加工完成，而胫骨垫片采用光固化非金属增材制造设备加工完成。假体的植入实验在北京大学第三医院解剖中心进行，实验过程顺利，假体植入后与各截骨面贴合良好，未出现明显偏移，如图 9-27(b) 所示为假体植入效果。

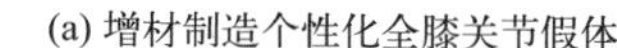

(a) 增材制造个性化全膝关节假体

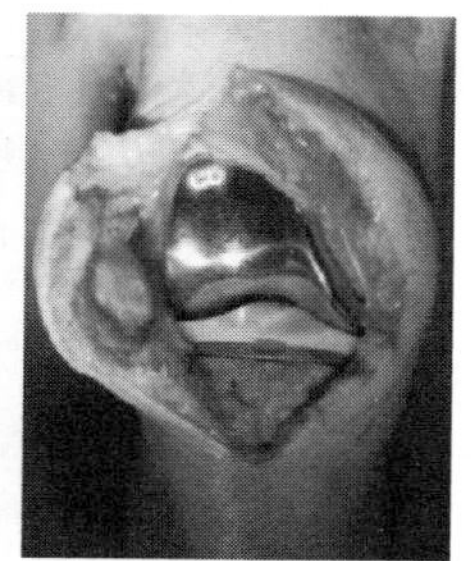

(b) 个性化膝关节假体植入效果

图 9-27　作者团队研发的个性化全膝关节假体的构建和应用

髋关节是球窝关节，由一个球形的股骨头和凹陷的髋臼组成，最主要的功能是负重。根据髋关节的解剖结构，人工全髋关节主要由四个部件组成：髋臼杯、内衬、股骨头和股骨柄。人工关节在人体内的固定方式有骨水泥型固定和生物型固定两种形式。对于前者，固定效果依赖于骨水泥，若其碎裂会引起人工关节松动；而后者的固定方式是通过骨细胞在植入体的黏附生长，这种固定方式具有长期的生物学固定效果，不易失效。

香港威尔斯亲王医院 Wong 等利用增材制造完成了髋关节置换术[16]。就诊患者是一名 65 岁的男性，主诉左髋疼痛一年。通过 CT 和 MR 图像诊断，发现患者髋臼前柱有软骨肉瘤，已有膨胀性溶骨性破坏，需要进行肿瘤切除及种植体植入。种植体形状的设计考虑了手术方式和植入位置的软组织：被切除的骨组织部分由多孔支架填充，多孔支架连接至固定板，并根据切除后的骨质厚度和剩余骨质的质量来制定螺钉的位置和长度。

在制备种植体之前，通过专用软件建立有限元模型对种植体进行应力和应变的评估，以避免应力遮蔽以及超出限度的负载。最后，经外科医生批准，采用 SLM 技术，制备了由支架、固定板和髋臼杯组成的 Ti6Al4V 髋关节植入体，如图 9-28 所示。植入体的背面视图显示了与人体剩余骨接触的多孔支架。该支架具有相互连接的孔隙网格，平均孔隙率为 70%，气孔的平均尺寸为 720μm，实心支柱的厚度约为 350μm。这允许骨细胞在植入体内生长以获得稳固的固定效果。该多孔结构还能抵抗高的机械性应力，而其弹性模量与人体骨的弹性模量相当，以最大限度地降低应力遮蔽效应。

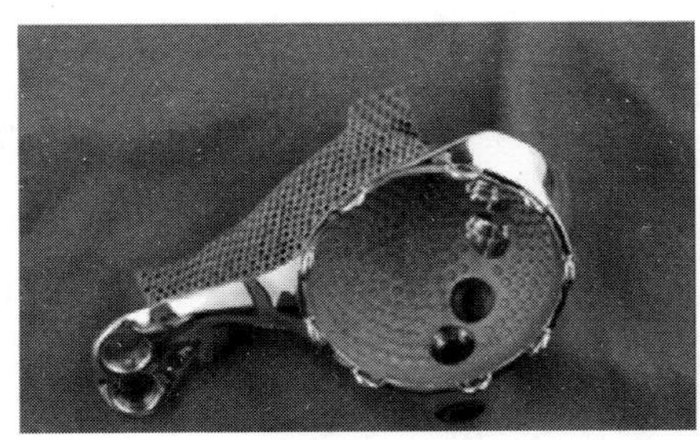
(a) 外部视图

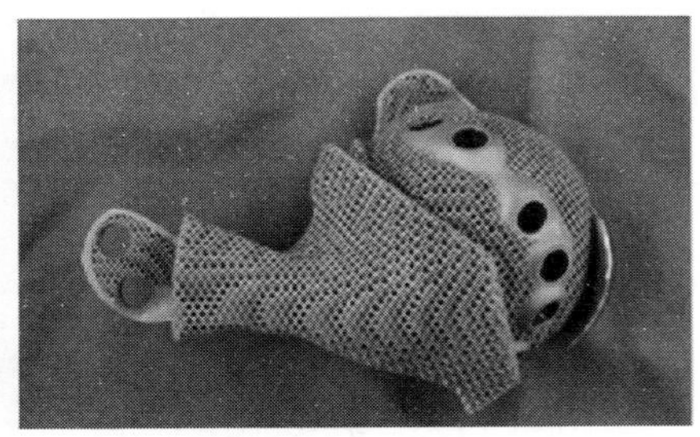
(b) 背面视图

图 9-28　激光选区熔化制备的髋关节植入体[16]

在国内，由激光增材制造技术制备的髋关节置入物已有了上市产品。2022 年 4 月，国内首个由北京科仪邦恩医疗器械科技有限公司研发的髋关节骨植入物——Apex 3D 髋关节假体，通过了国家药品监督管理局（NMPA）的审批注册，获准上市。这标志着在国内，SLM 技术正式应用于制备关节骨植入物。此外，该植入物充分展现了 SLM 技术的优势，其最小丝径可达 300μm，孔隙率可达 80%，相较于传统工艺具备更佳的骨生长能力。

（2）脊柱

在脊柱肿瘤、脊柱畸形和椎间盘疾病等脊柱手术中，常常需要彻底清除病变部位，并将相应的支撑结构植入以保证脊柱结构的完整性和稳定性。脊柱周围分布着重要的神经和血管，且椎管中有脊髓，手术的精确性将直接影响患者安全。

SLM 技术可以直接成形复杂弧形面和多孔结构，能够制备满足手术要求的椎骨植入物。

作者团队使用 CAD 和 SLM 技术制备了多孔结构 Ti6Al4V 颈椎植入物，该植入物用于连接寰枢椎和第三颈椎，并通过手术在患者体内实现了脊柱重建[17]。植入物两端的结合面模型如图 9-29（a）所示，建模数据通过 CT 扫描获得。考虑到 SLM 技术制备限制及康复效果，在结合面之间构建了两级多孔仿生结构，孔径分别为 0.75mm 和 1.55mm，如图（b）和图（c）所示。但单一的仿生多孔结构不能有效实现脊柱重建的稳定性，因此，在上下椎体之间构建了一个支撑多孔结构的外壳和用于固定的螺纹孔，如图（d）所示。最终多孔结构与支撑结构的整体构造如图（e）所示。

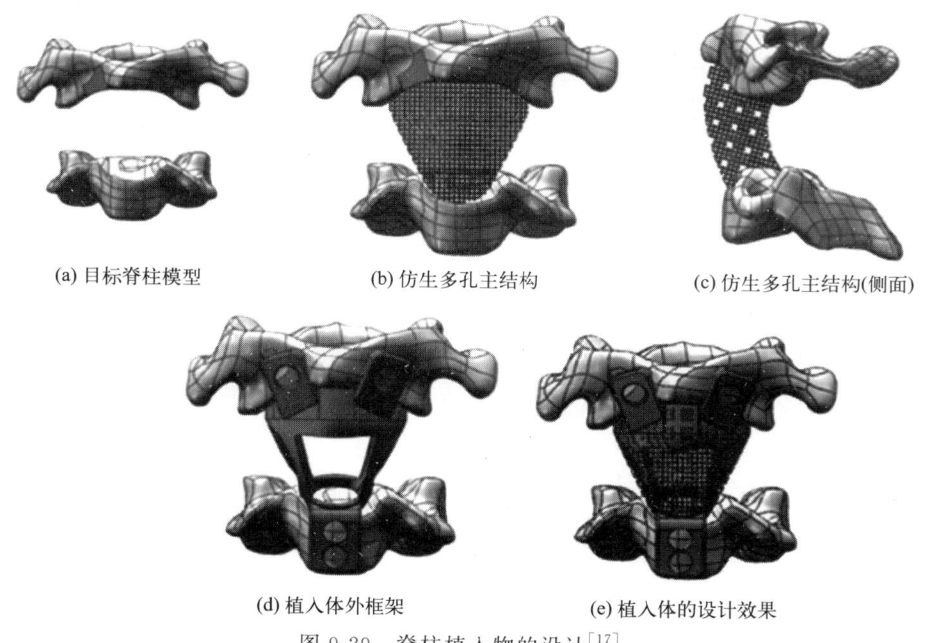
(a) 目标脊柱模型 (b) 仿生多孔主结构 (c) 仿生多孔主结构(侧面)
(d) 植入体外框架 (e) 植入体的设计效果

图 9-29 脊柱植入物的设计[17]

最后，由 SLM 设备打印了植入假体，对假体进行喷砂处理后利用树脂模型模拟了植入效果，如图 9-30(a)～(c) 所示分别是假体与树脂模型、假体与寰枢椎、假体与第三颈椎匹配图。

椎间融合器主要作用是恢复椎间间隙高度及生理曲度，对于治疗脊柱退行性疾病有重要的作用。一位女性患者因背部和单侧腿长期疼痛就诊，CT 和 MRI（磁共振成像）的诊断结果表明患者有先天性脊椎疾病，不寻常的解剖结构使得目前市面上的椎间融合器无法提供相应的治疗。新南威尔士大学 Mobbs 等采用增材制造技术制备了椎间融合器，并通过椎间融合术精确植入患者体内[18]。

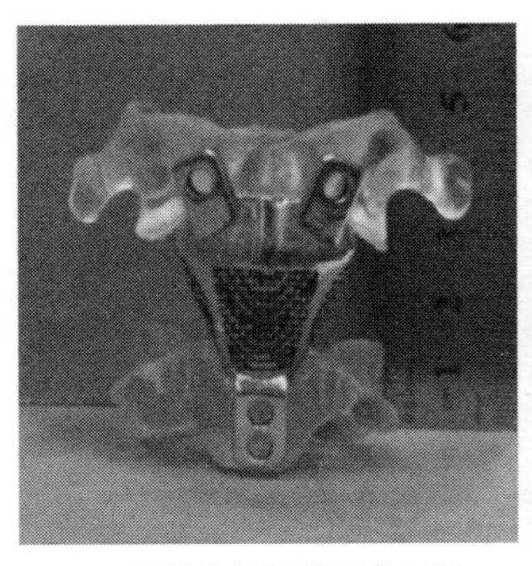
(a) 假体与树脂模型的匹配

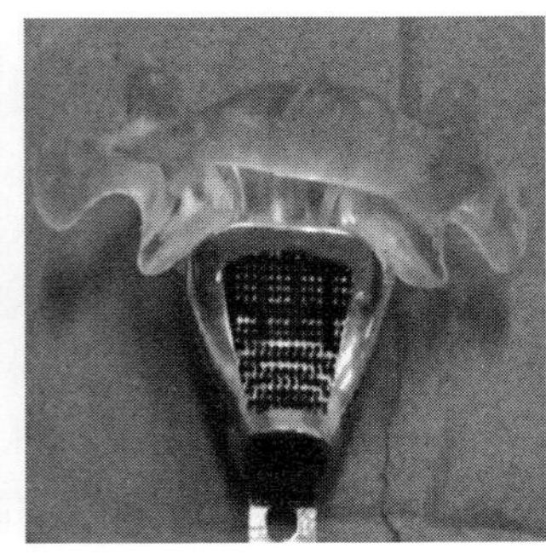
(b) 假体与寰枢椎的配合面

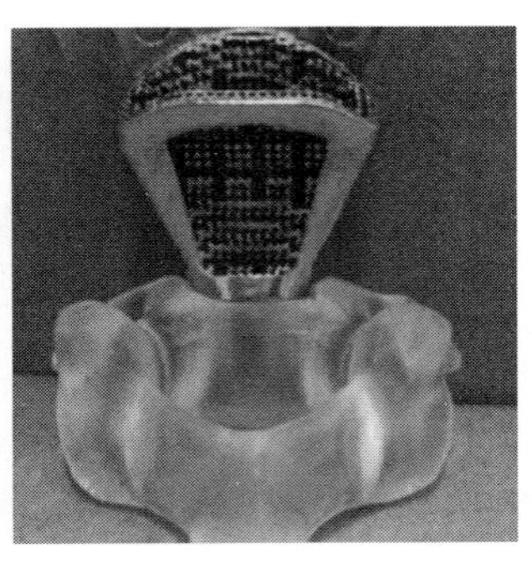
(c) 假体与第三椎体的配合

图 9-30 假体和树脂模型的配合情况[17]

产业方面，由湖南华翔医疗科技有限公司（华翔医疗）牵头研发的钛合金多孔型椎体融合器在 2021 年 2 月获得 NMPA 批准上市，这也是国内首个获批上市的由 SLM 技术制备的医疗行业产品。2022 年 2 月，同样由华翔医疗研发的钛合金多孔型椎间融合器获批上市，该产品也是国内首个获批上市的由 SLM 制备的椎间融合系列产品。

(3) 胸壁

患者患有胸壁疾病或遭遇交通事故可能会导致胸肋骨缺损，当胸壁缺损直径＞5cm 时，需要使用硬质植入物重建胸壁，以防止胸壁浮动，导致呼吸异常。传统的胸壁重建材料，如钛板、生物肋骨等材料适配性差、取材有限，而激光增材技术可为每位患者定制个性化的胸肋骨植入物，以满足临床需求。

唐都医院张豪等采用 EOS M280 型打印机制备了钛合金胸肋骨植入物用以完成胸壁重建手术[19]。从 2015 年 5 月到 2018 年 12 月，共 13 例患者使用增材制造钛合金植入物完成胸壁重建手术。

(4) 颌骨

颌骨分为上颌骨和下颌骨，具有支撑及促进咀嚼功能。颌骨修复方法有自体骨移植、异体骨移植、金属与骨颗粒复合修复以及假体植入。自体骨移植是目前采用最多的一种颌骨缺损修复方式，具体操作是在患者体内取一定长度和形状的自体骨，再用钛板将其固定至缺损部位。这种方法不会产生排异反应，但自体骨资源有限，并且会对取骨部位造成创伤。利用 SLM 技术可以成形高度个性化外观的颌骨植入体。

(5) 颅骨

颅骨由脑颅骨和面颅骨组成，颅骨缺损是整形外科常见的手术。传统的修补方法是医生根据 CT 或 MRI 图像手工裁剪修复体，当涉及复杂解剖区域或者大面积颅骨缺损修复时，修复体形状难以控制，而采用 SLM 技术制备的修复体能够贴合颅骨损伤部位。作者团队设计了多孔结构的颅骨假体模型[20]，如图 9-31（a）、（b）所示，并通过 SLM 技术制备了多孔钛合金颅骨修复体，如图（c）所示。

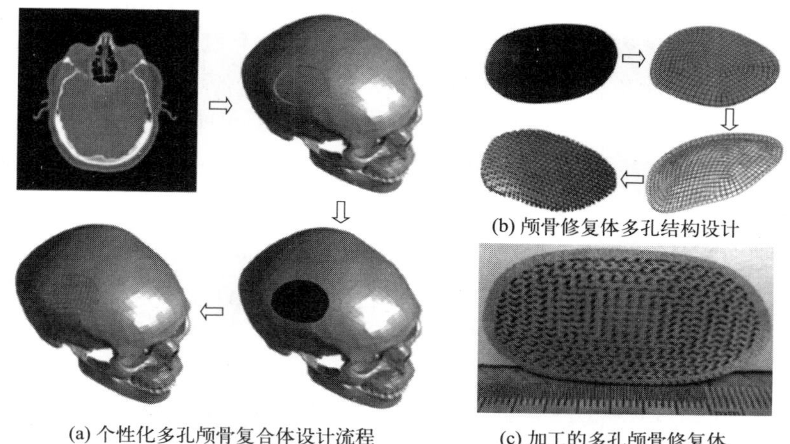
(a) 个性化多孔颅骨复合体设计流程　(b) 颅骨修复体多孔结构设计　(c) 加工的多孔颅骨修复体

图 9-31　个性化多孔颅骨的设计和实体[20]

9.3.2　口腔科

口腔领域是除骨科以外激光增材技术应用最广泛的领域。激光增材技术可应用在种植牙、金属牙冠（桥）、义齿以及金属托槽等方面。

（1）种植牙

种植牙由三个部分组成，种植体、基台和牙冠，种植体位于下端，牙冠位于上端，基台连接两者。种植牙可以解决患者因缺失牙齿造成的咀嚼效率低下问题，也有保存骨量以延缓骨质萎缩的作用，同时，也不会影响患者的 CT、磁共振检查。传统种植牙均为实心钛合金，弹性模量约 110GPa，容易产生应力屏蔽，且骨结合面只发生在种植体表面，不仅愈合缓慢，稳定性也差。Tu 等的动物实验研究表明，LDED 制备的多孔结构种植体在植入后的周围处，相较于传统种植体，形成了更多的新骨；但如何确定种植体的最佳孔径，是目前还未解决的问题，因此，复旦大学附属中山医院 Yang 等通过制备 3 种不同孔径（200μm、350μm 和 500μm）的种植体，并与常规的螺旋形种植体比照，研究了 SLM 制备多孔种植体的最佳孔径[21]。结果表明 MC3T3-E1 细胞在 500μm 孔径种植体上有最佳成骨能力，350μm 和 500μm 孔径植入物也都在细胞增殖、附着和分化方面表现出显著改善。考虑到光弹性及体外分析，350μm 孔径的种植体在相邻骨组织中具有最佳的机械应力分布和良好的生物相容性。综上，激光增材制造技术可以成形多孔牙种植体，具有传统工艺无法比拟的优势，此外，其也可以应用于制备与天然牙一致的复杂表面牙冠。

(2) 牙冠(桥)

牙冠修复是指在天然牙冠上套一个与牙齿色泽相同的牙套，是牙齿修复的一种方法。患者的牙齿缺损较大、形状畸形、色泽不佳，或者根管治疗后都可以采用牙冠修复的方法美容或者保护牙齿。SLM 可成形个性化牙冠，弥补了传统熔模失蜡铸造技术耗时长、低精度等缺点。

华南理工大学麦淑珍采用 SLM 成形技术制备了个性化高精度的 CoCr 合金牙冠固定桥修复体[22]。针对牙冠固定桥的特征结构完成了表面光滑、摆放位置优化、支撑添加等数据处理，使用优化工艺参数加工出高表面质量的实体修复体，采用逆向扫描方式检测评定修复体具有的良好成形精度，并通过打磨、喷砂、烤瓷等处理得到佩戴效果良好的个性化 CoCr 合金牙冠固定桥成品，如图 9-32 所示。

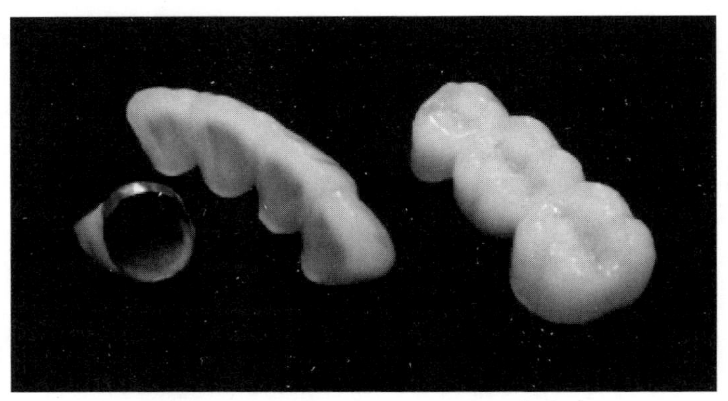

图 9-32　个性化牙冠固定桥成品[22]

牙冠产业化已渐趋成熟。德国贝格(BEGO)公司采用选择性激光烧结技术进行冠桥修复并已实现商业化，使其成为临床常规修复手段。汉邦科技集团自主研发出了多款 SLM 打印装备，都具有优良的性能，以 SLM-100 型号设备为例，其可在 5h 内完成 110 个单位高质量的金属牙冠打印；上海瑞博医疗科技的 DM-2120 设备 6h 内可打印 120 颗单冠，高效又高质量。

(3) 可摘局部义齿

可摘局部义齿(removable partial denture，RPD)具有适用范围广、成本低廉等优点，广泛应用于牙列缺损修复。目前临床上使用的 RPD 主要以金属支架式为主，制备原材料主要有钴铬合金、钴铬钼合金、纯钛和钛合金。传统义齿支架制造方式包括蜡模制作和铸造金属牙冠，成形效率及精度低下，且对于张口严重受限患者，医师很难通过传统方式获得口腔印模，而 SLM 成形 RPD 可通过在口腔内数字化扫描获得的模型数据打印出个性化的 RPD，简化了制造工艺，也节省了原材料。

(4) 舌侧托槽

按照正畸矫正器在口腔中所处的位置，分为唇侧矫治器和舌侧矫治器，唇侧矫治器是将托槽粘贴在牙齿的唇面，而舌侧矫治器是将托槽、弓丝放置在牙齿的舌侧面。舌侧矫治器的这种隐蔽性可实现真正的“隐形”矫治，可以满足对正畸期间具有更高美观要求人群的需求。然而，市面上标准舌侧托槽的底板是平面的，其与曲形的牙齿舌侧面粘接采用填充黏结剂的方法，若牙齿表面曲率变化较大，则需要较多的黏结剂，这会造成托槽底板远离牙齿表面，从而影响正畸效果。SLM 可成形适合患者不同曲面牙齿的个性化舌侧托槽。

浙江工业大学刘云峰等基于 SLM 技术，制备了个性化舌侧托槽，并将其应用在一位 12 岁女性志愿者正畸治疗过程中[23]。SLM 制备的个性化舌侧托槽与所设计的三维数字化模型十分接近，底板与牙面吻合度优异，之间只需极少量黏结剂，极大减小了舌侧托槽本来需要大量黏结剂补偿的厚度，同时，托槽厚度也得到了降低，提高了患者的舒适度。

9.3.3 手术导板

手术导板是根据患者的个体数据，由计算机设计和制造的个性化导板，目前已广泛应用于髋关节、膝关节、脊柱等手术。对于一些复杂的骨科疾病，不仅需要在术前做出准确的诊断和详细的手术方案，还需要在术中进行准确的操作。

(1) 脊柱手术导板

在脊柱外科中，椎弓根固定是一个基础操作，但螺钉的准确放置一直是困扰人们的难题，其涉及解剖形态、椎弓根的大小和方向。目前，比较成熟的置钉方法有徒手置钉、X 线透视辅助置钉、计算机透视导航置钉等。徒手置钉手术要求操作者足够了解复杂的解剖结构以及有多年的置钉经验；X 光透视辅助置钉手术又具有较高的螺钉脱位率；计算机透视导航置钉的设备及应用成本高昂，对医院的设施条件也具有较高要求。激光增材制造技术具有优化术前规划、提供个体化精准治疗的特点，在脊柱外科中已经应用了该技术制备的手术导板。

作者团队将 SLM 成形的钴铬钼合金手术导板应用于幼儿颈椎手术[24]。首先，通过 CT 或 MRI 获取患者数据，将其输入至特定软件，随后建立起与患者骨组织相同的三维数字模型，并提取目标骨组织的表面解剖形状。其次，在软件中设计具有最佳钉道的反向模板。此外，为了在置钉过程中稳定手术导板以及不遮挡术野，在导板中间位置添加了供医生夹持的长手柄。最后，通过 DiMetal-100 金属增材制造设备制备出钴铬钼合金实体导板。如图 9-33(a)～(d) 所示。手术导板用于颈椎钉置入手术如图 9-33(e) 所示，通过术后检查，寰枢椎脱位复位效果良好。在 6 个月的随访中，植骨已融合，无复发脱位。

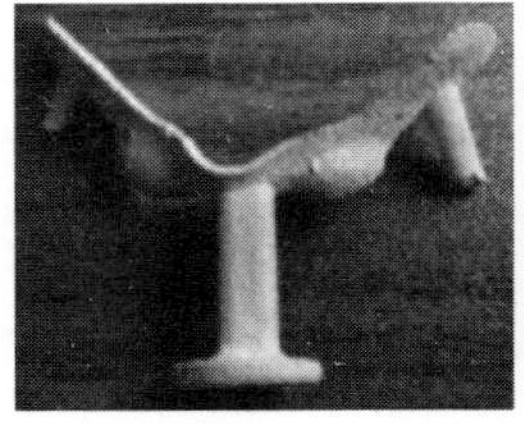
(a) SLM打印的金属手术导板

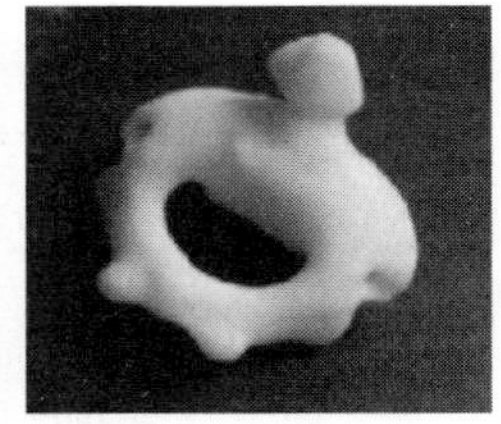
(b) 增材制造寰枢椎模型实物图

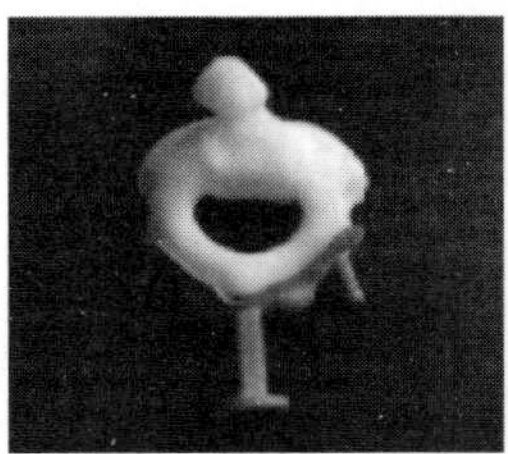
(c) 导板与轴心模型配合

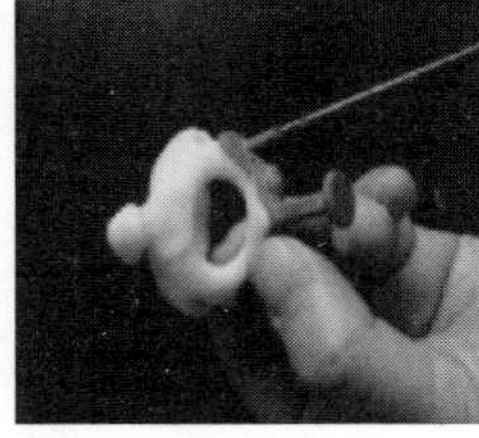
(d) 术前通过模拟手术检验导板精度

(e) 个性化手术导板临床应用

图 9-33　作者团队打印的手术导板实物及临床应用[24]

(2) 骨折固定导板

创伤性骨折的发生率逐渐增加，因此这类病人的数量也相应增加，病种也越来越复杂和多样化。在创伤性骨折的手术治疗中，经常会遇到一些困难，如寻找骨折线的方向、确定骨折块的位置和固定方案、调整钉子和钢板的位置等。例如，对于一些复杂的髋臼骨折，传统的复位方法和钉子放置只能依靠医生的经验和手术技巧完成。此外，传统治疗复杂骨盆髋臼骨折的标准钢板匹配性差，术前需要折弯，且不能在有孔的地方折弯，降低了钢板与骨面的贴合度，严重降低了手术的效果，延长了手术时间。激光增材制造技术可以制作出具有精确的螺钉角度和方向的手术导板，帮助操作者准确地进行复位和螺钉放置。

作者团队采用 SLM 设备打印了个性化盆骨固定板，如图 9-34(a) 所示[25]。由于省去了术前折弯步骤，减少手术创口的同时也大大减少了所需手术时间，如图 (b) 所示。术后 X 射线影像结果表明，骨板与受损骨盆贴合良好，如图 (c)、图 (d) 所示。

9.3.4　血管支架

除了上述领域，激光增材金属制造技术也在制备可降解血管支架方面有了初步应用。血管支架的主要作用是保持血管管腔内血液的正常流通，其应用方式是通过微创手术在病变段植入血管支架以支撑狭窄的闭塞段血管。可降解血管支架相较于永久性血管支架具有更优的生物相容性，可避免永久性支架容易导致的血管再狭窄、支架血栓等问题。清华大学温鹏等通过 SLM 技术制备出直径为 2～

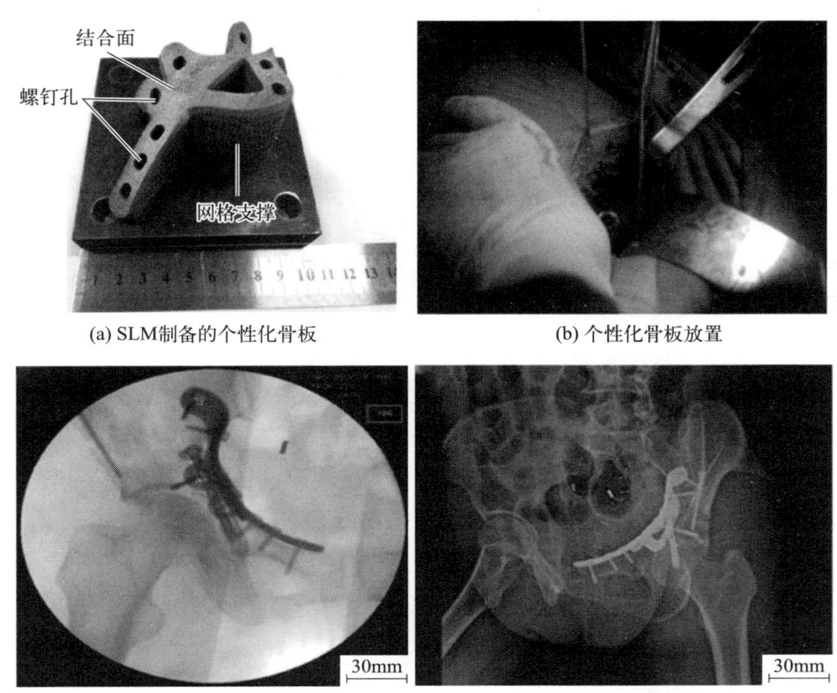

(a) SLM制备的个性化骨板　(b) 个性化骨板放置

(c) 操作过程中的C臂图　(d) 术后X射线图

图 9-34 骨盆固定板实物及术后影像图[25]

5mm、支杆直径为 200～500μm 的纯锌血管支架，其力学性能优于大多数制造工艺制备的血管支架，这表明了激光增材制造工艺制备可降解植入物具有广阔的前景[26]。

9.4 未来的发展

(1) 低模量高强度骨植入体材料研发

材料是增材制造的基础。寻求弹性模量更接近人体骨骼、强度更高的骨植入体材料是增材制造骨植入体面临的关键问题之一。通常金属材料的弹性模量要高于人体骨骼一个数量级，导致力不能很好地传递给相邻的骨组织，产生“应力屏蔽”，引发骨质疏松等病症，导致骨植入失败。为避免金属材料弹性模量过高导致的“应力屏蔽”现象发生，应设法降低骨植入体材料的弹性模量，寻求弹性模量更低、更接近人体骨骼的金属材料。同时，骨植入体在服役期间，必然会承受来自人体本身和运动带来的应力，例如人体的髋关节骨植入体，每年承受约 3.6×10^6 次几倍于体重载荷的冲击，这对材料的强度提出了进一步的要求。因此，材料的强度必须足够高，使骨植入体的强度、耐磨性和抗疲劳等多种性能达到服役要求。研发同时具有低弹性模量和高强度两个特点的材料，是骨植入体领域材料发展的必然趋势，也是面临的关键问题。

（2）专用装备与成套工艺研发

目前增材制造设备已经可以很好成形不锈钢、钛合金以及钴铬钼合金等产品，但对于一些具有特殊物化性质的金属，仍存在一些挑战。对于难熔金属而言，以纯钽为例，其具有较高的熔点以及密度，使得其与目前工艺较为成熟的金属有较大热物理性质的差异，因此需要对其成形工艺做进一步的探索和总结。对于镁、锌等熔、沸点较低的金属，在增材制造的过程中容易产生较为严重的金属材料蒸发现象，从而影响打印质量。对于一些化学性质较为活泼的金属，以镁为例，镁具有较高的活性，易氧化、热胀系数较高，在打印过程中易燃易爆炸，成品容易出现热裂纹。为实现具有特殊性质金属材料的打印，需要根据它们各自性质的差异不断探索总结出合适的制造工艺并研制出专用的生产装备。此外，适当的后处理也是必要的，根据不同材料的性能以及产品应用领域的差异，打印成形的零部件还应经过适当的热处理，如热等静压、开模锻造、淬火、回火、退火、正火等，制定配套的工艺标准，实现成套工艺的研发，推进增材制造的规模化和产业化。

（3）临床应用的审批与认证

我国增材制造医疗器械发展至今天，已取得了骄人的成绩，不少的研究成果已实现了商业化，但增材制造产品从设计到最后的临床应用，还是一个较长的周期，特别是在资质审批方面，单是审批这一流程可能就需要 3 年左右的周期。

参考文献

[1] Wu L, Feyerabend F, Schilling A F, et al. Effects of extracellular magnesium extract on the proliferation and differentiation of human osteoblasts and osteoclasts in coculture [J]. Acta biomaterialia, 2015, 27: 294-304.

[2] Zhao D, Han C, Peng B, et al. Corrosion fatigue behavior and anti-fatigue mechanisms of an additively manufactured biodegradable zinc-magnesium gyroid scaffold [J]. Acta biomaterialia, 2022, 153: 614-629.

[3] Yang L, Han C, Wu H, et al. Insights into unit cell size effect on mechanical responses and energy absorption capability of titanium graded porous structures manufactured by laser powder bed fusion [J]. Journal of the Mechanical Behavior of Biomedical Materials, 2020, 109: 103843.

[4] Han C, Li Y, Wang Q, et al. Titanium/hydroxyapatite (Ti/HA) gradient materials with quasi-continuous ratios fabricated by SLM: material interface and fracture toughness [J]. Materials & Design, 2018, 141: 256-266.

[5] Wang D, Wang H, Chen X, et al. Densification, tailored microstructure, and mechanical properties of selective laser melted Ti-6Al-4V alloy via annealing heat treatment [J]. Micromachines, 2022, 13 (2): 331.

[6] Zhao D, Han C, Li Y, et al. Improvement on mechanical properties and corrosion resistance of titanium-tantalum alloys in-situ fabricated via selective laser melting [J]. Journal of Alloys and Compounds, 2019, 804: 288-298.

[7] Zhao D, Liang H, Han C, et al. 3D printing of a titanium-tantalum gyroid scaffold with superb elastic admissible strain, bioactivity and in-situ bone regeneration capability [J]. Additive Manufacturing, 2021, 47: 102223.

[8] Zhao D, Han C, Li J, et al. In situ fabrication of a titanium-niobium alloy with tailored microstructures, enhanced mechanical properties and biocompatibility by using selective laser melting [J]. Materials Science and Engineering (C) 2020, 111: 110784.

[9] Chen J, Yang Y, Wu S, et al. Selective laser melting dental CoCr alloy: Microstructure, mechanical properties and corrosion resistance [J]. Rapid Prototyping Journal, 2021, 27 (8): 1457-1466.

[10] Han C, Yan C, Wen S, et al. Effects of the unit cell topology on the compression properties of porous Co-Cr scaffolds fabricated via selective laser melting [J]. Rapid Prototyping Journal, 2017, 23 (1): 16-27.

[11] Han C, Yao Y, Cheng X, et al. Electrophoretic deposition of gentamicin-loaded silk fibroin coatings on 3D-printed porous cobalt-chromium-molybdenum bone substitutes to prevent orthopedic implant infections [J]. Biomacromolecules, 2017, 18 (11): 3776-3787.

[12] Song C, Huang J, Liu L, et al. Study on phase transformation behavior and mechanical properties of equiatomic ratio NiTi alloy formed by selective laser melting [J]. Rapid Prototyping Journal, 2022 (ahead-of-print).

[13] 郑玉峰，夏丹丹，谌雨农，等．增材制造可降解金属医用植入物 [J]. 金属学报，2021，57 (11): 1499-1520.

[14] Li Y, Zhou J, Pavanram P, et al. Additively manufactured biodegradable porous magnesium [J]. Acta biomaterialia, 2018, 67: 378-392.

[15] Li Y, Jahr H, Lietaert K, et al. Additively manufactured biodegradable porous iron [J]. Acta biomaterialia, 2018, 77: 380-393.

[16] Wong K C, Kumta S M, Geel N V, et al. One-step reconstruction with a 3D-printed, biomechanically evaluated custom implant after complex pelvic tumor resection [J]. Computer Aided Surgery, 2015, 20 (1): 14-23.

[17] Chen X, Wang D, Dou W, et al. Design and manufacture of bionic porous titanium alloy spinal implant based on selective laser melting (SLM) [J]. Computer Modeling in Engineering & Sciences, 2020, 124 (3): 1099-1117.

[18] Mobbs R J, Parr W C H, Choy W J, et al. Anterior lumbar interbody fusion using a personalized approach: Is custom the future of implants for anterior lumbar interbody fusion surgery? [J]. World neurosurgery, 2019, 124: 452-458.

[19] Zhang H, Zhao J, Li X, et al. Necessity of pleura repair in the chest wall reconstruction with three-dimensional printed titanium implant [J]. Journal of Thoracic Disease, 2020, 12 (5): 2713.

[20] 肖冬明．面向植入体的多孔结构建模及激光选区熔化直接制造研究 [D]．广州：华南理工大学，2013.

[21] Yang F, Chen C, Zhou Q R, et al. Laser beam melting 3D printing of Ti6Al4V based porous structured dental implants: Fabrication, biocompatibility analysis and photoelastic study [J]. Scientific

reports，2017，7（1）：1-12.

［22］ 麦淑珍．个性化 CoCr 合金牙冠固定桥激光选区熔化制造工艺及性能研究［D］．广州：华南理工大学，2016.

［23］ 刘云峰，郑晓东，李伯休，等．基于 SLM 的个性化舌侧托槽的数字化设计与成形［J］. 浙江工业大学学报，2017，45（5）：506-509.

［24］ 张东升，王建华，王迪，等．个性化定制金属置钉导板在低龄儿童上颈椎手术的初步应用［J］. 中国骨科临床与基础研究杂志，2017，9（1）：11-16.

［25］ Wang D，Wang Y，Wu S，et al. Customized a Ti6Al4V bone plate for complex pelvic fracture by selective laser melting［J］. Materials，2017，10（1）：35.

［26］ Wen P，Voshage M，Jauer L，et al. Laser additive manufacturing of Zn metal parts for biodegradable applications：Processing，formation quality and mechanical properties［J］. Materials & Design，2018，155：36-45.

第 10 章

激光金属增材制造技术前沿与发展趋势

10.1 激光金属增材制造技术材料创新

10.1.1 生物可降解金属材料

目前，激光增材制造技术已被国内外学者成功应用于开发金属骨植入物，关于 Ti 合金、不锈钢等不可降解金属的研究也比较多。近年来，利用激光增材制造技术制备可降解金属 Mg、Zn、Fe 及其复合材料被研究人员广泛尝试，然而，在材料的激光打印过程及成分设计方面均存在一些问题，针对这两部分问题，现阶段也取得了一定的进展。

(1) 可降解金属 Mg

由于 Mg 的高活性，使得 Mg 粉在金属打印过程中易燃易爆，并且 Mg 的饱和蒸气压高，蒸气温度低，在激光打印过程中可以看到严重的粉末溅射现象，这种现象不同于钢、钛或铝合金的激光增材制造，它会对镁合金的稳定性有很大的影响。由于蒸气在扫描路径上残留下一些 Mg 粉颗粒，在下一次激光扫描轨道时可能会形成匙孔等缺陷，因此，在激光增材制造镁合金时应采用补粉工艺。然而，对于气化的 Mg 粉颗粒、气体流动和激光能量输入之间的相互作用，目前只有少量相应的研究，如德国亚琛工业大学 Zumdick 等发现用极低的激光能量制造 UNS M18430 样品可以显著减少 Mg 颗粒的蒸气趋势，在此过程中，加工面被推离激光束参考光斑的位置，产生的光束尺寸约为 125μm，大于初始光斑尺寸，通过这种方法将创建 WE43 数据集所需的能量减少了一半[1]。

对于理想的骨科可降解金属植入物来说，根据临床要求的不同，通常需要提供 12～24 周的力学支撑，尤其对于骨板和骨螺钉，通常需要腐蚀速率小于 0.5mm/a。而 Mg 作为生物可降解金属材料，由于其电极电位较低（−2.37V），因此存在降解速率过快的问题，导致它们在体内过早地丧失机械结构完整性，破坏其力学支撑作用，因此提升镁合金的耐腐蚀性能成为当务之急。近年来，国内外研究人员围绕这一难题进行了大量探索，主要是从合金化、表面涂层、镁基复合材料这三个角度出发，试图寻找改善其耐腐蚀性能的策略。在合金化方面，如内蒙古工业大学 Jia 等利用 Y 合金化减少了 AZ91 合金中 $Mg_{17}Al_{12}$ 相的体积分数，从而减轻了电偶腐蚀效应[2]；在表面涂层方面，如湖北大学 Yang 等在 Mg-Sr 合金表面制备了 ZrO_2 涂层，不仅减慢了腐蚀速率，还提高了生物活性[3]；在镁基复合材料方面，江西理工大学 Yang 等将合成的介孔生物玻璃（MBG）通过 LPBF 技术引入 Mg 基复合材料中[4]。浸泡试验表明，掺入的 MBG 作为强大的吸附位点，通过依次吸附 Ca^{2+} 和 HPO_4^{2-} 促进了磷灰石的原位沉积，进而提高了 Mg 基体的耐腐蚀性。

（2）可降解金属 Zn

与 Mg 相比，Zn 的沸点更低，在激光增材制造中更易蒸发，意大利米兰理工大学 Demir 等发现在带有气体射流辅助的开放式成形舱中进行成形可避免上述现象，当激光能量密度在 40～115J/mm^3 时，获得了相对密度 99%的块状成形部件[5]。此外，清华大学温鹏等利用自行设计的气体循环系统，分别通过控制成形舱中的氧含量、设计辅助气体烟尘净化装置，进一步控制激光能量输入以抑制 Zn 的蒸发，最终创建了致密度达到 99.5%的锌合金[6]。

需要指出的是，Zn 作为硬质组织修复材料，其力学性能相对于 Fe 和 Mg 较差，主要由于 Zn 的晶格属于密排六方晶系，并且晶粒通常比较粗大，导致 Zn 金属用作承重部位植入材料时力学强度不足，特别是多孔 Zn 支架，因此，提升 Zn 金属的力学性能是加速其骨修复应用的前提，通常采用合金化处理来提高 Zn 植入体的力学性能，其中 Zn-Mg 合金具有良好的生物相容性，是目前研究最多的 Zn 基医用合金。值得注意的是，最新研究发现与其他合金元素相比，利用稀土元素（Ce、La 等）进行合金化不仅可以改善 Zn 的力学强度，还有望额外赋予 Zn 植入物抗炎、抗肿瘤等性能。最近，向 Zn 基体中添加陶瓷、碳质物等第二相作为增强相，在塑性变形中通过晶界强化、载荷传递等手段去提高植入物的力学性能，也成为 Zn 植入物领域的研究热点，如江西理工大学 Yang 等将还原氧化石墨烯（RGO）引入 Zn 骨支架中，发现均匀分散的 RGO 同时提高了支架的强度和延展性，并且细胞试验证实 RGO 可以促进细胞生长和分化[7]。

（3）可降解金属 Fe

相对于 Mg 和 Zn，通过激光增材制造技术制备 Fe 合金较为成功，Fe 在体内的降解速率偏慢，而通过激光增材制造成形的多孔支架可以增大材料与腐蚀介质的接触面积，进而加快 Fe 基体的腐蚀。北京科技大学 Li 等首次用 LPBF 方法制备了纯 Fe 多孔支架，并研究了多孔支架的力学性能、体外降解行为及生物相容性，发现在 SBF 中浸泡 28 天后，多孔铁支架失重率为 3.1%，其降解速率为块体冷轧铁的 12 倍[8]。此外，中南大学 Shuai 等通过机械合金化技术开发了过饱和的 Fe-Mg 固溶体，随后通过 LPBF 将 Fe-Mg 固溶体粉末制成多孔骨植入物，实验结果表明 Fe-Mg 植入物表现出较低的电极电位（−0.93V），并且植入物还具有良好的细胞相容性[9]。

目前，生物可降解金属的增材制造仍然处在基础研究阶段，根据现有的国内外研究现状和科技发展趋势，在未来的生物可降解金属增材制造研究中，需要对以下四方面重点突破：

① 根据植入物的临床性能和制造工艺需求，开发增材制造专用的可降解金属粉体材料，是亟需解决的关键技术问题。目前使用的生物可降解金属都是基于传统制造工艺开发的，Mg 基和 Zn 基可降解金属在激光增材制造过程中，金属蒸发烧损造成的化学成分变化，使得打印件和原始粉末的成分出现较大偏差。当含有多种合金元素时，不同合金元素的蒸发速率不同，甚至相差较大的时候，最终打印件的化学成分可能远远偏离初始粉末的成分，对其组织和性能可能带来重要影响，因此对于粉体材料，开发增材制造专用的粉体材料，是亟需解决的关键技术问题。

② 多孔内部结构是植入物在体内实现长期融合的关键结构，在最近的研究中受到了极大的关注。随着拓扑优化技术不断满足组织支架的力学生物学要求，人们对基于不同单位细胞设计的有序多孔结构产生了极大的兴趣。目前，人体内的骨组织具有梯度微结构，最先进的研究正在强调梯度设计的能力，现在用单一的设计方法获得性能更好的梯度支架是一个挑战。而拓扑优化、CAD 和极小曲面等组合方法应运而生，以满足支架设计中相互冲突的需求。目前关于梯度支架的研究进展主要集中在种植体回缩引起的松动、应力屏蔽效应以及强度-渗透性设计冲突等方面，应鼓励进一步研究自然梯度，如骨-软骨界面再生等工作。此外，从生物学和物理的角度来看，结构的优化设计对于激光增材制造在开发功能性和持久性植入物结构方面具有替代传统制造方法的巨大潜力。

③ 有必要开发其他高精度和高可控性的可降解金属激光增材制造工艺，由于 Mg 和 Zn 的熔点和沸点低，蒸发倾向较高，金属蒸发产生的烟尘和对熔池的反冲力对稳定熔化过程有重要影响，因此 Mg 基和 Zn 基可降解金属的增材制造工艺存在较大特殊性，对植入物的材料成分、结构设计和性能优化有重要影响。如果增材制造工艺选择不当，可降解植入物内部和表面容易产生成形缺陷，显著影响植入物的力学性能和降解行为。为此，可以通过对熔池几何特征的原位监测来检查每个打印层的质量，从而为优化打印工艺提供指导；此外，可以使用视觉

传感方法监测熔池的3D表面形貌和轮廓数据，以评估表面质量，并通过优化打印参数来改进。最后，可以监控制造中的粉末扩散过程，以检测由每个粉末层中的缺陷引起的粉末床的不均匀性，其中反馈回路可用于调整粉末扩散参数来减轻这种不均匀性。并且，可以开展可降解金属的热力学计算和过程模拟，了解制备过程中的温度梯度、热应力分布和凝固行为，从而为提高成形质量、减少缺陷提供理论指导。

④ 亟需建立系统的激光增材制造可降解金属植入物的性能评价方案，目前对增材制造多孔结构可降解金属的性能评价尚存在较大空白，特别是其降解行为、力学性能和生物相容性在服役期的变化。增材制造设备可以在许多方面为进一步改进植入物结构和性能增加更多的可能性。人工智能可以帮助自动化整个增材制造过程，例如，通过设计拓扑和金属生物材料类型设置打印参数，通过带有传感元件的激光增材制造植入体结构以及能量收集压电材料来实现植入体的原位结构健康监测，这些传感元件可以长期监测物理故障和演变，以及植入物结构周围的化学变化，可以为研究和开发开辟新的方向。此外，机器学习的引入可以加速新型可降解复合材料的开发，材料性能（如化学成分、熔点、激光吸收率、热导率等）、打印工艺参数（如激光功率、扫描速度、层厚等）与打印多材料零件性能（如强度、延展性、疲劳寿命、耐腐蚀性、生物学性能等）可用于训练机器学习模型，训练后的模型可用于预测新型零件的整体性能。有必要了解更多的可降解金属材料，并开发预测模型以预测其物理性质和生物反应的超时变化。最后，可以推进先进的4D打印方法，使植入物结构适应天然骨的长期生理变化。

10.1.2 多材料激光增材制造

多材料零件可以将多种材料的结构和功能整合在一起，在零件的预定位置实现定制化性能，如高导热、隔热、耐腐蚀等。通常多材料分布在同一个零件内，具有比单一材料零件更加优越的性能，近年来，激光增材制造技术被开始尝试用于制备多材料结构，其中代表性的多材料类型有金属/金属、金属/陶瓷、金属/玻璃和金属/聚合物。对于这些多材料类型来说，其力学性能（如抗拉强度、弯曲强度等）主要取决于不同材料间的界面结合，而界面结合是由界面处的显微组织和缺陷决定的，通常气孔、裂纹等缺陷会削弱多材料结构的结合强度，因此在制备多材料结构的过程中，消除成形缺陷，实现无孔、无裂纹、强结合的界面是最关键的技术问题。

目前，界面结合的有效强化方法包括优化界面工艺参数、引入中间结合层和成分过渡区等。对激光加工工艺的全面了解是控制多材料结构质量的关键，加工工艺参数（如激光功率、扫描速度、舱口空间、层厚和扫描策略）对微观组织、残余应力等方面有深刻影响。因此，在多材料结构界面采用的工艺参数应慎重选择，否则会导致界面缺陷，降低界面结合强度。

针对界面缺陷问题，在激光增材制造制备多材料结构的关键技术方面，近两年也正在进行一些前沿工作，如英国曼彻斯特大学 Chueh 等将熔丝制造系统和加压系统集成到原来的多材料激光增材制造设备中，以实现金属/聚合物多材料结构的制造，进而在金属和聚合物之间形成机械联锁结构[10]。一般来说，金属/陶瓷界面的结合强度取决于机械联锁结构。此外，机器学习已逐渐被用于激光增材制造打印多材料结构的工艺参数预测，通过对初步数据的模型训练，可以直接获得输入元素与输出目标之间的精确关系。如美国威斯康星大学 Rankouhi 等通过机器学习预测了适合具有成分梯度的 316L/Cu 多材料结构的工艺参数，显示出机器学习在优化多材料激光增材制造工艺参数方面的巨大潜力[11]。

展望未来，多材料激光增材制造具有广阔的应用前景，对于其界面缺陷的根本问题需要从以下方面突破。

首先，目前商用的能够进行相变预测的模拟软件多为单材料打印设计，预测多材料结构界面处的二次相和缺陷的形成具有挑战性。因此，可以开展多材料的热力学计算和过程模拟，了解多材料界面处的温度梯度、热应力分布和凝固行为，从而为提高界面结合强度、减少缺陷提供理论指导。

其次，可以开发出多种多样适用于激光增材制造的多材料类型，以满足工业应用对零件多功能日益增长的要求。机器学习的引入可以加速新型多材料的开发，材料性能（化学成分、熔点、激光吸收率、热导率、比热容等）、打印工艺参数（激光功率、扫描速度、层厚等）与打印多材料零件性能（如强度、延展性、疲劳寿命、耐磨性、耐腐蚀性等）可用于训练机器学习模型，训练后的模型可用于预测新型多材料的零件性能。

最后，可以探索通过改进激光增材制造装备和工艺来打印高质量的多材料结构。例如，绿色和蓝色激光器的引入有望打印具有高反射率的多材料（铜、铝等），并且可以利用附加的电场、超声波和磁场对熔池进行搅拌，可以细化组织，减少缺陷，从而促进不同材料的冶金结合，进一步提升界面结合强度。此外，通过现场监测，如借助高速摄影技术和红外成像相机，可以在打印过程中获得熔池的温度和大小、溅射器的大小、溅射距离和角度；原位高速同步 X 射线成像可用于研究界面动力学（熔池几何形状、内部流动模式、孔隙形成/消除等），最终利用获得的熔池、溅射和界面动力学信息进行机器学习，建立多材料激光增材制造中界面缺陷的形成与工艺参数之间的映射关系，利用优化后的工艺参数进一步保证成形零件质量。

10.1.3　非晶合金

块体非晶合金（bulk metallic glasses，BMGs），又被称为金属玻璃，因其原子结构具有短程有序、长程无序的排列特点，因而该类合金同时拥有金属和玻璃的一系列独特而有趣的特性，如通常表现出较高的机械强度、耐腐蚀性和耐磨性等。然而，通过传统成形技术难以在制备大块非晶合金构件方面取得有效的突破，主要由于大多数金属体系的玻璃形成能力非常有限，通常需要极高的冷却速度等。此外，由于其固有的高硬度和易脆性，导致具有复杂结构的非晶合金的加工性极差，因而，如何制备大尺寸且结构复杂的非晶合金成了当前的研究热点。

目前为止，有几种激光增材制造技术被认为适合生产 BMGs，包括 SLM、LDED 等，其中，SLM 是近年来块体非晶合金激光增材制造成形的主要技术。然而，激光增材制造过程中复杂的热循环也为制备大块 BMGs 带来了挑战和困难。

首先，在如何抑制晶化策略上，激光增材制造成形块体非晶合金过程中的晶化，不仅与合金体系有关，且与其热循环历史或成形工艺（如激光功率、扫描速率、扫描间距、粉层厚度等）密切相关。如德国莱布尼兹固体和材料研究所 Pauly 等在研究激光能量密度对非晶合金样品中的非晶相含量的影响时发现，获得完全非晶态样品的临界能量密度为 $15J/mm^3$，当低于 $15J/mm^3$ 时，样品中呈现出完全非晶相的特征；超过 $15J/mm^3$ 时，样品中出现了晶化现象[12]。其次，裂纹和孔隙等缺陷的消除依旧是激光增材制造制备高性能块状非晶合金的瓶颈，最新研究发现，可以通过采用多种方法如添加加热基板、优化工艺参数以及加入第二相等方式，来消耗所产生的热量和热应力来减少组织中出现的孔隙和裂纹。华中科技大学 Li 等证明了通过在硬而脆的 BMGs 基体中引入低屈服强度的第二相可以有效抑制裂纹扩展，归因于第二相产生的高密度位错会消耗热应力，从而抑制了该非晶复合材料中微裂纹的产生[13]。

脆性是块体非晶合金的固有特性，为了解决该难题，提高 BMGs 基复合材料的力学性能，近年来研究者们提出了多种研究方案，其中包括调控非晶合金的弹性常数、结构不均匀性等特性，在非晶基体中引入晶态相形成复合材料，改变表面应力状态等方式。最近，流行的方法是合成 BMGs 基复合材料，在非晶态基体中引入韧性晶相后，BMGs 能够表现出增高的延展性。然而，对于激光增材制造制备 BMGs，在进行实际工程应用之前，仍有诸多基础问题值得探索，主要可以从以下方面考虑：

① 发展块体非晶合金的激光增材制造成形新技术。迄今为止，关于 BMGs 的激光增材制造的研究主要集中在 SLM 技术上。但在大规模生产时，SLM 的制造效率并不理想。最近开发的热喷涂技术（TS3DP）为其提供了一个有趣的路线，因为它具有更高的进料速度，能够在很大程度上缓解打印产品时产生的热应力。此外，在 TS3DP 工艺中只熔化了一层薄薄的粉末，使完全非晶结构的形成

成为可能，如果激光光斑的小型化能够进一步提高激光光斑的尺寸和形状分辨率，那么该技术将对生产高效率的块体非晶合金具有重要意义。另外，采用熔融纺丝法制备非晶带是我们的理想选择，如果进一步与线束激光系统相结合，可以大大降低制造成本，同时提高制造效率，这也可能是块体非晶合金制备的一个新方向。

② 建立逼真的模拟温度场。温度场的建立对于理解微观结构演变（如非晶化、结晶、缺陷等）和热残余应力的产生至关重要。目前关于激光制备 BMGs 中温度场建模相关的研究处于初步阶段，当前的模拟主要基于应用于晶体材料的方法（如有限元建模等），然而，结晶态粉末的热物理数据可能与非晶态不同，导致模拟结果不准确。此外，温度场的实验验证也很重要，例如，有限元模拟和原位热成像的结合可以提高我们对块体非晶合金增材制造过程中产生的温度场的理解。

③ 提升块体非晶合金的综合力学性能。激光增材制造突破了 BMGs 固有的尺寸和几何形状限制，然而 BMGs 的力学性能仍不理想，现有研究仅初步实现非晶合金的高强度，但塑性、韧性仍有较大的提升空间，特别是塑性和断裂韧性甚至低于铸态 BMGs。开发 BMGs 复合材料可能是解决这一问题的最佳途径，但如何控制第二相的形状、尺寸与分布，直接决定 BMGs 复合材料的力学性能。如何发挥激光增材制造技术的优势，实现韧性第二相的空间任意分布，并制备出高强韧非晶基复合材料，是另一个值得关注的科学与技术问题。

10. 1. 4　高熵合金

传统合金通常是以一种或两种元素为主元，通过添加少量元素来改善合金组织和性能。2004 年，中国台湾新竹清华大学叶均蔚教授等首次提出“高熵合金”（HEA）的概念，提出一种基于五种或五种以上的主元，按照等摩尔比或近摩尔比组成的多主元合金材料[14]。由于多主元素的存在，高熵合金表现出优越的性能，如超高硬度、高强度和高延展性的结合，高温机械稳定性，特殊的抗磨损、抗腐蚀和抗氧化性能等。因此，高熵合金作为一种具有广阔应用前景的先进材料，有望被应用于航天等各个领域。

目前，制备高熵合金多以传统的真空电弧熔炼或感应熔炼技术为主。然而，由于其凝固速率较低，合金易产生元素偏析、组织粗大等缺陷，并且由于高熵合金具有高强度、高硬度，很难通过机械加工获得大型复杂的几何形状，限制了高熵合金的应用。激光增材制造是一种通过激光高能量以逐层堆积方式直接成形的新型先进制造技术，这种技术缩短了加工周期，并为制造复杂形状的零件提供了一种快捷有效的方法，并且通常具有冷却速率高（10^6 K/s）、温度梯度大等特点，可获得高致密的超细均质高熵合金。

当前，激光增材制造 HEA 仍处于起步阶段，未来研究可集中在以下方向：

① 可以通过优化粉末生产工艺来开发用于激光增材制造的新型 HEA 粉末。除常用元素外，贵金属元素（Ag、Au、Pd、Pt、Rh、Ru 等）、低密度金属元素（Be、Li、Mg、Sc、Si、Sn、Zn 等）和镧系元素（Dy、Gd、Lu、Tb、Tm 等）可以考虑用于新型 HEA 粉末的成分设计。特别是，组成元素应具有足够的强度以减轻残余应力并抵抗由打印过程的快速凝固引起的微裂纹。此外，可以对粉末生产工艺进行优化，以开发用于打印的具有高纯度、高球形度、低氧含量和均匀元素分布的新型 HEA 粉末。

② 可以布局打印工艺的开发和优化，以提高打印 HEA 产品的质量。首先，在装备方面，可以采用黏结剂喷射和材料挤出等打印工艺来避免 LDED 和 SLM 打印的 HEA 中存在的热应力，从而有助于减少微裂纹和变形；其次，对于使用预开发的 HEA 粉末进行 LDED 和 SLM 打印时，可以通过对熔池几何特征的原位监测来检查每个打印层的质量，从而为优化打印工艺提供指导；此外，可以使用视觉传感方法监测 HEA 熔池的 3D 表面形貌和轮廓数据，以评估表面质量，并通过优化打印参数来改进它；最后，可以监控 SLM 中的粉末扩散过程，以检测由每个粉末层中的缺陷引起的粉末床的不均匀性，其中反馈回路可用于调整粉末扩散参数来减轻这种不均匀性。

③ 可以对设计的 HEA 的相稳定性、开发的 HEA 粉末的流动行为、打印过程中熔池的凝固和打印的 HEA 产品的力学性能进行不同尺度的数值模拟。利用密度泛函理论，利用 CALPHAD（计算相图）模型在原子尺度上对所设计的 HEA 的相稳定性进行预测，是筛选不合格 HEA 的有效策略。基于相邻颗粒间的接触力和黏聚力，采用离散元方法可以在中尺度上预测 HEA 粉末颗粒在 LPBF 粉末扩散过程中的流动行为。此外，可以通过流体力学计算预测 LDED 和 SLM 中 HEA 熔体池的热力学行为，从而了解每个打印过程，并为过程优化提供反馈。特别是对于 LDED，由元素粉末产生的熔体池的热力学行为与由 HEA 粉末产生的熔体池是不同的，这需要开发新的计算模型来更好地理解。

④ 可以开发第四系或更高系的 HEA 相图，为 HEA 在激光增材制造过程中的凝固行为提供指导。通过元胞自动机和相场方法分别可以在微观尺度上模拟 HEA 熔体池中的晶体生长和相变过程。利用有限元方法可以在宏观上建立打印产品残余应力的热力学模型，以理解产品内部瞬态热历史和应力积累之间的复杂相互作用。通过宏观有限元分析，可以预测打印产品的拉伸、压缩、疲劳和磨损等力学性能，从而估计打印 HEA 产品的失效机制。

⑤ 引入机器学习可以加速激光增材制造新 HEA 的开发。一个包含 HEA 信息（原子尺寸差、混合熵、混合焓、价电子浓度、电负性差等）、打印方法（LDED、SLM 等）、打印工艺参数（激光功率、扫描速度、层厚等）和打印

HEA 产品的力学性能（强度、延展性、疲劳寿命、耐磨性等）的综合数据库，可用于机器学习模型的训练。基于数值建模预测生成的数据库，以及实验打印和表征，机器学习可以用于快速预测新的激光增材制造 HEA 产品。将从现有的知名模型数据库（线性回归模型，多项式回归模型，具有线性核、多项式核或径向基函数核的支持向量回归模型，反向传播神经网络模型等）对机器进行应用于特定工业的训练，使机器能够连接激光增材制造和具有优异力学性能的新 HEA 产品并进行排名和选择。

10.2 激光金属增材制造技术装备

10.2.1 大面积脉冲激光粉末床熔化

新型工艺技术的出现，对激光金属增材制造工艺的发展十分重要，SLM 工艺从 1995 年发展到现在，技术逐渐成熟，同时在此基础上也出现一些较为新型的工艺技术。大面积脉冲激光粉末床熔化（large-area powder bed fusion，LAPBF）工艺于 2013 年在劳伦斯利弗莫尔国家实验室首次发明，使用光寻址光阀（OALV）对激光器进行高分辨率图案化。LAPBF 系统将 200 万个激光点射向 $15mm^2$ 的方形区域，每个光点的直径大约为 $10\mu m$，也就是说一次打印一个区域。金属粉末的固结过程由串联过程演化为并行过程，可以显著加快粉末床增材制造的成形速度。激光脉冲可以迅速熔化金属粉末，随后熔化的颗粒迅速聚结成更大的液滴，研究发现，在脉冲激光到达后，很少看到飞溅。Roehling 等使用一组二极管激光器（1000nm）预热待熔化区域，再使用单个 Nd：YAG（1064nm）脉冲激光对金属粉末进行最终熔化以打印出所需零件（如图 10-1 所示）[15]。激光经过光学仪器被调整为所需要的零件图案，最终照射到基板上面，以实现金属零部件的一次性成形。使用大面积脉冲激光粉末床熔化技术有助于减少增材制造的时间，可以以更快的速度实现高密度零件的制造，进一步控制熔池、冷却/加热速率、显微组织组成、晶粒取向和减少残余应力。

10.2.2 多能量场辅助增材制造

激光增材制造目前仍然存在各向异性等性能问题，增材制造与磁场、声场和电场多能量场的集成引起了广泛的关注，已被证明能有效定制微观结构、增强力学性能。因此，多能量场辅助增材制造是当前增材制造的一个发展方向。

（1）磁场辅助

磁场以非接触模式施加空间力，响应时间短，具有控制简单、无须接触等优

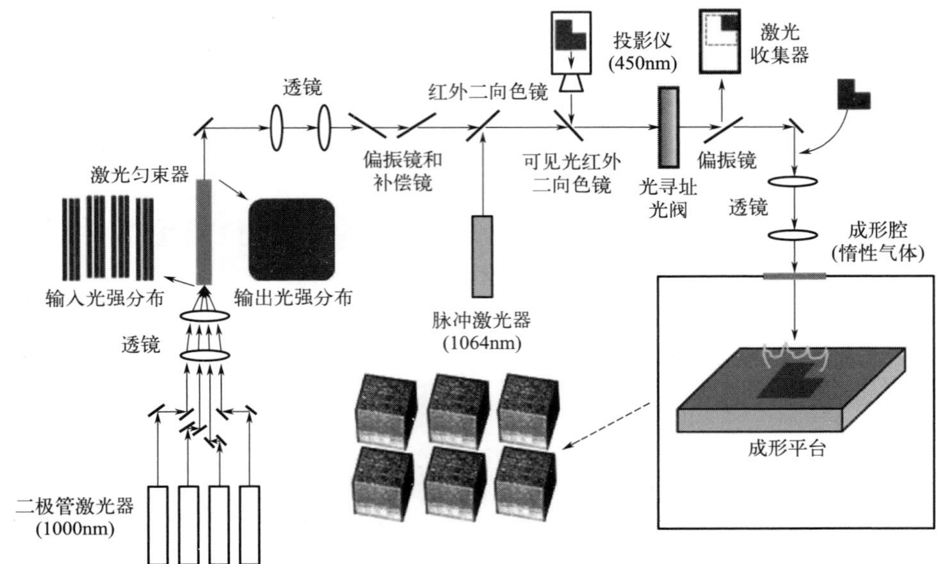

图 10-1　LAPBF 系统原理示意图[15]

点。但是，只有某些材料对磁场有响应，这限制了可用于磁场辅助增材制造的材料选择。磁场通常用于制造铝合金、铜合金等具有优良高温导电性的金属材料。

电磁系统和稀土永磁体是产生磁场的两种方式。电磁系统的主要部件是由导电导线依次缠绕而成的电磁线圈。当电流通过线圈时会产生磁场。磁场的强度可以通过改变电流的安培数来控制。电磁体产生大且空间均匀的磁场，通常需要高电流，因此，电磁系统还需要有效的冷却系统，集成起来可能很昂贵。磁场辅助增材制造的电磁系统根据其磁场分布分为两大类。第一类是静磁场系统，例如亥姆霍兹线圈和麦克斯韦线圈，通常分别用于产生均匀或梯度磁场。在亥姆霍兹系统中，均匀场导致产生扭矩，麦克斯韦线圈的恒定梯度产生磁力。第二类电磁系统是交变磁场系统，例如 OctoMag 和 MiniMag，可以产生非均匀或可变梯度场。永磁体是具有宽磁滞回线的材料，并且能够在没有连续能量输入的情况下提供磁通量。永磁体材料通常由稀土元素组成。铝镍钴和硬铁素体材料正在被钕铁硼合金等材料取代用作永磁体，与电磁系统相比，永磁体不能产生大的空间场。但是，由于永磁体具有体积小、能够在附近区域产生大磁场和局部控制磁场的能力等特性，其使用也更加普遍。与单独使用永磁体不同，永磁体的不同排列方式（例如 Halbach 阵列）也可用于产生可控磁场。

在铸造、定向凝固、焊接和增材制造中，采用磁场能够改变熔体对流、织构、微观组织及热场分布，以提高成形性和性能[16-18]。进一步，已经被证明在制造过程中合理地施加磁场可以实现柱状晶向等轴晶转变、降低熔池温度、加速流动、降低残余应力、提高表面质量等。在磁场辅助 SLM 过程中，由于设备限制和大气要求，高磁场的应用受到限制。基于自制的设备（图 10-2）研究了轴向静态和交变磁场辅助激光粉末床熔融对 316L 不锈钢显微结构和力学性能的影响[19]。

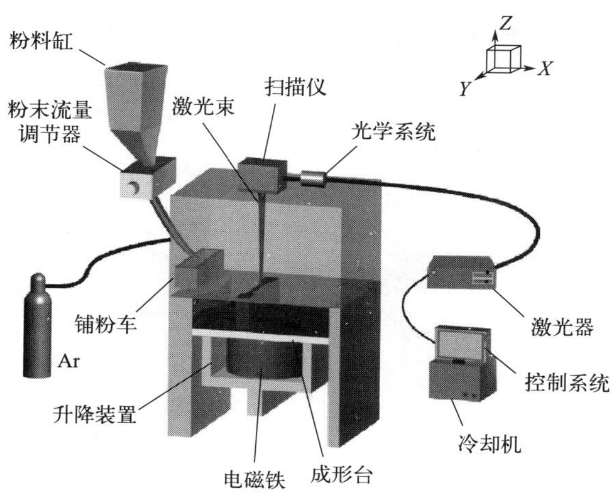

图 10-2　磁场辅助 SLM 增材制造设备示意图

图 10-3 所示为磁场辅助 SLM 成形 316L。磁场改变细胞/晶体形态和微观结构的性质，显著抑制了细胞枝晶沿构建方向的外延生长。在静磁场作用下，外延生长和<001>沿成形方向的晶体织构受到抑制，细胞树突通过热电的磁力。随着相对密度和<110>织构的增加，试件延展性显著提高。当施加交变磁场时，沿散热路线和细胞间距的长外延细胞枝突减小，细晶粒的数量显著增加，平均晶粒尺寸减小。沿成形方向的外延生长被感应电流和磁场的相互作用显著阻断。晶体的优选取向也发生了变化，表明沿成形方向具有强烈的<102>晶体纹理。此外，在交变磁场下提高了试样的强度和延展性。无磁场样品的极限强度为 658.2MPa，伸长率为 38.4%。与无磁场样品相比，在静磁场作用下的样品的延展性显著提高，伸长率可达 52.6%，显著提高了 14%。在交变磁场下样品的强度和伸长率分别达到 682.2MPa 和 45.7%，强度和塑性均受到正向影响。

（2）声场辅助

类似于可见光和紫外光，声音和超声波这两个术语用于描述机械振动在不同频率范围内的传播。超声波对应于以高于人类听觉范围（通常为 20kHz）的频率传播的机械波。声音和超声波在流体（气体和液体）和固体中传播。机械振动引起介质粒子从其静止位置发生微小的振动，继而引起粒子的位移，并逐步传播到介质的其他部分。虽然粒子从其静止位置移动了一小段距离，但振动能量以波的形式从一个粒子传播到另一个粒子，这可以使用机械弹簧类比来示意性地描述粒子之间的相互作用。波的传播取决于介质的固有弹性特性以及质量密度。对于微小的振动（线性传播方式），当波从一个点传播到另一个点时，没有质量被传

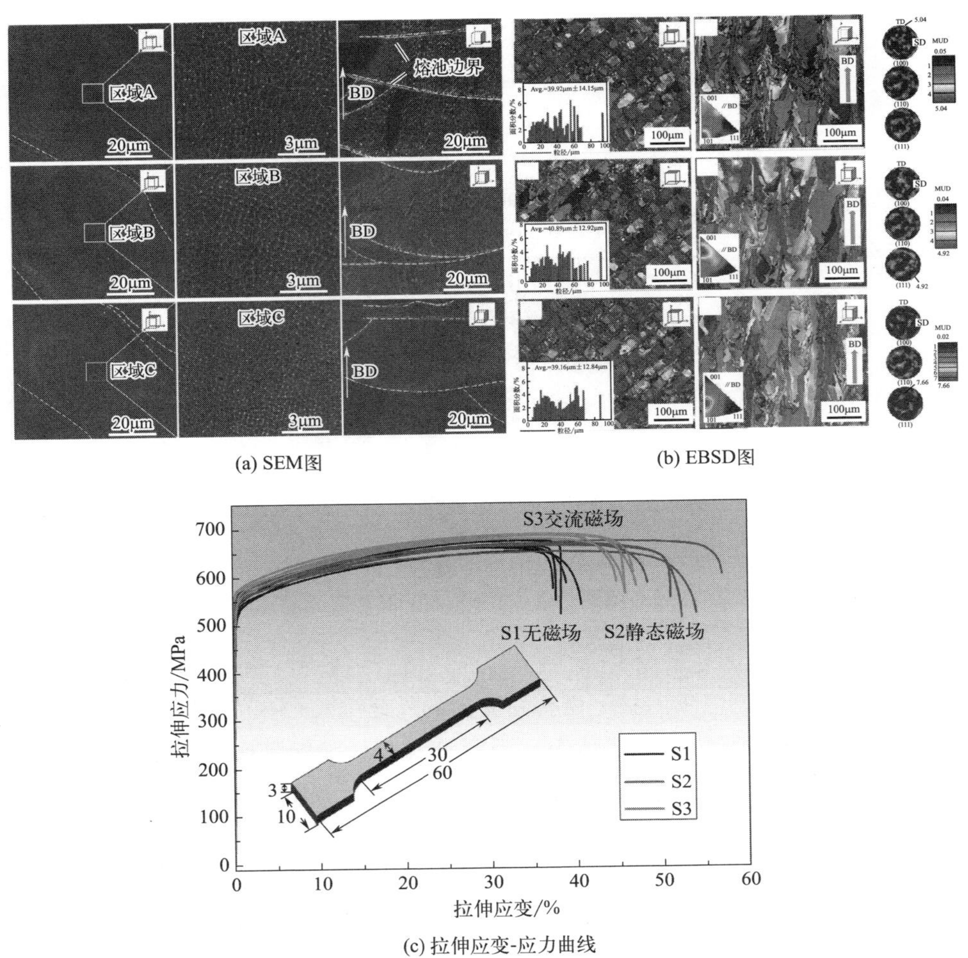

(a) SEM图

(b) EBSD图

(c) 拉伸应变-应力曲线

图 10-3 不同磁场策略下 SLM SS316L 样品的显微组织和力学性能的影响

输，因此可以看作整个介质保持静止。根据每个粒子的振动与传播方向是平行的还是横向的，声波可以分为纵向的和横向的。与其他低频振动相比，超声波振动的频率远高于机器或制造系统的固有频率。因此，超声波振动可以保持甚至提高系统的稳定性，而不需要增加额外的有害低频振动。

超声波的参数包括频率、振幅、波长、功率和强度。由于波的发散、吸收和声能的偏转，超声波传播时会衰减。在足够高的超声波强度下，其会产生升温效应、空化效应、声流效应和化学效应[20]。高强度超声波在液体介质中的主要作用机制有声流效应和空化效应，导致液体的搅拌和均质化，提高对流扩散过程的速率，并对介质中的温度分布产生影响。例如，空化效应会在金属熔体内产生空化泡并使其长大和爆裂，整个过程在极短的时间内完成。空化泡破裂会产生局部高温和高压，显著影响熔体状态和凝固行为。在固液界面，超声产生表面点蚀并改变固体表面状态，从而为高强度超声在各种冶金制造工艺中的应用提供了相当大的作用空间。声场辅助通过产生不同幅度和频率的波来产生适度的力以将材料推向平衡状态。与磁场相比，声场辅助在空间精度控制材料方面具有挑战性。声场辅助可以作用于对磁或电性能没有特定要求的更广泛的粒子，具有无物理接触和无材料种类限制等特点。根据超声对金属凝固作用的大小，超声已先后应用于铸造、焊接、激光表面熔炼、激光熔覆等领域。通过原位超快同步 X 射线摄影观察到超声作用下凝固过程中超声空化和声流引起的显微组织破碎和细化[21-23]。超声已被证明是辅助上述制造过程的一种常见且有效的技术。超声振动辅助激光熔覆技术正处于向超声辅助增材制造的过渡阶段。

目前为止，超声逐渐引入了增材制造，其中超声辅助激光直接能量沉积（UALDED）占了很大一部分。但是，通过高速摄像机和高保真多物理模型，既没有捕捉到空化气泡的清晰图像，也没有再现空化现象，只能探测熔池形态[24]。即便如此，各个研究机构也竞相进行对 UALDED 的研究。早期，得克萨斯理工大学研究了超声频率对 Fe-Cr 不锈钢[25]、AISI 630 不锈钢[26]、Inconel 718[27]、Ni-Ti[28]、ZrO_2-Al_2O_3[29] 和 TiB-TMC[30] 的组织和力学性能的影响。这一系列的研究表明，送粉 UALDED 工艺可以降低零件的孔隙率、微裂纹、晶粒尺寸、粉末利用率和表面粗糙度，提高零件的拉伸性能、耐磨性、压缩性能和显微硬度。RMIT 大学使用高强度超声控制和细化 Ti6Al4V、Inconel 625 和 316L 不锈钢的晶粒组织，并提供了两个指导[31,32]。一方面，由于基本原理相似，送粉 UALDED 工艺可以推广到送丝 UALDED 工艺。正如分析预期的那样，送丝 UALDED 也是一个可行性研究。通常，在送粉和送丝 UALDED 过程中超声振动的引入主要有三种方式，即定触点[33]、非定触点[34] 和非接触[35]。另一方面，超声辅助激光选区熔化（UASLM）可能面临重涂后粉末层被破坏的风险，以及均匀声场的控制问题。因此，UASLM 过程目前处于起步阶段，George-Alexandru Tilita 在自制机器缩小版的基础上，首次研究了 UASLM 成形单层 304L 不锈钢的微观组织演变[36]。类似于超声场辅助 SLM，设备限制了超声场的应用。开发的超声辅助 SLM 成形设备如图 10-4 所示。

进一步，研究了有无超声振动对 SLM 制备 GH5188 高温合金表面粗糙度、相对密度和显微组织以及拉伸性能和显微硬度等力学性能的影响，结果如图 10-5 所示。超声振动能显著细化晶粒，抑制织构的择优取向。超声振动使平均晶粒尺寸由 80.91μm 减小到 53.02μm。均匀分布（MUD）值的最大倍数由 10.37 下降到 7.696。显微硬度、抗拉强度、屈服强度和伸长率分别提高了 4.49%、2.6%、4.6%和 5.6%。晶粒细化、织构偏好取向抑制和整体性能的改善，证明了超声振动改善 LPBF 成形的可行性。这项工作的研究将为消除各向异性和提高 SLM 质量提供一种可能的途径。

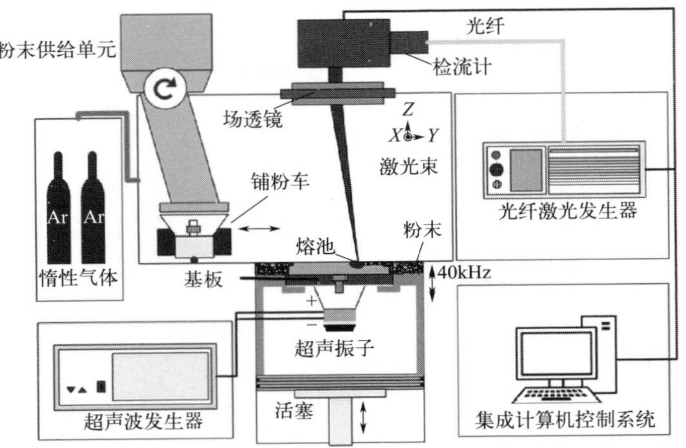

图 10-4　超声场辅助 SLM 增材制造设备示意图

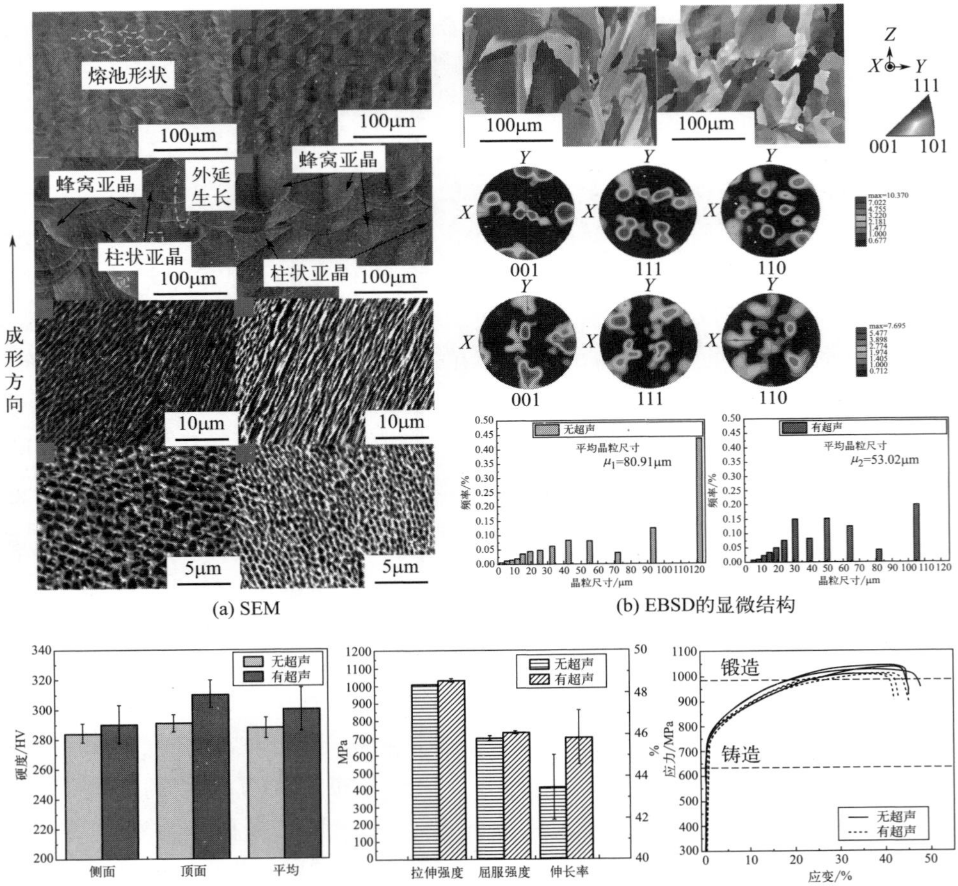

(a) SEM

(b) EBSD的显微结构

(c) 力学性能

图 10-5　超声辅助 SLM 成形 GH5188

(3) 电场辅助增材制造

电场是围绕在电荷周围的力产生元件，使不同的电荷相互施加一定的力。在麦克斯韦电磁学基本定律发展近 50 年后，波尔发现浸入电介质中的粒子处于电场时会受到力的刺激。这种相互作用称为介电电泳现象，其定义为流体介质中的悬浮粒子由于不均匀电场产生的极化力而产生的运动。作为一项成熟的技术，基于库仑定律利用外部电场控制在介质中的粒子之间的偶极-偶极相互作用，已被广泛应用于能源、生物医学和制造等各个领域。基于这些概念和方法，已经开发了更多关于粒子重新定向和运动的理论框架，这些框架被认为是先进的电场辅助制造工艺的基础。介电电泳也被用于微粒操纵、分离微米级和纳米级夹杂物和生物微粒。

根据电场的方向，不同的电荷处于外部电场时表现出不同的行为。根据所使用的电流类型，可以以两种不同的方式施加电场。如果直流电是电场的基础，则电荷仅沿一个方向流动。在使用交流电的情况下，电荷的方向会周期性地变化。因此，施加在直接场中的单个电荷的力的方向保持不变，但是在使用交变场的情况下周期性地变化。与完全非接触模式影响材料的磁场相比，要使电场有效地排列微粒，必须通过导电介质。这两种方法都可用于重新分配有机或无机材料。将此特性用于电场辅助增材制造以控制对外部电场具有不同响应的粒子。电场产生的静电力能够将进料材料向下拉动并驱动至基材，从而显著提高打印速度。电场还能够对进料施加作用力，以精确控制并大大加快沉积过程，从而将制造具有高打印速度的高分辨率零件的愿景变为现实。与磁场辅助增材制造类似，电场辅助增材制造也通过刺激形状、性质变化在 4D 打印中得到应用。电场辅助在立体光固化、材料挤出、材料喷射、4D 打印方面都有大量的研究并取得良好的效果[37]。

10.2.3　无支撑金属增材制造

最小化支撑结构能够节约增材制造材料和减少打印时间。支撑结构也使后续的后处理步骤中增加了一定的时间成本。所以，最为有效的方法是尽量减少支撑结构，或者是能够无支撑增材制造，这是激光金属增材制造的一个未来发展方向。目前，实现无支撑增材制造有两种方法：一种是在算法上进行优化，优化打印过程中的参数；另一种为在机器上进行优化，如增加一个方向的自由度，但是这在粉末床激光选区熔化设备中很难实现。

EOS 公司开发了多种工艺优化技术来生产无支撑结构的增材制造部件，通过优化设计软件和参数包，EOS 使用户能够以更低的角度（有时甚至零角度）打印悬臂和桥梁。EOS 公司采用了高能 Down Skin 方法，通过增加激光功率同时调整其他参数来增加下表面曝光的能量密度输入，显著减少了添加内部支撑的必要性。在叶轮打印中，无须使用实心填充，通过使用自支撑拱和薄壁对零件底部进行修改，以确保牢固的平台连接并防止在构建过程中变形。对于这种叶轮，先进的设计能够减少15%的材料，同时具有加工优化和自支撑结构，没有内部支撑，如图10-6所示。

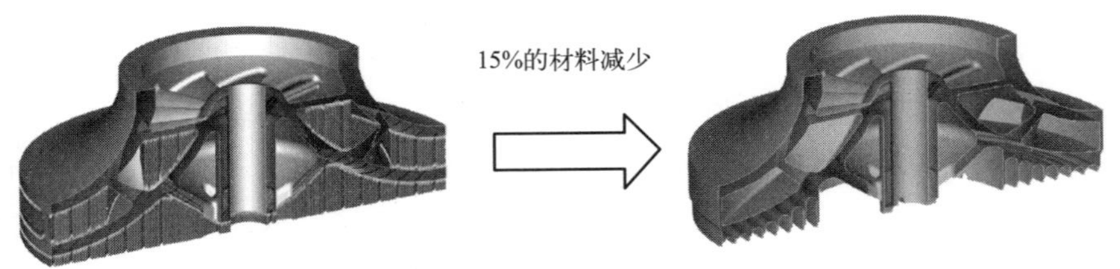

图10-6　EOS开发的无支撑打印策略

Li等提出了一种机器学习算法，用于多轴金属增材制造中的无支撑工艺规划，提高了打印效率和打印叶片的表面质量[38]。首先，提出了一种自适应光谱聚类算法，以实现两个功能，一是在全局视图中将叶片分解为子块，二是自动获得最佳聚类数，解决了打印效率与分解性能之间的矛盾问题。其次，引入全局约束公式和归一化面积权重来获得主要打印方向（main printing orientations，MPO）。每个子块可以沿着相应的MPO构建，具有高质量的表面、自由支撑和高粉末利用率。实验结果表明，与现有的方法相比，该方法具有功耗低、分解性能高和打印效率高等优点，如图10-7所示。

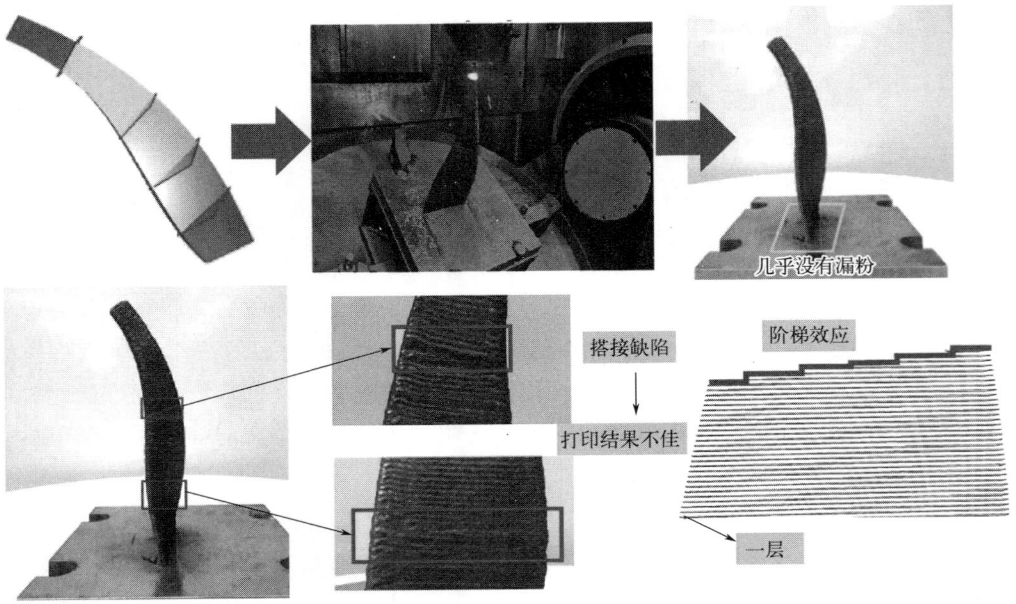

图10-7　使用光谱聚类算法实现无支撑打印[38]

10.2.4 Micro-SLM

微细加工技术是在半导体集成电路制造技术基础上形成并发展起来的，是大规模集成电路和计算机技术的技术基础，是信息时代的关键技术之一，也是微机电系统发展的支撑技术之一。微细加工包括微细电火花、微细化学、激光等多种加工方法。受自然界动植物微观表面的启发，具有表面微纳结构的材料在航空航天、微电子等行业中得到了越来越多的应用，主要是因为这些表面结构所产生的功能不同，如亲/疏水性、表面自洁功能等。然而，一些传统的方法，如刻蚀法、溶胶-凝胶法、气相沉积法、电化学法、模板法、自组装法等，在表面处理过程中总是遇到一些问题，如工艺复杂、材料有限、加工环境恶劣，甚至出现二次污染现象。微纳米表面结构可以通过各种方法制备，例如光刻、激光、电子束和离子束。

微纳增材制造是按照增材制造的原理制造毫米、微米、纳米级零件的技术，是目前全球最前沿的先进技术之一，其在2014年被美国麻省理工学院《麻省理工科技评论》(*MIT Technology Review*) 列为该年度十大具有颠覆性的创新技术。微纳尺度增材制造因其能够制造高精度复杂三维结构、节省材料、方便快捷的特点，在微机电系统、微纳光子器件、微流体器件、生物医疗和组织工程、新材料等领域有着巨大的产业应用需求。能够合成纯金属以及表现出金属特性的复合材料的微尺度金属增材制造技术称为金属微纳增材制造技术。目前国内外学术界和产业界已经开发的金属微纳尺度增材制造工艺多达几十种，代表性工艺主要有：基于双光子聚合激光直写、微立体光刻成形、电流体喷射打印、微激光烧结/熔化、气溶胶喷射打印、微三维打印（喷射黏结）、聚焦电子束诱导沉积、电化学沉积、激光化学气相沉积、聚焦离子束直写、蘸笔纳米光刻、复合纳米材料增材制造、复合增材制造等。将其分为三大类：

① 基于喷墨式的微纳金属增材制造技术：墨水直写技术、电流体力学打印技术、激光辅助电泳沉积技术、激光诱导正向偏移技术。

② 基于电化学反应的微纳金属增材制造技术：喷射电沉积技术、局部电化学沉积技术、月牙形电解液约束电化学沉积技术、基于空心原子力显微镜探针的电化学增材制造。

③ 基于其他原理的微纳金属增材制造技术：微型激光烧结技术、基于光刻的金属制造技术、LIGA技术。

在各种激光增材制造技术中，激光选区熔化（SLM）因其具有明显的低孔隙率和高精度零件制造能力而被用于复杂零件的制造。目前SLM系统通常采用聚焦激光束，光斑大小为50～100μm，金属粉末大小为10～60μm，层厚为30～50μm。这些传统的SLM系统可以实现制备表面粗糙度 Ra 为7～20μm和最小特征尺寸 200μm 的样品。然而，随着产品小型化的趋势以及对表面质量和几何精度要求的提高，传统的 SLM 工艺已不能满足这种需求，微型 SLM（μSLM）是近年来发展和应用的一种微纳米制造技术，为了满足物理科学、医疗、汽车、生物技术、能源、通信和光学等领域快速发展的需求，微制造越来越重要。μSLM 具有熔池小、层厚小、粉末直径小等优点，逐渐应用于微细制造领域，因此，急需要开发 μSLM 系统并将其引入行业。

Fischer 等将 μSLM 定义为：光斑直径＜40μm，层厚＜10μm，粉末直径＜10μm，μSLM 技术的发展为微细加工制造技术提供了新的前景[39]。特别地，μSLM 通常可以通过一些必要的修改和改进来优化和实现，包括改进激光光斑尺寸（如 25μm 甚至更小）、提高搭建平台的运动精度和使用更小的金属粉末来获得合适的条件，香港中文大学 Song 等一直致力于微金属元件制造的 μSLM 系统的开发[40]。近期，基于精制激光系统进一步开发了 μSLM 系统，可实现激光束直径小于或等于 25μm，层厚小于 10μm，并且已成功地用于制备不同的材料，如 NiTi 合金、316L 不锈钢等。

迄今为止，各种材料的传统 SLM 工艺参数、微观结构和性能之间的关系已经得到深入的研究和调查。然而，这些与传统 SLM 相关的既定数据、信息和知识不能直接按比例缩小并利用到 μSLM 的数据、信息和知识中。因此，由于潜在机制可能不同，因此迫切需要从工艺确定、微观结构细节和力学性能调整等不同方面对使用不同金属和合金的 μSLM 进行进一步研究。此外，由 μSLM 和传统 SLM 引起的表面质量、微观结构和力学性能的差异是复杂的，可能不是单一的工艺参数造成的，μSLM 和传统 SLM 中这些差异的主要因素和潜在机制需要进一步确定。目前，与传统 SLM 相比，μSLM 的研究工作更为有限，研究学者的探索还处于起步阶段。如图 10-8 所示，Fu 等从 316L 不锈钢的表面质量、晶体结构、凝固组织、拉伸性能和变形等方面对 μSLM 和传统 SLM 进行了研究比较[41]。结果表明 μSLM 打印后的样品表面粗糙度更低，晶粒尺寸更小，低角晶界和几何位错密度更高；力学测试发现 μSLM 样品的屈服强度比传统 SLM 样品略低，这主要是由于微偏析在细胞结构上的差异造成的；通过打印悬臂的变形测量表明，μSLM 样品中由于较小的熔池和更多的热循环，宏观残余应力水平较低。总体而言，μSLM 样品可获得更好的表面光洁度、更好的微观组织、较理想的力学性能和更小的零件变形，证明了 μSLM 的优势。Wei 等通过正交试验，研究并分析了 Micro-SLM 成形 316L 不锈钢的密度、表面粗糙度、显微组织、显微硬度和抗拉强度等工艺参数的优化，并进一步研究了热处理对合金组织的影响[42]。通过对激光功率和扫描速率这两项最主要影响因素的优化，获得了密度为 99.79%±0.1%、维氏硬度为 209HV±2.4HV 的零件，经过热处理后达到了 499MPa±4.3MPa 的拉伸强度、50%±1.88%的伸长率，且仍保

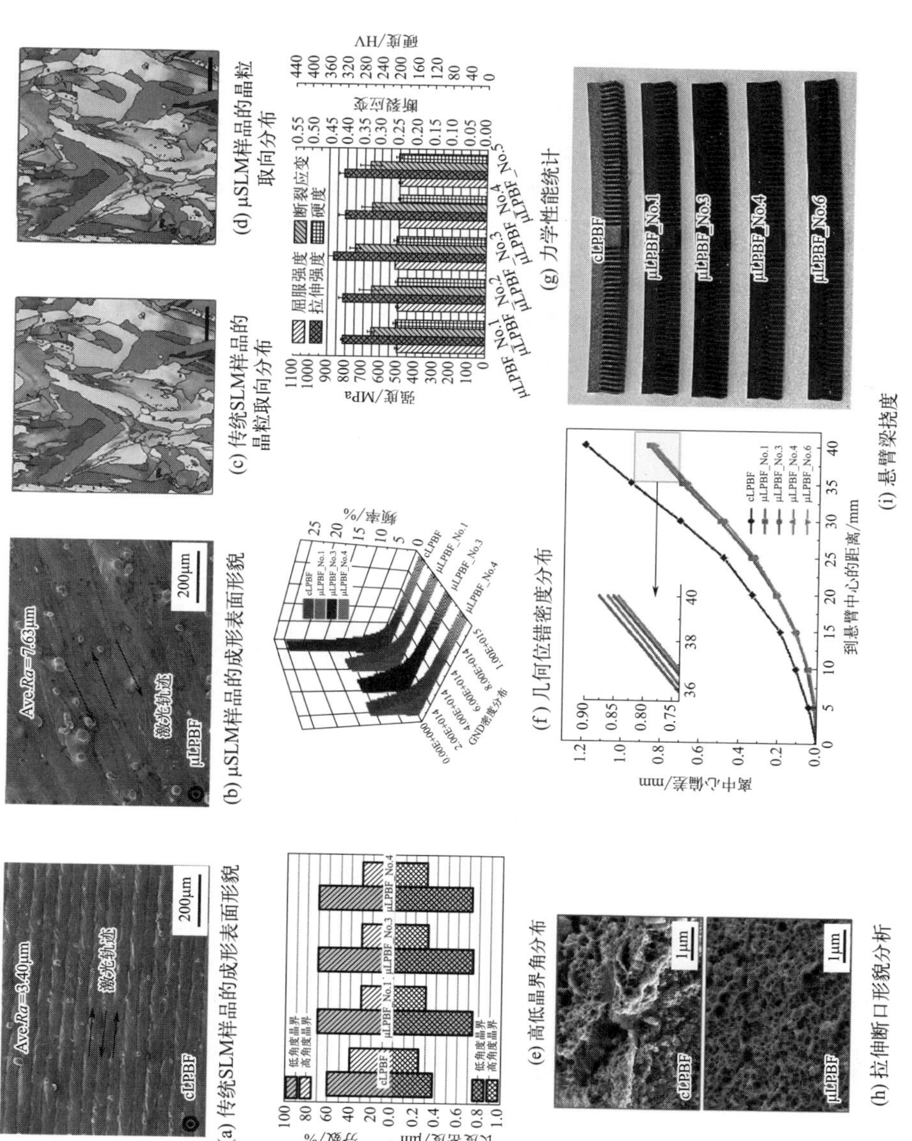

图 10-8　传统 SLM 与 μSLM 工艺制造 316L 不锈钢的比较[41]

留了 176HV±2.0HV 的硬度。相似地，Hu 等利用 μSLM 成功制备了近乎全致密的高强度奥氏体 316L 不锈钢，其中产生的精细微观结构，使其具有优异的力学性能[43]。试验表明试样的屈服强度为 645～690MPa，极限抗拉强度为 765～795MPa，总伸长率超过 40%，不牺牲伸长率的高强度归因于细孔结构，孔尺寸和孔壁厚度都是增加屈服强度的关键因素。针对表面粗糙度有较高要求的微纳尺度零件制造，进一步研究了影响 μSLM 制造高强度 316L 不锈钢表面粗糙度的因素和原理[44]。对于零件的顶部表面，熔池的重叠率越低、熔池不稳定性越大，粗糙度越大。SLM 工艺参数中，扫描速度的增加会减小熔池尺寸，从而降低熔池重叠率，同时会导致不稳定性增大，两种机理共同作用，导致粗糙度增大。而对于零件的侧表面，熔池不稳定性则被认为是主要影响因素，因此扫描速度越大，熔池不稳定性越大，侧表面粗糙度也越大。

为了发展 μSLM 技术，需要对 SLM 系统进行修改，限制 μSLM 应用的因素是粉末颗粒尺寸、金属的高散热导致的加热区约束较低、分辨率、表面粗糙度等，这些因素突出了开发和改进新 μSLM 系统的需要，并且未来 μSLM 的发展方向应该从设备因素和工艺因素两个方面展开。

首先，应设计一个处理纳米级金属粉末的系统，这种粉末容易团聚，主要的工作重点是开发一种创新的粉末喷涂系统，可以实现均匀的粉末层与控制亚微米尺度的厚度，同时不影响喷涂速度。在工艺知识方面，需要进行更多的研究来了解纳米级粉末颗粒与激光束之间的相互作用，虽然大多数工艺可以达到小于 1μm 的表面粗糙度，但 μSLM 的理想工艺选择是基于许多因素的，包括零件几何形状、特征分辨率和精加工要求，喷砂是目前微细零件常用的表面处理技术，使用激光抛光作为 μSLM 的二次加工技术应当比其他技术更实用。此外，由于目前的研究数量有限，需要进一步了解用 μSLM 制备的零件的组织和力学性能。考虑到具有精细特征的金属微零件在精密工程、生物医学、牙科、珠宝等各个领域的应用日益增长，μSLM 的进一步完善将有望扩大增材制造这一大家族的范围。

10.3 在线监测与过程控制

在激光增材制造技术的应用中，产品的质量缺陷，如尺寸精度、层状形貌、机械和冶金缺陷等，对于产品质量的可重复性和一致性造成了巨大的影响，也因此阻碍了激光增材制造技术的进一步应用和发展。为了克服这些缺点，生产出高质量的产品，在加工过程中进行监测和控制是十分必要的[45]。

然而，目前主流的激光增材制造技术的质量控制尚停留在工艺参数试验与离线产品测试表征优化的层次，其效率和效果均存在提升空间[46]。因此，开展激光增材制造技术的在线监测和过程控制研究，减少甚至消除成形过程中产生的质量缺陷，进一步保障和提高产品的质量水平，是当前该领域的研究热点。

10.3.1　监测技术原理及分类

激光增材制造技术的过程监测通常是一种数据驱动的方法，用于检测加工过程的状态和加工件产生的缺陷。它是通过测量与工艺相关的一个或几个参数，或通过测量加工过程中的一些物理现象来实现的[47-49]，然后通过这些特征来确定产生的缺陷并采取相应的控制策略。

过程监测技术基本上可以分为离线监测技术和在线监测技术。离线监测一般是对成形后的状态进行测量，具有时滞性，但精度较高，能够较全面地对产品的质量进行评估。在线监测又称现场监测，旨在对过程状态进行实时监测，并根据在线测量结果制定相应的决策策略，有助于实现控制和自动化[50]，保障产品的质量水平，因此是当前应用的首选方法，也是研究的热点问题。

10.3.2　在线监测信号源

激光增材制造过程中会出现复杂的化学作用，因此该过程中会出现多种物理信号。目前，在激光增材制造技术加工过程中观测的信号一般可分为三种，即光信号、声信号以及电子信号。

(1) 光信号

激光增材制造过程的光信号主要是可见光信号和非可见光信号，可以通过CCD 相机、CMOS 相机、光电二极管、热成像系统、激光扫描仪等器件进行观测，通常可以直观地对加工过程进行观察和监测。

在通过光信号进行监测时，一般有两种光路架设方法，即同轴光路监测和旁轴光路监测。其中同轴监测通常将高速红外与可见光相机检测硬件在激光器的光路末端搭建，监测位置依据扫描振镜的偏转实时原位成像以获得正在加工位置的图像信息，有利于实现在线监测自动化，也更适应微小熔池温度动态行为的实时追踪。鲁汶大学 Clijsters 等开发了一系列监测和控制方法，通过在同轴光路中架设 CMOS 摄像机和光电二极管光学系统监测 SLM 中的熔池，记录熔池的相关图像信息，并以此阐明熔池的变化与成形件的孔隙度之间的关系[51]。其同轴光路监测系统结构及示意图如图 10-9 所示。俄罗斯科学院 Zavalov 等通过同轴光路信号记录并分析熔池的关键特征如温度、宽度、长度和面积，并提出通过基于熔池特征的熔体动力学分析方法实现在线监测数据处理和 LMD 过程控制的方法[52]。

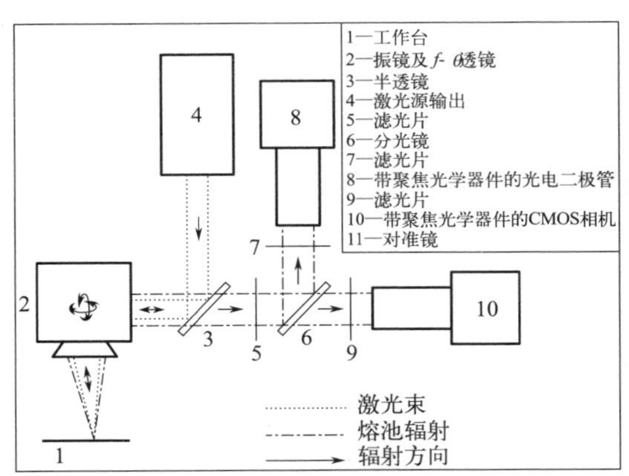

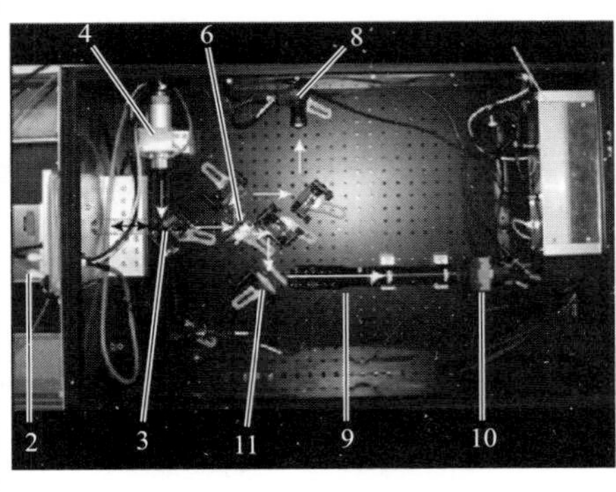

图 10-9 SLM 熔池同轴光路监测系统结构及示意图

相较于同轴光路，旁轴光路监测方法的光路以及机械结构设计简单，可以免于对加工设备的光路和机械系统进行复杂的改造，如图 10-10 所示。高速相机采用清晰成像光路随动控制系统，实时跟随激光的扫描位置，进行原位熔池成像。但是，相较于同轴光路监测方法，其获取的图像信息需要更为复杂的后续图像处理及检测算法的研究[46]。作者团队开发了基于旁轴光路的在线监测系统，并采用了一种新的图像处理方法和飞溅特征提取算法，对 SLM 成形过程中的气流参数对飞溅情况的影响[53]。韩国科学技术院 Binega 等通过旁轴架设激光扫描仪的方式，有效避免了热收缩对成形尺寸的影响，同时实现在线连续监测成形轨道的几何形状，并实时评估设计模型和成形模型之间的差异[54]。此外，北京理工大学 Zeng 等通过旁轴架设的 3D-DIC 系统和红外相机测量了成形基板下表面的形貌、变形和温度，并以此建立有限元模型实现模型内部的变形和应力信息的获取，随后的 XRD 应力测量结果验证了该方法的有效性[55]。

(2) 声信号

利用声信号进行在线监测的方法具有数据采集量较小的优点，便于实时处

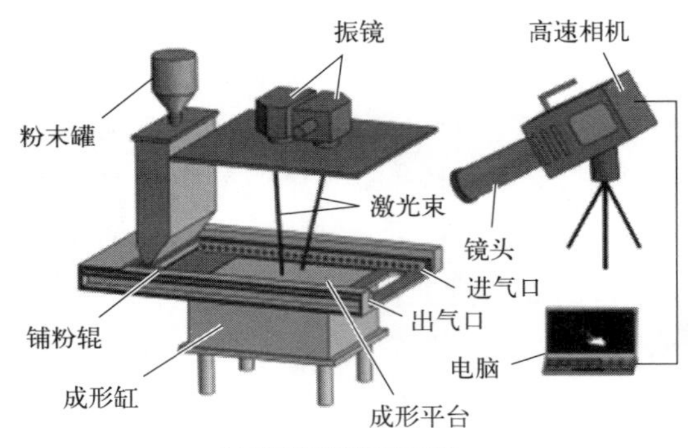

(a) 监测系统的示意图

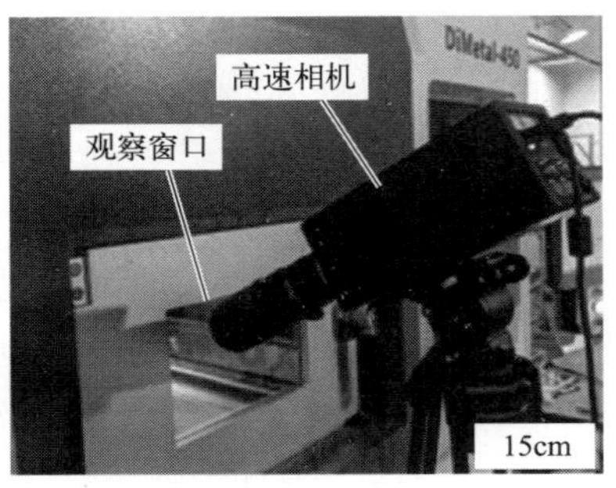

(b) 实验的真空场景

图 10-10 基于旁轴光路的 SLM 在线监测平台[53]

理，同时其所需的结构简单、成本低廉，因此声信号在激光增材制造过程监测中得到了广泛的应用。

激光增材制造过程中的熔池、等离子体以及飞溅状态与该过程中的声音信号存在内在联系，因此可以利用成形过程中的声信号实现熔道成形状态的预测，监测装置如图 10-11 所示。

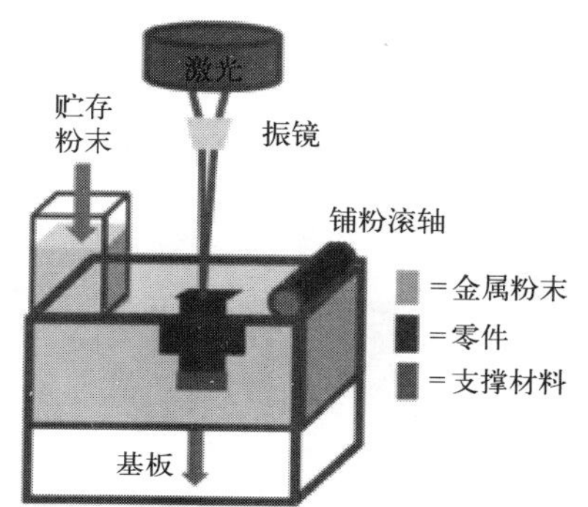

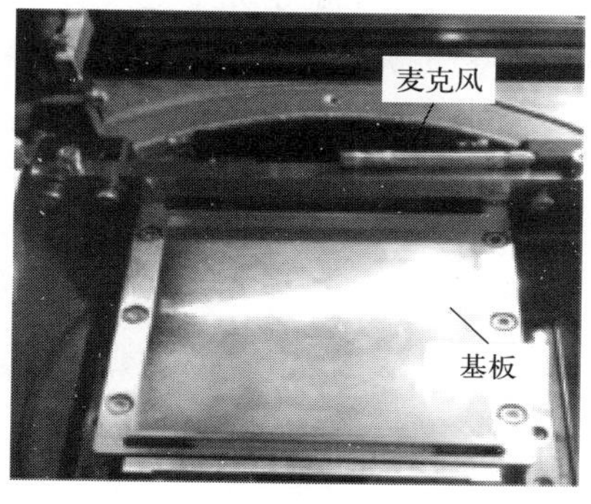

图 10-11　超声在线监测装置（麦克风置于铺粉臂上）[56]

此外，声信号在零件中的传播会受缺陷影响，因而可反映零件中的缺陷信息，该方法主要用于检测裂纹、未熔合等缺陷。洛桑联邦理工学院 Drissi-Daoudi 等根据不同材料 SLM 成形过程中的声信号，实现了通过机器学习的方式将不同的材料和缺陷情况进行识别，如图 10-12 所示[57]。

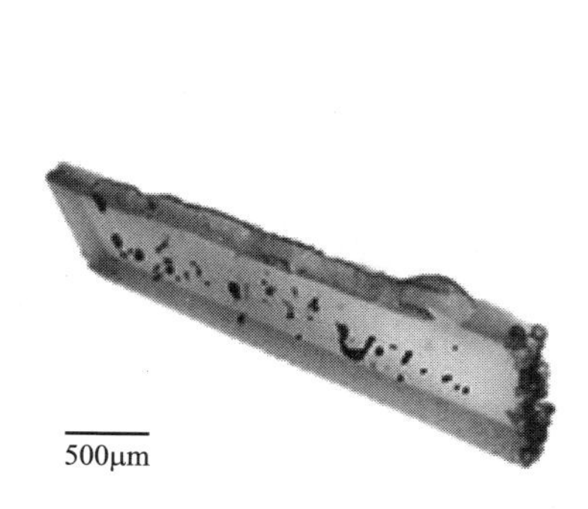

(a) 在一条线上形成的锁孔孔隙的三维重建

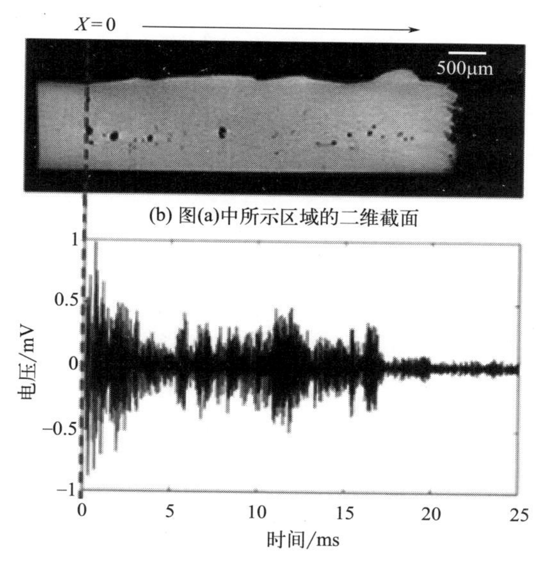

(b) 图(a)中所示区域的二维截面

(c) 与所选激光轨道相应的声发射信号

图 10-12　在 316L 不锈钢中，沿一条激光轨道形成的锁孔孔隙及其相应的声发射信号[57]

(3) 电子信号和其他信号

在激光增材制造过程中，有多种电子信号和其他信号可以用于在线监测，如涡流、磁场、温度、应变等。

电涡流监测是基于电磁感应原理实施的监测方法，可在恶劣环境下使用，满足了激光增材制造对在线监测提出的部分要求，适用于检测裂纹、未熔合等缺陷。大连理工大学 Du 等研究了增减材复合加工零件缺陷的电涡流检测技术，可有效对零件中的缺陷进行检测，其原理与结果如图 10-13 所示[58]。

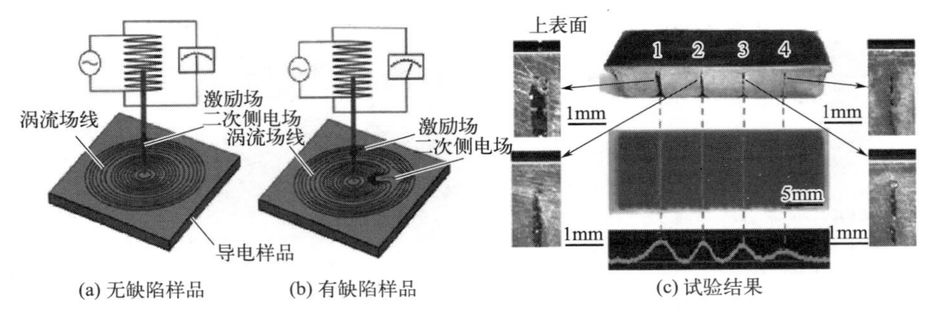

(a) 无缺陷样品　(b) 有缺陷样品　(c) 试验结果

图 10-13　电涡流检测原理和试验结果[58]

缺陷会影响零件中的热传导，进而对零件中的温度场造成影响。利用一定方式将热量输入零件后通过各类传感器对检测零件温度场进行检测即可获得缺陷信息。基于这一现象，西安理工大学 Xie 等采用双色高温计检测零件温度场，研究了缺陷大小与温度场之间的关系，如图 10-14 所示[59]。麦克马斯特大学 Rezaeifar 等使用具有双色高温计的监测系统在线监测温度，并供控制器用作反馈信号，发现与工艺参数恒定的场景相比，这些控制器的实施提高了显微硬度和微观结构均匀性[60]。

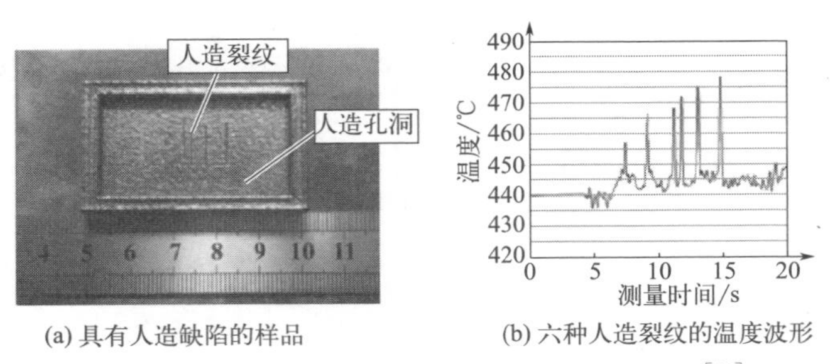

(a) 具有人造缺陷的样品　(b) 六种人造裂纹的温度波形

图 10-14　裂纹和孔洞缺陷及其对应的温度波形[59]

进一步，内布拉斯加大学 Yavari 等通过传感器阵列实时获取 SLM 过程中逐层的原位熔池温度测量值，并与基于图论的热仿真模型相结合，通过数字孪生方法实时检测裂纹的生成，可以实现有效地检测由工艺流程、机器故障或网络入侵所导致的缺陷，如图 10-15 所示[61]。

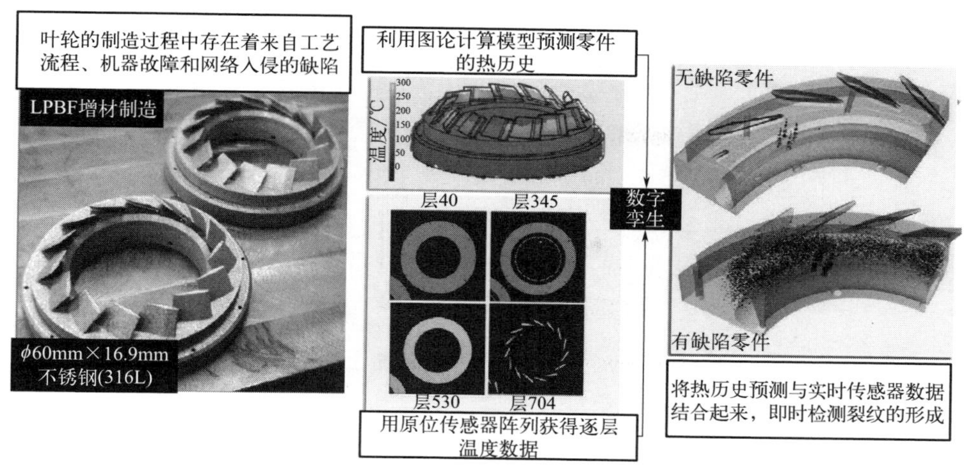

图 10-15　通过原位数据整合的数字孪生方法检测 SLM 成形叶轮的缺陷及形成原因[61]

增材制造成形区域气体含量也可作为一种在线监测的信号源。武汉大学 Min 等开发了一种基于微型电子撞击离子源飞行时间质谱仪（EI-TOF）和高速相机的在线监测系统，该系统监测熔池区域上方的大气，使用高速相机测量飞溅的数量，并以此对成形机理和工艺进行研究和分析，如图 10-16 所示[62]。

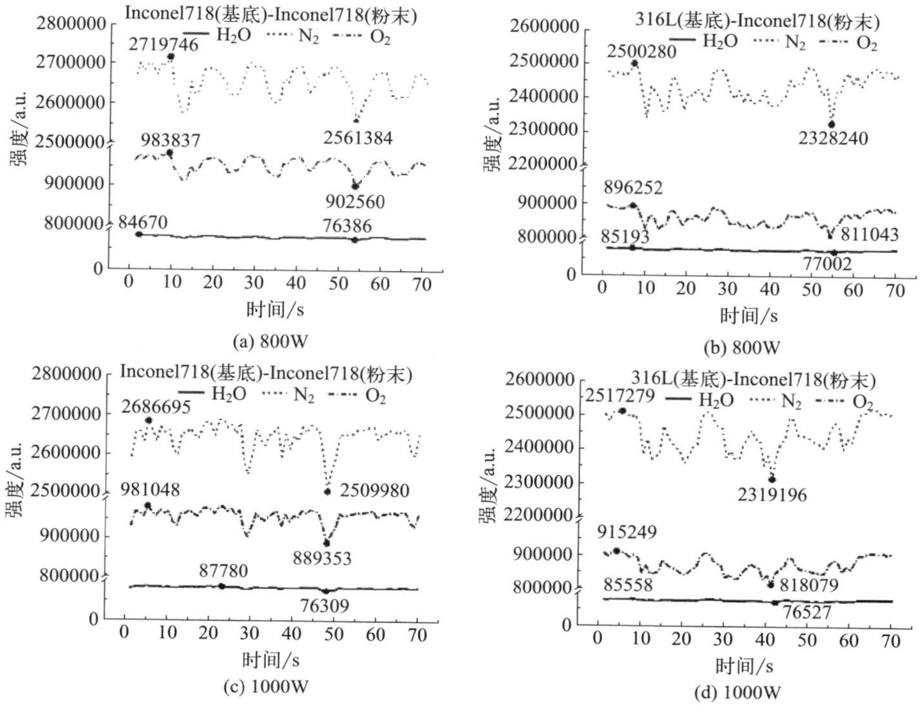

图 10-16

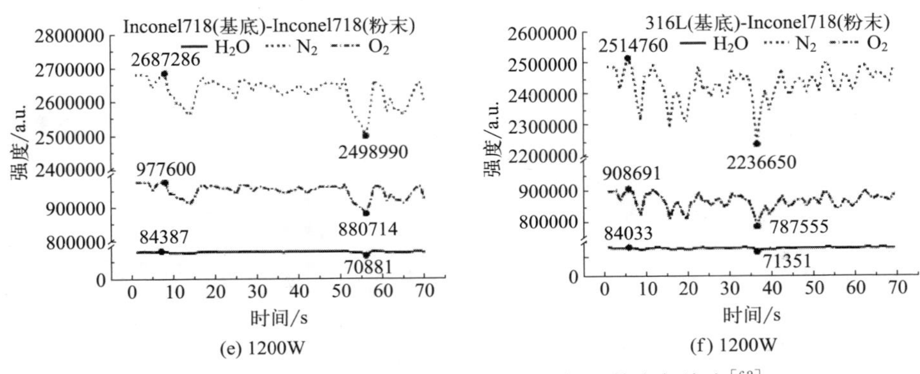

图 10-16　不同的激光功率下，不同基板上的大气演变[62]

10.3.3　在线监控策略

前面章节对于激光增材制造过程中在线监测系统的多种信号源及其原理进行了阐述。这些监测中传感器获得的原始信号经过特征提取后，便成为加工过程控制的输入信息，以此对该过程的加工质量进行判断和调控。

(1) 基于浅层机器学习的监控策略

机器学习（machine learning，ML）通过专门研究计算机模拟或实现人类的学习行为，获取新的知识或技能，重新组织已有的知识结构使之不断改善自身的性能。在激光增材制造领域，常常通过获得各种测量的特征向量后，建立并训练多层感知器神经网络（MLP）和支持向量机（SVM）等浅层机器学习（ML）模型，以建立特征与过程状态之间的映射。有时，过程参数也直接用作 ML 模型输入的特征[45]。

Marrey 等[63] 尝试通过 MLP 模型优化 SLM 过程成形质量，其输入为工艺参数（激光功率、扫描速度、扫描间距和光束直径），而输出是产品的属性（机械属性、密度、表面粗糙度、尺寸精度和加工时间），该模型的神经网络架构如图 10-17 所示。这种多输入/输出 MLP 功能的开发最终可以实现一个能够同时控制多个参数的智能系统。作者团队探索了光学发射与加工条件之间的相关性，从记录的图像中提取了熔池面积、羽流面积、羽流取向、飞溅物取向、飞溅数和飞溅分散指数等特征，进而通过 SVM 算法建立的监督学习模型，基于提取的特征来区分所构建的“好”和“不规则”轨迹[64]。

(2) 基于深层机器学习的监控策略

深度学习方法起源于神经网络理论，减少了特征提取和分类过程中的人为干预，具有从大型复杂样本集中学习数据本质特征的强大能力。在深度网络中，原始样本（测量值）逐渐转化为与构建状态密切相关的特征，即“低级”样本转化为“高级”特征表达式。与浅层 ML 模型相比，深度置信网络（DBN）、深度玻

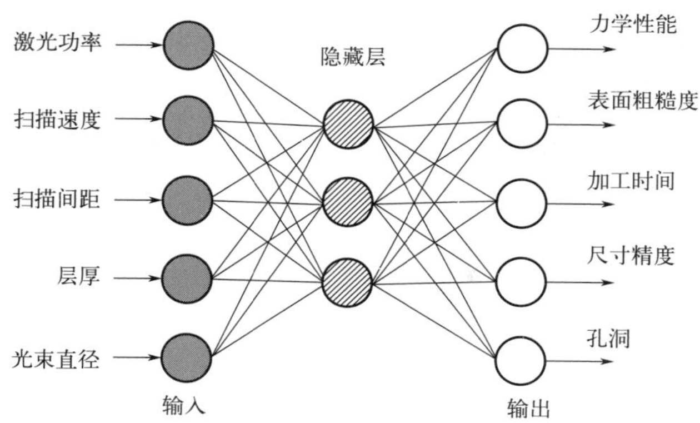

图 10-17　一种 MLP 模型的神经网络架构示意图[63]

尔兹曼机（DBM）、自动编码器（AutoE）、卷积神经网络（CNN）和人工神经网络（ANN）构成了深度学习早期发展的基本模型。许多后续研究都是基于这些模型的修改或组合。

韩国科学技术院 Jeon 等使用同轴红外热像仪和激光线扫描仪对熔池和熔道进行测量，并将测量值用作 ANN 模型的输入，实现了对熔池深度的在线估计[65]。瑞士联邦材料科学与技术实验室 Shevchik 等开发了一种基于声发射光谱的 CNN 模型，可以区分不同成形质量的声学特征，从而实现对成形件孔隙情况的分析，显示出利用声发射进行质量监测的可行性（图 10-18）[66]。弗吉尼亚理工大学 Wang 等基于金字塔集合卷积神经网络（PECNN）、CT 扫描图像和计算机生成的虚拟 CT 结果，实现了对成形缺陷的检测，显示出通过计算机虚拟 CT 图像实现成形件的在线缺陷检测的可行性[67]。

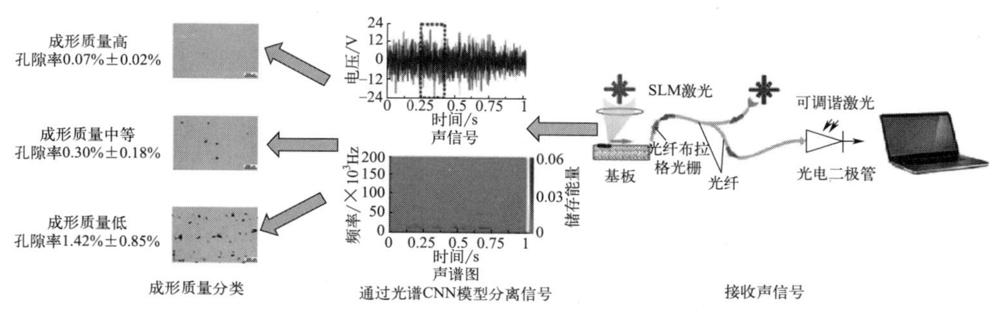

图 10-18　一种基于声发射光谱的 CNN 模型[66]

(3) 基于统计过程控制的监控策略

统计过程控制（statistical process control，SPC）是一种传统的质量控制方法体系，是一种用于对加工过程的各个阶段进行评估和监控，确保过程处于可控且稳定的水平，进而保证产品与服务符合规定要求的质量管理技术。面对激光增材制造过程产生的大量数据，如激光粉末层熔融区温度场的红外、近红外图像数据，光电二极管数据，声音数据等，统计学相关的算法模型可以借鉴到在线监测系统，借助其对数据的分析、整合及发掘，可以在大概率上实现监测的可靠性和稳定性。其算法原理主要是采集输入大量原始数据，形成监测系统的数据库，同时，每一个原始数据根据不同的性能指标将其特征化，这样在线监测系统工作时就能够根据实时显示的原始数据特征在数据库中进行索引、匹配、比较，从而对当前加工状态的优劣做出判定[68]。图 10-19 即为对激光扫描路径上飞溅行为和热影响区进行描述的散点图。

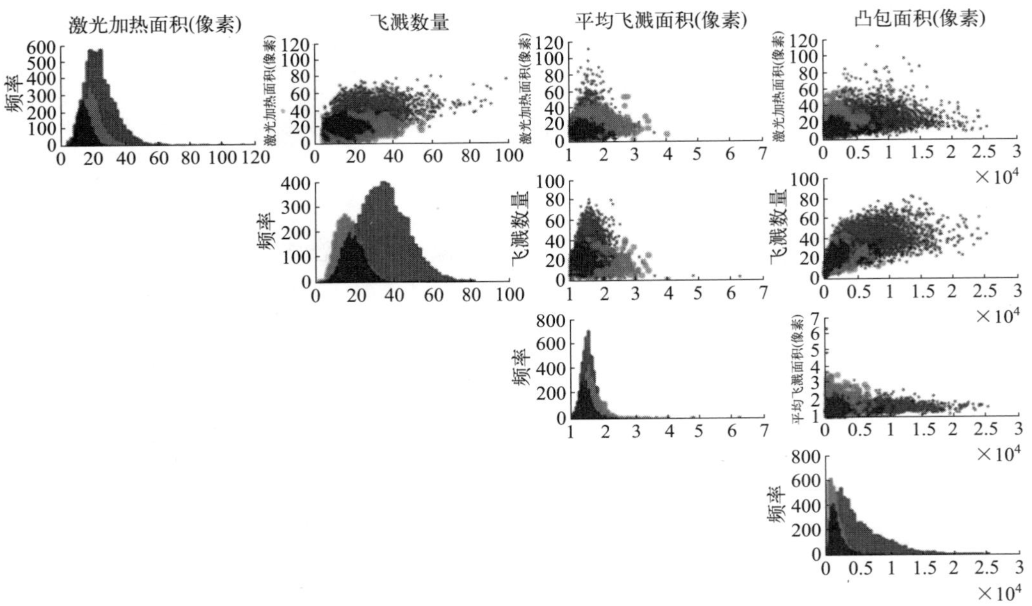

图 10-19　SLM 飞溅和激光热影响区描述散点图[68]

10.4　智能工厂

近年来，全球各主要经济体都在大力推进制造业的复兴。在工业 4.0、工业互联网、物联网、云计算等热潮下，全球众多优秀制造企业都开展了智能工厂建设实践。智能工厂是具有智能制造自感知、自学习、自决策、自执行、自适应等典型特征的现代化工厂。智能工厂能综合运用智能技术、装备、软件和系统，打通企业生产经营全部流程，实现从产品设计到销售，从设备控制到企业资源管理所有环节的信息快速交换、传递、存储、处理和无缝智能化集成，可为企业实现快速响应、降本增效、提升竞争力提供有力支撑。

目前激光金属增材制造在智能化工厂的应用还并不多见，但是其他增材制造技术像非金属增材制造、铸造增材制造等已经逐渐实现工业智能化。

2021 年末，宁夏银川建成世界首个万吨级铸造增材制造智能工厂，率先实现了增材制造技术在铸造行业的产业化应用。该工厂使用 3DP（三维打印黏结）成形技术，代替了模具的制造、制芯、造型、合箱工序，拓展了产品设计的限制，实现了工艺流程再造，提高了铸件质量，缩短了生产周期达 50%以上；并且独创了成形智能单元管理与控制系统，实现了生产、质量、设备、成本等集成管控，通过远程运维平台实现智能工厂的远程监控及运营管理。

2022 年初，中国航天科工三院 159 厂自主研发的自主可控增材制造智能生产线突破现有的增材制造单机离散生产模式，首次将智慧物流、工业互联网与增材制造技术融合运用，粉末供应、物料运输及任务调度实现全流程自动化，单机设备利用率与综合产能大幅提升。针对在传统单机生产设备中，打印前的基板、缸体以及粉末材料准备工作与打印完成后的粉末清理、缸体运输等工序无法与设备打印同步进行，会占用设备资源，影响生产进度，造成平衡度较低、各工位负荷不均衡、产品生产效率低下等问题，159 厂结合增材制造工艺过程特点，采用一体化布局设计，将打印主机、清粉系统、供粉系统、物流系统以及其余配套辅助系统合理布局，提出 5G＋工业互联网方案，定制化研制连续生产的增材制造生产线系统，利用 5G 技术“大带宽、低时延、高可靠”的特性，将“5G＋工业互联＋增材制造”相结合，从而对增材制造生产过程中的各类数据进行快速采集、分析及应用，实现增材制造由传统单机生产向网络化、智能化方向转变，提高增材制造的生产效率。

AM 智能转型仍处于探索的早期阶段。与 AM 硬件和软件的工业化相关的几个未来行动如下：

① 开发多机器人协作下的混合 AM 解决方案。以 AM 为核心的混合制造结合了多种加工技术的优势，在多材料、多结构、多功能制造领域展现出广阔的前景。与其他过程或能源相结合的 AM 框架依赖于过程链的集成。多物理效应对零件特征的影响机理和不确定性方面的知识空白值得研究。此外，混合制造需要机床或机器人精确的协同控制，以控制单个环节。设备制造商应致力于提出合适的数据编译器和标准，以实现机器人系统和增材制造设备之间的数据互操作性和互流，从而创建一个可行的混合增材制造解决方案。

② 改善监测和传感设备的功能和集成。AM 期间的信号处理包括视觉、光谱、声学和热。多个传感器的叠加不仅导致了设备的复杂性和可靠性的降低，而且由于各种数据类型的结构不均匀，给数据处理和自动控制带来了困难。因此，多功能单设备将显著提高监测和传感设备在行业中的普及度；同时，通过与数据预处理软件的耦合，提高了物理建模、流程优化和闭环控制等方面的数据可

用性。

③ 将工业互联网融合为 AM 数字孪生。智能 AM 离不开分布式的人、机、料的工业互联网。数字孪生（DT）的核心是模型和数据，但对于众多的 AM 企业来说，DT 的构建和使用具有较高的技术和成本门槛。幸运的是，工业互联网可以解决上述问题，通过云 DT 平台可以共享和分析数据和模型。学术界和产业界可以分别从云 DT 中获取数据和模型，从而实现产学研合作的规范化机制。

④ 支持 AM 数字生态系统的建立和完善。持续的 AM 研发项目旨在将先进设备或技术（如过程监控、信息感知、机器学习、人工智能、数据库等）集成到 AM 数字制造生态系统中，需要国家层面的政策支持。由业界和学术界共同提出的指引，将有助新 AM 硬件/软件向数字化设计和智能控制过渡。

10.5 智能结构设计与增材制造

随着增材制造技术的发展，以及学者对结构相关研究的不断深入，各类复杂且具有超凡性质的结构层出不穷，并整体呈现出智能化的趋势。智能化结构由传统的强调性能，发展为既强调性能，又强调其功能；其重要表现便是可编程化(programmable)。可编程化一方面指该智能化结构的某项性质（如泊松比）由某些可控因素进行调控，另一方面指所设计的结构具有程序化、模块化的特征。

对某项特定性质的编程化结构设计，往往从一类结构所具有的特征参数出发，通过数值计算方法、模拟方法等，通过建立数学模型、近似公式等，最终落脚于各项设计参数、运动学参数与所需性质之间的综合映射关系，即输入一系列结构参数，输出对应的特定性质，或输入所需的特性，反求对应的结构参数（因结构参数往往不止一个，所求的解通常为包含各结构参数的解集）。

Wang 等将蜂窝结构与三浦折纸（Miura-origami）结构相结合，设计了一种具有可编程负泊松比的复合结构，其平面内负泊松比数值可以根据微观结构几何参数进行编程，且可以实现展开过程中平面外泊松比在正值与负值范围内的可编程转换，如图 10-20 所示[69]；基于面内泊松比与面外泊松比之间的相关性，可以实现与变形相关的运动学编程，从而开发出具有有效传感器和执行器的功能材料，应用于复杂系统。

Restrepo 等通过在具有周期性特征的结构单胞中人为引入缺陷，设计了两种可编程结构：具有六边形单元的弯曲变形主导蜂窝和具有 kagome 单元的拉伸主导蜂窝，其有效的力学性能（弹性模量、弯曲模量等）可以在制造后进行修改，而无须任何额外的再加工[70]。例如，在弯曲为主的蜂窝结构中，编入一个缺陷对应的整体压缩应变为 5%，会导致初始面内有效弹性模量增加 55%，面内压缩传播应力增加 81%，面外有效弯曲模量减少 30%。

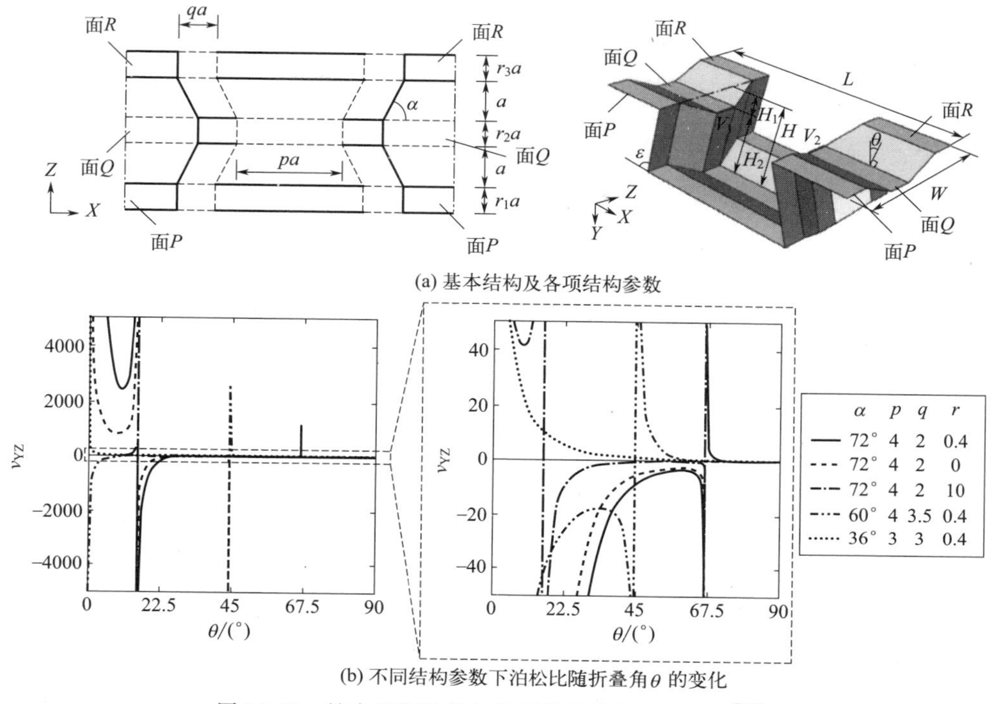

(a) 基本结构及各项结构参数

(b) 不同结构参数下泊松比随折叠角θ的变化

图 10-20　结合蜂窝结构与折纸结构的复合超材料[69]

Silverberg 等研究了三浦折纸结构每个折痕单元格所具有的机械双稳态特征，设计了可通过状态之间的切换实现整体结构的压缩模量合理且可逆编程的智能化结构，如图 10-21 所示[71]。每个单元 Si 格结构的稳态切换，相当于为整体结构引入了类似晶体结构中的晶格缺陷，如空位、位错和晶界。值得注意的是，单元结构在双稳态间的机械切换，类似于计算机编程时 0 与 1 的二进制切换；也就是说，由该类单元排列而成的结构系统可以表示为由 0 与 1 组成的编码空间，

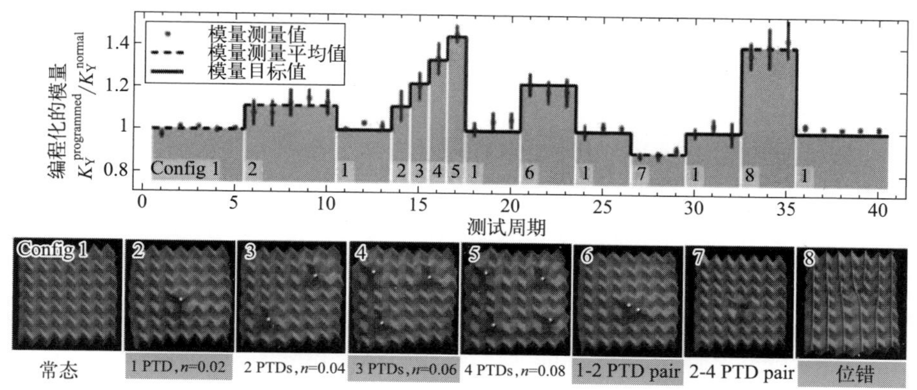

图 10-21　超过 40 个测试周期的实验测量模量，包含 8 个不同的配置和 13 个重编程事件，下方为 8 种不同配置对应的结构[71]

且与一个确定的压缩模量精确对应。考虑到 origami 结构的无标度几何特征，这种编程化的设计框架可以直接转移到毫米、微米甚至纳米尺寸的系统。

与 Silverberg 等的研究类似，利用特殊结构在运动学上的不同分支，包括其多种运动趋势及最终的稳定状态，对特殊结构单元进行编码，是实现整体结构编程化、模块化的重要研究方法。An 等研究了层级 kirigami 结构（折纸结构）的切割模式与机械变形，通过调控其几何参数及材料响应，不仅可以触发各种不同的屈曲引起的三维变形模式，而且可以有效地对其表面的应力-应变响应进行编程[72]。最终，该研究通过将多个分层模式组合在一起创建了一个组合的异质表面，可以进一步调整其机械响应，并通过施加的机械变形（如压缩、拉伸）将信息加密并读取，如图 10-22 所示。

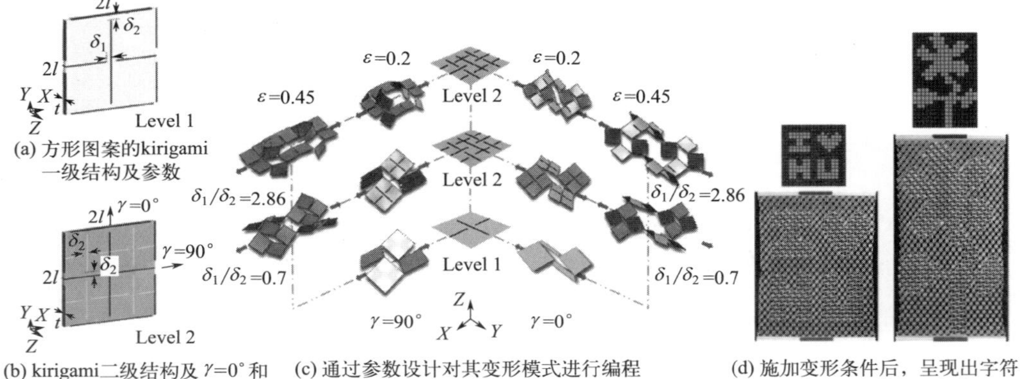

图 10-22　层级 kirigami 结构的设计及编程化呈现[72]

Liu 等从一个单自由度 Wohlhart 多面体模块开始，通过研究其沿着多个运动路径的拓扑转换，即其运动学分岔，实现了其力学性能的可编程化，包括泊松比、手性和刚度[73]。通过将这些模块嵌套、结合，利用其可重构性，实现了在正泊松比、零泊松比甚至负泊松比的广泛范围内的编程，如图 10-23 所示。研究中具有正、负泊松比的多面体模块的组合，可以由对应数量的 0 与 1 的排列组合表示，从而使整体结构的泊松比、模量等可由二进制代码进行编程，特定的力学性能对应了确定的一段编码；最终在 3D 结构中各位置的性能及梯度信息等均由该编码精确对应，为柔性超材料、变形结构和可展开结构等领域的变形系统提供了设计方法。

可编程化、智能化是结构设计的趋势，而增材制造是用以将理论的结构创新落地的高效且实用的工具。现阶段的智能化结构设计已经逐渐成为研究的重点，且已经呈现出一定程度的智能化特征，但其在理论和应用方面仍存在不小的局限性。现阶段可编程结构大多局限于 2D 至 2.5D 的范畴，其设计理论多以 kirigami 和 origami 两类智能结构为基础，而在三个空间维度上均有较大动态潜力的智能结构仍需要学者研究与创新。未来的智能结构创新将以增材制造为主要工具，三维空间为主要方向，设计理念将由静态转为动态，由强调性能转为追求性能和功能，以模块化、可编程化为标志，展现出巨大的发展潜力。

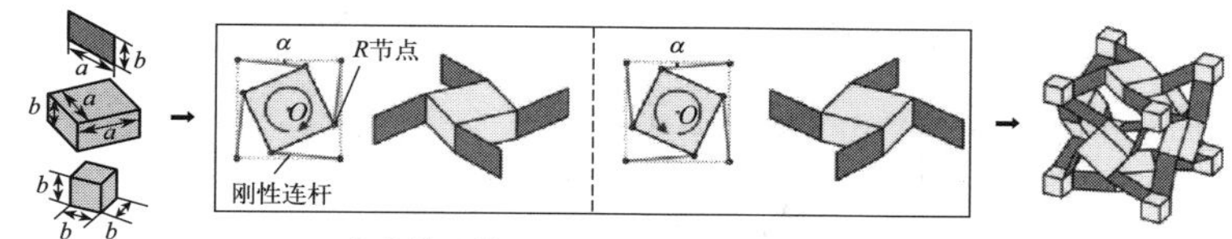

(a) 立方体连接组合成单自由度Wohlhart多面体

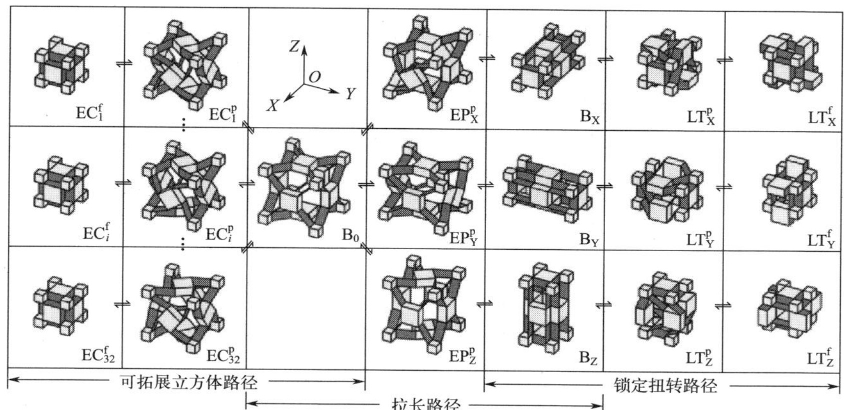

(b) Wohlhart多面体的运动学分岔，模块的运动路径分为可扩展立方体路径、拉长路径和锁定扭转路径

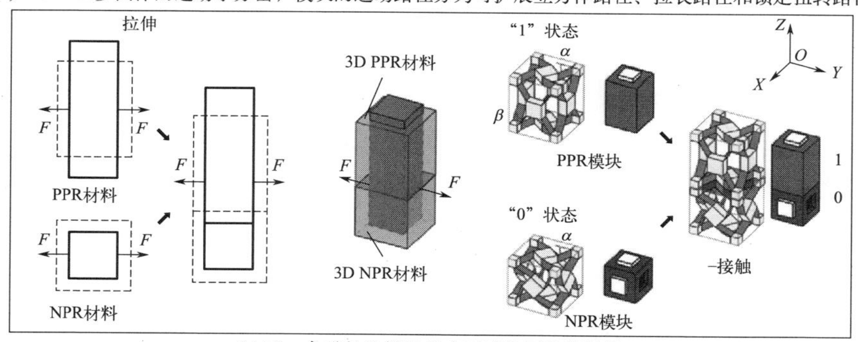

(c) 正、负泊松比模块组合而成的可编程模块

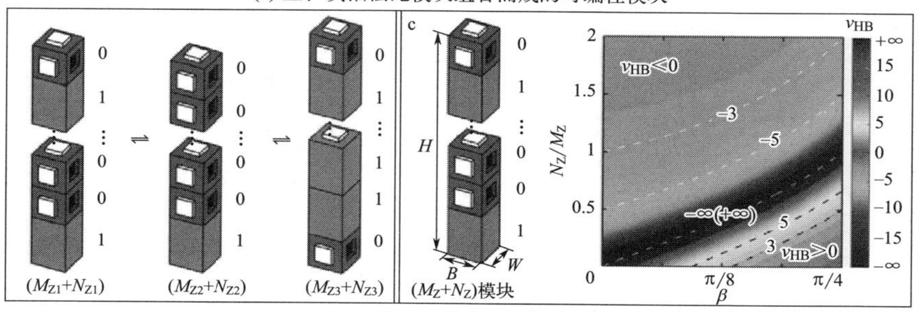

(d) 表现正、零、负泊松比的大范围可编程

图 10-23　基于可重构模块的可编程化 3D 超材料[73]

10.6 无透镜光学扫描系统

在激光增材制造技术任何一种典型机器中，基于振镜的扫描仪及其扫描控制器都是显著影响处理质量和吞吐量的关键组件之一。因此，了解基于振镜的扫描技术以及该领域的最新创新成果将极大地有利于激光增材制造技术的发展及应用。扫描仪将激光束引导至工作表面目标位置的准确程度决定了零件的几何精度。高质量的零件还需要在材料上提供均匀的激光密度。

基于振镜扫描的激光增材制造机器需要具有快的扫描速度以实现更高的吞吐量、高的扫描精度和稳定性以实现所构建零件的高保真度。为满足上述应用要求，振镜扫描系统的设计一般着重于减少包括反射镜在内的运动部件的惯性，以提高伺服电机驱动功率和效率，以及随着时间和环境条件提高位置控制精度。对于大多激光增材制造机器，通常采用由 X 和 Y 组成的二维扫描系统以及具有动态 Z 轴的三维扫描系统。

在典型的二维扫描系统中，激光被准直后经过 X 和 Y 轴的反射进入聚焦透镜，并被聚焦在工作平面上。通过 X 和 Y 轴的旋转，可以使得激光在聚焦平面内任意移动。激光聚焦光斑的大小由聚焦透镜决定，这个透镜我们通常称之为场镜，即 F-Theta 透镜。构件尺寸较小的金属增材制造设备所采用的就是这种光学设计。

随着扫描范围增加，激光扫描振镜的尺寸要求和光束直径也需要相应增大，这样才能保证较大的数值孔径，由此光束可以获得更小的衍射极限，从而获得小光斑聚焦。当然，F-theta 扫描场镜的制造成本也由此相应增加。如图 10-24 所示为二维激光振镜扫描系统。

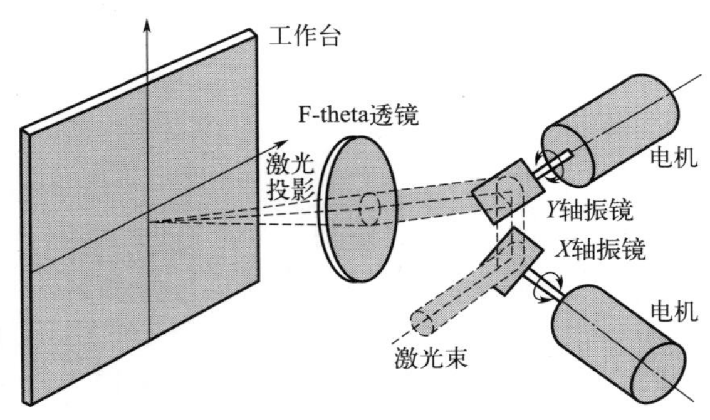

图 10-24 二维激光振镜扫描系统

针对上述情况，可以考虑使用三维扫描系统作为解决方案。此时，X 与 Y 轴扫描振镜定位在聚焦镜后面，因为光束并不需要在镜头上移动，因此 F-theta

透镜不需要太大。当然这种情况无法获得平场效果。如果要获得平场，第三个方向 Z 轴就需要能够进行线性移动。

典型的激光系统采用伽利略望远镜的形式来获得需要的光学系统数值孔径。入射镜片和聚焦物镜之间的距离决定了系统的焦距。通过改变入射镜片，就能够决定聚焦的位置。通过三维调节，最终可以获得平场的效果，这便是如今大尺寸SLM技术所使用的动态聚焦系统。

当前主流的SLM技术均采用以上两种光学系统，但这套系统如今受到了来自Seurat的挑战，其独特的光学设计将200多万个激光点融合为一束激光，每个激光点的能量均可以通过切片图像的像素设计控制能量，一次可以实现2mm×2mm甚至15mm×15mm的区域曝光熔化，此举大大提高了成形效率。

所有SLS/SLM设备制造商都使用相同的核心技术，即检流计，来引导激光束到达打印表面。检流计具有固有缺陷——无法精确控制提供给打印表面每个点的能量。这使得表面温度难以控制，从而导致零件多孔且内部不均匀，尤其是对需要非常精确地控制打印温度的高质量金属部件，目前的技术仍然存在困难。与此同时，当需要高分辨率、高质量的打印时，定位和速度的不对称和非线性使得调制变得更具挑战性：光束入射因体素位置相异，光束会垂直或偏转于表面，会导致熔池的差异。

Tecnica公司推出了名为Øgon的架构（图10-25），这是一种无透镜光学扫描系统，消去了 X 和 Y 轴振镜，同时增加了固定反射镜以及旋转反射镜，由于其独特特性，确保了一致的能量传输和激光束在表面上的精确定位：激光束总是以相同的距离到达打印表面上的每个点，因此能够在每个点上准确聚焦，精确加热表面上所需的点，而不会加热到周围区域，且激光束始终垂直于表面，因此表面上的光束形状不会失真。

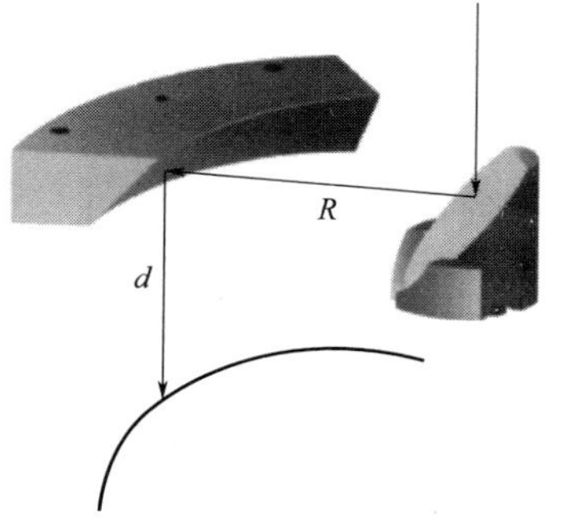

图10-25 Øgon光学系统原理图

Tecnica认为凭借Øgon的精确度以及精确的能量和温度调节能力，可以实现最终零件生产中所需的可重复的高质量、同质性和强度等要求，尤其是在金属增材制造方面。Tecnica的Øgon打印头设计简单，无须使用基于检流计的复杂解决方案，因此提供了更强大且更具成本效益的解决方案。使用Øgon光学系统，Tecnica设计和制造了SLS/SLM设备，该公司认为新打印机能够以制造最终用途零件所需的速度和成本效率生产出一致、高强度的零件，而不仅仅是制作原型。

10.7 多轴飞行打印

一方面是市场需要更快、更精确、更经济、质量更稳定的增材制造技术，一方面是积累的科研成果在不断地实现迭代突破自身限制。市场在呼唤下一代面向未来的增材制造技术，以更好地满足增材制造两方面的价值创造能力：一是从订单到产品制造的全流程角度全面考虑增材制造在数字和物理方面创造的附加值；二是飞跃性质的技术推动增材制造进入新一代增材制造领域。

面对这样的需求，增材制造设备开始朝多轴多激光快速打印方向发展，涌现出了一批如多自由度机械臂打印、旋转立方平台多向嵌入式增材制造的设备。

本节所要描述的是来自德国企业 Kurtz Ersa 提供的多轴、多激光粉末床熔合（PBF-LB）增材制造设备 Flying Ray。该设备标配 8 个机械臂和 8 个激光器，其垂直撞击的激光束，具有高度的创新性。再配置 8 个激光在 8 个旋转臂上同时使用，具有 45°的旋转范围，使得这些激光可以在重叠的工作区域中并行工作，且激光功率是自适应的，范围在 50～400W 之间。

这台设备的第二大亮点是轴和激光器可模块化扩展。顾名思义，Flying Ray 可根据具体的加工需求，改变设备的配置，包括改变激光器数量、轴数和长度、轴间距离、旋转臂的重叠区域等。借助 Kurtz Ersa 专门开发的软件，数据准备变得轻而易举，通过直观的人机界面确保轻松操作。

据报道，Flying Ray 的打印速度高达 $500cm^3/h$，位置精度为 $\pm 25\mu m$，扫描速度高达 1m/s。采用模块化设计，轴的数量和长度、轴之间的距离以及旋转臂的所需重叠区域均可按照使用需求定制。且该公司表示，Flying Ray 具有高度创新性，适用于各种金属部件的批量增材制造，它在研究和教育、航空航天、医疗技术和汽车领域都有广泛的应用。目前，该机床可加工不锈钢、工具钢和铝。

参考文献

[1] Zumdick N A，Jauer L，Kersting L C，et al. Additive manufactured WE43 magnesium：A comparative study of the microstructure and mechanical properties with those of powder extruded and as-cast WE43 [J]. Materials Characterization，2019，147：384-397.

[2] Jia R L，Zhang M，Zhang L N，et al. Correlative change of corrosion behavior with the microstructure of AZ91 Mg alloy modified with Y additions [J]. Journal of Alloys and Compounds，2015，634：263-271.

[3] Yang Q H，Yuan W，Liu X，et al. Atomic layer deposited ZrO_2 nanofilm on Mg-Sr alloy for enhanced corrosion resistance and biocompatibility [J]. Acta Biomaterialia，2017，58：515-526.

[4] Yang Y，Lu C，Shen L，et al. In-situ deposition of apatite layer to protect Mg-based composite fabricated via laser additive manufacturing [J]. Journal of Magnesium and Alloys，2021.

[5] Demir A G, Monguzzi L, Previtali B. Selective laser melting of pure Zn with high density for biodegradable implant manufacturing [J]. Addit Manuf, 2017, 15: 20.

[6] Wen P, Voshage M, Jauer L, et al. Laser additive manufacturing of Zn metal parts for biodegradable applications: Processing, formation quality and mechanical properties [J]. Materials & Design, 2018, 155: 36-45.

[7] Yang Y, Cheng Y, Peng S, et al. Microstructure evolution and texture tailoring of reduced graphene oxide reinforced Zn scaffold [J]. Bioact Mater, 2021, 6: 1230-1241.

[8] Li Y, Jahr H, Lietaert K, et al. Additively manufactured biodegradable porous iron [J]. Acta biomaterialia, 2018, 77: 380-393.

[9] Shuai C, He C, Qian G, et al. Mechanically driving supersaturated Fe-Mg solid solution for bone implant: Preparation, solubility and degradation [J]. Composites Part B: Engineering, 2021, 207: 108564.

[10] Chueh Y H, Wei C, Zhang X, et al. Integrated laser-based powder bed fusion and fused filament fabrication for three-dimensional printing of hybrid metal/polymer objects [J]. Additive Manufacturing, 2020, 31: 100928.

[11] Rankouhi B, Jahani S, Pfefferkorn F E, et al. Compositional grading of a 316L-Cu multi-material part using machine learning for the determination of selective laser melting process parameters [J]. Additive Manufacturing, 2021, 38: 101836.

[12] Pauly S, Schricker C, Scudino S, et al. Processing a glass-forming Zr-based alloy by selective laser melting [J]. Mater Des, 2017, 135: 133.

[13] Li N, Zhang J, Xing W, et al. 3D printing of Fe-based bulk metallic glass composites with combined high strength and fracture toughness [J]. Materials & Design, 2018, 143: 285-296.

[14] Yeh J W, Chen S K, Lin S J, et al. Nanostructured high-entropy alloys with multiple principal elements: Novel alloy design concepts and outcomes [J]. Advanced Engineering Materials, 2004, 6 (5): 299-303.

[15] Roehling J D, Khairallah S A, Shen Y, et al. Physics of large-area pulsed laser powder bed fusion [J]. Additive Manufacturing, 2021, 46: 102186.

[16] Lu Z, Fautrelle Y, Ren Z, et al. Influence of a transverse static magnetic field on the orientation and peritectic reaction of Cu-10. 5 at. % Sn peritectic alloy [J]. Scientific Reports, 2018, 8 (1): 1-12.

[17] Li X, Fautrelle Y, Gagnoud A, et al. EBSD study of the influence of a high magnetic field on the microstructure and orientation of the Al-Si eutectic during directional solidification [J]. Metallurgical and Materials Transactions A, 2016, 47: 2952-2963.

[18] Zheng T, Zhou B, Wang J, et al. Compression properties enhancement of Al-Cu alloy solidified under a 29 T high static magnetic field [J]. Materials Science and Engineering (A), 2018, 733: 170-178.

[19] Zhou H, Song C, Yang Y, et al. The microstructure and properties evolution of SS316L fabricated by magnetic field-assisted laser powder bed fusion [J]. Materials Science and Engineering (A), 2022, 845: 143216.

[20] Tamidi A M, Lau K K, Khalit S H. A review of recent development in numerical simulation of ultrasonic-assisted gas-liquid mass transfer process [J]. Computers & Chemical Engineering, 2021, 155: 107498.

［21］ Wang F，Eskin D，Mi J，et al. A synchrotron X-radiography study of the fragmentation and refinement of primary intermetallic particles in an Al-35 Cu alloy induced by ultrasonic melt processing ［J］. Acta Materialia，2017，141：142-153.

［22］ Wang B，Tan D，Lee T L，et al. Ultrafast synchrotron X-ray imaging studies of microstructure fragmentation in solidification under ultrasound ［J］. Acta Materialia，2018，144：505-515.

［23］ Wang S，Kang J，Guo Z，et al. In situ high speed imaging study and modelling of the fatigue fragmentation of dendritic structures in ultrasonic fields ［J］. Acta Materialia，2019，165：388-397.

［24］ Yang Z，Wang S，Zhu L，et al. Manipulating molten pool dynamics during metal 3D printing by ultrasound ［J］. Applied Physics Reviews，2022，9（2）：021416.

［25］ Ning F，Cong W. Microstructures and mechanical properties of Fe-Cr stainless steel parts fabricated by ultrasonic vibration-assisted laser engineered net shaping process ［J］. Materials Letters，2016，179：61-64.

［26］ Cong W，Ning F. A fundamental investigation on ultrasonic vibration-assisted laser engineered net shaping of stainless steel ［J］. International Journal of Machine Tools and Manufacture，2017，121：61-69.

［27］ Wang H，Hu Y，Ning F，et al. Ultrasonic vibration-assisted laser engineered net shaping of Inconel 718 parts：Effects of ultrasonic frequency on microstructural and mechanical properties ［J］. Journal of Materials Processing Technology，2020，276：116395.

［28］ Zhang D，Li Y，Wang H，et al. Ultrasonic vibration-assisted laser directed energy deposition in-situ synthesis of NiTi alloys：Effects on microstructure and mechanical properties ［J］. Journal of Manufacturing Processes，2020，60：328-339.

［29］ Hu Y，Ning F，Cong W，et al. Ultrasonic vibration-assisted laser engineering net shaping of ZrO_2-Al_2O_3 bulk parts：Effects on crack suppression，microstructure，and mechanical properties ［J］. Ceramics International，2018，44（3）：2752-2760.

［30］ Ning F，Hu Y，Cong W. Microstructure and mechanical property of TiB reinforced Ti matrix composites fabricated by ultrasonic vibration-assisted laser engineered net shaping ［J］. Rapid Prototyping Journal，2019，25（3）：581-591.

［31］ Todaro C J，Easton M A，Qiu D，et al. Grain structure control during metal 3D printing by high-intensity ultrasound ［J］. Nature communications，2020，11（1）：142.

［32］ Todaro C J，Easton M A，Qiu D，et al. Grain refinement of stainless steel in ultrasound-assisted additive manufacturing ［J］. Additive Manufacturing，2021，37：101632.

［33］ Wang H，Hu Y，Ning F，et al. Ultrasonic vibration-assisted laser engineered net shaping of Inconel 718 parts：Effects of ultrasonic frequency on microstructural and mechanical properties ［J］. Journal of Materials Processing Technology，2020，276：116395.

［34］ Yuan D，Sun X，Sun L，et al. Improvement of the grain structure and mechanical properties of austenitic stainless steel fabricated by laser and wire additive manufacturing assisted with ultrasonic vibration ［J］. Materials Science and Engineering（A），2021，813：141177.

［35］ Zhou L，Chen S，Ma M，et al. The dynamic recrystallization mechanism of ultrasonic power on non-contact ultrasonic-assisted direct laser deposited alloy steel ［J］. Materials Science and Engineering（A），2022，840：142971.

［36］ Tilita G A，Chen W，Kwan C C F，et al. The effect of ultrasonic excitation on the microstructure of selective laser melted 304L stainless steel: Die Wirkung von Ultraschallanregung auf die Gefügestruktur von 304L Edelstahl beim selektiven Laserstrahlschmelzen [J]. Materialwissenschaft und Werkstofftechnik, 2017, 48 (5): 342-348.

[37] Hu Y. Recent progress in field-assisted additive manufacturing: Materials, methodologies, and applications [J]. Materials Horizons, 2021, 8 (3): 885-911.

[38] Li C, Wu B, Zhang Z, et al. A novel process planning method of 3+2-axis additive manufacturing for aero-engine blade based on machine learning [J]. Journal of Intelligent Manufacturing, 2023, 34 (4): 2027-2042.

[39] Fischer J, Kniepkamp M, Abele E. Micro laser melting: Analyses of current potentials and restrictions for the additive manufacturing of micro structures [C] //2014 International Solid Freeform Fabrication Symposium. University of Texas at Austin, 2014.

[40] Fu J, Hu Z, Song X, et al. Micro selective laser melting of NiTi shape memory alloy: Defects, microstructures and thermal/mechanical properties [J]. Optics & Laser Technology, 2020, 131: 106374.

[41] Fu J, Qu S, Ding J, et al. Comparison of the microstructure, mechanical properties and distortion of stainless steel 316L fabricated by micro and conventional laser powder bed fusion [J]. Additive Manufacturing, 2021, 44: 102067.

[42] Wei Y, Chen G, Li W, et al. Micro selective laser melting of SS316L: Single tracks, defects, microstructures and thermal/mechanical properties [J]. Optics and Laser Technology, 2022, 145: 107469.

[43] Hu Z, Gao S, Zhang L, et al. Micro laser powder bed fusion of stainless steel 316L: Cellular structure, grain characteristics, and mechanical properties [J]. Materials Science and Engineering (A), 2022: 143345.

[44] Hu Z, Nagarajan B, Song X, et al. Tailoring surface roughness of micro selective laser melted SS316L by in-situ laser remelting [J]. Lecture notes in mechanical engineering, 2019, 63: 337.

[45] Lin X, Zhu K, Fuh J Y H, et al. Metal-based additive manufacturing condition monitoring methods: From measurement to control [J]. ISA transactions, 2022: 147-166.

[46] 吴世彪，窦文豪，杨永强，等．面向激光选区熔化金属增材制造的检测技术研究进展 [J]. 精密成形工程，2019，11 (4)：37-50.

[47] DePond P J, Guss G, Ly S, et al. In situ measurements of layer roughness during laser powder bed fusion additive manufacturing using low coherence scanning interferometry [J]. Materials & Design, 2018, 154: 347-359.

[48] Leach R K, Bourell D, Carmignato S, et al. Geometrical metrology for metal additive manufacturing [J]. CIRP annals, 2019, 68 (2): 677-700.

[49] Mani M, Lane B M, Donmez M A, et al. A review on measurement science needs for real-time control of additive manufacturing metal powder bed fusion processes [J]. International Journal of Production Research, 2017, 55 (5): 1400-1418.

[50] 王奉涛，杨守华，吕秉华，等．金属增材制造过程熔池动态监测研究综述 [J/OL]．计算机集成制造系统，2021: 1-23 [2022-04-16]．http: //kns. cnki. net/kcms/detail/11. 5946. TP. 20211102. 1345. 004. html.

[51] Clijsters S, Craeghs T, Buls S, et al. In situ quality control of the selective laser melting process using a high-speed, real-time melt pool monitoring system [J]. The International Journal of

Advanced Manufacturing Technology，2014，75（5）：1089-1101.

[52] Zavalov Y N，Dubrov A V. Short time correlation analysis of melt pool behavior in laser metal deposition using coaxial optical monitoring [J]. Sensors，2021，21（24）：8402.

[53] Liu Z，Yang Y，Han C，et al. Effects of gas flow parameters on droplet spatter features and dynamics during large-scale laser powder bed fusion [J]. Materials & Design，2022：111534.

[54] Binega E，Yang L，Sohn H，et al. Online geometry monitoring during directed energy deposition additive manufacturing using laser line scanning [J]. Precision Engineering，2022，73：104-114.

[55] Zeng G Z，Zu R L，Wu D L，et al. A hybrid method for the online evaluation of stress fields in metal additive manufacturing [J]. Experimental Mechanics，2021，61（8）：1261-1270.

[56] Ye D，Hong G S，Zhang Y，et al. Defect detection in selective laser melting technology by acoustic signals with deep belief networks [J]. The International Journal of Advanced Manufacturing Technology，2018，96（5）：2791-2801.

[57] Drissi-Daoudi R，Pandiyan V，Logé R，et al. Differentiation of materials and laser powder bed fusion processing regimes from airborne acoustic emission combined with machine learning [J]. Virtual and Physical Prototyping，2022，17（2）：181-204.

[58] Du W，Bai Q，Wang Y，et al. Eddy current detection of subsurface defects for additive/subtractive hybrid manufacturing [J]. The International Journal of Advanced Manufacturing Technology，2018，95（9）：3185-3195.

[59] Xie R，Li D，Cui B，et al. A defects detection method based on infrared scanning in laser metal deposition process [J]. Rapid Prototyping Journal，2018，24（6）：945-954.

[60] Rezaeifar H，Elbestawi M A. On-line melt pool temperature control in L-PBF additive manufacturing [J]. The International Journal of Advanced Manufacturing Technology，2021，112（9）：2789-2804.

[61] Yavari R，Riensche A，Tekerek E，et al. Digitally twinned additive manufacturing：Detecting flaws in laser powder bed fusion by combining thermal simulations with in-situ meltpool sensor data [J]. Materials & Design，2021，211：110167.

[62] Min Y，Shen S，Li H，et al. Online monitoring of an additive manufacturing environment using a time-of-flight mass spectrometer [J]. Measurement，2022，189：110473.

[63] Marrey M，Malekipour E，El-Mounayri H，et al. A framework for optimizing process parameters in powder bed fusion（pbf）process using artificial neural network（ann）[J]. Procedia Manufacturing，2019，34：505-515.

[64] Zhang Y，Yan W，Peng X，et al. Investigation into the optical emission of features for powder-bed fusion AM process monitoring [J]. The International Journal of Advanced Manufacturing Technology，2022：1-13.

[65] Jeon I，Yang L，Ryu K，et al. Online melt pool depth estimation during directed energy deposition using coaxial infrared camera，laser line scanner，and artificial neural network [J]. Additive Manufacturing，2021，47：102295.

[66] Shevchik S A，Kenel C，Leinenbach C，et al. Acoustic emission for in situ quality monitoring in additive manufacturing using spectral convolutional neural networks [J]. Additive Manufacturing，2018，21：598-604.

[67] Wang L，Chen X，Henkel D，et al. Pyramid ensemble convolutional neural network for virtual com-

puted tomography image prediction in a selective laser melting process [J]. Journal of Manufacturing Science and Engineering, 2021, 143 (12): 1-10.

[68] Repossini G, Laguzza V, Grasso M, et al. On the use of spatter signature for in-situ monitoring of laser powder bed fusion [J]. Additive Manufacturing, 2017, 16: 35-48.

[69] Wang H, Zhao D, Jin Y, et al. Modulation of multi-directional auxeticity in hybrid origami metamaterials [J]. Applied Materials Today, 2020, 20: 100715.

[70] David R, Nilesh D M, Pablo D Z. Programmable materials based on periodic cellular solids. Part I: Experiments [J]. International Journal of Solids and Structures, 2016, 100: 485-504.

[71] Silverberg J L, Evans A A, McLeod L, et al. Using origami design principles to fold reprogrammable mechanical metamaterials [J]. Science, 2014, 345 (6197): 647-650.

[72] An N, Domel A G, Zhou J, et al. Programmable hierarchical kirigami [J]. Advanced Functional Materials, 2020, 30 (6): 1906711. 1-1906711. 9.

[73] Liu W, Jiang H, Chen Y. 3D Programmable metamaterials based on reconfigurable mechanism modules [J]. Advanced Functional Materials, 2021, 32 (9): 2109865. 1-2109865. 10.